Quantenmechanik

von
Volkhard F. Müller

Oldenbourg Verlag München Wien

Die Deutsche Bibliothek - CIP-Einheitsaufnahme

Müller, Volkhard F.:
Quantenmechanik / von Volkhard F. Müller. - München ; Wien :
Oldenbourg, 2000
  ISBN 3-486-24975-4

1. Nachdruck 2013

© 2000 Oldenbourg Wissenschaftsverlag GmbH
Rosenheimer Straße 143, D-81671 München
Telefon: (089) 45051-0, Internet: http://www.oldenbourg.de

Lektorat: Martin Reck
Herstellung: Rainer Hartl
Umschlagkonzeption: Kraxenberger Kommunikationshaus, München
Gedruckt auf säure- und chlorfreiem Papier
Gesamtherstellung: Books on Demand GmbH, Norderstedt

ISBN   3-486-24975-4
ISBN   978-3-486-24975-0
eISBN   978-3-486-59896-4

Vorwort

Dieses Buch ist aus Vorlesungen hervorgegangen, die der Autor an der Universität Kaiserslautern gehalten hat. Sein Gegenstand ist die nichtrelativistische Quantenmechanik. Es ist in der Absicht geschrieben, diese physikalische Theorie in einem überschaubaren Lehrbuch prägnant darzustellen. Der Text wendet sich vor allem an Studierende im Hauptstudium der Physik oder auch an Studierende der (angewandten) Mathematik mit theoretisch-physikalischem Interesse. An physikalischen Vorkenntnissen wird – im Niveau einer Einführungsvorlesung – eine gewisse Vertrautheit mit Phänomenen der Quantenphysik angenommen. Aus dem Bereich klassischer physikalischer Theorien sollten die Hamiltonsche Formulierung der Mechanik und der Begriff der elektrodynamischen Potentiale bekannt sein.

Die nichtrelativistische Quantenmechanik wird in diesem Buch direkt aus ihren zentralen Begriffsbildungen und deren physikalischer Bedeutung heraus entwickelt. Jedoch läßt sich in einem Lehrbuch hierbei nicht im strengen Sinn axiomatisch vorgehen: Daher werden im ersten Kapitel die Grundannahmen zunächst in Umrissen aufgeführt, um von Anfang an spezifische Aussageformen der Theorie vor Augen zu führen; nach einer Reihe sich daran anschließender charakteristischer physikalischer Anwendungen – zu Einzelheiten sei auf das Inhaltsverzeichnis hingewiesen – wird dann im neunten Kapitel die allgemeine Formulierung wieder aufgenommen, um dort die Postulate und Aussagen der Theorie umfassend und präzise darzulegen.

Der mathematischen Struktur der Quantenmechanik liegt die Theorie der linearen Operatoren in einem Hilbert-Raum zugrunde. Die Sprache dieser Theorie wird verwendet, weil sie eine klare, kohärente Formulierung und ein durchsichtiges Handhaben der Quantenmechanik ermöglicht. Zur Orientierung sind die benutzten mathematischen Grundbegriffe und Relationen in einem Anhang zusammengestellt, wo auch die verwendeten Bezeichnungen erklärt werden. Darüber hinaus werden im fortlaufenden Text weitere mathematische Gegebenheiten im Rahmen ihrer Verwendung erläutert.

Das Buch enthält mehr Material, als in einer einsemestrigen vierstündigen Vorlesung behandelt werden kann: Die Abschnitte 6.7.2 und 6.9-11 aus den Streuprozessen sowie die Abschnitte 9.3-4 aus der allgemeinen Formulierung und auch die Abschnitte 10.5-7 über Fock-Raum-Methoden („Zweite Quantisierung") vertiefen und erweitern die übrigen Abschnitte dieses Buches, die den Inhalt und die Anordnung einer einsemestrigen Kursvorlesung wiedergeben. Den Text ergänzen Übungsaufgaben mit ausgeführten Lösungen. Der überwiegende Teil dieser Übungen besteht aus physikalisch wichtigen Anwendungsbeispielen der dargestellten Theorie. In den Lösungen werden jeweils alle wesentlichen Schritte angegeben und begründet. Ihrem Zweck entsprechend befinden sich die Übungsaufgaben in den einzelnen Textabschnitten, die Lösungen hingegen in einem gesonderten Kapitel.

Meinem Kollegen J. Kupsch möchte ich für Gespräche und Anregungen danken. Besonderen Dank schulde ich Herrn Dipl.-Phys. J. Breidbach, der sorgfältig und umsichtig die Latex-Version des Manuskripts anfertigte und dabei immer wieder Hinweise zur Korrektur und Verbesserung des Textes gab. Dem Oldenbourg-Verlag danke ich für sein freundliches Entgegenkommen.

Kaiserslautern, im August 1999   V. F. Müller

Inhaltsverzeichnis

1 Allgemeine Formulierung: Erster Teil und einfache Beispiele

Phänomene im atomaren Bereich bilden den Wirklichkeitssektor der Quantenmechanik; also Prozesse, Experimente, Vorgänge, welche die Physik mittelbar durch spezielle Träger physikalischer Wirkung deutet. Diese Träger physikalischer Wirkung: Elektronen, Protonen, Atome, Moleküle, ... werden experimentell durch spezifische Meßverfahren identifiziert. In typischen Experimenten des zur Sprache gebrachten Erfahrungsbereichs werden z.B. Übergangsenergien, Anregungsspektren, differentielle Streuquerschnitte und dergleichen bestimmt. Charakteristisch für derartige Experimente ist der Sachverhalt, daß die damit verbundene Messung aus einer großen Anzahl zeitlich aufeinanderfolgender Einzelmessungen an je einem Exemplar des untersuchten Systems besteht.

1.1 Die Grundannahmen in Umrissen

Die Grundbegriffe der Quantenmechanik sind das *Mikrosystem* mit seiner *Observablenmenge* und eine *Gesamtheit* vieler Exemplare des Mikrosystems.

a) Als Mikrosystem wird das einzelne betrachtete System bezeichnet; es besteht im allgemeinen aus Konstituenten, die miteinander in Wechselwirkung stehen. Ein Atom einer gegebenen Sorte oder ein Elektron und ein Proton in Streuwechselwirkung sind zwei Beispiele. Das hierbei unterschwellig verwendete klassische Bild für ein Einzelsystem vermittelt ein intuitives Vorverständnis.

b) Jede reellwertige Größe, die am Mikrosystem gemessen werden kann, ist eine Observable dieses Systems. Mit einer Observablen ist also eine spezifische Meßvorschrift verknüpft. Ein Beispiel ist die einem Mikrosystem zugeschriebene Energie.

c) Eine Gesamtheit vieler Exemplare eines Mikrosystems wird durch ein Präparierverfahren erzeugt, bei welchem im allgemeinen die einzelnen Exemplare zeitlich nacheinander hervortreten. Dieses Verfahren muß so gestaltet werden, daß sich die Häufigkeitsverteilung zeitlich nicht verändert. Als Folge hiervon hängt dann eine im Zeitintervall $(t, t + \Delta)$ registrierte Meßverteilung nicht vom Weltzeitpunkt t ab.

Die allgemeine mathematische Formulierung der Quantenmechanik ist im folgenden Schema aufgeführt:

Grundbegriff	Mathematische Zuordnung im *Schrödinger-Bild*
Mikrosystem	Hilbert-Raum $\mathcal{H}$
Observable	selbstadjungierter Operator $A = A^*$, $\mathcal{D}_A \subset \mathcal{H}$
Gesamtheit	Statistischer Operator ρ_t
i) reine Gesamtheit	$\varphi_t \in \mathcal{H}$, $\|\varphi_t\| = 1$, $\forall t \in \mathbb{R}$ $\rho_t = (\varphi_t, \cdot)\varphi_t$
ii) gemischte Gesamtheit	$\ldots\ldots$ (wird später betrachtet)

Es sei hier schon darauf hingewiesen, daß in einem Anhang die im Text verwendeten mathematischen Definitionen zusammengestellt sind; es empfiehlt sich, dort nach Bedarf nachzuschlagen.

Der Statistische Operator ρ_t, und somit auch der Vektor φ_t, hängen von dem reellen Parameter t ab, der physikalisch als Zeit interpretiert wird. Man bezeichnet ρ_t, bzw. φ_t als den *Zustand* der Gesamtheit. Der sich aufdrängenden Frage, wie diese mathematische Struktur für ein vorgegebenes Mikrosystem konkret ausgestaltet werden muß, wenden wir uns im nächsten Abschnitt zu. Wir fragen zuvor nach der Form physikalischer Aussagen im Rahmen dieser Theorie. Im mathematischen Bild ergeben sich die Meßgrößen in der Gestalt von Erwartungswerten , im einzelnen: Der *Erwartungswert* der durch den Operator A beschriebenen Observablen in einer (reinen) Gesamtheit, die durch den Zustandsvektor φ_t beschrieben wird – kurz: der Erwartungswert der Observablen A im Zustand φ_t – ist die reelle Zahl

$$\langle A \rangle_{\varphi_t} := (\varphi_t, A\varphi_t) = \mathrm{spur}(\rho_t A) \,. \tag{1.1.1}$$

Die Identität beider Formulierungen wird im Kapitel 9 gezeigt – dort werden auch gemischte Gesamtheiten eingeführt –, hier sei erwähnt, daß der mit dem Statistischen Operator ρ_t formulierte Ausdruck auch im Fall einer gemischten Gesamtheit gültig bleibt. Blicken wir auf die erste Definition des Erwartungswertes in (1.1.1), so entgeht uns nicht, daß bereits ein hermitescher Operator einen notwendigerweise reellen Erwartungswert ergäbe; die an den einer Observablen zugeordneten Operator A gestellte stärkere Forderung, nämlich selbstadjungiert zu sein, wird später begründet. Außerdem sehen wir unmittelbar, daß sich der Erwartungswert nicht ändert, wenn wir φ_t durch $e^{i\alpha}\varphi_t$, mit $\alpha \in \mathbb{R}$, ersetzen: Den reinen Gesamtheiten entsprechen also Klassen von Vektoren – *Einheitsstrahlen* genannt – deren Elemente sich jeweils nur durch einen Phasenfaktor unterscheiden.

Seien nun a_i, $i = 1, 2, \ldots, N$ die an den einzelnen Mikrosystemen einer reinen
Gesamtheit gemessenen Werte einer Observablen und entspreche im mathematischen
Bild dieser reinen Gesamtheit der Zustandsvektor φ_t und der gemessenen Observablen
der Operator A, so ist

$$\langle A \rangle_{\varphi_t} = a_{MW} := \lim_{N \to \infty} \frac{1}{N} \sum_{i=1}^{N} a_i \qquad (1.1.2)$$

die zentrale physikalische Aussage der Quantenmechanik: Der Erwartungswert der
Theorie wird interpretiert als *Mittelwert* der Einzelmessungen. Über die Verteilung
der Meßwerte macht der Erwartungswert keine Aussage. Einigen Aufschluß hierüber
gibt die *Streuung* (das *mittlere Schwankungsquadrat*) der Observablen A im Zustand
φ_t:

$$\begin{aligned}
\mathrm{Str}(A)_{\varphi_t} &:= (\varphi_t, (A - \langle A \rangle_{\varphi_t} \mathbb{1})^2 \varphi_t) \\
&= (\varphi_t, A^2 \varphi_t) - (\varphi_t, A \varphi_t)^2 \\
&= \|(A - \langle A \rangle_{\varphi_t} \mathbb{1}) \varphi_t\|^2 \geq 0 \, ;
\end{aligned} \qquad (1.1.3)$$

sie wird als die *mittlere quadratische Schwankung* der einzelnen Meßwerte interpretiert:

$$\mathrm{Str}(A)_{\varphi_t} = \lim_{N \to \infty} \frac{1}{N} \sum_{i=1}^{N} (a_i - a_{MW})^2 \, . \qquad (1.1.4)$$

Die Streuung einer Observablen A verschwindet genau dann, wenn der Zustandsvektor
ein Eigenvektor des Operators A ist, also

$$A \varphi_t = \lambda \varphi_t$$

gilt: Die entsprechende Messung ergäbe einen scharfen Wert.

Der Erwartungswert und die Streuung einer Observablen hängen über den Zustandsvektor von der Zeit t ab. Wodurch wird die Zeitabhängigkeit des Zustandsvektors
bestimmt? Nehmen wir sie als differenzierbar an, so folgt zunächst aus der geforderten
Normierungsbedingung $\|\varphi_t\| = 1$, $\forall t$, die Bedingung

$$\begin{aligned}
0 &\overset{!}{=} i \frac{d}{dt} (\varphi_t, \varphi_t) \\
&= -(i \frac{d}{dt} \varphi_t, \varphi_t) + (\varphi_t, i \frac{d}{dt} \varphi_t) \, , \quad \forall t \, .
\end{aligned} \qquad (1.1.5)$$

Die Quantenmechanik postuliert für einen Zustandsvektor die lineare Evolutionsgleichung

$$i\hbar \frac{d}{dt}\varphi_t = H\varphi_t \,. \tag{1.1.6}$$

Der hierin auftretende selbstadjungierte Operator H – *Hamilton-Operator* genannt – ist derjenige Operator, welcher der Observablen *Gesamtenergie* des Mikrosystems zugeordnet ist, und die reelle positive Konstante $\hbar$ mit der physikalischen Dimension einer Wirkung ist das *reduzierte Plancksche Wirkungsquantum* $\hbar = \frac{h}{2\pi} = 1,055 \cdot 10^{-27}$ erg s. Die Evolutionsgleichung (1.1.6) ist die abstrakte Form der *Schrödinger-Gleichung*! Infolge dieser Gleichung nimmt die Bedingung (1.1.5) die Form

$$0 \overset{!}{=} -(H\varphi_t, \varphi_t) + (\varphi_t, H\varphi_t) \,, \quad \forall t$$

an und wir sehen, daß sie identisch erfüllt ist. Die Zeitentwicklung ist im folgenden Sinn kausal: Aus dem zu einem Anfangszeitpunkt $t = t_0$ gegebenen Zustandsvektor φ_{t_0} bestimmt die Gleichung (1.1.6) eindeutig den Zustandsvektor φ_t zu einem späteren Zeitpunkt $t > t_0$. Physikalisch gesehen beschreibt diese Lösung der Schrödinger-Gleichung die innere Zeitentwicklung einer reinen Gesamtheit nach deren Präparation und vor einem späteren Meßprozeß. Als eine unmittelbare Konsequenz der linearen Evolutionsgleichung ist das *Superpositionsprinzip* gültig: Sind φ_t und ψ_t Lösungen dieser Gleichung, ist auch die Summe $\varphi_t + \psi_t$ eine Lösung dieser Gleichung.

Blicken wir zurück auf den skizzierten ersten Entwurf der allgemeinen Theorie, so erscheint er noch reichlich schemenhaft, die tragenden Strukturen werden jedoch sichtbar. In den folgenden Abschnitten werden wir weitere Einzelheiten ausführen, die uns in die Lage versetzen, konkrete Systeme zu behandeln. Nachdem uns die Elemente der Theorie und deren Handhabung durch eine Reihe physikalischer Anwendungen vertraut geworden sind, werden wir im neunten Kapitel die angeführten Aussagen der Theorie verfeinern und umfassend formulieren.

Aufgabe 1.1.1

Der Operator B im Hilbert-Raum $\mathcal{H}$ sei symmetrisch, man zeige:

a) (f, Bf) *ist reell* $\forall f \in \mathcal{D}_B \subset \mathcal{H}$.

b) *Besitzt B Eigenwerte, so sind diese reell.*

c) *Eigenvektoren von B zu verschiedenen Eigenwerten sind orthogonal.*

Aufgabe 1.1.2

Man zeige: Erfüllen die beiden beschränkten Operatoren A, B im Hilbert-Raum $\mathcal{H}$ die Relation $(f, Af) = (f, Bf) , \forall f \in \mathcal{H}$, so ist $A = B$.

Hinweis: Man benütze die für einen beschränkten Operator und $\forall f, g \in \mathcal{H}$ gültige Polarisationsrelation

$$4(f, Ag) = (f + g, A(f + g)) - (f - g, A(f - g))$$
$$-i(f + ig, A(f + ig)) + i(f - ig, A(f - ig)) ,$$

die zunächst zu verfizieren ist.

1.2   Observablen und zugeordnete Operatoren

Stellen wir die Frage, welcher konkrete Hilbert-Raum einem ins Auge gefaßten Mikrosysten zuzuordnen ist, und welche konkreten selbstadjungierten Operatoren dessen Observablen, so müssen wir zuerst ein Bild des Mikrosystems entwerfen. Die Quantenmechanik greift hierzu auf die Klassische Mechanik als vorgängige Theorie zurück. In der Klassischen Mechanik ist der Massenpunkt ein nicht weiter zerlegbarer Materieträger, der sich im Raum $\mathbb{R}^3$ bewegen kann. Wird vorläufig diese Theorie zur Beschreibung eines Mikrosystems verwendet, ist der Massenpunkt das theoretische Bild eines elementaren Teilchens. Ein aus n elementaren Konstituenten „aufgebautes" oder „zusammengesetztes" Atom oder Molekül ist im theoretischen Bild ein System, das aus n miteinander wechselwirkenden Massenpunkten besteht. Das *Korrespondenzprinzip* erzeugt aus dieser klassischen Vortheorie eines Mikrosystems das entsprechende quantenmechanische Bild dieses Mikrosystems mit seinen Observablen.

1.2.1   Das Korrespondenzprinzip

In der Hamiltonschen Formulierung der Klassischen Mechanik sind die (generalisierten) Koordinaten q_j und die dazu kanonisch konjugierten Impulse p_j, $j = 1, 2, \ldots, n$, die fundamentalen dynamischen Variablen, d.h. die Koordinaten des Phasenraums. Eine Observable F ist eine Funktion $F(q_1, \ldots, q_n, p_1, \ldots, p_n)$ dieser Variablen – insbesondere ist jede der fundamentalen Variablen $q_1, \ldots, q_n, p_1, \ldots, p_n$ selbst eine Observable. Die *Poisson-Klammer* zweier als differenzierbar angenommenen Observablen F und G ist die schiefe Form

$$\{F, G\}_P := \sum_{j=1}^{n} \left(\frac{\partial F}{\partial q_j} \frac{\partial G}{\partial p_j} - \frac{\partial F}{\partial p_j} \frac{\partial G}{\partial q_j} \right) . \tag{1.2.1}$$

Im Fall der fundamentalen Observablen gilt offensichtlich

$$\{q_j, q_l\}_P = 0 , \quad \{p_j, p_l\}_P = 0 ,$$

$$\{p_j, q_l\}_P = -\delta_{jl} , \quad j, l \in \{1, 2, \ldots, n\} .$$

(1.2.2)

Um das quantenmechanische Bild eines Mikrosystems, das aus einem spinlosen Teilchen besteht, zu erhalten, blicke man zunächst auf die klassische Vortheorie: einen Massenpunkt im $\mathbb{R}^3$, charakterisiert durch eine Masse und eine elektrische Ladung. Das Korrespondenzprinzip besagt dann:

i)   Man ersetze die notwendigerweise gewählten *rechtwinkligen Koordinaten* q_a^{klass} und ihre kanonisch konjugierten Impulse p_a^{klass} , $a = 1, 2, 3$, durch selbst-adjungierte Operatoren q_a , bzw. p_a in einem Hilbert-Raum $\mathcal{H}$, die anstelle der Poisson-Algebra (1.2.2) auf einem dichten Bereich in $\mathcal{H}$ die entsprechende *Heisenberg-Algebra*

$$[q_a, q_b] = 0 , \quad [p_a, p_b] = 0 ,$$

$$[p_a, q_b] = \frac{\hbar}{i}\delta_{ab}\mathbb{1} , \quad a, b \in \{1, 2, 3\}$$

(1.2.3)

erfüllen, mit dem *Kommutator* zweier Operatoren A und B:

$$[A, B]f = ABf - BAf , \text{ für } f \in \mathcal{D}_{AB} \cap \mathcal{D}_{BA} .$$

Die reelle positive Konstante $\hbar$ ist wiederum das schon zuvor in der Schrödinger-Gleichung (1.1.6) zutage getretene reduzierte Plancksche Wirkungsquantum. Die Ersetzung muß überdies *irreduzibel* sein: Im Hilbert-Raum $\mathcal{H}$ darf es außer Vielfachen des Einheitsoperators keinen weiteren Operator geben, der mit allen Operatoren $q_a, p_a, a = 1, 2, 3$, vertauscht.

ii)   Das quantenmechanische Analogon einer klassischen Observablen $F(\vec{q}^{\text{klass}}, \vec{p}^{\text{klass}})$ ist der Operator

$$F(\vec{q}, \vec{p})\Big|_{\text{falls nötig, geeignet symmetrisiert}} ,$$

sodaß er als selbstadjungierter Operator definiert werden kann. Die Symmetrisierung kann notwendig werden, da die quantenmechanischen fundamentalen Observablen nicht paarweise kommutieren. Da $\vec{q}$ und $\vec{p}$ Operatoren sind, können wir diese Ersetzung vorerst nur im Fall von Polynomen der klassischen Variablen ausführen.

Eine Lösung der in i) gestellten Aufgabe ist die *Schrödinger-Darstellung* der *Heisenberg-Algebra*:

$$\mathcal{H} = \mathcal{L}^2(\mathbb{R}^3) \, ,$$
$$(q_a f)(\vec{x}) = x_a f(\vec{x}) \, , \quad f \in \mathcal{D}_{q_a} \subset \mathcal{H} \, ,$$
$$(p_a f)(\vec{x}) = \frac{\hbar}{i}\frac{\partial}{\partial x_a} f(\vec{x}) \, , \quad f \in \mathcal{D}_{p_a} \subset \mathcal{H} \, ,$$
$$a = 1,2,3 \, . \tag{1.2.4}$$

Aus später ersichtlichen Gründen wird sie auch als *Ortsdarstellung* bezeichnet.

Wie man leicht verifiziert, erfüllt die *Impulsdarstellung*:

$$\mathcal{H} = \mathcal{L}^2(\mathbb{R}^3) \, ,$$
$$(\widehat{q}_a \varphi)(\vec{k}) = i\hbar\frac{\partial}{\partial k_a}\varphi(\vec{k}) \, , \quad \varphi \in \mathcal{D}_{\widehat{q}_a} \subset \mathcal{H} \, ,$$
$$(\widehat{p}_a \varphi)(\vec{k}) = k_a \varphi(\vec{k}) \, , \quad \varphi \in \mathcal{D}_{\widehat{p}_a} \subset \mathcal{H} \, ,$$
$$a = 1,2,3 \tag{1.2.5}$$

ebenfalls die Vertauschungsrelationen (1.2.3). Später werden wir finden, daß beide Darstellungen physikalisch äquivalent sind. Die dominante Rolle der Schrödinger-Darstellung in den Anwendungen der Theorie resultiert aus der Ersetzungsregel ii) für die klassischen Observablen: Der als Multiplikationsoperator dargestellte Ortsoperator erlaubt direkt, sehr allgemeine Funktionen dieses Operators einzuführen. Ein physikalisch wichtiges Beispiel hierfür ist der Hamilton-Operator H eines Teilchens, auf das ein Potential wirkt, das in der klassischen Vortheorie durch die Potentialfunktion $v(\vec{q}^{\,\text{klass}})$ beschrieben wird: Die Ersetzungsregel ergibt

$$\begin{aligned} H &= \frac{1}{2m}\left(\frac{\hbar}{i}\vec{\nabla}\right)^2 + v(\vec{x}) \\ &= -\frac{\hbar^2}{2m}\Delta + v(\vec{x}) \, , \end{aligned} \tag{1.2.6}$$

mit dem Laplace-Operator

$$\Delta = \vec{\nabla}\cdot\vec{\nabla} = \sum_{a=1}^{3}\left(\frac{\partial}{\partial x_a}\right)^2 \, .$$

Das quantenmechanische Bild eines aus n *unterscheidbaren Teilchen* bestehenden Mikrosystems hat ein aus n Massenpunkten gebildetes System zur klassischen Vortheorie, mit den rechtwinkligen Koordinaten $q_a^{(j)\text{klass}}$ und den kanonisch konjugierten Impulsen $p_a^{(j)\text{klass}}$, $a = 1,2,3$ und $j = 1,\ldots,n$. Jedem der Massenpunkte ist ein

Parameterpaar (m_j, e_j) für seine Masse und seine elektrische Ladung zugeordnet, und *unterscheidbar* bedeutet, daß kein solches Paar einem andern gleich ist. Analog dem Fall eines Teilchens konvertiert das Korrespondenzprinzip die Poisson-Algebra in die entsprechende *Heisenberg-Algebra* der Operatoren:

$$[q_a^{(j)}, q_b^{(l)}] = 0, \quad [p_a^{(j)}, p_b^{(l)}] = 0,$$

$$[p_a^{(j)}, q_b^{(l)}] = \frac{\hbar}{i} \delta_{jl} \delta_{ab} \mathbb{1}, \quad a, b \in \{1, 2, 3\} \text{ und } j, l \in \{1, \dots, n\}, \tag{1.2.7}$$

mit der analogen Forderung an deren Darstellung. Die *Schrödinger-Darstellung* dieser Algebra ist gegeben im Hilbert-Raum $\mathcal{H} = \mathcal{L}^2(\mathbb{R}^{3n})$ durch die Abbildungen

$$(q_a^{(j)} f)(\vec{x}^{(1)}, \dots, \vec{x}^{(n)}) = x_a^{(j)} f(\vec{x}^{(1)}, \dots, \vec{x}^{(n)}),$$

$$(p_a^{(j)} f)(\vec{x}^{(1)}, \dots, \vec{x}^{(n)}) = \frac{\hbar}{i} \frac{\partial}{\partial x_a^{(j)}} f(\vec{x}^{(1)}, \dots, \vec{x}^{(n)}), \tag{1.2.8}$$

mit $f \in \mathcal{H}$, eingeschränkt auf die entsprechenden Definitionsbereiche. Wird die Wechselwirkung der Massenpunkte untereinander durch ein jeweiliges Relativpotential $w_{jl}(|\vec{q}^{(j)\text{klass}} - \vec{q}^{(l)\text{klass}}|)$ beschrieben, so folgt aus der (klassischen) Hamilton-Funktion mittels der Ersetzungsregel der Hamilton-Operator

$$H = -\sum_{j=1}^{n} \frac{\hbar^2}{2m_j} \Delta_{(j)} + \sum_{1 \le j < l \le n} w_{jl}(|\vec{x}^{(j)} - \vec{x}^{(l)}|) \tag{1.2.9}$$

des aus n unterscheidbaren spinlosen Teilchen bestehenden Mikrosystems. Die notwendige Modifikation der bisher dargelegten Theorie, wenn zwei oder mehr Teilchen der gleichen Sorte in einem Mikrosystem auftreten, ist Gegenstand des Kapitels 10.

Zum Schluß dieses Abschnitts kommen wir auf den verwendeten Teilchenbegriff zurück. Teilchen sind die Konstituenten der Mikrosysteme. Wie der Massenpunkt in der Klassischen Mechanik, ist das Teilchen in der nichtrelativistischen Quantenmechanik ein nicht weiter reduzierbarer Materieträger. Unter gewissen physikalischen Umständen können jedoch auch zusammengesetzte Systeme in der theoretischen Beschreibung als Teilchen behandelt werden: Immer dann, wenn diese Systeme aus energetischen Gründen keine innere Anregung erfahren. Ein Beispiel hierfür sind Atomkerne in Atom- oder Molekülmodellen.

1.2.2 Schrödinger-Darstellung und Aufenthaltswahrscheinlichkeit

In der Schrödinger-Darstellung der Heisenberg-Algebra wird der Ortsoperator $\vec{q}$ eines Teilchens als Multiplikationsoperator dargestellt. Wir betrachten zunächst ein

Mikrosystem, das aus einem Teilchen besteht, also $\mathcal{H} = \mathcal{L}^2(\mathbb{R}^3)$. Dann hat der Erwartungswert des Ortsoperators $\vec{q}$ im Zustand $\varphi_t \in \mathcal{H}$ die Gestalt

$$(\varphi_t, q_a \varphi_t) = \int_{\mathbb{R}^3} d^3x\, x_a |\varphi_t(\vec{x})|^2 \, , \quad a = 1, 2, 3 \, . \tag{1.2.10}$$

In der rechten Seite erkennen wir die Form des ersten Moments eines Wahrscheinlichkeitsmaßes auf dem $\mathbb{R}^3$ mit der Wahrscheinlichkeitsdichte $|\varphi_t(\vec{x})|^2$. Die physikalische Bedeutung der Observablen $\vec{q}$ berechtigt uns somit, $|\varphi_t(\vec{x})|^2$ als Dichte der Aufenthaltswahrscheinlichkeit des Teilchens zur Zeit t zu interpretieren. Die Aufenthaltswahrscheinlichkeit in einem Gebiet $\mathcal{G} \subset \mathbb{R}^3$ zur Zeit t ist also gegeben durch das Integral

$$\mu_t(\mathcal{G}) = \int_{\mathcal{G}} d^3x |\varphi_t(\vec{x})|^2 \tag{1.2.11}$$

und erfüllt die Relationen

$$\mu_t(\emptyset) = 0 \, , \quad \mu_t(\mathbb{R}^3) = \|\varphi_t\|^2 = 1 \, ,$$

$$\mu_t(\mathcal{G}_1 \cup \mathcal{G}_2) = \mu_t(\mathcal{G}_1) + \mu_t(\mathcal{G}_2) \, , \text{ falls } \mathcal{G}_1 \cap \mathcal{G}_2 = \emptyset \, ,$$

die unmittelbar einleuchten.

Die im Fall eines Teilchens gewonnene Deutung des Zustandsvektors in der Schrödinger-Darstellung läßt sich in direkter Weise auf Mikrosysteme ausdehnen, die aus mehreren unterscheidbaren Teilchen bestehen. Der Deutlichkeit wegen nehmen wir ein System zweier unterscheidbarer Teilchen in Augenschein, mithin ist $\mathcal{H} = \mathcal{L}^2(\mathbb{R}^{3+3})$. Aufschluß erhalten wir aus der jeweiligen Gestalt der Erwartungswerte

$$(\varphi_t, q_a^{(1)} q_b^{(2)} \varphi_t) = (\varphi_t, q_b^{(2)} q_a^{(1)} \varphi_t) = \int_{\mathbb{R}^3} d^3x \int_{\mathbb{R}^3} d^3y\, x_a y_b |\varphi_t(\vec{x}, \vec{y})|^2 \, ,$$

$$(\varphi_t, q_a^{(1)} \varphi_t) = \int_{\mathbb{R}^3} d^3x\, x_a \int_{\mathbb{R}^3} d^3y |\varphi_t(\vec{x}, \vec{y})|^2 \, ,$$

$$(\varphi_t, q_b^{(2)} \varphi_t) = \int_{\mathbb{R}^3} d^3x \int_{\mathbb{R}^3} d^3y\, y_b |\varphi_t(\vec{x}, \vec{y})|^2 \, .$$

Wie zuvor bei einem Teilchen, ergeben sich die Erwartungswerte in der Form spezieller Momente eines Wahrscheinlichkeitsmaßes: in diesem Fall auf dem $\mathbb{R}^{3+3}$, mit der Wahrscheinlichkeitsdichte $|\varphi_t(\vec{x}, \vec{y})|^2$. Diese Wahrscheinlichkeitsdichte – das Absolutquadrat des als Funktion auf dem $\mathbb{R}^{3+3}$ gesehenen Zustandsvektors φ_t – führt auf Grund der physikalischen Bedeutung der beiden Observablen $\vec{q}^{(1)}$ und $\vec{q}^{(2)}$ zur Aussage:

$$\mu_t(\mathcal{G}_1, \mathcal{G}_2) := \int_{\mathcal{G}_1} d^3x \int_{\mathcal{G}_2} d^3y |\varphi_t(\vec{x}, \vec{y})|^2 \tag{1.2.12}$$

ist die Wahrscheinlichkeit dafür, zur Zeit t das Teilchen „1" im Gebiet $\mathcal{G}_1 \subset \mathbb{R}^3$ *und* das Teilchen „2" im Gebiet $\mathcal{G}_2 \subset \mathbb{R}^3$ zu finden. Somit bezieht sich diese Wahrscheinlichkeit auf eine Koinzidenzmessung der beiden Teilchen. Wird das Teilchen „2" hingegen nicht gemessen, ist

$$\mu_t(\mathcal{G}_1, \mathbb{R}^3)$$

die Wahrscheinlichkeit dafür, das Teilchen „1" zur Zeit t im Raumgebiet $\mathcal{G}_1 \subset \mathbb{R}^3$ zu finden, und entsprechend, wenn die Rollen der beiden Teilchen vertauscht werden. Wird keines der beiden Teilchen gemessen, so drückt die Normierung

$$\mu_t(\mathbb{R}^3, \mathbb{R}^3) = 1$$

die Gewißheit aus, im ganzen $\mathbb{R}^3$ die beiden Teilchen zu finden. Die Verallgemeinerung auf ein Mikrosystem, das aus n unterscheidbaren Teilchen besteht, ist nun evident. Aus der hier zutage geförderten physikalischen Interpretation des Zustandsvektors in der Schrödinger-Darstellung wird die häufig gebrauchte alternative Bezeichnung „Ortsdarstellung" für letztere erklärlich.

1.2.3   Vektoroperatoren

Wir betrachten zunächst ein Mikrosystem, das aus einem spinlosen Teilchen besteht. Das Korrespondenzprinzip liefert den Operator des Drehimpulses

$$\vec{D} = \vec{q} \times \vec{p}, \tag{1.2.13}$$

oder, in Komponenten mit $a = 1, 2, 3$:

$$D_a = \sum_{b,c=1}^{3} \varepsilon_{abc} q_b p_c. \tag{1.2.14}$$

Hierbei ist ε_{abc} der aus der Vektorrechnung bekannte total schiefsymmetrische Tensor 3. Stufe, vollständig bestimmt durch $\varepsilon_{123} = 1$. Wegen der schiefen Symmetrie des ε-Tensors tragen in (1.2.14) nur Produkte $q_b p_c$ mit $b \neq c$ bei, diese vertauschen miteinander und erübrigen somit eine nachträgliche Symmetrisierung. Mit Hilfe der nützlichen Identität

$$\sum_{a=1}^{3} \varepsilon_{abc}\varepsilon_{ars} = \delta_{br}\delta_{cs} - \delta_{bs}\delta_{cr} \,,$$

bzw. einer ihrer Varianten, die aus der schiefen Symmetrie des ε-Tensors hervorgeht, läßt sich (1.2.14) auch umkehren:

$$q_r p_s - q_s p_r = \sum_{a=1}^{3} \varepsilon_{rsa} D_a \,. \tag{1.2.15}$$

Wir wollen einige direkt aus der Heisenberg-Algebra (1.2.3) folgende Vertauschungs-relation bestimmen, ohne dabei deren Schrödinger-Darstellung (1.2.4) zu verwenden. Hierzu bedienen wir uns der folgenden algebraischen Eigenschaften des Kommutators, die jedoch im Fall unbeschränkter Operatoren nur auf eingeschränkten Bereichen anwendbar sind:

$$\begin{aligned}
[A, B] &= -[B, A] \,, \\
[A, B + C] &= [A, B] + [A, C] \,, \\
[A + B, C] &= [A, C] + [B, C] \,, \\
[\alpha A, \beta B] &= \alpha\beta[A, B] \,, \quad \alpha, \beta \in \mathbb{C} \,, \\
[AB, C] &= A[B, C] + [A, C]B \,.
\end{aligned} \tag{1.2.16}$$

Den Kommutator zweier Komponenten (1.2.14) des Drehimpulsoperators finden wir auf diese Weise (mit etwas Geduld) in der Form

$$[D_a, D_b] = i\hbar(q_a p_b - q_b p_a)$$

und erhalten hieraus, zusammen mit der Umkehrrelation (1.2.15), schließlich

$$[D_a, D_b] = i\hbar \sum_c \varepsilon_{abc} D_c \,, \quad a, b \in \{1, 2, 3\} \,. \tag{1.2.17}$$

Unschwer gewinnt man die beiden Kommutatoren

$$[D_a, q_b] = i\hbar \sum_{c=1}^{3} \varepsilon_{abc} q_c \,, \tag{1.2.18}$$

$$[D_a, p_b] = i\hbar \sum_{c=1}^{3} \varepsilon_{abc} p_c \,, \tag{1.2.19}$$

wiederum mit $a, b \in \{1, 2, 3\}$. In den Vertauschungsrelationen (1.2.17-19) wird man einer gewissen Systematik in den auftretenden Komponenten der Operatoren $\vec{D}$, $\vec{q}$ und $\vec{p}$ gewahr. Diese Systematik ist die quantenmechanische Ausprägung der Vektoreigenschaft ihrer klassischen Vorbilder $\vec{D}^{\text{klass}}$, $\vec{q}^{\text{klass}}$ und $\vec{p}^{\text{klass}}$. Man nennt daher einen Einteilchenoperator $\vec{A} = (A_1, A_2, A_3)$, der den Vertauschungsrelationen

$$[D_a, A_b] = i\hbar \sum_{c=1}^{3} \varepsilon_{abc} A_c , \quad a, b \in \{1, 2, 3\} \tag{1.2.20}$$

genügt, einen *Vektoroperator*. Sind $\vec{A}$ und $\vec{B}$ zwei Vektoroperatoren und benutzt man die suggestive Notation

$$\vec{A} \cdot \vec{B} = \sum_{b=1}^{3} A_b B_b , \tag{1.2.21}$$

so findet man die Vertauschungsrelationen

$$[D_a, \vec{A} \cdot \vec{B}] = 0 , \quad a = 1, 2, 3 . \tag{1.2.22}$$

Diese Relationen gelten also insbesondere für die „Quadrate" $\vec{D}^2$, $\vec{p}^2$ und $\vec{q}^2$.

Wir wenden uns nun einem aus zwei unterscheidbaren spinlosen Teilchen gebildeten Mikrosystem zu. Der Operator des Gesamtdrehimpulses folgt aus dem Korrespondenzprinzip zu

$$\underline{\vec{D}} = \vec{q}^{(1)} \times \vec{p}^{(1)} + \vec{q}^{(2)} \times \vec{p}^{(2)} \equiv \vec{D}^{(1)} + \vec{D}^{(2)} . \tag{1.2.23}$$

In der Heisenberg-Algebra (1.2.7) vertauschen die Operatoren verschiedener Teilchen, weshalb

$$[\underline{D}_a, \underline{D}_b] = [D_a^{(1)}, D_b^{(1)}] + [D_a^{(2)}, D_b^{(2)}]$$

gilt. Verwenden wir für die beiden Kommutatoren der Drehimpulskomponenten eines Teilchens die Relation (1.2.17) und fassen dann zusammen, erhalten wir die Vertauschungsrelationen der Komponenten des Gesamtdrehimpulses

$$[\underline{D}_a, \underline{D}_b] = i\hbar \sum_{c=1}^{3} \varepsilon_{abc} \underline{D}_c , \tag{1.2.24}$$

mit $a, b \in \{1, 2, 3\}$, die offenbar in ihrer Form mit den entsprechenden Relationen (1.2.17) eines Teilchens übereinstimmen! Ganz ähnlich, jedoch noch einfacher erhält man mit den Relationen (1.2.18-19)

$$[\underline{D}_a, q_b^{(j)}] = i\hbar \sum_{c=1}^{3} \varepsilon_{abc} q_c^{(j)} , \qquad (1.2.25)$$

$$[\underline{D}_a, p_b^{(j)}] = i\hbar \sum_{c=1}^{3} \varepsilon_{abc} p_c^{(j)} , \qquad (1.2.26)$$

$$j = 1, 2 \quad \text{und} \quad a, b \in \{1, 2, 3\} .$$

Allgemein: Die Komponenten eines dem Teilchen „j" zugehörigen Vektoroperators $\vec{A}^{(j)}$ genügen den Relationen

$$[\underline{D}_a, A_b^{(j)}] = i\hbar \sum_{c=1}^{3} \varepsilon_{abc} A_c^{(j)} . \qquad (1.2.27)$$

Seien $\vec{A}^{(j)}, \vec{B}^{(j)}$ Einteilchen-Vektoroperatoren, so folgt aus (1.2.27), daß das „Skalarprodukt" zweier solcher Operatoren mit dem Gesamtdrehimpuls vertauscht

$$[\underline{D}_a, \vec{A}^{(j)} \cdot \vec{B}^{(l)}] = 0 , \quad a = 1, 2, 3 \quad \text{und } j, l \in \{1, 2\} . \qquad (1.2.28)$$

Die Verallgemeinerung auf ein System, das aus n unterscheidbaren Teilchen besteht ist wieder offenkundig.

1.3 Die Parität

Die Raumspiegelung $\vec{x} \rightarrow -\vec{x}$ im $\mathbb{R}^3$ transformiert geometrische Körper in deren Spiegelbild, das sich nicht durch Bewegen der Körper gewinnen läßt, wie im Fall einer Drehung oder einer Verschiebung. Implementieren wir die Raumspiegelung im Hilbert-Raum $\mathcal{H} = \mathcal{L}^2(\mathbb{R}^3)$ eines Teilchens durch die Paritätstransformation

$$(\mathcal{P}f)(\vec{x}) := f(-\vec{x}) , \quad f \in \mathcal{H} , \qquad (1.3.1)$$

so ordnen wir hierdurch, physikalisch gesehen, der ursprünglichen Wahrscheinlichkeitsamplitude für den Ort eine neue zu, die so beschaffen ist, daß der Wert der „neuen" Wahrscheinlichkeitsdichte im Raumpunkt $\vec{x}$ gleich dem Wert der „alten" Wahrscheinlichkeitsdichte im Raumpunkt $-\vec{x}$ ist. Denken wir uns eine reine Gesamtheit im Zustand $f(\vec{x})$ durch einen Apparat präpariert, so ist nicht unmittelbar klar, auf welche Weise eine reine Gesamtheit im Zustand $f(-\vec{x})$ präpariert werden kann; jedenfalls nicht durch eine Lageveränderung der Präpariervorrichtung. Die physikalische Äquivalenz der Zustandsvektoren f und $\mathcal{P}f$ muß sich aus der entsprechenden Symmetrieeigenschaft des betrachteten Mikrosystems ergeben. Aus der Definition (1.3.1) folgt sofort

$$\mathcal{P}^2 = \mathbb{1} , \quad \mathcal{P}^* = \mathcal{P} , \tag{1.3.2}$$

der Operator $\mathcal{P}$ ist also unitär. Außerdem findet man für den Ortsoperator $\vec{q}$ und den Impulsoperator $\vec{p}$ leicht die Relationen

$$\mathcal{P}q_a = -q_a\mathcal{P} , \quad \mathcal{P}p_a = -p_a\mathcal{P} , \quad a = 1,2,3 ; \tag{1.3.3}$$

beide sind Vektoroperatoren. Mit $f \in \mathcal{D}_{p_a}$ verifizieren wir den Fall des Impulsoperators:

$$(\mathcal{P}p_a f)(\vec{x}) = (p_a f)(-\vec{x}) = \frac{\hbar}{i}(\partial_a f)(-\vec{x}) ,$$

$$(p_a \mathcal{P} f)(\vec{x}) = \frac{\hbar}{i}\partial_a(\mathcal{P}f)(\vec{x}) = \frac{\hbar}{i}\partial_a f(-\vec{x}) = -\frac{\hbar}{i}(\partial_a f)(-\vec{x}) .$$

Im folgenden gehen wir nicht mehr auf Definitionsbereiche ein. Der Operator T der kinetischen Energie vertauscht, (1.3.3) zufolge, mit $\mathcal{P}$:

$$T = \frac{1}{2m}\sum_{a=1}^{3}(p_a)^2 , \quad [\mathcal{P},T] = 0 , \tag{1.3.4}$$

und für den Operator der potentiellen Energie

$$(Vf)(\vec{x}) = v(\vec{x})f(\vec{x}) \tag{1.3.5}$$

ergibt sich

$$(\mathcal{P}Vf)(\vec{x}) = v(-\vec{x})f(-\vec{x}) , \quad (V\mathcal{P}f)(\vec{x}) = v(\vec{x})f(-\vec{x}) .$$

Somit gilt:

$$v(-\vec{x}) = v(\vec{x}) \quad \Rightarrow \quad [\mathcal{P},V] = 0 . \tag{1.3.6}$$

Folglich vertauscht der Hamilton-Operator $H = T + V$ gerade dann mit dem Paritätsoperator $\mathcal{P}$, wenn V und $\mathcal{P}$ vertauschbar sind. Vertauschen nun $\mathcal{P}$ und H , so können die Eigenvektoren von H , sofern es solche überhaupt gibt, als gemeinsame Eigenvektoren von H und $\mathcal{P}$ gewonnen werden: Sei $Hf = \lambda f$, dann erfüllen $f_\pm := (1 \pm \mathcal{P})f$ offensichtlich

$$\mathcal{P}f_\pm = (\mathcal{P} \pm \mathcal{P}^2)f = \pm f_\pm ,$$
$$Hf_\pm = H(1 \pm \mathcal{P})f = (1 \pm \mathcal{P})Hf = \lambda f_\pm .$$

Hieraus folgt jedoch nicht die Entartung eines jeden Eigenwerts λ, da f_+ oder f_- der Nullvektor sein kann. Ist der Eigenwert des Paritätsoperators $+1$, so spricht man von *gerader Parität*, im Fall des Eigenwerts -1 von *ungerader Parität*.

Besteht das Mikrosystem aus zwei unterscheidbaren Teilchen, wird in seinem Hilbert-Raum $\mathcal{H} = \mathcal{L}^2(\mathbb{R}^6)$ der Paritätsoperator $\mathcal{P}$ durch

$$(\mathcal{P}f)(\vec{x}^{(1)}, \vec{x}^{(2)}) := f(-\vec{x}^{(1)}, -\vec{x}^{(2)}), \quad f \in \mathcal{H}, \tag{1.3.7}$$

definiert. Wiederum gelten

$$\mathcal{P}^* = \mathcal{P}, \quad \mathcal{P}^2 = \mathbb{1}$$

und für die Orts- und Impulsoperatoren $\vec{q}^{(j)}$ und $\vec{p}^{(j)}$, mit $j = 1, 2$, der beiden Teilchen ergeben sich zu (1.3.3) analoge Relationen. Ein Hamilton-Operator der Gestalt

$$H = \sum_{j=1}^{2} \left\{ \frac{1}{2m_j} (\vec{p}^{(j)})^2 + v_j(|\vec{x}^{(j)}|) \right\} + w(|\vec{x}^{(1)} - \vec{x}^{(2)}|)$$

vertauscht mit $\mathcal{P}$, wovon man sich unschwer überzeugt.

Die Ausdehnung auf ein aus n unterscheidbaren Teilchen bestehendes Mikrosystem ist nun offenkundig.

Aufgabe 1.3.1

Auf ein „Teilchen" im eindimensionalen Raum $\mathbb{R}$, also $\mathcal{H} = \mathcal{L}^2(\mathbb{R})$, wirke das Potential

$$v(x) = \begin{cases} 0, & \text{falls } |x| \le a, \\ V_0, & \text{falls } |x| > a, \end{cases}$$

mit den positiven Parametern a und V_0; mithin ergibt sich der Hamilton-Operator

$$H = \frac{p^2}{2m} + v(x), \quad p = \frac{\hbar}{i} \frac{d}{dx},$$

$$\mathcal{D}_H = \{ \phi \in \mathcal{H} | \phi'' \in \mathcal{H} \}$$

a) *Man zeige: H kann keine negativen Eigenwerte haben.*

b) *Der Hamilton-Operator vertauscht mit dem Paritätsoperator: Man bestimme (bis auf die Normierung) die simultanen Eigenvektoren und deren Eigenwerte, letztere qualitativ graphisch.*

c) *Es ist zu zeigen, daß H keine Eigenvektoren mit Eigenwerten $E > V_0$ besitzt.*

Aufgabe 1.3.2

Wird in der Aufg. 1.3.1 der Potentialsprung V_0 größer und größer gewählt, so entsteht im Grenzfall $V_0 \to \infty$ das in der Statistischen Mechanik verwendete Modell eines im Kasten eingeschlossenen Teilchens. (Der Kasten ist in dem hier betrachteten eindimensionalen Raum das Intervall $[-a, a]$.)

a) *Man bestimme aus der (graphischen) Eigenwertgleichung der Aufgabe 1.3.1 den jeweiligen limes der Eigenwerte des Hamilton-Operators H , wenn $V_0 \to \infty$ strebt. Außerdem ist zu zeigen, daß die Eigenvektoren von H im Gebiet $|x| \geq a$ mit $V_0 \to \infty$ gleichmäßig gegen Null konvergieren.*

b) *Im Grenzfall $V_0 = \infty$ mutiert der ursprüngliche Hilbert-Raum $\mathcal{L}^2(\mathbb{R})$ zu $\mathcal{H}_1 = \mathcal{L}^2(-a, a)$ und der Hamilton-Operator zu*

$$H_1 := -\frac{\hbar^2}{2m}\left(\frac{d}{dx}\right)^2 ,$$
$$\mathcal{D}_{H_1} = \{\phi \in \mathcal{H}_1 | \phi'' \in \mathcal{H}_1 \text{ und } \phi(-a) = \phi(a) = 0\} .$$

Man verifiziere, daß der Operator H_1 symmetrisch ist.

Aufgabe 1.3.3

Wirkt auf ein „Teilchen" im eindimensionalen Raum ein Potential der Form

$$v(x) = \begin{cases} B > 0 & , \text{ falls } |x| \leq a , \\ 0 & , \text{ falls } a < |x| \leq b , \\ V_0 \to \infty & , \text{ falls } |x| > b , \end{cases}$$

so wird es im Hilbert-Raum $\mathcal{H} = \mathcal{L}^2(-b, b)$ mit dem Hamilton-Operator

$$H = -\frac{\hbar^2}{2m}\left(\frac{d}{dx}\right)^2 + v(x)\Big|_{|x| \leq b} ,$$
$$\mathcal{D}_H = \{\varphi(x) \in \mathcal{H} | \varphi'' \in \mathcal{H} \text{ und } \varphi(-b) = \varphi(b) = 0\}$$

beschrieben. (Zur Begründung der Randbedingung sei auf die Aufgabe 1.3.2 verwiesen.) Der Hamilton-Operator kann als eindimensionales qualitatives Modell für die Schwingungszustände des NH_3-Masers angesehen werden.

a) *Man bestimme (bis auf die Normierung) die Eigenvektoren des Operators H mit Eigenwerten $0 < E < B$.*

b) *Man zeige, daß für hinreichend groß gewählten Parameter B die Differenz der beiden kleinsten Eigenwerte beliebig klein wird.*

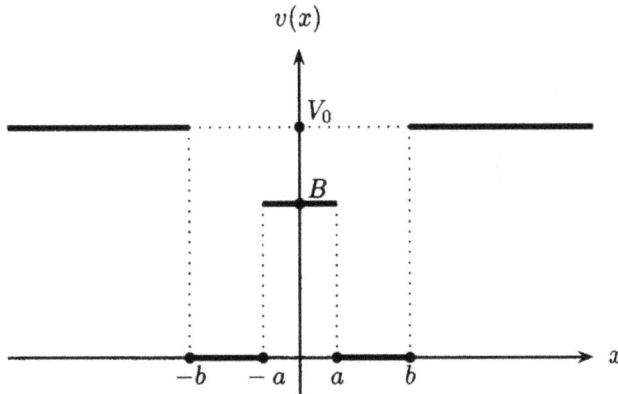

Abbildung 1.1: Die Potentialfunktion $v(x)$ der Aufgabe 1.3.3

1.4   Der harmonische Oszillator

Ein charakteristisches Kennzeichen der Quantenmechanik ist der Sachverhalt, daß gewisse Systeme diskrete Energiestufen aufweisen können. Der harmonische Oszillator ist ein einfaches Beispiel mit einem rein diskreten Energiespektrum.

1.4.1   Der lineare Oszillator

Das Mikrosystem ist ein „Teilchen" im eindimensionalen Raum $\mathbb{R}$ unter dem Einfluß eines Oszillatorpotentials: $\mathcal{H} = \mathcal{L}^2(\mathbb{R})$ ist also der Hilbert-Raum und der Hamilton-Operator hat die Gestalt

$$H = \frac{1}{2m}p^2 + \frac{1}{2}m\omega^2 q^2 . \tag{1.4.1}$$

Der reelle positive Parameter ω ist die Eigenfrequenz des klassischen Oszillators

$$\ddot{q}_{\text{klass}} + \omega^2 q_{\text{klass}} = 0 .$$

Die Operatoren q , p , vgl. (1.2.4), und H sind auf dem Bereich $\mathcal{S}(\mathbb{R}) \subset \mathcal{L}^2(\mathbb{R})$ wesentlich selbstadjungiert und bilden jeweils diesen Bereich in sich ab. Im folgenden werden alle Operatorrelationen auf $\mathcal{S}(\mathbb{R})$ ausgeführt. Anstelle der Observablen p und q verwendet man die Linearkombinationen

$$a := \alpha q + i\beta p , \quad a^* = \alpha q - i\beta p ,$$

$$\alpha = \left(\frac{m\omega}{2\hbar}\right)^{\frac{1}{2}} , \quad \beta = (2\hbar m\omega)^{-\frac{1}{2}} . \tag{1.4.2}$$

Der Operator a^* ist der zum nichthermiteschen Operator a adjungierte Operator:

$$(g, af) = \alpha(g, qf) + i\beta(g, pf) = \alpha(qg, f) + i\beta(pg, f) = ((\alpha q - i\beta p)g, f) .$$

Außerdem gilt die fundamentale Vertauschungsrelation

$$[a, a^*] = 2i\alpha\beta[p, q] = \mathbb{1} , \tag{1.4.3}$$

und der Hamilton-Operator nimmt die Gestalt

$$H = \hbar\omega(a^*a + \frac{1}{2}\mathbb{1}) \tag{1.4.4}$$

an, wie unschwer zu verifizieren ist:

$$\hbar\omega a^*a = \hbar\omega\{\alpha^2 q^2 + \beta^2 p^2 - i\alpha\beta[p, q]\} = H - \frac{1}{2}\hbar\omega\mathbb{1} .$$

Mit der Form (1.4.4) des Hamilton-Operators und der Vertauschungsrelation (1.4.3) ergeben sich die Relationen

$$[H, a^*] = \hbar\omega a^* , \quad [H, a] = -\hbar\omega a . \tag{1.4.5}$$

Das gesteckte Ziel sind die Eigenwerte und Eigenvektoren des Hamilton-Operators. Wir behaupten: Ist $\phi \in \mathcal{S}(\mathbb{R})$ ein Eigenvektor des Operators H , also $H\phi = E\phi$ und $\|\phi\| < \infty$, dann gilt:

i) $E \geq \frac{1}{2}\hbar\omega$,

ii) $Ha^*\phi = (E + \hbar\omega)a^*\phi$,

iii) $Ha\phi = (E - \hbar\omega)a\phi$.

Diese Behauptung zeigt man leicht:

i) $E\|\phi\|^2 = (H\phi, \phi) = \hbar\omega((a^*a + \frac{1}{2})\phi, \phi) = \hbar\omega\{\|a\phi\|^2 + \frac{1}{2}\|\phi\|^2\}$,

ii) $Ha^*\phi = [H, a^*]\phi + a^*H\phi = \hbar\omega a^*\phi + a^*E\phi$,

    im letzten Schritt wurde die erste Gleichung aus (1.4.5) benützt,

iii) ähnliche Schritte.

In ii) sehen wir nun, daß $a^*\phi$ Eigenvektor von H zum größeren Eigenwert $E + \hbar\omega$ ist, falls $a^*\phi \neq 0$ ist. Letzteres trifft jedoch stets zu, denn mit (1.4.3) folgt

$$\|a^*\phi\|^2 = (a^*\phi, a^*\phi) = (\phi, aa^*\phi) = (\phi, (1 + a^*a)\phi) = \|\phi\|^2 + \|a\phi\|^2$$
$$\geq \|\phi\|^2 \,.$$

Wenn $a\phi \neq 0$ gilt, ist ii) zufolge auch $a\phi$ Eigenvektor von H , zum kleineren Eigenwert $E - \hbar\omega$. Wegen i) muß es jedoch einen Eigenvektor ϕ_0 mit kleinstem Eigenwert geben: Dieser Eigenvektor erfüllt dann

$$a\phi_0 = 0 \,, \tag{1.4.6}$$

der zugehörige Eigenwert folgt aus

$$H\phi_0 = \hbar\omega(a^*a + \frac{1}{2})\phi_0 = \frac{1}{2}\hbar\omega\phi_0 \,. \tag{1.4.7}$$

Die Gleichung (1.4.6) wird nun benützt, um durch Konstruktion die angenommene Existenz eines Eigenvektors zu zeigen: Die Schrödinger-Darstellung der Operatoren q , p führt auf die Differentialgleichung erster Ordnung

$$(a\phi_0)(x) = \left\{ \left(\frac{m\omega}{2\hbar}\right)^{\frac{1}{2}} x + (2\hbar m\omega)^{-\frac{1}{2}} \hbar \frac{d}{dx} \right\} \phi_0(x) \stackrel{!}{=} 0 \,.$$

Ihre normierte, bis auf einen Phasenfaktor eindeutige Lösung ist gegeben durch

$$\phi_0(x) = \left(\frac{m\omega}{\pi\hbar}\right)^{\frac{1}{4}} \exp\left\{ -\frac{m\omega}{2\hbar} x^2 \right\} \,, \quad \|\phi_0\| = 1 \,. \tag{1.4.8}$$

Fazit: Mit

$$\phi_n := \frac{1}{\sqrt{n!}}(a^*)^n\phi_0 \,, \quad n \in \mathbb{N}_0 \,, \quad (\phi_n, \phi_l) = \delta_{nl} \,, \tag{1.4.9}$$

$$H\phi_n = \hbar\omega(n + \frac{1}{2})\phi_n$$

haben wir ein abzählbares System orthonormaler Eigenvektoren des Hamilton-Operators H konstruiert. Die Normierung folgt aus

$$(\phi_n, \phi_n) = \frac{1}{n!}(\phi_0, aa \cdots aa^*a^* \cdots a^*\phi_0)$$

durch wiederholte Anwendung der Vertauschungsrelation (1.4.3), zusammen mit $a\phi_0 = 0$. Es gilt der

Satz

$\{\phi_n\}_{n\in\mathbb{N}_0}$ *ist eine Orthonormalbasis im Hilbert-Raum* $\mathcal{L}^2(\mathbb{R})$.

Ein Beweis findet sich z.B. bei [AG].

Aus dem offenkundigen Analogon zu (1.3.3) der Paritätstransformation der Observablen p und q im eindimensionalen Raum folgen die Vertauschungsrelationen

$$\mathcal{P}H = H\mathcal{P}, \quad \mathcal{P}a^* = -a^*\mathcal{P}.$$

Die Eigenvektoren (1.4.8-9) des Hamilton-Operators sind auch Eigenvektoren des Paritätsoperators:

$$\mathcal{P}\phi_n = (-1)^n\phi_n. \tag{1.4.10}$$

Aus dem zitierten Satz folgt, daß der Hamilton-Operator H ein reines, nichtentartetes Punktspektrum aufweist. Die konstruierten Eigenvektoren spannen den gesamten Hilbert-Raum auf.

Obgleich hier nicht benötigt, machen wir noch die explizite Gestalt der Eigenvektoren sichtbar. Zu diesem Zweck verwenden wir auch den Operator a^* in der Schrödinger-Darstellung, zusammen mit dem Grundzustand (4.1.8), und führen die dimensionslose Variable $y := (m\omega/\hbar)^{\frac{1}{2}}x$ ein: Dann finden wir

$$\phi_n = \frac{1}{\sqrt{n!}}(a^*)^n\phi_0$$

$$= \frac{1}{\sqrt{n!}}\left(\frac{m\omega}{\pi\hbar}\right)^{\frac{1}{4}}2^{-\frac{n}{2}}\left(y - \frac{d}{dy}\right)^n e^{-\frac{1}{2}y^2}, \quad n \in \mathbb{N}_0. \tag{1.4.11}$$

Führt man noch die Differentiation aus,

$$\left(y - \frac{d}{dy}\right)^n e^{-\frac{1}{2}y^2} =: H_n(y)e^{-\frac{1}{2}y^2}, \tag{1.4.12}$$

so ergibt sich mit $H_n(y)$ das *Hermitesche Polynom* vom Grade n . Die Eigenvektoren (1.4.11) sind Funktionen aus $\mathcal{S}(\mathbb{R})$.

1.4.2   Der dreidimensionale isotrope Oszillator

Ein Teilchen im $\mathbb{R}^3$, auf das ein isotropes Oszillatorpotential wirkt, ist das betrachtete System, $\mathcal{H} = \mathcal{L}^2(\mathbb{R}^3)$ der zugeordnete Hilbert-Raum. Der Hamilton-Operator

$$H = \frac{1}{2m}\vec{p}^2 + \frac{1}{2}m\omega^2\vec{q}^2 \tag{1.4.13}$$

hat die besondere Gestalt

$$H = \sum_{j=1}^{3} H_j \, , \quad H_j = \frac{1}{2m} p_j{}^2 + \frac{1}{2} \omega^2 q_j{}^2 \, , \quad j = 1, 2, 3 \, . \tag{1.4.14}$$

Wegen dieser Separation des Hamilton-Operators in eine Summe über Hamilton-Operatoren linearer Oszillatoren lassen sich seine Eigenwerte und Eigenvektoren aus den entsprechenden Größen der linearen Oszillatoren gewinnen. Man führt analog zu den Operatoren (1.4.2) die Paare zueinander adjungierter Operatoren

$$a_j = \alpha q_j + i\beta p_j \, , \quad a_j^* = \alpha q_j - i\beta p_j \tag{1.4.15}$$

mit $j = 1, 2, 3$ ein. Diese Operatoren – wir verwenden ihre Darstellung (1.2.4) – genügen auf dem dichten Bereich $\mathcal{S}(\mathbb{R}^3) \subset \mathcal{L}^2(\mathbb{R}^3)$ den Vertauschungsrelationen

$$[a_j, a_l] = 0 \, , \quad [a_j^*, a_l^*] = 0 \, ,$$
$$[a_j, a_l^*] = \delta_{jl} \mathbb{1} \, , \quad j, l \in \{1, 2, 3\} \, , \tag{1.4.16}$$

und die Summanden des Hamilton-Operators (1.4.14) haben die Form

$$H_j = \hbar\omega(a_j^* a_j + \frac{1}{2} \mathbb{1}) \, , \quad j = 1, 2, 3 \, . \tag{1.4.17}$$

Die normierten Eigenvektoren des Hamilton-Operators (1.4.13) können infolge seiner speziellen Gestalt (1.4.14) sofort in der Form eines Produkts

$$\phi_{n_1, n_2, n_3}(\vec{x}) := \phi_{n_1}(x_1) \phi_{n_2}(x_2) \phi_{n_3}(x_3) \, , \quad (n_1, n_2, n_3) \in \mathbb{N}_0^3 \tag{1.4.18}$$

angegeben werden:

$$H\phi_{n_1, n_2, n_3}(\vec{x}) = \hbar\omega(n_1 + n_2 + n_3 + \frac{3}{2})\phi_{n_1, n_2, n_3}(\vec{x}) \, . \tag{1.4.19}$$

Die Produkte (1.4.18) sind Funktionen aus $\mathcal{S}(\mathbb{R}^3)$. Der (normierte) Eigenvektor zum kleinsten Eigenwert lautet explizit:

$$\phi_{0,0,0}(\vec{x}) = \left(\frac{m\omega}{\pi\hbar}\right)^{\frac{3}{4}} \exp\{-\frac{m\omega}{2\hbar}\vec{x}^2\} \, , \tag{1.4.20}$$

und die Eigenvektoren (1.4.18) können in der Form

$$\phi_{n_1, n_2, n_3}(\vec{x}) = (n_1! n_2! n_3!)^{-\frac{1}{2}} (a_1^*)^{n_1} (a_2^*)^{n_2} (a_3^*)^{n_3} \phi_{0,0,0}(\vec{x}) \tag{1.4.21}$$

dargestellt werden, mit

$$a_j^* = \left(\frac{m\omega}{2\hbar}\right)^{\frac{1}{2}} x_j - (2\hbar m\omega)^{-\frac{1}{2}} \hbar \frac{\partial}{\partial x_j} \,, \quad j = 1, 2, 3 \,. \tag{1.4.22}$$

Wie man an der Gleichung (1.4.19) abliest, sind die Eigenwerte des Hamilton-Operators entartet: Die *Hauptquantenzahl* $n = n_1 + n_2 + n_3$ bestimmt die verschiedenen Eigenwerte

$$E_n = \hbar\omega(n + \frac{3}{2}) \,, \quad n \in \mathbb{N}_0 \,, \tag{1.4.23}$$

und deren *Entartungsgrad*

$$N(n) = \frac{1}{2}(n + 2)(n + 1) \,. \tag{1.4.24}$$

Letzterer ist die Anzahl der Tripel $(n_1, n_2, n_3) \in \mathbb{N}_0^3$, die der Bedingung $n_1 + n_2 + n_3 = n$ genügen. Diese Anzahl läßt sich folgendermaßen bestimmen: Eine Zahl $m \in \mathbb{N}_0$ kann als Summe zweier Zahlen $n_1, n_2 \in \mathbb{N}_0$ auf $m + 1$ verschiedene Weisen geschrieben werden. Im Fall dreier Zahlen $n_1, n_2, n_3 \in \mathbb{N}_0$ läuft m von 0 bis n, somit ist

$$N(n) = \sum_{m=0}^{n} (m + 1) \,.$$

An der Gestalt (1.4.18) der Eigenvektoren des Hamilton-Operators ist ersichtlich, daß sie zugleich Eigenvektoren des Paritätsoperators sind:

$$\mathcal{P}\phi_{n_1,n_2,n_3} = (-1)^{n_1+n_2+n_3} \phi_{n_1,n_2,n_3} \,. \tag{1.4.25}$$

Die Eigenräume des Hamilton-Operators haben also die jeweilige Parität $(-1)^n$. Analog dem Fall des linearen Operators gilt der

Satz

$\{\phi_{n_1,n_2,n_3}(\vec{x})\}_{(n_1,n_2,n_3)\in\mathbb{N}_0^3}$ *ist eine Orthonormalbasis im Hilbert-Raum* $\mathcal{L}^2(\mathbb{R}^3)$.

Das Energiespektrum ist also rein diskret, jedoch entartet.

1.5   Die Zeitentwicklung der Erwartungswerte

Wir wenden uns wieder dem allgemeinen Fall eines Mikrosystems zu, das aus n unterscheidbaren Teilchen besteht, mit dem zugeordneten Hilbert-Raum $\mathcal{H}$ und

dem Hamilton-Operator H . Der Hamilton-Operator bestimmt über die Schrödinger-
Gleichung

$$i\hbar \frac{d}{dt}\varphi_t = H\varphi_t \tag{1.5.1}$$

die Zeitentwicklung des Zustandsvektors φ_t einer reinen Gesamtheit aus dem Anfangswert zu einem Zeitpunkt t_0 . Diesen Anfangswert kann man als den Zustandsvektor unmittelbar nach der Präparation der Gesamtheit ansehen. Ist ein normierter
Eigenvektor ϕ des Hamilton-Operators Anfangswert zur Zeit $t = t_0$, also

$$H\phi = E\phi , \quad \|\phi\| = 1 , \tag{1.5.2}$$

so läßt sich die Lösung der Schrödinger-Gleichung (1.5.1) sofort angeben:

$$\varphi_t = e^{-\frac{i}{\hbar}(t-t_0)E}\phi . \tag{1.5.3}$$

Die resultierende Zeitabhängigkeit des Zustandsvektors in der Form eines oszillierenden Phasenfaktors hat gewichtige physikalische Konsequenzen:

a) Die Dichte der Aufenthaltswahrscheinlichkeit der Konstituenten des Systems
hängt nicht von der Zeit ab:

$$|\varphi_t|^2 = |\phi(\vec{x}^{(1)}, \ldots, \vec{x}^{(n)})|^2 . \tag{1.5.4}$$

Da diese Dichte integrabel ist,

$$\int_{\mathbb{R}^3} d^3 x^{(1)} \cdots \int_{\mathbb{R}^3} d^3 x^{(n)} |\phi(\vec{x}^{(1)}, \ldots, \vec{x}^{(n)})|^2 = \|\phi\|^2 = 1 ,$$

muß sie für große Werte der Koordinaten hinreichend rasch verschwinden: Physikalisch bedeutet dies eine zeitunabhängige räumliche Lokalisierung des Systems.

b) Der Erwartungswert einer zeitunabhängigen Observablen A des Systems ändert
sich ebenfalls nicht mit der Zeit:

$$(\varphi_t, A\varphi_t) = (\phi, A\phi) . \tag{1.5.5}$$

Zustandsvektoren der Form (1.5.3) werden im Hinblick auf die angeführten
Konsequenzen auch als *Stationäre Zustände* bezeichnet.

c) Der Hamilton-Operator H vertausche mit dem Paritätsoperator $\mathcal{P}$, und der
Anfangswert ϕ des Zustandsvektors (1.5.3) sei simultaner Eigenvektor der beiden

Operatoren: Mithin gilt neben (1.5.2) auch

$$\mathcal{P}\phi = \eta\phi\,, \quad \eta^2 = 1\,. \tag{1.5.6}$$

In diesem Fall verschwindet im Zustand φ_t , (1.5.3), der Erwartungswert einer Observablen A , die mit dem Paritätsoperator antikommutiert, also:

$$\mathcal{P}A = -A\mathcal{P} \quad \Rightarrow \quad (\varphi_t, A\varphi_t) = 0\,. \tag{1.5.7}$$

Die Behauptung ist leicht zu sehen, wenn man die Eigenschaften (1.3.2) des Paritätsoperators benützt:

$$(\varphi_t, A\varphi_t) = (\phi, A\phi) = (\phi, \mathcal{P}^2 A\phi) = -(\mathcal{P}\phi, A\mathcal{P}\phi) = -\eta^2(\phi, A\phi)\,.$$

Beispiele solcher Observablen sind der Orts- und der Impulsoperator eines Teilchens.

Nicht jeder Hamilton-Operator weist Eigenvektoren auf. Ein Beispiel dieses Sachverhalts ist das einfachste Mikrosystem schlechthin: ein freies Teilchen. Ihm ordnet das Korrespondenzprinzip als Hamilton-Operator den Operator der kinetischen Energie zu, folglich in der Schrödinger-Darstellung

$$H_0 = \frac{1}{2m}\vec{p}^{\,2} = -\frac{\hbar^2}{2m}\Delta\,.$$

Übersehen wir zunächst den Zusatz, daß H_0 ein (selbstadjungierter) Operator im Hilbert-Raum $\mathcal{L}^2(\mathbb{R}^3)$ sein muß und betrachten H_0 als Differentialoperator, so finden wir sogleich Eigenfunktionen

$$H_0 e^{i\vec{k}\cdot\vec{x}} = \frac{\hbar^2\vec{k}^2}{2m}e^{i\vec{k}\cdot\vec{x}}\,, \quad \vec{k} \in \mathbb{C}^3\,.$$

Auch wenn wir komplexe Parameter $\vec{k}$ ausschließen, da sie exponentiell wachsende Eigenfunktionen zur Folge haben, und $\vec{k}$ einschränken auf $\vec{k} \in \mathbb{R}^3$, bleiben die Eigenfunktionen zwar überall beschränkt, sind jedoch keine Elemente des Hilbert-Raums, also auch nicht direkt physikalisch interpretierbar. Im Kapitel 6 wird dieses Problem aufgegriffen und systematisch behandelt.

Wir betrachten nun den Erwartungswert einer Observablen A im Fall eines nicht weiter eingeschränkten Zustandsvektors φ_t . Die Zeitableitung des Erwartungswertes läßt sich mit Hilfe der Schrödinger-Gleichung (1.5.1) umformen:

$$i\hbar\frac{d}{dt}(\varphi_t, A\varphi_t) = -(i\hbar\frac{d}{dt}\varphi_t, A\varphi_t) + (\varphi_t, Ai\hbar\frac{d}{dt}\varphi_t)$$

$$= -(H\varphi_t, A\varphi_t) + (\varphi_t, AH\varphi_t)$$
$$= -(\varphi_t, [H, A]\varphi_t) . \tag{1.5.8}$$

Vertauscht die Observable A mit dem Hamilton-Operator, gilt also $[H, A] = 0$, so ist der Erwartungswert dieser Observablen in jeder (reinen) Gesamtheit zeitunabhängig – eine derartige Observable bezeichnet man als *Erhaltungsgröße*.

Um ein Beispiel mit $[H, A] \neq 0$ vor Augen zu haben, wählen wir als System ein Teilchen, auf welches ein zeitunabhängiges Potential wirkt, beschrieben durch die Potentialfunktion $v(\vec{x})$. Der Hamilton-Operator in der Schrödinger-Darstellung

$$H = \frac{1}{2m}\vec{p}^2 + v(\vec{x}) \tag{1.5.9}$$

hat die Vertauschungsrelationen

$$[H, p_a] = -\frac{\hbar}{i}\frac{\partial v}{\partial x_a} , \quad [H, q_a] = \frac{\hbar}{im}p_a$$

zur Folge, mit $a = 1, 2, 3$. Verwenden wir diese Kommutatoren in der Gleichung (1.5.8), so ergeben sich die beiden Differentialgleichungen

$$\frac{d}{dt}(\varphi_t, \vec{q}\varphi_t) = \frac{1}{m}(\varphi_t, \vec{p}\varphi_t) ,$$
$$\frac{d}{dt}(\varphi_t, \vec{p}\varphi_t) = -(\varphi_t, (\nabla v)\varphi_t) . \tag{1.5.10}$$

Die Erwartungswerte der Observablen Ort, Impuls und „Kraft" genügen den klassischen dynamischen Gleichungen! Die im Rahmen des Beispiels gewonnene Aussage ist ein Spezialfall des *Ehrenfestschen Theorems*.

1.6 Die allgemeine Unschärferelation

Gegeben sei ein Mikrosystem mit dem zugeordneten Hilbert-Raum $\mathcal{H}$, und A, B seien zwei Observablen dieses Systems. (Genauer, jedoch schwerfälliger: die zwei Observablen dieses Systems zugeordneten selbstadjungierten Operatoren.) Wir interessieren uns für die Streuungen der beiden Observablen in einer reinen Gesamtheit im Zustand φ_t. (Mathematisch besehen muß der Zustandsvektor im gemeinsamen Bereich der Operatoren A, A^2B, B^2, BA und AB liegen.) Im folgenden verwenden wir eine etwas verschlankte Notation und erinnern dabei an die Definitionen (1.1.1) und (1.1.3):

$$\langle A \rangle \equiv \langle A \rangle_{\varphi_t} := (\varphi_t, A\varphi_t) ,$$

$$\mathrm{Str}(A) \equiv \mathrm{Str}(A)_{\varphi_t} := (\varphi_t, (A - \langle A \rangle_{\varphi_t}\mathbb{1})^2\varphi_t) ,$$

und entsprechend im Fall anderer Observablen. Aus den selbstadjungierten Operatoren

$$\tilde{A} := A - \langle A \rangle \mathbb{1} , \quad \tilde{B} := B - \langle B \rangle \mathbb{1} \tag{1.6.1}$$

ergeben sich die Streuungen der Observablen A und B in der Form

$$\mathrm{Str}(A) = \langle \tilde{A}^2 \rangle , \quad \mathrm{Str}(B) = \langle \tilde{B}^2 \rangle ,$$

und außerdem gilt

$$[\tilde{A}, \tilde{B}] = [A, B] .$$

Wir verwenden diese Relationen in der $\forall \lambda \in \mathbb{R}$ gültigen Ungleichung

$$\begin{aligned}
0 &\leq \|(\tilde{A} - i\lambda\tilde{B})\varphi_t\|^2 \\
&= (\varphi_t, (\tilde{A} + i\lambda\tilde{B})(\tilde{A} - i\lambda\tilde{B})\varphi_t) \\
&= \langle \tilde{A}^2 \rangle + \lambda^2 \langle \tilde{B}^2 \rangle - \lambda \langle i[\tilde{A}, \tilde{B}] \rangle
\end{aligned}$$

und erhalten somit die $\forall \lambda \in \mathbb{R}$ gültige Ungleichung

$$0 \leq \mathrm{Str}(A) + \lambda^2 \mathrm{Str}(B) - \lambda \langle i[A, B] \rangle . \tag{1.6.2}$$

Hieraus schließen wir zunächst, da die Streuung eine positive Größe ist, daß der Erwartungswert $\langle i[A, B] \rangle$ reell ist. (Letzteres läßt sich auch direkt zeigen.) Die Ungleichung (1.6.2) gilt $\forall \lambda \in \mathbb{R}$, deshalb gilt auch die Ungleichung

$$0 \leq \mathrm{Str}(A) + \lambda^2 \mathrm{Str}(B) - \lambda |\langle i[A, B] \rangle| . \tag{1.6.3}$$

wiederum $\forall \lambda \in \mathbb{R}$. Wird in dieser Ungleichung schließlich der spezielle Wert

$$\lambda = \left\{ \frac{\mathrm{Str}(A)}{\mathrm{Str}(B)} \right\}^{\frac{1}{2}}$$

gewählt, ergibt sich die *allgemeine Unschärferelation*

$$\{ \mathrm{Str}(A)_{\varphi_t} \cdot \mathrm{Str}(B)_{\varphi_t} \}^{\frac{1}{2}} \geq \frac{1}{2} |\langle i[A, B] \rangle_{\varphi_t}| \tag{1.6.4}$$

für das Produkt der Streuungen zweier Observablen A, B in einer reinen Gesamtheit φ_t. Es ist wichtig sich zu vergegenwärtigen, daß Unschärferelationen keine Meßungenauigkeiten beschreiben, sondern unumgängliche Meßverteilungen in einer (reinen) Gesamtheit. Der Quantenmechanik zufolge ist es nicht möglich Gesamtheiten zu präparieren, die diese Relationen verletzen. Wie zuvor schon erwähnt, wird die

Streuung einer Observablen A auch als deren mittleres Schwankungsquadrat bezeichnet und dabei das Symbol

$$(\Delta A)^2_{\varphi_t} = \text{Str}(A)_{\varphi_t}$$

verwendet.

Die spezielle Wahl $A = p_a$, $B = q_a$, also der gleichen Komponente des Impuls- und des Ortsoperators eines Teilchens, liefert die *Heisenbergsche Unschärferelation*

$$\{(\Delta p_a)^2_{\varphi_t} \cdot (\Delta q_a)^2_{\varphi_t}\}^{\frac{1}{2}} \geq \frac{\hbar}{2} . \tag{1.6.5}$$

In diesem Fall hängt die Schranke nicht vom Zustandsvektor φ_t der reinen Gesamtheit ab.

Gibt es reine Gesamtheiten, welche die untere Schranke der Heisenbergschen Unschärferelation erreichen? Wir betrachten den linearen harmonischen Oszillator, also $\mathcal{H} = \mathcal{L}^2(\mathbb{R})$, und verwenden Ergebnisse aus dem Abschnitt 1.4 . Die normierten Eigenvektoren (1.4.9) des Hamilton-Operators genügen der Relation

$$a\phi_n = \sqrt{n}\phi_{n-1} , \quad n \in \mathbb{N} , \tag{1.6.6}$$

wie man unschwer verifiziert. Die $\forall z \in \mathbb{C}$ definierten *kohärenten Zustände*

$$\psi_z := e^{-\frac{1}{2}|z|^2} \sum_{n=0}^{\infty} \frac{z^n}{\sqrt{n!}}\phi_n , \quad \|\psi_z\| = 1 , \tag{1.6.7}$$

sind offensichtlich keine Eigenvektoren des Hamilton-Operators, jedoch Eigenvektoren des Operators a:

$$a\psi_z = z\psi_z , \tag{1.6.8}$$

mit dem komplexen (!) Eigenwert z. (Der Operator a ist weder selbstadjungiert noch symmetrisch.) Außerdem gilt:

$$|(\psi_z, \psi_{z'})|^2 = e^{-|z-z'|^2} , \tag{1.6.9}$$

kein kohärenter Zustand ist orthogonal auf einem anderen! Den Erwartungswert einer Observablen A in einem kohärenten Zustand (1.6.7) bezeichnen wir der Kürze wegen durch

$$\langle A \rangle_z := (\psi_z, A\psi_z) . \tag{1.6.10}$$

Verwendet man die Operatoren p und q als Funktionen der Operatoren a und a^* , (1.4.2):

$$2\alpha q = a + a^* , \quad 2i\beta p = a - a^* ,$$

zusammen mit der Vertauschungsrelation der letzteren und der Eigenwertgleichung (1.6.8), so findet man ohne Mühe die Erwartungswerte

$$2\alpha\langle q\rangle_z = z + \bar{z} , \quad 2i\beta\langle p\rangle_z = z - \bar{z} ,$$
$$(2\alpha)^2\langle q^2\rangle_z = 1 + 2|z|^2 + z^2 + \bar{z}^2 ,$$
$$(2\beta)^2\langle p^2\rangle_z = 1 + 2|z|^2 - z^2 - \bar{z}^2 .$$

Hieraus folgt sofort, wenn wir die Schwankungsquadrate in der Form

$$(\Delta A)^2 = \langle A^2\rangle - \langle A\rangle^2$$

bestimmen, das Produkt der Schwankungsquadrate oder der Streuungen

$$(\Delta p)_z^2 \cdot (\Delta q)_z^2 = \left(\frac{\hbar}{2}\right)^2 . \tag{1.6.11}$$

Die untere Schranke der Unschärferelation wird also erreicht, und zwar $\forall z \in \mathbb{C}$.

Aufgabe 1.6.1

Im Fall eines linearen harmonischen Oszillators berechne man mittels der Operatoren a und a^* die jeweilige Streuung (das mittlere Schwankungsquadrat) der Observablen p und q in den normierten Eigenvektoren des Hamilton-Operators, sowie das Produkt dieser Streuungen.

1.7   Periodische Potentiale in einer Raumdimension

Ein Teilchen im Raum $\mathbb{R}^3$, unter der Einwirkung eines räumlich dreifach-periodischen Potentials, bildet das Einelektronenmodell der Festkörperphysik. Charakteristische spektrale Eigenschaften eines Hamilton-Operators mit einem periodischen Potential treten bereits im eindimensionalen Raum auf. Dieser einfachere Fall soll hier behandelt werden.

1.7.1   Die allgemeine Theorie

Das betrachtete System besteht also aus einem spinlosen Teilchen im Raum $\mathbb{R}$, auf welches ein periodisches Potential wirkt. Die Potentialfunktion $v(x)$ erfülle:

i) $v(x + a) = v(x)$, mit der strikt positiven Periode a ,

ii) $v(x)$ ist stückweise stetig und beschränkt, mit höchstens endlich vielen Sprüngen im Periodizitätsintervall.

Der Hamilton-Operator des Systems

$$H = -\frac{\hbar^2}{2m}\left(\frac{d}{dx}\right)^2 + v(x) \tag{1.7.1}$$

wird im Hilbert-Raum $\mathcal{L}^2(\mathbb{R})$ auf seinem Definitionsbereich keine Eigenvektoren haben, wegen der innewohnenden, wenn auch diskreten Translationssymmetrie. Zwar ließe sich ein klassisches Teilchen in der Umgebung eines lokalen Potentialminimums gefangen halten, der Differentialoperator (1.7.1) wirkt jedoch nicht in einem beschränkten Gebiet, sondern im ganzen Raum $\mathbb{R}$. Analog dem kurz berührten Fall eines freien Teilchens suchen wir nach Lösungen ϕ des verallgemeinerten Eigenwertproblems $H\phi = E\phi$, die auf ganz $\mathbb{R}$ beschränkt sind. Solche Lösungen werden als *verallgemeinerte Eigenfunktionen* oder auch als *Eigendistributionen* bezeichnet.

Um an dieses Ziel zu gelangen, betrachten wir zunächst die verallgemeinerte Eigenwertgleichung des Hamilton-Operators

$$-\frac{\hbar^2}{2m}\psi''(x) + v(x)\psi(x) = E\psi(x) \tag{1.7.2}$$

als gewöhnliche Differentialgleichung mit komplexem (!) Parameter E: Sie besitzt für jedes $E \in \mathbb{C}$ ein Fundamentalsystem aus Lösungen $\{\varphi_1(x; E), \varphi_2(x; E)\}$, festgelegt durch die Anfangsbedingungen

$$\begin{aligned} \varphi_1(0; E) = 1 \ , & \quad \varphi_1'(0; E) = 0 \ , \\ \varphi_2(0; E) = 0 \ , & \quad \varphi_2'(0; E) = 1 \ . \end{aligned} \tag{1.7.3}$$

Einem bemerkenswerten Theorem aus der Theorie gewöhnlicher Differentialgleichungen zufolge sind diese Lösungen und ihre jeweils erste Ableitung (nach x) bei festgehaltener Variable x ganze holomorphe Funktionen des komplexen Parameters E . Wie sogleich ersichtlich wird, benötigen wir die Matrix

$$M(x; E) := \begin{pmatrix} \varphi_1(x; E) & \varphi_2(x; E) \\ \varphi_1'(x; E) & \varphi_2'(x; E) \end{pmatrix} . \tag{1.7.4}$$

Mittels der Differentialgleichung (1.7.2) sieht man, daß die Determinante dieser Matrix nicht von x abhängt, sie ist daher durch die Anfangswerte (1.7.3) bestimmt: somit gilt

$$\det M(x; E) = 1 \,, \quad \forall x \in \mathbb{R} \,. \tag{1.7.5}$$

Wegen der Periodizität des Potentials ist mit jeder Lösung $\psi(x)$ der Gleichung (1.7.2) auch $\psi(x + a)$ eine Lösung dieser Gleichung, jedoch im allgemeinen ist $\psi(x + a) \neq \psi(x)$. Es gilt speziell für das Fundamentalsystem:

$$\varphi_j(x + a; E) = \sum_{l=1}^{2} \alpha_{lj} \varphi_l(x; E) \,, \quad j = 1, 2 \,,$$

mit wohldefinierter (x-unabhängiger) Koeffizientenmatrix α . Letztere erhält man, wenn diese Gleichungen und ihre jeweilige erste Ableitung an der Stelle $x = 0$ betrachtet werden, aus den Anfangswerten (1.7.3) zu

$$\alpha_{ij} = M(a; E)_{ij} \,, \quad i, j \in \{1, 2\} \,.$$

Für die allgemeine Lösung ψ der Gleichung (1.7.2)

$$\psi(x; E) := \sum_{l=1}^{2} A_l \varphi_l(x; E) \,, \tag{1.7.6}$$

folgt somit

$$\psi(x + a; E) = \sum_l \sum_j M(a; E)_{lj} A_j \varphi_l(x; E) \,.$$

Die Forderung an das Wachstum

$$\psi(x + a; E) \stackrel{!}{=} \lambda \psi(x; E) \,, \quad \lambda \in \mathbb{C} \,, \tag{1.7.7}$$

ist also äquivalent der Eigenwertgleichung

$$M(a; E) \begin{pmatrix} A_1 \\ A_2 \end{pmatrix} = \lambda \begin{pmatrix} A_1 \\ A_2 \end{pmatrix} \,. \tag{1.7.8}$$

Auskunft über die Gestalt solcher Lösungen gibt der

Satz (Theorem von Floquet)

Sei λ ein Eigenwert der Gleichung (1.7.8), dann hat die Differentialgleichung (1.7.2) eine Lösung der Form

$$\psi(x;E) = \lambda^{\frac{x}{a}}\phi(x;E)$$

mit der periodischen Funktion ϕ:

$$\phi(x+a;E) = \phi(x;E) \, .$$

Beweis: Dem Eigenwert λ entspricht eine Lösung des Wachstums (1.7.7), hiermit folgt für die Funktion

$$
\begin{aligned}
\phi(x;E) &:= \lambda^{-\frac{x}{a}}\psi(x;E) \\
&= \lambda^{-\frac{x}{a}}\lambda^{-1}\psi(x+a;E) \\
&= \phi(x+a;E)
\end{aligned}
$$
□

Die beiden Eigenwerte λ_1, λ_2 der Matrix $M(a;E)$ ergeben sich aus den für eine allgemeine komplexe 2×2 Matrix gültigen Relationen

$$
\begin{aligned}
\lambda_1 + \lambda_2 &= \mathrm{spur}\,M(a;E) \, , \\
\lambda_1\lambda_2 &= \det M(a;E) = 1 \, ,
\end{aligned}
\tag{1.7.9}
$$

wobei in der letzten Gleichung noch (1.7.5) verwendet wurde.

Wir kehren nun zur Quantenmechanik zurück: Gesucht werden dort Eigendistributionen des Hamilton-Operators (1.7.1), also Lösungen der Differentialgleichung (1.7.2) mit reellem Parameter E, die nicht exponentiell anwachsen. Das Theorem von Floquet hat dann die Forderung an die Eigenwerte der Matrix $M(a;E)$:

$$\lambda_1 = \overline{\lambda}_2 \overset{!}{=} e^{i\theta} \, , \quad \theta \in (-\pi, \pi] \subset \mathbb{R} \tag{1.7.10}$$

zur Folge. Hierdurch wird die erste Gleichung aus (1.7.9) zur fundamentalen Eigenwertgleichung

$$E \in \mathbb{R} : \quad \mathrm{spur}\,M(a;E) = 2\cos\theta$$

für die verallgemeinerten Eigenwerte des Hamilton-Operators (1.7.1). Zusammen mit (1.7.4) ergibt sich schließlich die explizite Form der Eigenwertgleichung

$$\gamma(E) := \frac{1}{2}\{\varphi_1(a;E) + \varphi_2'(a;E)\} = \cos\theta \tag{1.7.11}$$

zur Bestimmung der reellen verallgemeinerten Eigenwerte $E = E(\theta)$; offensichtlich gilt die Symmetrie $E(-\theta) = E(\theta)$. Die Lösungen der Differentialgleichung (1.7.2) zu diesen Energiewerten sind zwar überall beschränkt, jedoch nicht quadratintegrabel. Die verallgemeinerten Eigenwerte $E(\theta)$ bilden das rein kontinuierliche Spektrum des Hamilton-Operators (1.7.1).

Die Funktion $\gamma(E)$ ist eine ganze holomorphe Funktion der komplexen Variablen E , ist also auch glatt auf der reellen Achse. Hieraus folgen bereits generelle qualitative Züge des Spektrums eines Hamilton-Operators mit einem Potential aus der betrachteten Klasse:

i)   Genügt das Paar (E_0, θ_0) mit $E_0 \in \mathbb{R}$ und θ_0 aus dem Innern seines Bereichs $(-\pi, \pi]$ der Gleichung (1.7.11), so gibt es für alle E aus einer hinreichend kleinen reellen Umgebung von E_0 eine Lösung $E = E(\theta)$ mit $E(\theta_0) = E_0$: Die verallgemeinerten Eigenwerte sind nicht isoliert.

ii) Ist für ein $E_0 \in \mathbb{R}$ die Gleichung (1.7.11) nicht lösbar, also $|\gamma(E_0)| > 1$, so ist sie auch nicht lösbar in einer hinreichend kleinen reellen Umgebung von E_0: Es gibt eine Lücke.

Fazit: Das Spektrum besteht aus Intervallen, die durch Lücken getrennt sind.

1.7.2   Das periodische Kastenpotential als Beispiel

Im Rahmen der zuvor dargestellten Theorie verwenden wir die Potentialfunktion

$$v(x) = \begin{cases} 0 \ , \text{ falls } 0 \le x < a - b \ , \\ v_0 \ , \text{ falls } a - b \le x < a \ , \end{cases} \tag{1.7.12}$$

mit $v_0 > 0$, $0 < b < a$, und periodisch fortgesetzt.

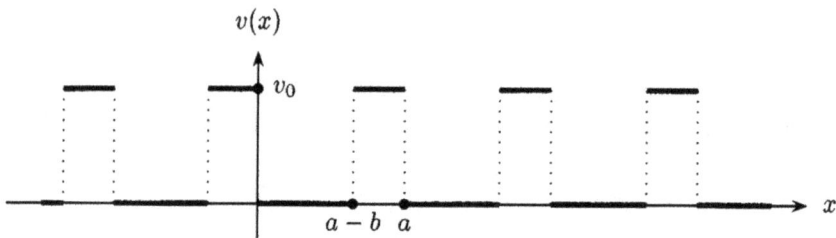

Abbildung 1.2: Das periodische Potential (1.7.12)

Es ist vorteilhaft, das Fundamentalsystem $\{\varphi_1(x; E), \varphi_2(x; E)\}$ mit den Anfangsbedingungen (1.7.3) für komplexe Werte des Parameters E zu bestimmen (Übungsaufgabe). Hierbei treten die Quadratwurzeln

$$\hbar f(E) := \sqrt{2mE} \ , \quad \hbar g(E) := \sqrt{2m(E - v_0)}$$

mit $E \in \mathbb{C}$ auf, die wir folgendermaßen festlegen: Ihre Verzweigungsschnitte seien die Halbgeraden $[0, \infty)$, bzw. $[v_0, \infty)$, und der jeweilige Zweig werde durch $\hbar f(\kappa + i0) = \hbar g(v_0 + \kappa + i0) = (2m\kappa)^{\frac{1}{2}}$, $\forall \kappa \in \mathbb{R}_+$, bestimmt. Für die Funktion $\gamma(E)$ der Eigenwertgleichung (1.7.11) ergibt sich die ganze holomorphe Funktion des Parameters E

$$
\begin{aligned}
\gamma(E) = {} & \cos(a - b)f(E) \cdot \cos bg(E) \\
& - \frac{1}{2}\left(\frac{f(E)}{g(E)} + \frac{g(E)}{f(E)}\right) \sin(a - b)f(E) \cdot \sin bg(E) .
\end{aligned}
\tag{1.7.13}
$$

Wir analysieren die Eigenwertgleichung (1.7.11) für physikalische Werte des Parameters E: also Randwerte $E + i0$ mit E reell positiv.

i) Im Energiebereich $0 \leq E \leq v_0$ ist

$$
\hbar f(E + i0) = (2mE)^{\frac{1}{2}} , \quad \hbar g(E + i0) = i[2m(v_0 - E)]^{\frac{1}{2}} .
$$

Durch die Gleichung

$$
(a - b)f(E + i0) \overset{!}{=} l\pi , \quad l \in \mathbb{N}_0
$$

sind endlich viele Punkte $\widehat{E}_l < v_0$ bestimmt und in diesen Energiewerten ist

$$
\gamma(\widehat{E}_l) = (-1)^l \cosh \frac{b}{\hbar}[2m(v_0 - \widehat{E}_l)]^{\frac{1}{2}} .
$$

Da $|\gamma(\widehat{E}_l)| > 1$ ist, hat in einer jeweiligen Umgebung dieser Energiewerte die Eigenwertgleichung (1.7.11) keine Lösung.

ii) Im Energiebereich $v_0 \leq E$ hingegen ist

$$
\hbar f(E + i0) = (2mE)^{\frac{1}{2}} , \quad \hbar g(E + i0) = [2m(E - v_0)]^{\frac{1}{2}} .
$$

Wir verwenden für $\gamma(E)$ anstelle von (1.7.13) die äquivalente Gestalt

$$
\gamma(E) = \cos\{(a - b)f + bg\} - \frac{(f - g)^2}{2fg} \sin(a - b)f \cdot \sin b \, g .
\tag{1.7.14}
$$

Die Forderung

$$
(a - b)\underbrace{f(\tilde{E}_n + i0)}_{=:f_n} + b\underbrace{g(\tilde{E}_n + i0)}_{=:g_n} \overset{!}{=} n\pi
$$

definiert eine monoton wachsende Folge von Energiewerten $\{\tilde{E}_n \mid n \in \mathbb{N},$ $n \geq n_0, E_{n_0} \geq v_0\}$, in denen die Funktion $\gamma(E)$ die Werte

$$\gamma(\tilde{E}_n) = (-1)^n \{1 + \frac{(f_n - g_n)^2}{2 f_n g_n}(\sin b g_n)^2\}$$

annimmt. Aus $|\gamma(\tilde{E}_n)| > 1$ folgt wiederum, daß die Eigenwertgleichung (1.7.11) in einer Umgebung der Punkte $\tilde{E}_n$ nicht lösbar ist. Also auch im Energiebereich $E > v_0$, der im Fall eines klassischen Teilchens unbegrenzter Bewegung entspräche, gibt es im kontinuierlichen Spektrum des Hamilton-Operators noch eine unbeschränkte Folge von Lücken; die Längen dieser Lücken konvergieren jedoch gegen Null.

Anstelle der dann umständlich wirkenden analytischen Anläufe, sich ein qualitatives Bild der Funktion $\gamma(E)$ zu verschaffen, kann man diese Funktion natürlich mit Hilfe eines Rechners graphisch darstellen.

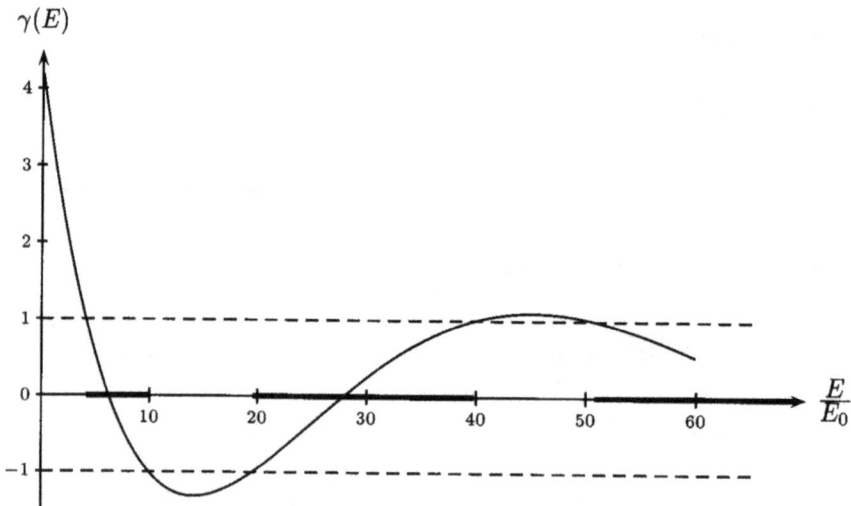

Abbildung 1.3: Die Funktion $\gamma(E)$ im Fall der Potentialparameter $\frac{b}{a} = \frac{1}{10}$ und $\frac{v_0}{E_0} = 60$ mit der Energieeinheit $E_0 = \frac{\hbar^2}{2ma^2}$

Randpunkte der Spektralintervalle sind die Punkte $E_l, l \in \mathbb{N}_0$, mit $|\gamma(E_l)| = 1$. Die Eigenwertgleichung (1.7.11) läßt sich dann leicht numerisch lösen, ein qualitatives Bild vermittelt die Abbildung 1.4

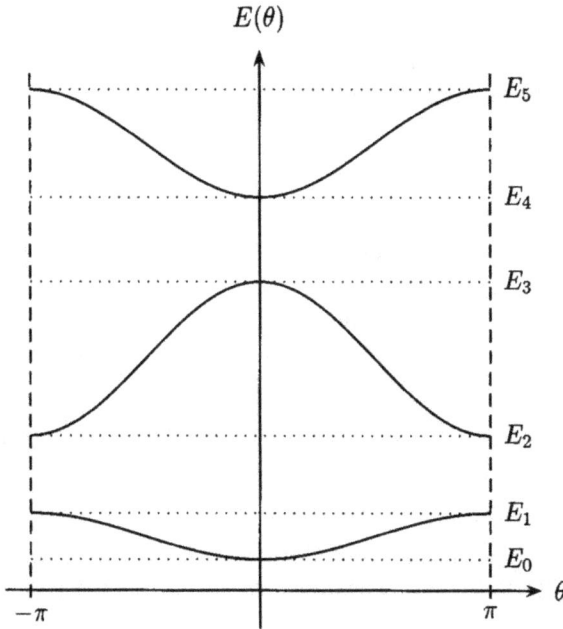

Abbildung 1.4: Die Lösungen der Eigenwertgleichung (1.7.11): qualitiativer Verlauf

Anmerkung: In der Festkörperphysik werden die Spektralintervalle als *Energiebänder* bezeichnet und die zugehörigen Eigendistributionen

$$\psi_r(x;\theta) = e^{i\theta \frac{x}{a}} \phi_r(x;\theta)\,, \quad \theta \in (-\pi,\pi]\,,$$

der Index r charakterisiert das entsprechende Band, als *Bloch-Funktionen.*

Wir betrachten noch periodische Potentiale auf einem Kreis des Umfangs $2La$, wobei $L \in \mathbb{N}$. Dann ist $\mathcal{L}^2([-aL, aL]$, periodische Randbedingungen) der zugeordnete Hilbert-Raum. Spektrum und Eigendistributionen des Hamilton-Operators in diesem Fall erhält man durch die zusätzliche Forderung periodischer Randbedingungen $\psi(-aL) = \psi(aL)$ an die zuvor auf ganz $\mathbb{R}$ gewonnenen Eigendistributionen, also

$$e^{-i\theta L} \stackrel{!}{=} e^{i\theta L}\,.$$

Hierdurch wird der Winkel θ in der Eigenwertgleichung (1.7.11) eingeschränkt auf die Werte

$$\theta = \frac{n}{L}\pi\,, \text{ mit } n \in \{-L+1, -L+2, \ldots, l_1, L\}\,.$$

Das Spektrum wird ein reines Punktspektrum: An die Stelle eines Energieintervalls tritt jeweils eine Familie isolierter Punkte; die Anzahl der Punkte in jeder Familie ist gleich der Anzahl der Periodizitätsintervalle auf der Kreislinie! Aus den ehemaligen Eigendistributionen gehen Eigenvektoren des Hamilton-Operators im Hilbert-Raum $\mathcal{L}^2([-aL, aL]$, periodische Randbedingungen) hervor.

Aufgabe 1.7.1

Auf ein „Teilchen" im eindimensionalen Raum wirke ein periodisches Kastenpotential, gegeben im Periodizitätsintervall durch die Potentialfunktion (1.7.12).

a) *Man bestimme für den komplexen Parameter $E \in \mathbb{C}$ das Fundamentalsystem (1.7.3) der Differentialgleichung (1.7.2) und die Funktion $\gamma(E)$ aus der Gleichung (1.7.11).*

b) *Welche reelle Form nimmt $\gamma(E)$ für reelles E im Fall $0 < E < v_0$, bzw. im Fall $E > v_0$ an?*

c) *Wählt man den Potentialsprung in der Form $v_0 = \nu\hbar^2(2mab)^{-1}$,$\nu \in \mathbb{R}_+$, und läßt b gegen Null streben, wird die Potentialfunktion $v(x)$ zur periodischen δ-Distribution. Man bestimme die Funktion $\gamma(E)$ in diesem Grenzfall aus ihrer in b) gewonnenen Gestalt.*

2   Der Drehimpuls

Das Korrespondenzprinzip ordnet der Observablen Drehimpuls eines Mikrosystems drei Operatoren zu, deren Vertauschungsrelationen aus der Heisenberg-Algebra, also den Vertauschungsrelationen der fundamentalen Observablen Ort und Impuls folgen. Es ist bemerkenswert, daß die algebraische Gestalt dieser Vertauschungsrelationen bei allen Systemen die gleiche ist – wir sahen dies bereits im Fall von einem und von zwei Teilchen; man überzeugt sich leicht von der Verallgemeinerung auf mehr als zwei Teilchen. Dieser Sachverhalt legt nahe, zunächst nach Folgerungen aus der allgemeinen Gestalt der Vertauschungsrelationen des Drehimpulses zu fragen. Der hierdurch gewonnene Einblick wird dann den Weg weisen bei der Untersuchung konkreter Systeme. Wir werden später erkennen, daß die algebraische Gestalt der Vertauschungsrelationen nicht nur den konkreten, durch das Korrespondenzprinzip gegebenen Realisierungen gemeinsam ist, sondern auch neuartige Realisierungen ohne klassische Vorfahren umfaßt.

2.1   Drehimpuls-Algebra und Spektrum

In diesem Abschnitt verwenden wir allein die allgemeine Gestalt der Vertauschungs-relationen eines quantenmechanischen Drehimpulses. Es ist üblich, die Maßeinheit $\hbar$ vom Drehimpulsoperator abzuspalten und den hierbei entstehenden dimensionslosen Operator, etwas nachlässig, weiterhin als Drehimpulsoperator zu bezeichnen.

Wir betrachten also einen Hilbert-Raum $\mathcal{H}$ und drei selbstadjungierte Operatoren J_a, $a = 1, 2, 3$, in diesem Raum, die den Vertauschungsrelationen

$$[J_1\,,J_2] = iJ_3\,, \quad [J_2\,,J_3] = iJ_1\,, \quad [J_3\,,J_1] = iJ_2 \tag{2.1.1}$$

genügen. (Wir übergehen mit den Definitionsbereichen dieser Operatoren zusam-menhängende Fragen.) Mit den Relationen (2.1.1) ist algebraisch ein quantenme-chanischer Drehimpuls gegeben. Wir lesen daran ab, daß die drei „Komponenten" $J_1\,, J_2\,, J_3$ des Drehimpulsoperators eine *Lie-Algebra* erzeugen, mit dem Kommutator als (schiefem) Produkt. Mit der Definition

$$\vec{J}^2 := \sum_{b=1}^{3} (J_b)^2 \tag{2.1.2}$$

folgt aus den Vertauschungsrelationen (2.1.1)

$$[J_a , \vec{J}^2] = 0 , \text{ für } a = 1, 2, 3 .$$
(2.1.3)

Da die drei Operatoren J_1, J_2, J_3 nicht miteinander vertauschen, kann es keine gemeinsamen Eigenvektoren geben, wohl aber solche von $\vec{J}^2$ und J_3 ; hierbei ist J_3 willkürlich unter den drei gleichrangigen Operatoren ausgewählt. Es wird sich als fruchtbar herausstellen, anstelle von J_1 , J_2 die Linearkombinationen

$$J_\pm = J_1 \pm iJ_2$$
(2.1.4)

einzuführen, oben oder unten ist dabei auf beiden Seiten der Gleichung gleichermaßen zu lesen. Aus den Definitionen (2.1.4) folgt unmittelbar

$$(J_\pm)^* = J_\mp ,$$

desweiteren erscheinen die Vertauschungsrelationen in der äquivalenten Gestalt

$$[J_+ , J_-] = 2J_3 , \quad [J_3 , J_\pm] = \pm J_\pm .$$
(2.1.5)

Offensichtlich gilt

$$[\vec{J}^2 , J_\pm] = 0$$

und der Operator $\vec{J}^2$, (2.1.2), selbst wird zu

$$\begin{aligned} \vec{J}^2 &= J_- J_+ + J_3(J_3 + 1) \\ &= J_+ J_- + J_3(J_3 - 1) . \end{aligned}$$
(2.1.6)

Wir nehmen nun an, $f \in \mathcal{H}$ sei ein gemeinsamer Eigenvektor von $\vec{J}^2$ und J_3:

$$\vec{J}^2 f = \lambda f , \quad J_3 f = \mu f .$$
(2.1.7)

Die Eigenwerte λ und μ genügen dann den Relationen

$$\begin{aligned} \lambda &= \frac{\|J_+ f\|^2}{\|f\|^2} + \mu(\mu + 1) , \\ \lambda &= \frac{\|J_- f\|^2}{\|f\|^2} + \mu(\mu - 1) , \end{aligned}$$
(2.1.8)

die unmittelbar aus den beiden Formen (2.1.6) des Operators $\vec{J}^2$ folgen:

$$\lambda(f,f) = (f,\{J_-J_+ + J_3(J_3+1)\}f)$$
$$= (J_+f,J_+f) + \mu(\mu+1)(f,f),$$

und analog im anderen Fall.

Sei $f^{(+)} := J_+f$ der vom Operator J_+ erzeugte Bildvektor. Falls $f^{(+)} \neq 0$, gilt offensichtlich

$$\vec{J}^2 f^{(+)} = J_+\vec{J}^2 f = \lambda f^{(+)}$$

und infolge der Vertauschungsrelationen (2.1.5) auch

$$J_3 f^{(+)} = J_3 J_+ f = (J_+J_3 + J_+)f = (\mu+1)f^{(+)}.$$

Im Fall des Bildvektors $f^{(-)} := J_-f$ folgt analog, wenn $f^{(-)} \neq 0$:

$$\vec{J}^2 f^{(-)} = \lambda f^{(-)}, \quad J_3 f^{(-)} = (\mu-1)f^{(-)}.$$

Der „Leiteroperator" J_+ (bzw. J_-) erzeugt also aus einem gemeinsamen Eigenvektor von $\vec{J}^2$ und J_3 mit den Eigenwerten λ und μ einen neuen gemeinsamen Eigenvektor dieser Operatoren mit den Eigenwerten λ und $\mu+1$ (bzw. $\mu-1$), oder jedoch den Nullvektor. Letzteres muß bei fortgesetzter Anwendung in beiden Fällen wegen der Relationen (2.1.8) notwendigerweise eintreten, da für gegebenes λ der Betrag des Eigenwertes μ von J_3 beschränkt ist durch $|\mu|(|\mu|+1) \leq \lambda$. Sei $\overline{\mu}$ der größte und $\underline{\mu}$ der kleinste auf diese Weise erzeugte Eigenwert von J_3, dann gilt für den jeweiligen Eigenvektor f in den Gleichungen (2.1.8) $J_+f = 0$, bzw. $J_-f = 0$ und somit

$$\lambda = \overline{\mu}(\overline{\mu}+1), \quad \lambda = \underline{\mu}(\underline{\mu}-1).$$

Hieraus folgt, zusammen mit $\overline{\mu} - \underline{\mu} \in \mathbb{N}_0$ als Konsequenz der Einheitsschritte,

$$\underline{\mu} = -\overline{\mu}, \quad 2\overline{\mu} \in \mathbb{N}_0, \quad \lambda = \overline{\mu}(\overline{\mu}+1). \tag{2.1.9}$$

Fazit: Die simultanen Eigenvektoren von $\vec{J}^2$ und J_3 treten in Familien auf; aus jedem Vektor einer Familie kann die gesamte Familie durch wiederholte Anwendung der Leiteroperatoren $J_\pm$ erzeugt werden. Die Vektoren einer Familie unterscheiden sich im jeweiligen Eigenwert des Operators J_3, sind daher paarweise orthogonal. Wir benennen um: $j = \overline{\mu}$, also $2j \in \mathbb{N}_0$, und bezeichnen die orthonormierten Vektoren einer solchen Familie mit

$$\{\phi_j^\mu\}_{\mu=j,j-1\ldots,-j}, \quad (\phi_j^\mu,\phi_j^{\mu'}) = \delta_{\mu\mu'}. \tag{2.1.10}$$

Mithin gilt

$$\vec{J}^2\phi_j^\mu = j(j+1)\phi_j^\mu\,, \quad J_3\phi_j^\mu = \mu\phi_j^\mu\,,$$
$$J_\pm\phi_j^\mu = c^{(\pm)}(j,\mu)\phi_j^{\mu\pm1}\,, \tag{2.1.11}$$

wobei die Konstanten $c^{(\pm)}(j,\mu)$ noch über die Orthonormalitätsbedingungen (2.1.10) zu bestimmen sind. Aus der Identität

$$(\phi_j^{\mu+1}\,,J_+\phi_j^\mu) = (J_-\phi_j^{\mu+1}\,,\phi_j^\mu)$$

folgt zunächst die Relation

$$c^{(+)}(j,\mu) = \overline{c^{(-)}(j,\mu+1)}\,. \tag{2.1.12}$$

Außerdem ist

$$|c^{(+)}(j,\mu)|^2 = (J_+\phi_j^\mu\,,J_+\phi_j^\mu) = (\phi_j^\mu\,,J_-J_+\phi_j^\mu) = j(j+1)-\mu(\mu+1)\,, \tag{2.1.13}$$

aufgrund der ersten Gleichung aus (2.1.6). Die Normierungsbedingung (2.1.10) legt die Vektoren lediglich bis auf eine jeweilige Phase fest. Durch die spezielle Lösung

$$c^{(+)}(j,\mu) = \{j(j+1)-\mu(\mu+1)\}^{\frac{1}{2}} \tag{2.1.14}$$

der Gleichung (2.1.13) werden die relativen Phasen (willkürlich) festgelegt. Aus der Relation (2.1.12) erhalten wir dann

$$c^{(-)}(j,\mu) = \{j(j+1)-\mu(\mu-1)\}^{\frac{1}{2}}\,. \tag{2.1.15}$$

Zuweilen ist auch die Darstellung der Koeffizienten in der Gestalt eines Produkts

$$\{j(j+1)-\mu(\mu\pm1)\}^{\frac{1}{2}} = \{(j\pm\mu+1)(j\mp\mu)\}^{\frac{1}{2}} \tag{2.1.16}$$

nützlich. Wir fassen das Gewonnene zusammen in dem

Satz

Die simultanen Eigenvektoren von $\vec{J}^2$ und J_3 treten in Familien $\{\phi_j^\mu\}_{\mu=j,j-1,\ldots,-j}$ mit $2j \in \mathbb{N}_0$ auf. Die $2j+1$ Vektoren einer solchen Familie können so festgelegt werden, daß gilt:

$$\vec{J}^2 \phi_j^\mu = j(j+1)\phi_j^\mu , \quad J_3 \phi_j^\mu = \mu \phi_j^\mu ,$$

$$J_\pm \phi_j^\mu = \{(j \pm \mu + 1)(j \mp \mu)\}^{\frac{1}{2}} \phi_j^{\mu \pm 1} , \qquad (2.1.17)$$

$$(\phi_j^\mu , \phi_j^{\mu'}) = \delta_{\mu\mu'} .$$

Offen bleibt bei den vorausgegangenen algebraischen Folgerungen die Frage, welche möglichen Werte $2j \in \mathbb{N}_0$ in einem konkreten System auftreten.

Aufgabe 2.1.1

Im Eigenraum des Operators $\vec{J}^2$, (2.1.17), zur Drehimpulsquantenzahl $j = \frac{1}{2}$ berechne man die Matrizes σ_a , $a = 1, 2, 3$, definiert durch

$$\frac{1}{2}(\sigma_a)_{\frac{3}{2}-\mu,\frac{3}{2}-\mu'} := (\phi_{\frac{1}{2}}^\mu , J_a \phi_{\frac{1}{2}}^{\mu'}) , \quad \mu, \mu' \in \{\frac{1}{2}, -\frac{1}{2}\}$$

und verifiziere $(\sigma_a)^* = \sigma_a$, sowie die Vertauschungsrelationen

$$[\sigma_a , \sigma_b] = 2i \sum_{c=1}^{3} \varepsilon_{abc} \sigma_c .$$

Kommentar: Die Operatoren $\{\frac{1}{2}\sigma_a\}$ im Raum $\mathbb{C}^2$ beschreiben den Spin-$\frac{1}{2}$, wie wir später erfahren werden.

2.2 Der Bahndrehimpuls eines Teilchens

2.2.1 Spektrum und Eigenvektoren

Im Hilbert-Raum $\mathcal{H} = \mathcal{L}^2(\mathbb{R}^3)$ eines Teilchens (ohne Spin) wird dem Drehimpuls durch das Korrespondenzprinzip der Operator

$$\vec{D} = \vec{q} \times \vec{p} \qquad (2.2.1)$$

zugeordnet. Spaltet man wiederum die Maßeinheit $\hbar$ ab, verwendet also den Operator $\hbar\vec{L} := \vec{D}$, so lauten dessen Komponenten in der Schrödinger-Darstellung der

Operatoren $\vec{q}$ und $\vec{p}$:

$$
\begin{aligned}
L_1 &= -i(x_2\partial_3 - x_3\partial_2)\,, \\
L_2 &= -i(x_3\partial_1 - x_1\partial_3)\,, \\
L_3 &= -i(x_1\partial_2 - x_2\partial_1)\,.
\end{aligned}
\tag{2.2.2}
$$

Diese Operatoren sind wesentlich selbstadjungiert auf dem gemeinsamen Definitionsbereich $\mathcal{S}(\mathbb{R}^3) \subset \mathcal{H}$, den sie in sich abbilden, und genügen den Vertauschungsrelationen

$$
[L_a\,, L_b] = i \sum_{c=1}^{3} \varepsilon_{abc} L_c\,, \text{ mit } a, b \in \{1, 2, 3\}\,.
\tag{2.2.3}
$$

Hiermit haben wir eine konkrete Realisierung der Drehimpuls-Algebra vor Augen. Unser Ziel in diesem Abschnitt ist die explizite Konstruktion aller simultanen Eigenvektoren von $\vec{L}^2$ und L_3. Hierbei lassen wir uns von den im Abschnitt 2.1 gefundenen Implikationen der Drehimpuls-Algebra leiten.

Die Operatoren (2.2.2) sind Differentialoperatoren erster Ordnung mit den Eigenschaften

$$
\begin{aligned}
L_a f(r) &= 0\,, \quad r = |\vec{x}|\,, \\
L_a(gh) &= (L_a g)h + g L_a h
\end{aligned}
\tag{2.2.4}
$$

für $a = 1, 2, 3$ und differenzierbaren Funktionen f, g, h. Wir betrachten insbesondere die Funktionenmenge mit $\kappa \in \mathbb{R}_+$,

$$
\{(x_1)^{\nu_1}(x_2)^{\nu_2}(x_3)^{\nu_3}e^{-\kappa r^2}\}_{(\nu_1,\nu_2,\nu_3)\in\mathbb{N}_0^3} \subset \mathcal{S}(\mathbb{R}^3)\,.
\tag{2.2.5}
$$

Diese Menge bildet eine Basis im Hilbert-Raum $\mathcal{L}^2(\mathbb{R}^3)$, die jedoch nicht orthogonal ist; ihre Orthogonalisierung ergibt die Menge der Eigenvektoren des dreidimensionalen isotropen harmonischen Oszillators mit $\kappa = \frac{m\omega}{2\hbar}$, vgl. Abschnitt 1.4.2. Infolge der Eigenschaften (2.2.4) überzeugt man sich leicht davon, daß

$$
L_a(x_1)^{\nu_1}(x_2)^{\nu_2}(x_3)^{\nu_3}e^{-\kappa r^2} = {\sum_{\lambda_1,\lambda_2,\lambda_3}}' c_{\lambda_1\lambda_2\lambda_3}(x_1)^{\lambda_1}(x_2)^{\lambda_2}(x_3)^{\lambda_3}e^{-\kappa r^2}
$$

gilt, wobei der Strich die endliche Summe auf Terme mit $\lambda_1 + \lambda_2 + \lambda_3 = \nu_1 + \nu_2 + \nu_3$ einschränkt: Der Operator L_a ändert also den Homogenitätsgrad nicht. Wir definieren die Leiteroperatoren

$$
L_\pm = L_1 \pm iL_2
\tag{2.2.6}
$$

und blicken – angeregt durch die vorausgegangenen Überlegungen – zunächst auf Funktionen

$$\psi_l^l(\vec{x}) := (x_1 + ix_2)^l f(r) , \text{ mit } l \in \mathbb{N}_0 . \tag{2.2.7}$$

Es genügt dabei anzunehmen, daß $f(r)$ differenzierbar ist und $\psi_l^l \in \mathcal{L}^2(\mathbb{R}^3)$. Durch explizites Rechnen findet man unschwer

$$L_3 \psi_l^l = l \psi_l^l , \quad L_+ \psi_l^l = 0 , \tag{2.2.8}$$

und hiermit

$$\vec{L}^2 \psi_l^l = \{L_- L_+ + L_3(L_3 + 1)\} \psi_l^l = l(l+1) \psi_l^l .$$

Also ist für jedes $l \in \mathbb{N}_0$ ein simultaner Eigenvektor von $\vec{L}^2$ und L_3 konstruiert, und zwar derjenige mit dem jeweils größten Eigenwert von L_3 . Für jedes l lassen sich dann hieraus durch wiederholtes Anwenden von L_- die Eigenvektoren von L_3 mit kleineren Eigenwerten gewinnen:

$$\psi_l^{l-n}(\vec{x}) = (L_-)^n \psi_l^l(\vec{x}) , \quad n = 1, \ldots, 2l , \tag{2.2.9}$$

wie im Abschnitt 2.1 allgemein gezeigt wurde. Der Operator L_- transformiert dabei ein homogenes Polynom l-ten Grades wiederum in ein solches und der Faktor $f(r)$ bleibt unverändert.

Fazit: Zu jedem $l \in \mathbb{N}_0$ erzeugt die Algebra des Bahndrehimpulses $\vec{L}$ aus dem Vektor (2.2.7) eine Familie der Gestalt (2.1.17), wenn wir dort $\vec{J}, j, \mu$ durch $\vec{L}, l, m$ ersetzen. Dieser Sachverhalt hängt nicht von der speziellen Wahl der Funktionen $f(r)$ ab!

Anstelle der Funktionen (2.2.7) hätten wir Funktionen

$$\psi_l^{-l} := (x_1 - ix_2)^l f(r) , \quad l \in \mathbb{N}_0 \tag{2.2.10}$$

ansetzen können, um sie dann ganz analog als simultane Eigenvektoren von $\vec{L}^2$ und L_3 mit den Eigenwerten $l(l+1)$ bzw. $-l$ zu identifizieren.

Werden auf diese Weise alle möglichen Eigenwerte gewonnen? Ja! Dies folgt aus dem Vergleich der eingangs eingeführten Basis (2.2.5) mit daraus zu bildenden simultanen Eigenvektoren von $\vec{L}^2$ und L_3 . Letztere sind homogene Polynome, multipliziert mit einer Radialfunktion. Daher genügt es, die Basisvektoren mit festgehaltenem Monomgrad $n \in \mathbb{N}$ zu betrachten. Außerdem wählen wir solche Maßeinheiten, daß κ die Maßzahl 1 annimmt.

Die Basisvektoren

$$\{(x_1)^{\nu_1}(x_2)^{\nu_2}(x_3)^{\nu_3} e^{-r^2}\}_{\nu_1 + \nu_2 + \nu_3 = n}$$

spannen eine $\frac{1}{2}(n+2)(n+1)$-dimensionale Linearmannigfaltigkeit auf. Die entsprechenden simultanen Eigenvektoren der Operatoren $\vec{L}^2$ und L_3 haben die Gestalt

$$\psi_{l;k}^m(\vec{x}) = h_l^m(\vec{x})(r^2)^k e^{-r^2} , \quad 2k+l = n ,$$

mit homogenen Polynomen l-ten Grades h_l^m für $m = l,\dots,-l$. Bei gegebenem geradzahligem n spannen die Vektoren

$$\{\psi_{l;\frac{1}{2}(n-l)}^m\}_{\substack{l=n,n-2,\dots,0 \\ m=l,\dots,-l}}$$

eine Linearmannigfaltigkeit der Dimension

$$\{2n+1\} + \{2(n-2)+1\} + \dots + 1 = \frac{1}{2}(n+2)(n+1)$$

auf; analog bei ungeradzahligem n . Hiermit ist gezeigt, daß alle Eigenvektoren des Operators $\vec{L}^2$ gefunden wurden: Die *Drehimpulsquantenzahl* l kann jeden Wert $l \in \mathbb{N}_0$ annehmen, halbzahlige Werte hingegen treten nicht auf! Aus dem obigen geht außerdem hervor, daß es zu gegebenem l abzählbar-unendlich linear unabhängige Familien, d.h. Eigenräume von $\vec{L}^2$, gibt.

Das Verhalten des Orts- und des Impulsoperators unter der Paritätstransformation – beides sind *Vektoroperatoren* – hat zur Folge, daß

$$\mathcal{P}L_a = L_a\mathcal{P} \tag{2.2.11}$$

für $a = 1,2,3$ gilt: Der Bahndrehimpuls ist also ein *Axialvektoroperator*. Hieraus, zusammen mit der in (2.2.7) direkt ablesbaren Relation

$$\mathcal{P}\psi_l^l = (-1)^l \psi_l^l \tag{2.2.12}$$

folgt schließlich, daß die Vektoren ψ_l^m mit $l \in \mathbb{N}_0$ und $m \in \{l,l-1,\dots,-l\}$ simultane Eigenvektoren der Operatoren $\vec{L}^2$, L_3 und $\mathcal{P}$ mit den Eigenwerten $l(l+1)$, m und $(-1)^l$ sind.

2.2.2 Kugelfunktionen

Die in den simultanen Eigenvektoren ψ_m^l von $\vec{L}^2$ und L_3 auftretenden homogenen Polynome legen nahe, sphärische Polarkoordinaten einzuführen:

$$\mathbb{R}^3 \leftarrow \mathbb{R}_+ \times S^2$$
$$x_1 = r\sin\vartheta\cos\varphi ,$$
$$x_2 = r\sin\vartheta\sin\varphi ,$$
$$x_3 = r\cos\vartheta ,$$

mit $r \geq 0$, $0 \leq \vartheta \leq \pi$, $0 \leq \varphi < 2\pi$ und der Funktionaldeterminanten

$$\left| \frac{\partial(x_1, x_2, x_3)}{\partial(r, \vartheta, \varphi)} \right| = r^2 \sin\vartheta .$$

Die Transformation ist singulär in $r = 0$ oder $\vartheta = 0, \pi$. Die Operatoren des Bahndrehimpulses sind (auf ihren Definitionsbereichen) dann die Differentialoperatoren

$$L_3 = \frac{1}{i} \frac{\partial}{\partial\varphi} ,$$

$$L_2 = -\frac{1}{i} \sin\varphi \, \mathrm{ctg}\vartheta \frac{\partial}{\partial\varphi} + \frac{1}{i} \cos\varphi \frac{\partial}{\partial\vartheta} , \qquad (2.2.13)$$

$$L_1 = -\frac{1}{i} \cos\varphi \, \mathrm{ctg}\vartheta \frac{\partial}{\partial\varphi} - \frac{1}{i} \sin\varphi \frac{\partial}{\partial\vartheta} .$$

(Man verifiziert diese Gleichungen unschwer, wenn man die rechten Seiten auf eine Funktion $h(\vec{x}(r, \vartheta, \varphi))$ anwendet.) Die Leiteroperatoren (2.2.6) ergeben sich dann zu

$$L_\pm = e^{\pm i\varphi} \left\{ i\, \mathrm{ctg}\vartheta \frac{\partial}{\partial\varphi} \pm \frac{\partial}{\partial\vartheta} \right\} , \qquad (2.2.14)$$

und über die Relation $\vec{L}^2 = L_+ L_- + L_3(L_3 - 1)$ folgt schließlich

$$\vec{L}^2 = -\frac{1}{\sin\vartheta} \frac{\partial}{\partial\vartheta} \left(\sin\vartheta \frac{\partial}{\partial\vartheta} \right) - \left(\frac{1}{\sin\vartheta} \frac{\partial}{\partial\varphi} \right)^2 . \qquad (2.2.15)$$

Sei $h = h(\vec{x}(r, \vartheta, \varphi)) \in \mathcal{L}^2(\mathbb{R}^3)$ und somit

$$\int_{\mathbb{R}^3} d^3 x |h(\vec{x})|^2 = \int_0^\infty r^2 dr \int_0^\pi \sin\vartheta d\vartheta \int_0^{2\pi} d\varphi |h(\vec{x}(r, \vartheta, \varphi))|^2 < \infty .$$

Der Hilbert-Raum $\mathcal{L}^2(\mathbb{R}^3)$ kann als Tensorprodukt

$$\mathcal{L}^2(\mathbb{R}^3) = \mathcal{L}^2(\mathbb{R}_+, r^2 dr) \otimes \mathcal{L}^2(S^2, d\Omega) \qquad (2.2.16)$$

der Hilbert-Räume $\mathcal{L}^2(\mathbb{R}_+, r^2 dr)$ und $\mathcal{L}^2(S^2, d\Omega)$ aufgefaßt werden. Ersterer wird aus den komplexwertigen Funktionen über der Halbgeraden $0 \leq r < \infty$ gebildet, die bezüglich des Maßes $r^2 dr$ quadratintegrabel sind, letzterer besteht aus den bezüglich des Oberflächenmaßes $d\Omega = \sin\vartheta d\vartheta d\varphi$ quadratintegrablen Funktionen auf der Einheitssphäre S^2. Wir bezeichnen im folgenden das innere Produkt zweier Funktionen $v, w \in \mathcal{L}^2(S^2, d\Omega)$ mit

$$\langle v, w \rangle := \int_0^\pi \sin\vartheta d\vartheta \int_0^{2\pi} d\varphi \overline{v(\vartheta, \varphi)} w(\vartheta, \varphi) . \qquad (2.2.17)$$

Das Tensorprodukt (2.2.16) bedeutet, daß sich jeder Vektor $h \in \mathcal{L}^2(\mathbb{R}^3)$ im Sinne der starken Konvergenz in der Gestalt einer Summe

$$h(\vec{x}) = \sum_n f_n(r) w_n(\vartheta, \varphi)$$

aus Produkten entsprechender Funktionen $f_n \in \mathcal{L}^2(\mathbb{R}_+, r^2 dr)$ und $w_n \in \mathcal{L}^2(S^2, d\Omega)$ darstellen läßt.

Zur Definition der *Kugelfunktionen* Y_l^m, $l \in \mathbb{N}_0$ und $m = l, l-1, \ldots, -l$ kehren wir zurück zu den simultanen Eigenvektoren ψ_l^m aus (2.2.7), bzw. (2.2.9) der Operatoren $\vec{L}^2$ und L_3: Erstere ergeben sich als der jeweilige normierte winkelabhängige Anteil der letzteren, also

$$\psi_l^m(\vec{x}(r, \vartheta, \varphi)) = \text{const } Y_l^m(\vartheta, \varphi) r^l f(r) , \qquad (2.2.18)$$

mit der Normierung durch das Skalarprodukt (2.2.17). In anderer Sprechweise: Die Kugelfunktion ist der normierte Faktor aus $\mathcal{L}^2(S^2, d\Omega)$ in der Darstellung des Vektors ψ_l^m als Tensorprodukt (das in diesem Fall nur aus einem Summanden besteht). Durch die Normierung sind die Kugelfunktionen nur bis auf einen jeweiligen Phasenfaktor festgelegt und genügen den Relationen

$$\vec{L}^2 Y_l^m = l(l+1) Y_l^m , \quad L_3 Y_l^m = m Y_l^m , \qquad (2.2.19)$$

$$\langle Y_{l'}^{m'}, Y_l^m \rangle = \delta_{ll'} \delta_{mm'} , \qquad (2.2.20)$$

$$\mathcal{P} Y_l^m = (-1)^l Y_l^m . \qquad (2.2.21)$$

Mit der Phasenkonvention (2.1.17) gilt noch

$$L_\pm Y_l^m = \{(l \pm m + 1)(l \mp m)\}^{\frac{1}{2}} Y_l^{m \pm 1} , \qquad (2.2.22)$$

wobei die Form (2.1.16) der Faktoren verwendet wurde.

Die Kugelfunktionen mit $m = l$ und mit $m = -l$ erhält man unmittelbar aus den Eigenvektoren (2.2.7), bzw. (2.2.10):

$$Y_l^l(\vartheta, \varphi) = \text{const} \left(\frac{x_1 + ix_2}{r} \right)^l = \text{const } e^{il\varphi} (\sin \vartheta)^l ,$$
$$Y_l^{-l}(\vartheta, \varphi) = \text{const } e^{-il\varphi} (\sin \vartheta)^l .$$

Daß diese beiden Funktionen simultane Eigenvektoren von $\vec{L}^2$ und L_3 sind, läßt sich selbstverständlich auch direkt mittels (2.2.13-15) verifizieren. Bestimmt man noch den

Normierungsfaktor, so kann man

$$Y_l^{-l}(\vartheta,\varphi) = \frac{1}{2^l l!}\left\{\frac{(2l+1)(2l)!}{4\pi}\right\}^{\frac{1}{2}} e^{-il\varphi}(\sin\vartheta)^l \tag{2.2.23}$$

setzen. Die explizite Gestalt der Kugelfunktionen Y_l^m liefert dann der

Satz

Mit der Phasenkonvention (2.2.22) gilt

$$Y_l^m(\vartheta,\varphi) = \frac{(-1)^m}{2^l l!}\left\{\frac{(2l+1)(l-m)!}{4\pi(l+m)!}\right\}^{\frac{1}{2}}$$
$$\cdot e^{im\varphi}(\sin\vartheta)^m\left(\frac{d}{d\cos\vartheta}\right)^{l+m}(\cos^2\vartheta-1)^l \tag{2.2.24}$$

für $m = l, l-1, \ldots, -l$.

Beweis: Wir gehen induktiv vor:

i) Die Behauptung ist offensichtlich für $m = -l$ erfüllt.

ii) Wir nehmen ihre Gültigkeit für ein gewisses $m \in \{l,\ldots,-l\}$ an und berechnen hieraus

$$Y_l^{m+1} = \{(l+m+1)(l-m)\}^{-\frac{1}{2}}L_+Y_l^m$$
$$= \frac{(-1)^m}{2^l l!}\left\{\frac{(2l+1)(l-m-1)!}{4\pi(l+m+1)!}\right\}^{\frac{1}{2}}$$
$$\cdot e^{i\varphi}\left\{i\,\mathrm{ctg}\vartheta\frac{\partial}{\partial\varphi} + \frac{\partial}{\partial\vartheta}\right\}e^{im\varphi}(\sin\vartheta)^m\left(\frac{d}{d\cos\vartheta}\right)^{l+m}(\cos^2\vartheta-1)^l$$
$$= \frac{(-1)^{m+1}}{2^l l!}\left\{\frac{(2l+1)(l-m-1)!}{4\pi(l+m+1)!}\right\}^{\frac{1}{2}}$$
$$\cdot e^{i(m+1)\varphi}(\sin\vartheta)^{m+1}\left(\frac{d}{d\cos\vartheta}\right)^{l+m+1}(\cos^2\vartheta-1)^l.$$

Also ist die Behauptung auch für $m+1$ gezeigt.   □

Die Kugelfunktionen hängen von ihren beiden Variablen φ und ϑ in faktorisierter Form ab. Mit den *zugeordneten Legendre-Funktionen*

$$P_l^m(z) = (-1)^m(1-z^2)^{\frac{m}{2}}\left(\frac{d}{dz}\right)^m P_l(z), \tag{2.2.25}$$

wobei $l \in \mathbb{N}_0$ und $m \in \{l, l-1, \ldots, -l\}$, die ihrerseits aus den *Legendre-Polynomen*

$$P_l(z) = \frac{1}{2^l l!} \left(\frac{d}{dz}\right)^l (z^2 - 1)^l \tag{2.2.26}$$

hervorgehen, nehmen die Kugelfunktionen die Gestalt

$$Y_l^m(\vartheta, \varphi) = \left\{ \frac{(2l+1)(l-m)!}{4\pi(l+m)!} \right\}^{\frac{1}{2}} e^{im\varphi} P_l^m(\cos\vartheta) \tag{2.2.27}$$

an. Wichtig ist der ohne Beweis angeführte

Satz

Die Menge der Kugelfunktionen

$$\{Y_l^m\}_{l \in \mathbb{N}_0, m \in \{l, l-1, \ldots, -l\}}$$

bildet eine Orthonormalbasis im Hilbert-Raum $\mathcal{L}^2(S^2, d\Omega)$.

Deshalb gilt für jeden Vektor $f \in \mathcal{L}^2(\mathbb{R}^3)$ eine Entwicklung der Form

$$f(\vec{x}) = \sum_{l=0}^{\infty} \sum_{m=-l}^{l} c_l^m(r) Y_l^m(\vartheta, \varphi), \tag{2.2.28}$$

$$\|f\|^2 = \sum_{l=0}^{\infty} \sum_{m=-l}^{l} \int_0^{\infty} dr \, r^2 |c_l^m(r)|^2 \tag{2.2.29}$$

im Sinne der starken Konvergenz einer Vektorfolge.

Aufgabe 2.2.1

Man gebe die explizite Gestalt der Kugelfunktionen Y_0^0 und $\{Y_1^m\}$ an.

Aufgabe 2.2.2

Man bestimme jeweils den Erwartungswert und die Streuung der Operatoren L_1, L_2 in einer reinen Gesamtheit, beschrieben durch den Zustandsvektor $\phi(\vec{x}) = \frac{1}{r} f(r) Y_l^m(\vartheta, \varphi)$.

3 Gebundene Zustände in einem Zentralpotential

Eigenvektoren des Hamilton-Operators eines (geschlossenen) Mikrosystems erfahren durch die Schrödinger-Gleichung eine Zeitentwicklung in der Gestalt eines multiplikativen Phasenfaktors. Dieser Phasenfaktor hat die Form $\exp\{\frac{-iEt}{\hbar}\}$ mit dem zum Eigenvektor gehörigen Eigenwert E. Offensichtlich resultieren aus einer derartigen Wahrscheinlichkeitsamplitude zeitunabhängige Erwartungswerte von Observablen und insbesondere eine zeitunabhängige räumliche Lokalisierung des Systems. Aus Gründen physikalischer Stabilität muß ein Hamilton-Operator, sofern er überhaupt Eigenwerte aufweist, einen endlichen tiefsten Eigenwert haben: Der Eigenvektor zu diesem Eigenwert bildet den Grundzustand des Systems. Hierbei haben wir angenommen, daß der tiefste Eigenwert nicht entartet ist.

3.1 Vertauschbare Operatoren und simultane Eigenvektoren

Ein gegebener Eigenwert eines selbstadjungierten Operators ist im allgemeinen Fall entartet – dann ist zwar der zugehörige Eigenraum eindeutig bestimmt, jedoch dort keine Basis ausgezeichnet. Es stellt sich daher die Frage, ob eine ausgezeichnete Basis erzeugt werden kann, wenn weitere Operatoren hinzugenommen werden. Im Fall eines endlich-dimensionalen Eigenraums gilt der

Satz

In einem Hilbert-Raum $\mathcal{H}$ besitze der selbstadjungierte Operator H einen Eigenwert λ mit endlich-dimensionalem Eigenraum $\mathcal{H}_\lambda \subset \mathcal{H}$. Vertauschen die selbstadjungierten Operatoren $H, A, B, \ldots$ paarweise miteinander, so kann in $\mathcal{H}_\lambda$ eine Basis aus simultanen Eigenvektoren dieser Operatoren gewählt werden.

Anmerkung: Sind unter den Operatoren unbeschränkte – der Normalfall in der Quantenmechanik –, so müssen Definitionsbereiche präzisiert werden, worüber hier hinweggegangen wird. Wir können dann den Satz auf das Analogon in der Linearen Algebra zurückführen.

Beweis: Die vorausgesetzte endliche Dimension des Eigenraums $\mathcal{H}_\lambda$ sei n. In diesem Eigenraum des Operators H sind die Vektoren einer Orthonormalbasis $\{f_i\}_{i=1,\dots,n}$ per definitionem Eigenvektoren zum Eigenwert λ:

$$Hf_i = \lambda f_i, \quad i = 1, 2, \dots, n.\tag{3.1.1}$$

Eine solche Orthonormalbasis ist durch den Operator H nur bis auf eine unitäre Transformation bestimmt: Sei u eine beliebige unitäre $n \times n$ Matrix, also $u^* = u^{-1}$, so bilden die Vektoren

$$\phi_i := \sum_{j=1}^{n} \overline{u_{ij}} f_j, \quad i = 1, 2, \dots, n\tag{3.1.2}$$

ebenfalls eine Orthonormalbasis im Eigenraum $\mathcal{H}_\lambda$; mithin gilt

$$H\phi_i = \lambda\phi_i, \quad (\phi_i, \phi_j) = \delta_{ij}\tag{3.1.3}$$

für $i, j \in \{1, \dots, n\}$. Da die Operatoren $A, B, C, \dots$ mit H vertauschen, bilden sie den Eigenraum $\mathcal{H}_\lambda$ jeweils in sich ab:

$$HAf_i = AHf_i = \lambda Af_i, \quad i = 1, \dots, n,$$

und in gleicher Weise die Operatoren $B, C, \dots$. Somit lassen sich die jeweiligen Bildvektoren wiederum nach der (ursprünglichen) Basis entwickeln:

$$Af_j = \sum_{l=1}^{n} a_{lj} f_l, \quad Bf_j = \sum_{l=1}^{n} b_{lj} f_l, \quad \dots, \quad j = 1, \dots, n.\tag{3.1.4}$$

Außerdem sind die Operatoren $A, B, C, \dots$ selbstadjungiert, weshalb

$$a_{ij} = (f_i, Af_j) = (Af_i, f_j) = \overline{a_{ji}}\tag{3.1.5}$$

folgt, sowie analoge Relationen der anderen Operatoren. Die Entwicklungskoeffizienten a_{ij}, mit $i, j \in \{1, \dots, n\}$ sind demnach die Elemente einer selbstadjungierten $n \times n$ Matrix $a = a^*$; entsprechend $b = b^*$, $\dots$. Die Komposition zweier Abbildungen A und B aus (3.1.4) ergibt

$$(f_i, ABf_j) = (ab)_{ij}, \quad (f_i, BAf_j) = (ba)_{ij}.$$

Verwenden wir schließlich noch, daß die Operatoren $A, B, C, \dots$ paarweise vertauschen, so überträgt sich diese Eigenschaft offensichtlich auf die Matrizes $a, b, c, \dots$:

$$[a, b] = 0, \quad [a, c] = 0, \quad [b, c] = 0, \quad \dots\tag{3.1.6}$$

Ein zentraler Satz der Linearen Algebra, siehe z.B. [Ga], besagt nun: Gegeben seien die selbstadjungierten paarweise vertauschbaren $n \times n$ Matrizes $a, b, c, \ldots$, dann existiert eine unitäre $n \times n$ Matrix u, welche diese Matrizes simultan diagonalisiert, also

$$(uau^*)_{ki} = \alpha_i \delta_{ki}, \quad (ubu^*)_{ki} = \beta_i \delta_{ki}, \quad \ldots . \tag{3.1.7}$$

In der transformierten Orthonormalbasis (3.1.2) wählen wir diese derart ausgezeichnete unitäre Matrix und bestimmen die Abbildungen der neuen Basisvektoren durch die Operatoren $A, B, C, \ldots$, indem wir nacheinander (3.1.4), die Umkehrung von (3.1.2), und (3.1.7) benützen:

$$A\phi_i = \sum_l (au^*)_{li} f_l = \sum_k (uau^*)_{ki} \phi_k = \alpha_i \phi_i, \tag{3.1.8}$$

und mit den Operatoren $B, C, \ldots$ entsprechend. □

Die mathematische Aussage des Satzes ist (zunächst) unabhängig von einer physikalischen Interpretation der Operatoren $H, A, B, C, \ldots$. Sie hat gewichtige Auswirkungen im Fall eines Hamilton-Operators, der (auch) Eigenwerte aufweist, die im allgemeinen entartet sind, jedoch mit einem endlichen Entartungsgrad:

i) Gibt es weitere Observablen des betrachteten Systems, deren Operatoren zusammen mit dem Hamilton-Operator paarweise vertauschen, so erzeugen die simultanen Eigenvektoren – falls hinreichend viele solcher Operatoren gegeben sind – eine physikalisch ausgezeichnete Zerlegung eines Eigenraumes des Hamilton-Operators in eindimensionale Teilräume.

ii) Wird eine Gesamtheit durch eine Wahrscheinlichkeitsamplitude beschrieben, die simultaner Eigenvektor einer Menge paarweise miteinander vertauschender Operatoren ist, so verschwinden die mittleren Schwankungsquadrate der diesen Operatoren entsprechenden Observablen. Mit anderen Worten: Die Meßstatistik jeder dieser Observablen ist scharf im jeweiligen Eigenwert konzentriert.

3.2   Das diskrete Spektrum des Hamilton-Operators

Einem System, das aus zwei unterscheidbaren Teilchen besteht, ordnet die Quantenmechanik den Hilbert-Raum $\mathcal{L}^2(\mathbb{R}^6)$ zu und – falls diese beiden Teilchen durch ein Relativpotential aufeinander wirken, das nur vom Abstand abhängt – einen Hamilton-Operator der Form

$$\tilde{H} = -\frac{\hbar^2}{2m_1} \Delta_{(1)} - \frac{\hbar^2}{2m_1} \Delta_{(1)} + v(|\vec{x}^{(1)} - \vec{x}^{(2)}|) . \tag{3.2.1}$$

Die Potentialfunktion v soll später genauer charakterisiert werden. Analog zur klassischen Theorie führt man dann *Schwerpunkts- und Relativkoordinaten*

$$\vec{y} = \frac{m_1 \vec{x}^{(1)} + m_2 \vec{x}^{(2)}}{m_1 + m_2} \,, \quad \vec{x} = \vec{x}^{(1)} - \vec{x}^{(2)} \tag{3.2.2}$$

ein, wie auch die *reduzierte Masse*

$$m_0 = \frac{m_1 m_2}{m_1 + m_2} \,. \tag{3.2.3}$$

Der Hamilton-Operator (3.2.1) nimmt als Folge dieser Koordinatentransformation im Hilbert-Raum $\mathcal{L}^2(\mathbb{R}^6)$ die Gestalt

$$\tilde{H} = H_s + H_r \,,$$

$$H_s = -\frac{\hbar^2}{2(m_1 + m_2)} \Delta_{(\vec{y})} \,, \quad H_r = -\frac{\hbar^2}{2m_0} \Delta_{(\vec{x})} + v(|\vec{x}|) \tag{3.2.4}$$

an: Er ist nun die Summe zweier Operatoren, wobei der eine, H_s , sich nur auf die Schwerpunktskoordinaten $\vec{y}$ bezieht, der andere indessen, H_r , nur auf die Relativkoordinaten $\vec{x}$. Wenn wir die Vektoren aus $\mathcal{L}^2(\mathbb{R}^6)$ als Summe von Produkten der Form

$$f(\vec{x})g(\vec{y}) \,, \quad \text{mit } f, g \in \mathcal{L}^2(\mathbb{R}^3) \,,$$

darstellen, zerfällt das anfängliche Zweiteilchensystem in zwei unabhängige Einteilchensysteme:

i) Der Hamilton-Operator H_s ist der Operator der kinetischen Energie eines Teilchens der Masse $m_1 + m_2$. Somit bewegt sich der Schwerpunkt des ursprünglichen Zweiteilchensystems wie ein freies Teilchen dieser Masse – ganz analog der klassischen Theorie. Wie wir schon bei der im einleitenden Kapitel vorgenommenen ersten Orientierung im Terrain der Quantenmechanik bemerkt haben, gibt es keine Eigenvektoren des Operators H_s . Der von ihm bewirkten Zeitentwicklung werden wir uns im Kapitel 6 zuwenden.

ii) Die Wechselwirkung der beiden Teilchen kommt im Summanden H_r in der Gleichung (3.2.4) zum Vorschein. Dieser Operator H_r hat die Form des Hamilton-Operators eines Teilchens der Masse m_0 unter dem Einfluß des Zentralpotentials v .

Wir richten daher im folgenden unser Augenmerk auf den Hilbert-Raum $\mathcal{H} = \mathcal{L}^2(\mathbb{R}^3)$ und einen Hamilton-Operator H der Gestalt

$$H = -\frac{\hbar^2}{2m_0}\Delta + v(|\vec{x}|) \, . \tag{3.2.5}$$

Hierin sei die Potentialfunktion $v(r), r = |\vec{x}|$, stückweise stetig und habe einen endlichen Grenzwert

$$\lim_{r \to 0} rv(r) = \kappa \tag{3.2.6}$$

der (gegebenenfalls) den Wert Null annehmen kann. Außerdem soll $rv(r)$ nach unten beschränkt sein. (Wir übergehen die Frage nach einem Definitionsbereich, auf dem H wesentlich selbstadjungiert ist.) Einige physikalisch interessante Beispiele seien aufgeführt, die reellen Parameter haben eine physikalische Dimension:

Yukawa-Potential: $v(r) = a\frac{e^{-\mu r}}{r} \, , \mu > 0 \, ,$
Exponentialpotential: $v(r) = ae^{-\mu r} \, , \mu > 0 \, ,$
Topfpotential: $v(r) = a\Theta(r_0 - r) \, , r_0 > 0 \, ,$
Coulomb-Potential: $v(r) = \frac{a}{r} \, ,$
Isotroper Oszillator: $v(r) = ar^2 \, , a > 0 \, .$

Der Hamilton-Operator (3.2.5) und der Operator des Bahndrehimpulses $\vec{L}$, (2.2.2), vertauschen miteinander:

$$[H \, , L_a] = 0 \, , \quad a = 1, 2, 3 \, .$$

Wir suchen die simultanen Eigenvektoren der paarweise vertauschbaren Operatoren

$$H \, , \vec{L}^2 \, , L_3 \, , \mathcal{P} \, . \tag{3.2.7}$$

Die Rotationssymmetrie des Hamilton-Operators legt nahe, sphärische Polarkoordinaten einzuführen. In den cartesischen Koordinaten gilt auf differenzierbaren Funktionen:

$$r^2\Delta = (\vec{x} \cdot \vec{\nabla})(\vec{x} \cdot \vec{\nabla}) + \vec{x} \cdot \vec{\nabla} - \vec{L}^2 \, . \tag{3.2.8}$$

Die Herleitung ist eine Übung im Differenzieren:

$$\vec{L}^2 f(\vec{x}) = (-i)^2 \sum_{j,k,l,\alpha,\beta} \varepsilon_{jkl}\varepsilon_{j\alpha\beta}x_k\partial_l x_\alpha\partial_\beta f(\vec{x})$$

$$= -\sum_{k,l,\alpha,\beta} \{\delta_{k\alpha}\delta_{l\beta} - \delta_{k\beta}\delta_{l\alpha}\}x_k\partial_l x_\alpha\partial_\beta f(\vec{x})$$

$$= \sum_{k,l} \{-x_k \partial_l x_k \partial_l + x_k \partial_l x_l \partial_k\} f(\vec{x})$$

$$= \{-\vec{x} \cdot \vec{\nabla} - r^2 \Delta + 3\vec{x} \cdot \vec{\nabla} + \underbrace{\sum_k x_k \vec{x} \cdot \vec{\nabla} \partial_k}_{\vec{x} \cdot \vec{\nabla} \vec{x} \cdot \vec{\nabla} - \vec{x} \cdot \vec{\nabla}}\} f(\vec{x}) .$$

Zur Formulierung in sphärischen Polarkoordinaten, $F(r, \vartheta, \varphi) = f(\vec{x}(r, \vartheta, \varphi))$, gelangt man leicht mittels der Relation

$$r\frac{\partial F}{\partial r} = r\{(\partial_1 f) \sin\vartheta \cos\varphi + (\partial_2 f) \sin\vartheta \sin\varphi + (\partial_3 f) \cos\vartheta\}$$

$$= x_1 \partial_1 f + x_2 \partial_2 f + x_3 \partial_3 f$$

$$= \vec{x} \cdot \vec{\nabla} f .$$

Hiermit in die Identität (3.2.8) eingegangen, führt schließlich zu

$$\Delta f = \frac{1}{r}\left(\frac{\partial}{\partial r}\right)^2 rF - \frac{1}{r^2}\vec{L}^2 F , \tag{3.2.9}$$

und der Hamilton-Operator gewinnt die Form

$$H = -\frac{\hbar^2}{2m_0}\left\{\frac{1}{r}\left(\frac{\partial}{\partial r}\right)^2 r - \frac{\vec{L}^2}{r^2}\right\} + v(r) . \tag{3.2.10}$$

Mit den Kugelfunktionen Y_l^m aus dem Abschnitt 2.2.2 setzen wir die simultanen Eigenvektoren (oder auch Eigendistributionen) der Operatoren (3.2.7) an in der Form

$$\phi(\vec{x}) = \frac{u(r)}{r} Y_l^m(\vartheta, \varphi) . \tag{3.2.11}$$

Dieser Ansatz erfüllt bereits die Eigenwertgleichungen

$$\vec{L}^2 \phi = l(l+1)\phi , \quad L_3 \phi = m\phi , \quad \mathcal{P}\phi = (-1)^l \phi . \tag{3.2.12}$$

Aus der Forderung

$$H\phi \overset{!}{=} E\phi$$

wird mit (3.2.11) die Eigenwertgleichung

$$\left\{-\frac{\hbar^2}{2m_0}\left(\frac{d}{dr}\right)^2 + \frac{\hbar^2}{2m_0}\frac{l(l+1)}{r^2} + v(r)\right\} u(r) = E u(r) . \tag{3.2.13}$$

Offensichtlich gibt es eine gewisse Ähnlichkeit mit dem Hamilton-Operator in einem eindimensionalen Raum, jedoch mit zwei Modifikationen:

i) Das in der Gleichung (3.2.13) wirksame Potential

$$w(r; l) := \frac{\hbar^2}{2m_0} \frac{l(l+1)}{r^2} + v(r) \tag{3.2.14}$$

ist die Summe aus einer abstoßenden „*Drehimpulsbarriere*" und dem Zentralpotential $v(r)$.

ii) Die Variable r ist die Koordinate der Halbachse $[0, \infty)$; der Übergang zu sphärischen Polarkoordinaten impliziert eine Randbedingung bei $r = 0$:

$$\lim_{r \to 0} r^{-l-1} u(r) \stackrel{!}{=} \text{const} \neq 0 . \tag{3.2.15}$$

Diese Randbedingung werden wir anschließend begründen. Eigenvektoren $u(r)$, also solche Lösungen der Gleichung (3.2.13), daß

$$\|\phi\|^2 = \int_0^\infty dr |u(r)|^2 < \infty$$

gilt, werden wir nur im Falle eines anziehenden Potentials $v(r)$ erwarten.

Da das wirksame Potential (3.2.14) von der Drehimpulsquantenzahl l abhängt, liegt die Vermutung nahe, daß im allgemeinen Fall Eigenwerte E mit verschiedenen Drehimpulsquantenzahlen l nicht zusammenfallen: Jeder Eigenwert E des Hamilton-Operators weist dann nur die notwendige $(2l + 1)$-fache Entartung in der Quantenzahl m auf, da die Eigenwertgleichung (3.2.13) selbst nicht von m abhängt – dies wird als die *natürliche Entartung* bezeichnet.

Wir müssen noch die Randbedingung (3.2.15) begründen. In dieser Absicht führen wir zunächst die Abkürzungen

$$\tilde{v}(r) := \frac{2m_0}{\hbar^2} v(r) , \quad \lambda := \frac{2m_0 E}{\hbar^2}$$

ein, wodurch die Eigenwertgleichung (3.2.13) die etwas schlankere Gestalt

$$\left\{ - \left(\frac{d}{dr} \right)^2 + \frac{l(l+1)}{r^2} + \tilde{v}(r) - \lambda \right\} u(r) = 0 \tag{3.2.16}$$

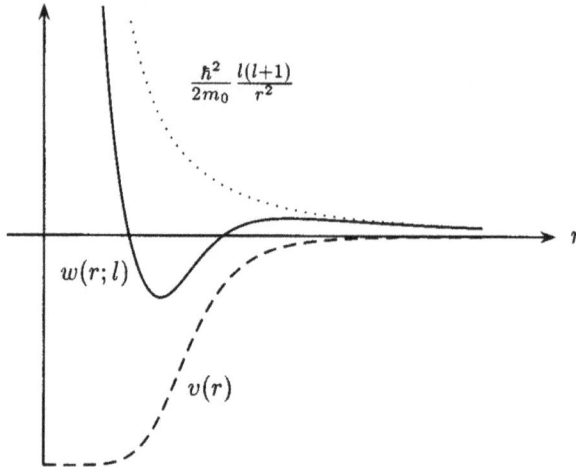

Abbildung 3.1: Das einem anziehenden Potential $v(r)$ entsprechende wirksame Potential $w(r;l)$, Gleichung (3.2.14)

annimmt. Im Einklang mit der Annahme (3.2.6) schreiben wir die Potentialfunktion $\tilde{v}(r)$ in einer Umgebung des Ursprungs $r = 0$ in der Form

$$\tilde{v}(r) = \frac{v_{-1}}{r} + v_0 + v_1 r + \mathcal{O}(r^2) \, . \tag{3.2.17}$$

Die Gleichung (3.2.16) ist eine gewöhnliche Differentialgleichung zweiter Ordnung: Sie besitzt daher ein Fundamentalsystem, das aus zwei linear unabhängigen Lösungen besteht. Wir behaupten: In einer Umgebung des Ursprungs $r = 0$ bilden die formalen Potenzreihen

$$
\begin{aligned}
u_1(r) &= r^{l+1}\{1 + a_1 r + a_2 r^2 + \ldots\} \, , \\
u_2(r) &= r^{-l}\{1 + b_1 r + b_2 r^2 + \ldots\} + c u_1(r) \ln r \, , \text{ wobei } b_{2l+1} = 0 \, ,
\end{aligned} \tag{3.2.18}
$$

mit den Koeffizienten

$$a_1 = \frac{v_{-1}}{2(l+1)} \, , \quad a_2 = \frac{v_0 + a_1 v_{-1} - \lambda}{2(2l+3)} \, , \ldots \, ,$$

$$b_1 = 0 \, , \quad b_2 = \frac{1}{2}(v_0 - \lambda - 3a_1 v_{-1}) \, , \ldots \, , \quad c = v_{-1} \, , \text{ falls } l = 0 \, , \tag{3.2.19}$$

$$b_1 = -\frac{v_{-1}}{2l} \, , \quad b_2 = \frac{\lambda - v_0 - b_1 v_{-1}}{4l - 2} \, , \ldots \, , \text{ falls } l \geq 1 \, ,$$

ein Fundamentalsystem der Differentialgleichung (3.2.16). Diese Behauptung verifiziert man unschwer durch Koeffizientenvergleich im Sinne formaler Potenzreihen. Das angenommene Verhalten (3.2.17) der Potentialfunktion in einer Umgebung des Ursprungs garantiert, daß dort die Drehimpulsbarriere die dominierende Singularität darstellt und folglich die jeweils leitende Potenz der beiden Lösungen bestimmt. Blicken wir auf die beiden Lösungen (3.2.18) der Radialgleichung im Rahmen der Quantenmechanik, so müssen wir die Lösung $u_2(r)$ für $l \geq 1$ verwerfen, da sie im Ursprung nicht lokal quadratintegrabel ist. Für $l = 0$ indessen ist die Lösung $u_2(r)$ zwar quadratintegrabel, jedoch ist

$$\phi(\vec{x}) = \frac{u_2(r)}{r} Y_0^0 = \frac{\text{const}}{r} + \text{weniger singuläre Terme}$$

keine Lösung der ursprünglichen Eigenwertgleichung $H\phi = E\phi$, da

$$\Delta \frac{1}{r} = -4\pi\delta(\vec{x})$$

gilt. (In der Elektrostatik ist dies die Poisson-Gleichung für das Potential einer Punktladung, die im Koordinatenursprung sitzt.) Verursacht wird diese Diskrepanz durch den Wechsel von cartesischen Koordinaten zu sphärischen Polarkoordinaten, der im Ursprung singulär ist. Somit muß für alle $l \in \mathbb{N}_0$ die Lösung $u_2(r)$ ausgeschlossen werden: Dies bewerkstelligt gerade die Randbedingung (3.2.15), die mit dem leitenden Verhalten der Lösung $u_1(r)$ übereinstimmt.

Die simultanen Eigenvektoren der Operatoren (3.2.7) ergeben sich also in der Form des Produkts (3.2.11), in welchem die Radialfunktion $u(r)$ eine quadratintegrable Lösung der Eigenwertgleichung (3.2.13) ist, die der Randbedingung (3.2.15) genügt. Wir werden anschließend den Fall des isotropen Oszillatorpotentials und des Coulomb-Potentials im einzelnen behandeln. In beiden Fällen ist die Anzahl der Eigenwerte abzählbar-unendlich; im ersteren haben wir dies bereits gesehen, im letzteren sei es hier schon vorweggenommen. Ist das Potential kurzreichweitig, so kann es höchstens endlich viele gebundene Zustände geben. Diese Aussage ist eine Konsequenz der *Bargmannschen Schranke* für die Anzahl $n_l(v)$ der quadratintegrablen regulären (d.h. der Randbedingung (3.2.15) genügenden) Lösungen der Eigenwertgleichung (3.2.13):

$$n_l(v) \leq \frac{1}{2l+1} \frac{2m_0}{\hbar^2} \int_0^\infty dr\, r |v_-(r)| \,, \tag{3.2.20}$$

hierbei ist $v_-(r) := \min(v(r), 0)$ die Einschränkung der Potentialfunktion auf ihren negativen Wertebereich. Zum Beweis sei neben [Ba] noch auf [RS, vol. IV] verwiesen. Offensichtlich liefert ein anziehendes Potential $v(r)$, dessen Betrag für großes r nicht schwächer abfällt als r^{-a}, wobei $a > 2$, eine endliche Schranke. (Das Yukawa-, das Exponential- und das Topfpotential können wiederum als Beispiele dienen.) Außerdem sind dann nur endlich viele der nichtnegativen ganzen Zahlen $n_l(v)$ von Null verschieden. Ein Eigenwert des Hamilton-Operators mit der Drehimpulsquantenzahl l ist $(2l+1)$-fach entartet, folglich ist $(2l+1)n_l(v)$ die Anzahl der gebundenen Zustände mit der Drehimpulsquantenzahl l . Im Abschnitt 6.7.2 werden wir die gebundenen Zustände des Exponentialpotentials im Fall $l = 0$ noch analytisch bestimmen.

3.3   Der isotrope Oszillator nochmals

Im Fall des dreidimensionalen isotropen harmonischen Oszillators konnten wir schon zuvor die Eigenvektoren seines Hamilton-Operators vollständig bestimmen, ohne dabei simultane Eigenvektoren mit den Operatoren $\vec{L}^2$ und L_3 in Betracht zu ziehen. Dieses Gelingen ist in der sehr speziellen Gestalt des Hamilton-Operators begründet. Der entscheidende Schritt zur Konstruktion der Eigenvektoren bestand in der Ersetzung der fundamentalen Observablen q_j und $p_j, j = 1, 2, 3$, durch die Operatoren a_j und die dazu adjungierten Operatoren a_j^* , vgl. die Definitionen (1.4.15). Aus den Vertauschungsrelationen der fundamentalen Observablen folgen dann die Vertauschungsrelationen

$$[a_j , a_k] = 0 , \quad [a_j^* , a_k^*] = 0 , \quad [a_j , a_k^*] = \delta_{jk}\mathbb{1} .\tag{3.3.1}$$

Der Hamilton-Operator nimmt die Gestalt

$$H = \hbar\omega\{\sum_{j=1}^{3} a_j^* a_j + \frac{3}{2}\mathbb{1}\}\tag{3.3.2}$$

an und sein normierter Grundzustand $\phi_{0,0,0}$ wird durch die Operatoren a_j „vernichtet":

$$a_j\phi_{0,0,0} = 0 , \text{ für } j = 1, 2, 3 .\tag{3.3.3}$$

Die orthonormierten Vektoren, wobei $(n_1, n_2, n_3) \in \mathbb{N}_0^3$,

$$\phi_{n_1,n_2,n_3} = (n_1! n_2! n_3!)^{-\frac{1}{2}} (a_1^*)^{n_1} (a_2^*)^{n_2} (a_3^*)^{n_3} \phi_{0,0,0}\tag{3.3.4}$$

sind Eigenvektoren des Hamilton-Operators zum Eigenwert $\hbar\omega(n_1 + n_2 + n_3 + \frac{3}{2})$, ihre Gesamtheit bildet eine Orthonormalbasis im Hilbert-Raum $\mathcal{H}$. Außer dem tiefsten Eigenwert ($n_1 = n_2 = n_3 = 0$) sind alle anderen entartet: Zu gegebener Hauptquantenzahl $n \in \mathbb{N}_0$ gibt es $\frac{1}{2}(n + 2)(n + 1)$ Tripel (n_1, n_2, n_3) , die $n_1 + n_2 + n_3 = n$ erfüllen. Da der Hamilton-Operator H mit dem Operator des Bahndrehimpulses vertauscht, bildet jede Komponente L_j einen Eigenraum von H in sich ab. Dies wird direkt an den Eigenvektoren ersichtlich, wenn man die Operatoren

$$L_j = \frac{1}{i} \sum_{r,s=1}^{3} \varepsilon_{jrs} a_r^* a_s , \quad j = 1, 2, 3 ,\tag{3.3.5}$$

darauf anwendet: Hierdurch ergibt sich aus einem Eigenvektor (3.3.4) im allgemeinen eine Linearkombination solcher Vektoren mit unverändertem Wert für n. Wie wir bei der Behandlung des Bahndrehimpulses im Abschnitt 2.2.1 gesehen haben, ist der Eigenraum mit der Hauptquantenzahl n die direkte Summe aus Eigenräumen des Operators $\vec{L}^2$ mit den Quantenzahlen $l = n, n-2, \dots, 1$ bzw. 0; weist somit nicht die „natürliche Entartung" auf! Was ist unnatürlich am isotropen harmonischen Oszillator?

Er besitzt eine zusätzliche *dynamische Symmetrie*, welche die Rotationssymmetrie umfaßt: Mit den Elementen einer (beliebigen) komplexen unitären 3×3 Matrix u, also $u \in U(3)$, definiert man die Linearkombinationen

$$b_j := \sum_{l=1}^{3} u_{jl} a_l \,, \quad \Rightarrow b_j^* = \sum_{l=1}^{3} \overline{u_{jl}} a_l^* \,. \tag{3.3.6}$$

Aus den Vertauschungsrelationen (3.3.1) folgt dann

$$[b_j, b_l] = 0 \,, \quad [b_j^*, b_l^*] = 0 \,, \quad [b_j, b_l^*] = \delta_{jl} \mathbb{1} \,, \tag{3.3.7}$$

und der Hamilton-Operator (3.3.2) wird zu

$$H = \hbar\omega \left(\sum_{j=1}^{3} b_j^* b_j + \frac{3}{2} \right) \,. \tag{3.3.8}$$

Schränkt man die Wahl der Matrix u auf die reelle Untergruppe $SO(3) \subset U(3)$ ein, so sind die Operatoren $\{b_j\}$ gerade die Entsprechungen der Operatoren $\{a_j\}$ in einem gedrehten Koordinatensystem. Dies folgt aus dem Sachverhalt, daß eine Drehmatrix u reell ist: Dann werden in (3.3.6) die Operatoren $\{a_j\}$ und $\{a_j^*\}$ in gleicher Weise transformiert und hierdurch wiederum die fundamentalen Observablen $\{q_j\}$ und $\{p_j\}$. Die fundamentalen Observablen in einem gedrehten Koordinatensystem ergeben sich aus denjenigen des ursprünglichen Koordinatensystems durch die linearen Relationen

$$q_j' = \sum_{l=1}^{3} u_{jl} q_l \,, \quad p_j' = \sum_{l=1}^{3} u_{jl} p_l \,,$$

mit der (reellen) Drehmatrix $u \in SO(3)$.

Aus der Forminvarianz (3.3.8) des Hamilton-Operators folgt, daß dessen Eigenräume jeweils auch aufgespannt werden, wenn in den Vektoren (3.3.4) die Operatoren a_j^* durch die Operatoren b_j^* für $j = 1, 2, 3$ ersetzt werden; bei beliebig gewähltem $u \in U(3)$ in der Definition (3.3.6). Dies bedeutet, daß in den Eigenräumen des Hamilton-Operators H jeweils eine *unitäre Darstellung* der Gruppe $U(3)$ realisiert ist. Anstelle dieser Sichtweise können wir infinitesimale $U(3)$-Transformationen betrachten: Diese werden im Hilbert-Raum erzeugt durch den Hamilton-Operator H und die Operatoren

$$E_1 := a_2^* a_3 \,, \quad E_1^* \,, \quad E_2 := a_3^* a_1 \,, \quad E_2^* \,, \quad E_3 := a_1^* a_2 \,, \quad E_3^* \,,$$
$$H_1 := a_1^* a_1 - a_2^* a_2 \,, \quad H_2 := a_2^* a_2 - a_3^* a_3 \,,$$

(3.3.9)

deren jeder mit H vertauscht. Außerdem ist der Kommutator zweier Operatoren aus (3.3.9) stets eine reelle Linearkombination dieser Operatoren. Ist also ψ ein Eigenvektor des Hamilton-Operators H mit dem Eigenwert λ , so gilt dies auch für $E_1\psi, E_2\psi$ etc. Die Drehimpulsoperatoren sind lediglich eine Untermenge der Operatoren (3.3.9):

$$L_\alpha = \frac{1}{i}(E_\alpha - E_\alpha^*) \,, \quad \alpha = 1, 2, 3 \,.$$

(3.3.10)

(Ohne weitere Erläuterung sei für Leser mit einiger Kenntnis der Darstellungstheorie erwähnt, daß die Eigenräume von H diejenigen irreduziblen Darstellungsräume der Gruppe $U(3)$ sind, welche durch die *Young-Rahmen* $\Box, \Box\Box, \Box\Box\Box, \ldots$ charakterisiert werden.)

3.4   Ein Teilchen im Coulomb-Potential

Am Beispiel des anziehenden Coulomb-Potentials soll das im Abschnitt 3.2 reduzierte Eigenwertproblem des Hamilton-Operators explizit gelöst werden. Dieses Zentralpotential liefert das gängige Modell für die Grobstruktur wasserstoffartiger Atome. Im Gaußschen Maßsystem ist dann

$$v(r) = -\frac{Ze^2}{r}$$

(3.4.1)

mit der Kernladung $Z \in \mathbb{N}$ und der Elementarladung e . Zum Vergleich mit Meßergebnissen benötigen wir die Werte einiger physikalischer Konstanten:

Elementarladung e $e^2 = 23,0711\ldots \cdot 10^{-20}$cm erg
Masse des Elektrons $m_e = 9,1095\ldots \cdot 10^{-28}$g
Masse des Protons $m_p = 1836,14\ldots \cdot m_e$
Energieeinheiten $1\mathrm{eV} = 1,602\ldots \cdot 10^{-12}$erg $= 1,602\ldots \cdot 10^{-19}$Joule

3.4.1   Die Eigenfunktionen des Hamilton-Operators

Der im Abschnitt 3.2 ausgeführten Reduktion des Eigenwertproblems zufolge bleibt die Eigenwertgleichung (3.2.13) mit dem Potential (3.4.1)

$$\left\{ -\frac{\hbar^2}{2m_0}\left(\frac{d}{dr}\right)^2 + \frac{\hbar^2}{2m_0}\frac{l(l+1)}{r^2} - \frac{Ze^2}{r} \right\} u(r) = E u(r)$$

und der Randbedingung $u(r) \sim r^{l+1}$ für $r \to 0$ zu lösen. Zu einer ersten Orientierung betrachten wir diese Gleichung im Bereich großer Werte von r und vernachlässigen das wirksame Potential. Die Lösungen sind dann wohlbekannt: Für $E > 0$ sind es oszillierende Exponentialfunktionen, hingegen für $E < 0$ anwachsende und abfallende Exponentialfunktionen. Quadratintegrable Lösungen können also nur zustandekommen, wenn $E < 0$ ist und dazuhin asymptotisch keine anwachsende Exponentialfunktion auftritt. Ein solches Verhalten kann lediglich für diskrete negative Werte von E erwartet werden. Wir wollen jedoch, auch im Hinblick auf die später noch zu erschließende Streuung am Coulomb-Potential, alle Werte $E \in \mathbb{R}$ im Auge behalten und definieren deshalb den Parameter $K \in \mathbb{C}$ durch

$$\frac{2m_0 E}{\hbar^2} = K^2 , \quad K = \begin{cases} k := \left(\frac{2m_0 E}{\hbar^2}\right)^{\frac{1}{2}} & , \text{ falls } E > 0 , \\[2mm] i\kappa := i\left(\frac{-2m_0 E}{\hbar^2}\right)^{\frac{1}{2}} & , \text{ falls } E < 0 . \end{cases} \quad (3.4.2)$$

Die Eigenwertgleichung erlangt hiermit, wenn wir noch die Abkürzung

$$r_0 := \frac{\hbar^2}{e^2 m_0} \quad (3.4.3)$$

verwenden, die Gestalt

$$\left\{ -\left(\frac{d}{dr}\right)^2 + \frac{l(l+1)}{r^2} - \frac{2Z}{rr_0} \right\} u(r) = K^2 u(r) . \quad (3.4.4)$$

Im Lösungsansatz

$$u(r) = r^{l+1} e^{iKr} h(\rho) , \text{ wobei } \rho := -2iKr , \quad (3.4.5)$$

ist der erste Faktor das geforderte Schwellenverhalten für kleine Werte von r , der zweite Faktor ist das Verhalten der gesuchten Lösung bei großen Werten von r . Der spezielle Faktor von r im Argument ρ der neuen noch zu bestimmenden Funktion h ist so gewählt, daß wir direkt auf die Standardform einer bekannten Differentialgleichung der mathematischen Physik stoßen, und nicht erst über nachträgliche Umdefinitionen. Der Ansatz (3.4.5) konvertiert die Gleichung (3.4.4) in die *konfluente hypergeometrische Differentialgleichung*

$$\left\{ \rho\left(\frac{d}{d\rho}\right)^2 + (2l + 2 - \rho)\frac{d}{d\rho} - \left(l + 1 - \frac{iZ}{Kr_0}\right) \right\} h(\rho) = 0 , \quad (3.4.6)$$

wovon man sich nach einer Übung im Differenzieren unschwer überzeugt. Die *konfluente hypergeometrische Funktion*, siehe z.B. [AS],

$$_1F_1(a; c; \zeta) = 1 + \frac{a}{c} \frac{\zeta}{1!} + \frac{a(a+1)}{c(c+1)} \frac{\zeta^2}{2!} + \frac{a(a+1)(a+2)}{c(c+1)(c+2)} \frac{\zeta^3}{3!} + \cdots$$

ist für festes $a, c \in \mathbb{C}$ eine ganze holomorphe Funktion der (komplexen) Variablen ζ; sie genügt der Differentialgleichung

$$\left\{ \zeta \left(\frac{d}{d\zeta} \right)^2 + (c - \zeta) \frac{d}{d\zeta} - a \right\} {}_1F_1(a; c; \zeta) = 0 \, .$$

An der Form der Potenzreihe erkennen wir die sogleich verwendete Eigenschaft der konfluenten hypergeometrischen Funktion: Falls $a = -m$, $m \in \mathbb{N}_0$, bricht die Reihe ab und $_1F_1(-m; c; \zeta)$ ist ein Polynom m-ten Grades. Wir benötigen im Ansatz (3.4.5) die im Ursprung reguläre Lösung der Differentialgleichung (3.4.6), also

$$h(\rho) = \text{const} \; {}_1F_1(l + 1 - \frac{iZ}{Kr_0}; 2l + 2; -2iKr) \, .$$

Zusammengefaßt: Für alle Werte $E \in \mathbb{R}$ und $l \in \mathbb{N}_0$ ist

$$u_l(r) = \text{const} \; r^{l+1} e^{iKr} \; {}_1F_1(l + 1 - \frac{iZ}{Kr_0}; 2l + 2; -2iKr) \tag{3.4.7}$$

die Lösung der Differentialgleichung (3.4.4) mit der Randbedingung (3.2.15). Wir wissen bereits, daß diese Lösung für $E > 0$ nicht quadratintegrabel ist, jedoch (polynomial) beschränkt. Im Vorgriff auf das Kapitel 6 sei hier schon angedeutet, daß sie die Streuung durch das Coulomb-Potential beschreibt. Für Werte $E < 0$ ist $K = i\kappa$, (3.4.2). Dann wird zwar die Exponentialfunktion in (3.4.7) zu $\exp(-\kappa r)$, die Funktion $_1F_1$ indessen wächst im wesentlichen wie $\exp(2\kappa r)$, wie aus ihrer später im Abschnitt 6.8 aufgeführten asymptotischen Gestalt entnommen werden kann (oder mit etwas Intuition aus der Potenzreihe). Somit wächst $u_l(r)$ exponentiell für fast alle $E < 0$, ist daher im Rahmen der Quantenmechanik nicht brauchbar. Ausgenommen sind diejenigen Werte $E < 0$, bei welchen die Potenzreihe abbricht. Wie wir zuvor gesehen haben, gilt:

$$_1F_1(l + 1 - \frac{Z}{\kappa r_0}; 2l + 2; 2\kappa r)$$

ist genau dann ein Polynom vom Grad $n_r \in \mathbb{N}_0$, falls

$$l + 1 - \frac{Z}{r_0 \kappa} \overset{!}{=} -n_r \, , \quad \Rightarrow \kappa^2 = \left(\frac{Z}{r_0} \right)^2 (n_r + l + 1)^{-2} \, . \tag{3.4.8}$$

Mit der *Hauptquantenzahl* $n := n_r + l + 1$ ergeben sich dann die Eigenwerte des Hamilton-Operators zu

$$E_n = -\frac{m_0 (Ze^2)^2}{2\hbar^2} \frac{1}{n^2}, \quad n \in \mathbb{N}. \tag{3.4.9}$$

Es gibt offensichtlich unendlich viele Eigenwerte, $E = 0$ ist Häufungspunkt. Die Eigenwerte sind hoch entartet: Zu festem n treten die Drehimpulsquantenzahlen $l = 0, 1, \ldots, n-1$ auf, und somit ist der Entartungsgrad

$$N(n) = \sum_{l=0}^{n-1} (2l+1) = n^2. \tag{3.4.10}$$

Der kleinste Eigenwert ist einfach. Im Falle des Wasserstoffatoms ist $m_0 = \frac{m_e m_p}{m_e + m_p}$ und führt zu den Energiewerten

$$E_n = -\frac{1}{n^2} \cdot 13,6 \ldots \text{eV}.$$

Die Radialfunktion der gebundenen Zustände erhalten wir aus der Lösung (3.4.7), wenn wir dort $K = i\kappa$ setzen und die Bedingung (3.4.8) verwenden; dabei vermerken wir den zugehörigen Eigenwert durch die entsprechende Hauptquantenzahl:

$$u_{n,l}(r) = c_{n,l}\, r^{l+1} e^{-\frac{Z}{n}\frac{r}{r_0}} \,{}_1F_1\Big(l+1-n; 2l+2; \frac{2Z}{n}\frac{r}{r_0}\Big), \tag{3.4.11}$$

wobei $n \in \mathbb{N}$ und $l = 0, 1, \ldots, n-1$. Die Konstanten $c_{n,l}$ werden schließlich noch durch die Normierungsbedingung

$$\int_0^\infty dr\, |u_{n,l}(r)|^2 \overset{!}{=} 1 \tag{3.4.12}$$

(bis auf einen Phasenfaktor) festgelegt. Im Fall des Wasserstoffatoms, also $Z = 1$, seien die Radialfunktionen für $n = 1$ und $n = 2$ noch explizit angeführt:

$$u_{1,0}(r) = \frac{2}{\sqrt{r_0}}\frac{r}{r_0} e^{-\frac{r}{r_0}},$$

$$u_{2,1}(r) = \frac{1}{\sqrt{24 r_0}}\Big(\frac{r}{r_0}\Big)^2 e^{-\frac{1}{2}\frac{r}{r_0}}, \tag{3.4.13}$$

$$u_{2,0}(r) = \frac{1}{\sqrt{2 r_0}}\frac{r}{r_0}\Big(1 - \frac{1}{2}\frac{r}{r_0}\Big) e^{-\frac{1}{2}\frac{r}{r_0}}.$$

Fazit: Den Gleichungen (3.2.11) und (3.4.11) zufolge sind die simultanen Eigenfunktionen (Eigenvektoren) der Operatoren $H, \vec{L}^2, L_3$ und $\mathcal{P}$ gegeben in der Gestalt

$$\phi_{n,l,m}(\vec{x}) = \frac{1}{r} u_{n,l}(r) Y_l^m(\vartheta, \varphi) , \tag{3.4.14}$$

wobei $n \in \mathbb{N}, l = 0, 1, \ldots, n-1$ und $m = l, \ldots, -l$; die entsprechenden Eigenwerte sind E_n , (3.4.9), $l(l+1)$, m und $(-1)^l$. Diese Eigenvektoren sind zwar orthonormal, bilden jedoch keine Basis im Hilbert-Raum, da sie die Möglichkeit der Streuung am Potential nicht enthalten. Physikalisch ausgezeichnet ist der Grundzustand

$$\phi_{1,0,0}(\vec{x}) = (\pi r_o^3)^{-\frac{1}{2}} e^{-\frac{r}{r_0}} .$$

An dieser expliziten Form zeigt sich, daß die zunächst nur als Abkürzung eingeführte Länge r_0 , (3.4.3), offenbar als ein charakteristisches Maß für die räumliche „Ausdehnung" des betrachteten Systems angesehen werden kann. Die Dichte der Aufenthaltswahrscheinlichkeit verschwindet natürlich nicht außerhalb eines endlichen Bereichs, sondern klingt lediglich exponentiell ab. Wir wollen dies quantitativ verfolgen und berechnen die durch den Grundzustand gegebene Wahrscheinlichkeit, das System (Teilchen) im Raumbereich $r \leq \nu r_0$ zu finden, wobei $\nu \in \mathbb{R}_+$:

$$w(\nu) := \int_{|\vec{x}| \leq \nu r_0} d^3 x |\phi_{1,0,0}(\vec{x})|^2 = 1 - e^{-2\nu}(1 + 2\nu + 2\nu^2) .$$

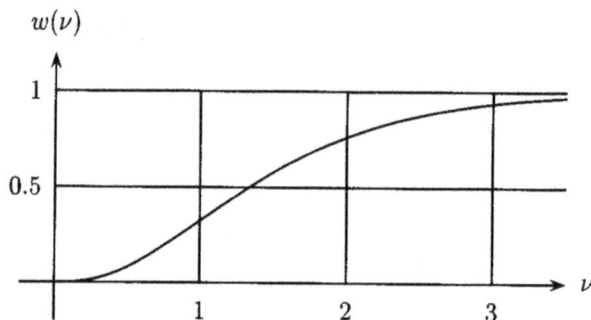

Abbildung 3.2: Die Wahrscheinlichkeit dafür, daß sich das Teilchen im Raumbereich $r \leq \nu r_0$ aufhält, im Fall des Grundzustands

Die Länge r_0 wird auch als *Bohrscher Radius* bezeichnet, ihr numerischer Wert beträgt $r_0 \approx 5,3 \cdot 10^{-9}$cm . Sieht man $2r_0$ als den Radius des Systems an, so hat ein Wasserstoffatom einen Durchmesser von $\approx 2,1 \cdot 10^{-8}$cm .

Nachdem wir die Eigenvektoren des Hamilton-Operators gewonnen haben, drängt sich die Frage nach deren physikalischer Bedeutung auf. Die Zeitentwicklung eines jeden von ihnen durch die Schrödinger-Gleichung besteht lediglich in der Multiplikation mit einem Phasenfaktor $\exp(-\frac{itE_n}{\hbar})$, in welchem E_n der entsprechende Eigenwert ist. Müßten wir deshalb nicht – streng genommen – abzählbar-unendlich viele Wasserstoff-Atomsorten unterscheiden? Im Rahmen des betrachteten Modells – ja! Dieses Modell zeigt jedoch einen wesentlichen physikalischen Mangel: Es enthält geladene Teilchen, jedoch nicht deren Wechselwirkung mit dem (ebenfalls quantisierten) Strahlungsfeld. Diese Wechselwirkung hat zur Folge, daß die Eigenvektoren des atomaren Hamilton-Operators mit einer Quantenzahl $n > 1$ keine Eigenvektoren des Hamilton-Operators eines aus Atom und Strahlungsfeld gebildeten Gesamtsystems sind: Durch die *spontane Emission* eines oder mehrerer Photonen im Rahmen von Gesetzmäßigkeiten, welche durch die Quantenelektrodynamik theoretisch beschrieben werden, befindet sich das Atom nach endlicher Zeit nicht mehr im anfänglichen Zustand mit $n > 1$, sondern im Grundzustand. Die Verweildauer in einem Zustand $n > 1$ ist im Mittel 10^{-8} sec oder länger – auf Einzelheiten können wir hier nicht eingehen. Es sei nur soviel angedeutet, daß eine solche Zeitdauer im atomaren Bereich als „lang" angesehen werden muß. Dieser Sachverhalt ist andererseits die Voraussetzung für die gerade benützte Sprechweise. Eine Gesamtheit von Wasserstoffatomen in einem Zustand $n > 1$ wird im allgemeinen präpariert durch Beschuß einer Gesamtheit solcher Atome im Grundzustand z.B. mit Photonen oder mit Elektronen: Die Atome werden „angeregt", sie befinden sich jedoch nach einiger Zeit wieder im Grundzustand. Die elektromagnetische Wechselwirkung, die den Gesamtprozeß bewirkt, ist relativ schwach, sodaß von einer Gesamtheit angeregter Atome in einem Zustand $n > 1$ als einem (intermediären) Ausgangszustand für die spontane Emission gesprochen werden kann.

Zum Schluß werfen wir noch einen Blick auf den Fall eines abstoßenden Coulomb-Potentials: Dieses haben wir vor Augen, wenn wir in den Gleichungen (3.4.1-7) formal Z durch $-Z$ ersetzen und Z dabei ungeändert lassen. Das zuvor Gesagte zur Charakterisierung der Lösungen mit $E > 0$ gilt weiterhin, wie auch die Aussage für allgemeine Energiewerte $E < 0$. Hingegen ist es nicht mehr möglich, diskrete negative Energiewerte zu finden, bei welchen die Potenzreihe abbricht: Hierzu müßte der Parameter

$$a = l + 1 + \frac{Z}{\kappa r_0}$$

in der konfluenten hypergeometrischen Funktion nichtpositiv ganzzahlig sein, was offensichtlich für kein $\kappa > 0$ erreicht werden kann. Im Fall eines abstoßenden Coulomb-Potentials gibt es keine gebundenen Zustände – nur das Gegenteil würde uns überraschen.

Aufgabe 3.4.1

Im Fall der gebundenen Zustände des Wasserstoffatoms mit der Hauptquantenzahl n und maximalem Wert der Drehimpulsquantenzahl l bestimme man den Erwartungswert, das mittlere Schwankungsquadrat und das relative mittlere Schwankungsquadrat der Observablen $r = |\vec{q}|$, $\vec{q}$ ist der Ortsoperator, also $\langle r \rangle$, $(\Delta r)^2$ und $(\Delta r)^2/\langle r \rangle^2$. (Diese Zustände entsprechen klassischen Kreisbahnen.)

3.4.2   Die dynamische Symmetrie

Das diskrete Spektrum des Hamilton-Operators eines geladenen Teilchens im anziehenden Coulomb-Potential weist nicht die natürliche Entartung auf – wiederum muß eine zusätzliche dynamische Symmetrie den höheren Entartungsgrad erzeugen. In der klassischen Mechanik eines Teilchens hat das Potential

$$v(r) = -\frac{k}{r}, \quad k \in \mathbb{R}$$

geometrisch ausgezeichnete Bahnkurven zur Folge; hiermit verknüpft ist die Existenz des zeitlich konstanten *Lenz-Runge-Vektors*

$$\vec{F}_{\text{klass}} = \frac{1}{m_0}[\vec{p}_{\text{klass}} \times \vec{D}_{\text{klass}}] - \frac{k}{r}\vec{x}_{\text{klass}} .$$

Es gibt also einen weiteren erhaltenen Vektor neben dem Drehimpulsvektor $\vec{D}_{\text{klass}}$. Mittels des Korrespondenzprinzips wird aus $\vec{F}_{\text{klass}}$ in der Schrödinger-Darstellung nach einer Symmetrisierung, da die Operatoren $\vec{p}$ und $\vec{L}$ nicht vertauschbar sind, der *Lenz-Runge-Operator*

$$\vec{F} = \frac{\hbar^2}{2m_0}(\vec{p} \times \vec{L} - \vec{L} \times \vec{p}) - \frac{k}{r}\vec{x} . \tag{3.4.15}$$

Der entsprechende Hamilton-Operator lautet

$$H = \frac{1}{2m_0}\vec{p}^2 - \frac{k}{r} . \tag{3.4.16}$$

Die Komponenten des Operators $\vec{F}$ haben die Gestalt

$$F_a = \frac{\hbar^2}{2m_0} \sum_{b,c} \varepsilon_{abc}(p_b L_c - L_b p_c) - \frac{k}{r}x_a \, , \tag{3.4.17}$$

mit $a = 1,2,3$, oder, nachdem die explizite Form von $\vec{L}$ verwendet wurde,

$$F_a = \frac{1}{2m_0}(\vec{p}^2 x_a + x_a \vec{p}^2 - \vec{p} \cdot \vec{x} p_a - p_a \vec{x} \cdot \vec{p}) - \frac{k}{r}x_a \, .$$

Da $\vec{L}$ mit dem „Skalarprodukt" zweier Vektoroperatoren vertauscht, folgen hieraus direkt die Vertauschungsrelationen

$$[L_j \, , F_a] = i \sum_{b=1}^{3} \varepsilon_{jab} F_b \, , \tag{3.4.18}$$

(der Operator $\vec{F}$ ist also ein Vektoroperator), sowie die Relationen

$$\vec{L} \cdot \vec{F} = \vec{F} \cdot \vec{L} = 0 \, . \tag{3.4.19}$$

Mit etwas Aufwand findet man, daß der Lenz-Runge-Operator und der Hamilton-Operator vertauschbar sind:

$$[F_a \, , H] = 0 \, , \quad a = 1,2,3 \, . \tag{3.4.20}$$

Ein gegebener Eigenraum des Hamilton-Operators H wird also nicht nur durch die Operatoren $L_a, a = 1,2,3$, in sich abgebildet, sondern auch durch die Operatoren $F_a, a = 1,2,3$. Die Vertauschungsrelationen der Komponenten des Lenz-Runge-Operators untereinander ergeben sich schließlich zu

$$[F_a \, , F_b] = -i\frac{2\hbar^2}{m_0}H \sum_{c=1}^{3} \varepsilon_{abc} L_c \, . \tag{3.4.21}$$

Hiermit zeigt sich, daß die von den Operatoren L_a und $F_a, a = 1,2,3$, erzeugte Kommutatoralgebra auf einem Eigenraum des Hamilton-Operators H schließt. Aus dieser Algebra läßt sich das diskrete Spektrum des Hamilton-Operators bestimmen! Hierzu benötigt man noch die Relation

$$\vec{F}^2 = \frac{2\hbar^2}{m_0}H(\vec{L}^2 + 1) + k^2 \, , \tag{3.4.22}$$

welche aus der Form (3.4.17) des Operators $\vec{F}$ mit einiger Geduld gewonnen wird.

Wir betrachten nun speziell ein anziehendes Coulomb-Potential mit $k = Ze^2$, siehe (3.4.1). Außerdem nehmen wir an, $\mathcal{H}_\alpha \subset \mathcal{H}$ sei ein Eigenraum des Hamilton-Operators H zum (noch unbekannten) Eigenwert $E_\alpha < 0$. Im folgenden wird ausschließlich die Einschränkung aller auftretenden Operatoren auf diesen Unterraum $\mathcal{H}_\alpha$ benützt, ohne diese Einschränkung durch eine besondere Bezeichnung anzuzeigen. Die Operatoren $\vec{L}$ und $\vec{F}$ genügen dort offenkundig den Vertauschungsrelationen

$$[L_a , L_b] = i \sum_c \varepsilon_{abc} L_c ,$$

$$[L_a , F_b] = i \sum_c \varepsilon_{abc} F_c ,$$

$$[F_a , F_b] = i \left(-\frac{2\hbar^2 E_\alpha}{m_0} \right) \sum_c \varepsilon_{abc} L_c .$$

Anstelle dieser Operatoren führen wir die Linearkombinationen

$$A_\alpha := \frac{1}{2} \left(L_a + \frac{1}{\hbar} \left(\frac{m_0}{-2E_\alpha} \right)^{\frac{1}{2}} F_a \right) ,$$

$$B_\alpha := \frac{1}{2} \left(L_a - \frac{1}{\hbar} \left(\frac{m_0}{-2E_\alpha} \right)^{\frac{1}{2}} F_a \right)$$

(3.4.23)

ein, die folglich den Vertauschungsrelationen

$$[A_a , A_b] = i \sum_c \varepsilon_{abc} A_c ,$$

$$[B_a , B_b] = i \sum_c \varepsilon_{abc} B_c ,$$

$$[A_a , B_b] = 0$$

(3.4.24)

genügen. Algebraisch gesehen erzeugen also die Operatoren $\vec{A}$ und $\vec{B}$ zwei unabhängige vertauschbare Drehimpuls-Algebren. Dazuhin folgt mit den Relationen (3.4.19), daß

$$4\vec{A}^2 = 4\vec{B}^2 = \vec{L}^2 - \frac{m_0}{2\hbar^2 E_\alpha} \vec{F}^2$$

gilt. Verwendet man zu guter Letzt noch für $\vec{F}^2$ die Gleichung (3.4.22), so erhält man

$$4\vec{A}^2 = 4\vec{B}^2 = -1 - \frac{m_0 k^2}{2\hbar^2 E_\alpha} .$$

(3.4.25)

Wie wir im Abschnitt 2.1 gesehen haben, sind die möglichen Eigenwerte der Operatoren $\vec{A}^2$ und $\vec{B}^2$ die Zahlen $\alpha(\alpha + 1)$ mit den Werten $\alpha = 0, \frac{1}{2}, 1, \ldots$. Da weder $\vec{A}$

noch $\vec{B}$ der Operator des Bahndrehimpulses ist, gibt es keinen Grund, für α halbzahlige Werte auszuschließen. Wir finden folglich die Gleichung

$$-\frac{m_0^2 k^2}{2\hbar^2 E_\alpha} = 4\alpha(\alpha+1)+1 = (2\alpha+1)^2 \tag{3.4.26}$$

zur Bestimmung der gesuchten Eigenwerte E_α . Setzt man $n = 2\alpha + 1$, also $n \in \mathbb{N}$, und $E_n \equiv E_\alpha$, ergeben sich die möglichen Eigenwerte des Hamilton-Operators zu

$$E_n = -\frac{m_0(Ze^2)^2}{2\hbar^2} \frac{1}{n^2} \cdot$$

Aufgrund der Ergebnisse des Abschnitts 2.1 wissen wir weiterhin, daß ein Eigenraum des Operators $\vec{A}^2$ zum Eigenwert $\alpha(\alpha+1)$ durch eine Familie aus $2\alpha+1$ simultanen Eigenvektoren von $\vec{A}^2$ und A_3 aufgespannt wird. Deshalb gibt es im Eigenraum $\mathcal{H}_\alpha$ des Hamilton-Operators H zum Eigenwert E_α eine Familie aus $(2\alpha+1)^2$ simultanen Eigenvektoren $\varphi_{\mu,\nu}$ der Operatoren $\vec{A}^2, \vec{B}^2, A_3$ und B_3 mit den Eigenwerten $\alpha(\alpha+1), \alpha(\alpha+1), \mu$ und ν , wobei $\mu = \alpha, \ldots, -\alpha$ und $\nu = \alpha, \ldots, -\alpha$. Der Entartungsgrad des Eigenwerts E_α ist deswegen $(2\alpha+1)^2 = n^2$. Mithin ist gelungen, die Eigenwerte des Hamilton-Operators und deren Entartungsgrad rein algebraisch zu bestimmen. Der Operator des Bahndrehimpulses $\vec{L}$ ist die Summe zweier vertauschbarer „algebraischer" Drehimpulsoperatoren:

$$\vec{L} = \vec{A} + \vec{B} .$$

Den Eigenraum $\mathcal{H}_\alpha$ des Hamilton-Operators nach Eigenräumen von $\vec{L}^2$ zu zerlegen bedeutet, solche Linearkombinationen der Vektoren $\varphi_{\mu,\nu}$ zu bilden, die Eigenvektoren des Operators $\vec{L}^2$ zum Eigenwert $l(l+1)$ sind. Wir nennen das Resultat, ohne es hier zu entwickeln („Kopplung eines Drehimpulses der Quantenzahl α mit einem Drehimpuls derselben Quantenzahl"): l kann dabei die Werte $2\alpha, 2\alpha - 1, \ldots, 0$ annehmen. Dies sind, wie wir zuvor gesehen haben, die mit einer Hauptquantenzahl $n = 2\alpha + 1$ verbundenen Drehimpulszahlen l .

4 Geladene Teilchen im äußeren elektromagnetischen Feld

In der klassischen Physik wird die Bewegung eines geladenen Teilchens mittels des Bildes eines Massenpunktes beschrieben, der eine Bahntrajektorie durchläuft und dem neben einer Masse m noch eine elektrische Ladung e zugeschrieben wird. In einem vorgegebenen elektromagnetischen Feld, wirkt auf einen solchen Massenpunkt die *Lorentz-Kraft*: Er befinde sich zum Zeitpunkt t am Ort $\vec{x}$ und habe die Geschwindigkeit $\dot{\vec{x}}$, dann ist diese Kraft – im Gaußschen Maßsystem – gegeben durch

$$\vec{K} = e\{\vec{E}(t, \vec{x}) + \frac{1}{c}\dot{\vec{x}} \times \vec{B}(t, \vec{x})\}\,,$$

mit der Lichtgeschwindigkeit $c = 2.9979\ldots \cdot 10^{10}$ cm/s. Im Gaußschen Maßsystem haben die elektrische Feldstärke $\vec{E}$ und die magnetische Induktion $\vec{B}$ die gleiche physikalische Dimension $(\text{erg} \cdot \text{cm}^{-3})^{1/2}$ (und somit ihre Quadrate diejenige einer Energiedichte). Da selbst in der physikalischer Erkenntnis zugewandten Literatur das MKSA-System mit seiner unbekümmerten Aufspaltung des elektromagnetischen Feldes in Konstituenten verschiedener physikalischer Dimension (!) angetroffen werden kann, sei die Entsprechung der Maßeinheiten für die jeweilige elektrische Feldstärke und die magnetische Induktion beider Maßsysteme tabellarisch aufgeführt:

	MKSA-System		Gauß-System
$\vec{E}$:	$1\frac{V}{m}$	$\hat{=}$	$\frac{10^6 \text{cm}}{c \cdot s}(\text{erg cm}^{-3})^{\frac{1}{2}}$
$\vec{B}$:	$1\frac{V\,s}{m^2}$	$\hat{=}$	$10^4(\text{erg cm}^{-3})^{\frac{1}{2}}$

Zur Lagrangeschen, bzw. zur Hamiltonschen Formulierung der Bewegungsgleichung für den Massenpunkt wird notwendig, anstelle des elektromagnetischen Feldes die elektrodynamischen Potentiale $\varphi(t, \vec{x})$, $\vec{A}(t, \vec{x})$ einzuführen:

$$\vec{E} = -\vec{\nabla}\varphi - \frac{1}{c}\frac{\partial}{\partial t}\vec{A}\,, \quad \vec{B} = \vec{\nabla} \times \vec{A}\,. \tag{$*$}$$

Elektrodynamische Potentiale, die sich lediglich durch eine Eichtransformation mit einer Eichfunktion $\Lambda(t, \vec{x})$ unterscheiden:

$$\vec{A}'(t, \vec{x}) = \vec{A}(t, \vec{x}) - \vec{\nabla}\Lambda(t, \vec{x}) \, , \quad \varphi'(t, \vec{x}) = \varphi(t, \vec{x}) + \frac{1}{c}\frac{\partial}{\partial t}\Lambda(t, \vec{x}) \, ,$$

liefern dasselbe elektromagnetische Feld, wenn jeweils in (∗) verwendet.

Neben der Lorentz-Kraft wirke noch eine von einem zeitunabhängigen Potential $v(\vec{x})$ herrührende Kraft; dann lautet die klassische Hamilton-Funktion:

$$H_{\text{klass}} = \frac{1}{2m}(\vec{p}_{\text{klass}} - \frac{e}{c}\vec{A}(t, \vec{x}))^2 + e\varphi(t, \vec{x}) + v(\vec{x}) \, .$$

Hierin ist $\vec{p}_{\text{klass}}$ der zu $\vec{x}_{\text{klass}} \equiv \vec{x}$ kanonisch konjugierte Impuls.

4.1 Minimale Kopplung und Eichinvarianz

Das Korrespondenzprinzip konvertiert die klassische Hamilton-Funktion in den Hamilton-Operator

$$H(\vec{A}, \varphi) = \frac{1}{2m}\left(\frac{\hbar}{i}\vec{\nabla} - \frac{e}{c}\vec{A}(t, \vec{x})\right) \cdot \left(\frac{\hbar}{i}\vec{\nabla} - \frac{e}{c}\vec{A}(t, \vec{x})\right)$$

$$+ e\varphi(t, \vec{x}) + v(\vec{x}) \, , \tag{4.1.1}$$

und die hierdurch gewonnene Wirkung eines äußeren elektromagnetischen Feldes auf das mit der Ladung e versehene quantenmechanische Teilchen der Masse m wird als *minimale Kopplung* bezeichnet.

Mit der ausgeführten Form des Operatorprodukts wird der Hamilton-Operator (4.1.1) zu

$$H(\vec{A}, \varphi) = -\frac{\hbar^2}{2m}\Delta + e\varphi(t, \vec{x}) + v(\vec{x})$$

$$- \frac{e\hbar}{imc}\vec{A} \cdot \vec{\nabla} - \frac{e\hbar}{2imc}(\vec{\nabla} \cdot \vec{A}) + \frac{e^2}{2mc^2}\vec{A}^2 \, . \tag{4.1.2}$$

Im Hinblick auf die Freiheit, Eichtransformationen der elektrodynamischen Potentiale ausführen zu können, ohne hierdurch das „physikalische" elektrodynamische Feld zu ändern, stellt sich die Frage ein, welche Konsequenzen diese Willkür für die quantenmechanische Beschreibung zur Folge hat, da doch der korrespondierende Hamilton-Operator explizit von den elektrodynamischen Potentialen abhängt. Auskunft hierüber gibt der

Satz

Die Schrödinger-Gleichung mit dem Hamilton-Operator (4.1.1):

$$i\hbar \frac{\partial}{\partial t}\psi_t = H(\vec{A}, \varphi)\psi_t \,, \tag{4.1.3}$$

behält bei einer simultanen Eichtransformation der elektrodynamischen Potentiale und des Zustandsvektors mit der Eichfunktion $\Lambda(t, \vec{x})$

$$\vec{A}' := \vec{A} - (\vec{\nabla}\Lambda) \,, \quad \varphi' := \varphi + \frac{1}{c}\frac{\partial \Lambda}{\partial t} \,, \tag{4.1.4}$$

$$\psi_t'(\vec{x}) := \exp\{-i\frac{e}{\hbar c}\Lambda(t, \vec{x})\} \cdot \psi_t(\vec{x})$$

ihre Form: also

$$i\hbar \frac{\partial}{\partial t}\psi_t' = H(\vec{A}', \varphi')\psi_t' \,. \tag{4.1.5}$$

Dieser Sachverhalt ist die *Eichinvarianz der Schrödinger-Gleichung.*

Beweis: Wir verwenden (4.1.4):

$$\begin{aligned}
\{i\hbar &\frac{\partial}{\partial t} - H(\vec{A}', \varphi')\}\psi_t' \\
&= \{i\hbar\frac{\partial}{\partial t} - e\varphi - \frac{e}{c}\frac{\partial \Lambda}{\partial t} - v \\
&\quad - \frac{1}{2m}\left(\frac{\hbar}{i}\vec{\nabla} - \frac{e}{c}\vec{A} + \frac{e}{c}(\vec{\nabla}\Lambda)\right) \\
&\quad \cdot \left(\frac{\hbar}{i}\vec{\nabla} - \frac{e}{c}\vec{A} + \frac{e}{c}(\vec{\nabla}\Lambda)\right)\} \exp\left\{-i\frac{e}{\hbar c}\Lambda\right\}\psi_t \,.
\end{aligned} \tag{4.1.6}$$

Es sei $\chi \equiv \chi(t, \vec{x})$, dann gelten offensichtlich die beiden Gleichungen

$$\{i\hbar\frac{\partial}{\partial t} - \frac{e}{c}\frac{\partial \Lambda}{\partial t}\}e^{-\frac{ie}{\hbar c}\Lambda}\chi = e^{-\frac{ie}{\hbar c}\Lambda}i\hbar\frac{\partial}{\partial t}\chi \,,$$

$$\{\frac{\hbar}{i}\vec{\nabla} - \frac{e}{c}\vec{A} + \frac{e}{c}(\vec{\nabla}\Lambda)\}e^{-i\frac{e}{\hbar c}\Lambda}\chi = e^{-i\frac{e}{\hbar c}\Lambda}\{\frac{\hbar}{i}\vec{\nabla} - \frac{e}{c}\vec{A}\}\chi \,.$$

Hiermit läßt sich in (4.1.6) die Phasenfunktion $\exp\{-i\frac{e}{\hbar c}\Lambda\}$ vor die Ableitungsoperatoren bringen und man erhält

$$\{i\hbar\frac{\partial}{\partial t} - H(\vec{A}', \varphi')\}\psi_t' = e^{-i\frac{e}{\hbar c}\Lambda}\{i\hbar\frac{\partial}{\partial t} - H(\vec{A}, \varphi)\}\psi_t = 0 \,.$$

$\square$

Die Eichinvarianz der Schrödinger-Gleichung erlaubt die Wahl spezieller Eichungen.

Die Eichtransformation des Zustandsvektors in (4.1.4) ist eine im allgemeinen t-abhängige unitäre Transformation im Hilbert-Raum $\mathcal{H} = \mathcal{L}^2(\mathbb{R}^3)$ des Teilchens

$$(\mathcal{U}_t f)(\vec{x}) := \exp(-i\frac{e}{\hbar c}\Lambda(t, \vec{x})) \cdot f(\vec{x}) , \quad f \in \mathcal{H} . \qquad (4.1.7)$$

Der Ortsoperator (mit $f \in \mathcal{D}_{\vec{q}}$)

$$(\vec{q}f)(\vec{x}) = \vec{x}f(\vec{x})$$

und der kanonische Impulsoperator (mit $f \in \mathcal{D}_{\vec{p}}$)

$$(\vec{p}f)(\vec{x}) = \frac{\hbar}{i}(\vec{\nabla}f)(\vec{x})$$

werden durch $\mathcal{U}_t$ transformiert in

$$\mathcal{U}_t\vec{q}\,\mathcal{U}_t^* = \vec{q} ,$$
$$\mathcal{U}_t\vec{p}\,\mathcal{U}_t^* = \vec{p} + \frac{e}{c}(\vec{\nabla}\Lambda) , \qquad (4.1.8)$$

wie man leicht verifiziert. Im Gegensatz zum Operator $\vec{q}$ ist also der Operator $\vec{p}$ nicht invariant unter dieser unitären Transformation. Der Operator

$$\vec{p} - \frac{e}{c}\vec{A}(t, \vec{x}) , \qquad (4.1.9)$$

wobei $\vec{A}$ als Funktion des Ortsoperators anzusehen ist, wird durch $\mathcal{U}_t$ transformiert in

$$\mathcal{U}_t(\vec{p} - \frac{e}{c}\vec{A}(t, \vec{x}))\,\mathcal{U}_t^* = \vec{p} - \frac{e}{c}\vec{A}'(t, \vec{x}) ,$$

mit $\vec{A}'$ aus (4.1.4): Er ist also forminvariant.

In der klassischen Physik sind alle Beobachtungsgrößen eichinvariant. Fordert man daher für die Quantenmechanik, daß die Observablen forminvariant unter Eichtransformationen $\mathcal{U}_t$, (4.1.7), sind, so ist der kanonische Impuls $\vec{p}$ keine Observable, hingegen der Operator (4.1.9). Letzterer wird als der Operator des kinetischen Impulses des Teilchens interpretiert. Mit dem Faktor m^{-1} multipliziert, wird aus ihm der Operator der Geschwindigkeit des Teilchens

$$\vec{v} = \frac{1}{m}(\vec{p} - \frac{e}{c}\vec{A}(t, \vec{x})) . \qquad (4.1.10)$$

Seine Vertauschungsrelationen mit dem Ortsoperator und mit sich selbst ergeben sich sofort zu

$$[v_a , q_b] = \frac{\hbar}{im}\delta_{ab}\mathbb{1} ,$$

$$[v_a , v_b] = i\frac{\hbar e}{cm^2}\sum_c \varepsilon_{abc}B_c(t,\vec{x})\mathbb{1} .$$

(4.1.11)

Ist eine magnetische Induktion vorhanden, so resultiert daraus im allgemeinen eine Unschärferelation für zwei Komponenten der Geschwindigkeit.

4.2 Spezialfälle äußerer Felder

Befindet sich das betrachtete Teilchen im Coulomb-Potential eines Kerns, so ist dieses Potential mit dem Term $v(\vec{x})$ des Hamilton-Operators (4.1.1) zu identifizieren. Wir betrachten noch zwei einfache, jedoch physikalisch wichtige Beispiele äußere Felder.

a) Ein räumlich und zeitlich konstantes elektrisches Feld $\vec{E}_c$. Durch die hiermit verträgliche Wahl der Potentiale

$$\vec{A} \equiv 0 , \quad \varphi = -\vec{x} \cdot \vec{E}_c$$

(4.2.1)

wird der allgemeine Hamilton-Operator (4.1.2) zu

$$H = -\frac{\hbar^2}{2m}\Delta + v(\vec{x}) - e\vec{x} \cdot \vec{E}_c .$$

(4.2.2)

In diesem Hamilton-Operator erscheint der Operator des elektrischen Dipolmoments, $e\vec{q}$.

b) Eine räumlich und zeitlich konstante magnetische Induktion $\vec{B}_c$. Wählt man

$$\varphi \equiv 0 , \quad \vec{A} = -\frac{1}{2}(\vec{x} \times \vec{B}_c) , \quad \Rightarrow \vec{\nabla} \cdot \vec{A} = 0 ,$$

(4.2.3)

als Potentiale, welche die obige Feldkonfiguration ergeben, so nimmt der Hamilton-Operator (4.1.2) die Gestalt

$$H = -\frac{\hbar^2}{2m}\Delta + v(\vec{x}) + \frac{e\hbar}{2mc}\frac{1}{i}(\vec{x} \times \vec{B}_c) \cdot \vec{\nabla} + \frac{e^2}{8mc^2}(\vec{x} \times \vec{B}_c)^2$$

an. Dieser Hamilton-Operator kann wiederum in der folgenden Form geschrieben werden:

$$H = -\frac{\hbar^2}{2m}\Delta + v(\vec{x}) - \text{sgn}(e)\mu\vec{B}_c \cdot \vec{L} + \frac{e^2}{8mc^2}(\vec{x} \times \vec{B}_c)^2, \qquad (4.2.4)$$

mit dem *Magneton*

$$\mu := \frac{|e|\hbar}{2mc} . \qquad (4.2.5)$$

Identifizieren wir das betrachtete Teilchen mit einem Elektron, so ist (4.2.5) das *Bohrsche Magneton*. An der Form (4.2.4) lesen wir ab, daß mit dem Bahndrehimpuls ein magnetisches Moment verknüpft ist, beschrieben durch den Operator des magnetischen Bahnmomentes

$$\text{sgn}(e)\mu\vec{L} . \qquad (4.2.6)$$

Außerdem bemerken wir, daß der in $\vec{B}_c$ quadratische Term im Hamilton-Operator ein positiver Operator ist.

4.3 Mehrere Teilchen

Die minimale Kopplung des elektromagnetischen Feldes läßt sich direkt auf den Fall mehrerer Teilchen verallgemeinern. Das betrachtete Mikrosystem bestehe aus n unterscheidbaren geladenen (spinlosen) Teilchen der jeweiligen Masse m_j und Ladung e_j , $j = 1, \ldots, n$, die sich in einem vorgegebenen äußeren elektromagnetischen Feld befinden. Im Hilbert-Raum $\mathcal{H} = \mathcal{L}^2(\mathbb{R}^{3n})$ des Systems hat dann der Hamilton-Operator mit den elektrodynamischen Potentialen $\vec{A}(t, \vec{x})$ und $\varphi(t, \vec{x})$ die Form

$$H(\vec{A}, \varphi) = \sum_{j=1}^{n}\left\{\frac{1}{2m_j}\left(\vec{p}^{\,(j)} - \frac{1}{c}e_j\vec{A}(t, \vec{x}^{(j)})\right)^2 + e_j\varphi(t, \vec{x}^{(j)})\right\}$$
$$+v(\vec{x}^{(1)}, \ldots, \vec{x}^{(n)}) , \qquad (4.3.1)$$

wobei die gesamte innere Wechselwirkung der Teilchen durch die nicht näher spezifizierte Potentialfunktion $v(\vec{x}^{(1)}, \ldots, \vec{x}^{(n)})$ beschrieben wird. Verbindet man nun wiederum eine Eichtransformation der elektrodynamischen Potentiale

$$\vec{A}'(t, \vec{x}) = \vec{A}(t, \vec{x}) - (\vec{\nabla}\Lambda)(t, \vec{x}) , \quad \varphi'(t, \vec{x}) = \varphi(t, \vec{x}) + \frac{1}{c}\frac{\partial\Lambda}{\partial t}(t, \vec{x}) , \quad (4.3.2)$$

mit der Eichtransformation des Zustandsvektors

$$\psi_t'(\vec{x}^{(1)}, \ldots, \vec{x}^{(n)}) = \exp\left\{ -\frac{i}{\hbar c} \sum_{j=1}^{n} e_j \Lambda(t, \vec{x}^{(j)}) \right\} \psi_t(\vec{x}^{(1)}, \ldots, \vec{x}^{(n)}) , \quad (4.3.3)$$

so läßt sich der Satz aus dem Abschnitt 4.1 wörtlich auf das hier betrachtete System übertragen. Ein Beweis ergibt sich aus den gleichen Schritten wie dort.

Im Vorgriff auf das Kapitel 10 sei schon angemerkt, daß im Fall identischer Teilchen der Hamilton-Operator (4.3.1) seine Form beibehält – natürlich sind dann alle m_j gleich und alle e_j gleich –, der Zustandsvektor jedoch einer zusätzlichen Symmetrieforderung genügen muß.

5   Störungstheorie der Eigenwerte

Nur in wenigen Fällen ist es möglich, Eigenwerte und Eigenfunktionen eines Hamilton-Operators exakt zu bestimmen. Ist ein solcherart ausgezeichneter Fall nicht gegeben, so kann unter günstigen Umständen ein Hamilton-Operator als Summe zweier Anteile betrachtet werden, die so beschaffen ist, daß Eigenwerte und Eigenfunktionen des einen Summanden bekannt sind und außerdem der andere Summand als kleine „Störung" des dominierenden ersteren angesehen werden kann. Die Rayleigh-Schrödingersche Störungstheorie benützt diese Aufspaltung eines Hamilton-Operators, um dessen Eigenwerte und Eigenfunktionen näherungsweise mittels der bekannten Eigenwerte und Eigenfunktionen des dominierenden Anteils zu gewinnen.

Von physikalischen Anwendungen her gesehen ist das Spektrum des dominierenden Anteils, der auch als „ungestörter Operator" bezeichnet wird, in den meisten Fällen entartet. Wir betrachten deshalb von vornherein einen mehrfachen Eigenwert des ungestörten Operators, mit einem endlich-dimensionalen Eigenraum. Der spezielle Fall eines einfachen Eigenwertes ist dann eingeschlossen.

5.1   Störungstheorie eines mehrfachen Eigenwertes

5.1.1   Vorbemerkungen zur Basiswahl

Um die Darstellung der allgemeinen Theorie nicht durch die Begründung einiger mathematischer Aussagen, die dabei verwendet werden, zu unterbrechen, beginnen wir mit diesem Teil.

In einem Hilbert-Raum $\mathcal{H}$ spannen N linear unabhängige Vektoren einen N-dimensionalen Unterraum auf, also insbesondere N orthonormierte Vektoren. Es gilt der

Satz

Gegeben seien ein Hilbert-Raum $\mathcal{H}$, ein Operator $W = W^*$ und N orthonormierte Vektoren $\{f_\alpha\}$, $\alpha = 1, \ldots, N$, aus $\mathcal{D}_W \subset \mathcal{H}$. Dann gibt es N orthonormierte Linearkombinationen $\{\phi_\alpha\}$, $\alpha = 1, \ldots, N$, obiger Vektoren, daß gilt:

$$(\phi_\alpha, W\phi_\beta) = \omega_\alpha \delta_{\alpha\beta} . \tag{5.1.1}$$

Beweis: Sei u eine unitäre $N \times N$ Matrix, so sind die mit deren Elementen gebildeten Linearkombinationen

$$\phi_\alpha := \sum_{\gamma=1}^{N} \bar{u}_{\alpha\gamma} f_\gamma \, , \alpha = 1, \ldots, N \tag{5.1.2}$$

ebenfalls orthonormierte Vektoren,

$$(\phi_\alpha, \phi_\beta) = (uu^*)_{\alpha\beta} = \delta_{\alpha\beta} \, .$$

Die $N \times N$ Matrix w, gegeben durch

$$w_{\alpha\beta} := (f_\alpha, W f_\beta) \, ,$$

ist selbstadjungiert, $w = w^*$. Mit den eingeführten Linearkombinationen $\{\phi_\alpha\}$ ergibt sich

$$(\phi_\alpha, W\phi_\beta) = (uwu^*)_{\alpha\beta} \, . \tag{5.1.3}$$

Da $w = w^*$, kann u so gewählt werden, daß die Matrix uwu^* diagonal wird.   □

Die Diagonalisierung (5.1.3) der selbstadjungierten Matrix w ist ein zentrales Ergebnis in der linearen Algebra. Betrachten wir die resultierenden reellen Diagonalelemente $\omega_\alpha, \alpha = 1, \ldots, N$ – es sind die Eigenwerte der Matrix w und diese erscheinen in (5.1.1) –, so müssen wir verschiedene Fälle unterscheiden:

a) Es treten keine gleichen Eigenwerte auf: $\omega_\alpha \neq \omega_\beta$, falls $\alpha \neq \beta$. Dann ist die diagonalisierende unitäre Matrix u bis auf eine unitäre Diagonalmatrix bestimmt, die physikalisch bedeutungslos ist.

b) Anderenfalls sind mindestens zwei der Eigenwerte einander gleich. Wir fassen die jeweils gleichen Eigenwerte zu Familien zusammen: Einer solchen Familie, sie bestehe aus n Eigenwerten, entspricht ein n-dimensionaler Unterraum. Hierbei bilden Eigenwerte, die nicht mehrfach vorkommen, jeweils eine eigene „Familie", die aus einem Eigenwert besteht. Die mit den verschiedenen Familien verknüpften Unterräume sind wechselseitig orthogonal und die diagonalisierende unitäre Matrix u ist nur bis auf eine (beliebige) unitäre Transformation in jedem solchen Unterraum bestimmt. Im Falle einer Familie mit einem Mitglied ist diese Freiheit gerade die Phasentransformation aus a).

Für jede Familie mit $n \geq 2$ Mitgliedern können wir nun jeweils unabhängig einen selbstadjungierten Operator des Hilbert-Raumes wählen, um im zugehörigen Unterraum die dort noch frei wählbare Basis mittels des Satzes weiter festzulegen. Hierdurch wird die ursprüngliche Diagonalisierung (5.1.1) nicht beeinträchtigt.

5.1.2 Die Störung als formale Potenzreihe

Gegeben sei ein Hilbert-Raum $\mathcal{H}$ und ein selbstadjungierter Operator der Form

$$H_\lambda = H_0 + \lambda W , \quad \lambda \in \mathbb{R} , \tag{5.1.4}$$

wobei $H_0 = H_0^*$ und $W = W^*$. (Wir ignorieren Fragen hinsichtlich der Definitionsbereiche.) Der reelle Parameter λ wird aus buchhalterischen Gründen mitgeführt; er könnte in W absorbiert werden. Die Eigenwerte und die Eigenvektoren von H_λ werden gesucht; im Falle von H_0 seien sie bekannt. Im allgemeinen wird sich das Spektrum von H_0, wie auch dasjenige von H_λ, aus einem diskreten und einem kontinuierlichen Teil zusammensetzen.

Mit $n \in \mathbb{N}$ werde ein Eigenraum der Dimension $N = N(n)$ von H_0 gekennzeichnet, der zugehörige diskrete Eigenwert sei $E_n^{(0)}$:

$$H_0 \phi_{n\alpha} = E_n^{(0)} \phi_{n\alpha} , \quad \alpha = 1, \dots, N ,$$
$$(\phi_{n\alpha} , \phi_{n\beta}) = \delta_{\alpha\beta} . \tag{5.1.5}$$

Die Orthonormalbasis $\{\phi_{n\alpha}\}$, $\alpha = 1, \dots, N$, im betrachteten Eigenraum von H_0 ist dabei lediglich bis auf eine unitäre Transformation bestimmt. Der Projektor auf diesen Eigenraum

$$P_n f := \sum_{\alpha=1}^{N} (\phi_{n\alpha} , f)\phi_{n\alpha} , \quad \forall f \in \mathcal{H} , \tag{5.1.6}$$

jedoch ist eindeutig; ebenso der Projektor auf dessen orthogonales Komplement in $\mathcal{H}$

$$P_n^\perp = 1 - P_n , \quad P_n P_n^\perp = 0 .$$

In der Rayleigh-Schrödingerschen Methode zur Lösung der Eigenwertgleichung

$$H_\lambda \psi(\lambda) = E(\lambda)\psi(\lambda) \tag{5.1.7}$$

wird λW als „Störung" betrachtet: Eigenwerte und Eigenvektoren von H_λ werden als formale Potenzreihen in λ angesehen und (5.1.7) im Sinne formaler Potenzreihen gelöst. Die Ansätze, mit $\alpha = 1, \dots, N$:

$$\psi_{n\alpha}(\lambda) = \phi_{n\alpha} + \lambda \psi_\alpha^{(1)} + \lambda^2 \psi_\alpha^{(2)} + \dots , \tag{5.1.8}$$

$$E_{n\alpha}(\lambda) = E_n^{(0)} + \lambda \Delta_\alpha^{(1)} + \lambda^2 \Delta_\alpha^{(2)} + \dots , \tag{5.1.9}$$

stellen für $\lambda = 0$ die Lösung des Eigenwertproblems dar. Es ist zu erwarten, daß –
je nach der Beschaffenheit von W – mit $\lambda \neq 0$ die Entartung teilweise oder ganz
aufgehoben wird.

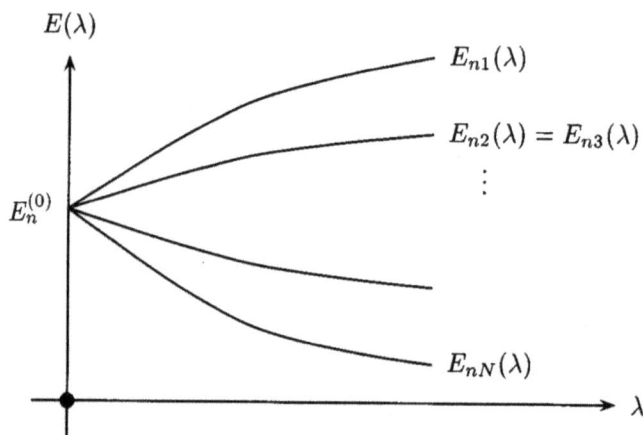

Abbildung 5.1: Aufspaltung eines mehrfachen Eigenwertes durch die Störung, Gleichung (5.1.9)

Durch die Ansätze (5.1.8-9) wird nun implizit eine Basis $\{\phi_{n\alpha}\}$, $\alpha = 1, \ldots, N$,
ausgezeichnet: Es ist diejenige, welche aus den Eigenvektoren des vollen Hamilton-
Operators H_λ im Grenzfall $\lambda = 0$ hervorgeht. Diese „richtigen" Eigenvektoren von
H_0 müssen im Rahmen des Verfahrens konstruktiv bestimmt werden, da a priori
unbekannt. Die Forderung

$$(\phi_{n\alpha}, W\phi_{n\beta}) \overset{!}{=} \omega_\alpha \delta_{\alpha\beta} \tag{5.1.10}$$

wird sich als notwendig erweisen; sie ist stets erfüllbar, wie im Satz aus Abschnitt 5.1.1
gezeigt. Eigenvektoren sind durch die Eigenwertgleichung nur bis auf einen Faktor
bestimmt: Wir fixieren die Phase von $\psi_{n\alpha}(\lambda)$ durch die Bedingung

$$\mathrm{Im}(\phi_{n\alpha}, \psi_{n\alpha}(\lambda)) \overset{!}{=} 0 , \tag{5.1.11}$$

und den Betrag durch die Normierungsbedingung

$$\begin{aligned}
1 &\overset{!}{=} \|\psi_{n\alpha}(\lambda)\|^2 \\
&= 1 + 2\lambda\mathrm{Re}(\phi_{n\alpha}, \psi_\alpha^{(1)}) \\
&\quad + \lambda^2\{2\mathrm{Re}(\phi_{n\alpha}, \psi_\alpha^{(2)}) + \|\psi_\alpha^{(1)}\|^2\} + \mathcal{O}(\lambda^3) .
\end{aligned} \tag{5.1.12}$$

Aus (5.1.11-12) folgt für die Komponente des Eigenvektors in Richtung der 0-ten Näherung

$$\psi_\alpha^{(1)} \perp \phi_{n\alpha} \,, \tag{5.1.13}$$

$$\psi_\alpha^{(2)} = -\frac{1}{2}||\psi_\alpha^{(1)}||^2 \phi_{n\alpha} + \text{Anteil} \perp \phi_{n\alpha} \,.$$

$$\vdots$$

Verwendet man schließlich die Ansätze (5.1.8-9) in der Eigenwertgleichung (5.1.7) und sortiert nach Potenzen von λ, so zerfällt die Gleichung in

$$\lambda^0 : \quad (H_0 - E_n^{(0)})\phi_{n\alpha} = 0 \,, \tag{5.1.14}$$

$$\lambda^1 : \quad (H_0 - E_n^{(0)})\psi_\alpha^{(1)} = -(W - \Delta_\alpha^{(1)})\phi_{n\alpha} \,, \tag{5.1.15}$$

$$\lambda^2 : \quad (H_0 - E_n^{(0)})\psi_\alpha^{(2)} = -(W - \Delta_\alpha^{(1)})\psi_\alpha^{(1)} + \Delta_\alpha^{(2)}\phi_{n\alpha} \,. \tag{5.1.16}$$

$$\vdots$$

Die Ordnung λ^0:
Sie ist nach Voraussetzung erfüllt.

Die Ordnung λ^1:

i) Zunächst wird die Projektion auf den betrachteten Eigenraum von H_0 ausgewertet, $\beta = 1, \dots, N$:

$$(\phi_{n\beta} \,, (H_0 - E_n^{(0)})\psi_\alpha^{(1)}) = -(\phi_{n\beta} \,, (W - \Delta_\alpha^{(1)})\phi_{n\alpha}) \,.$$

$$\Rightarrow ((H_0 - E_n^{(0)})\phi_{n\beta} \,, \psi_\alpha^{(1)}) = -(\phi_{n\beta} \,, W\phi_{n\alpha}) + \Delta_\alpha^{(1)}\delta_{\beta\alpha} \,.$$

Die linke Seite der Gleichung verschwindet: Die Annahme (5.1.10) ist somit notwendig! Wir erhalten

$$\Delta_\alpha^{(1)} = (\phi_{n\alpha} \,, W\phi_{n\alpha}) = \omega_\alpha \,. \tag{5.1.17}$$

ii) Wir verwenden i). Die rechte Seite der Gleichung (5.1.15):

$$-(W - \Delta_\alpha^{(1)})\phi_{n\alpha} = -(P_n + P_n^\perp)(W - \Delta_\alpha^{(1)})\phi_{n\alpha}$$

$$\overset{i)}{=} -P_n^\perp(W - \Delta_\alpha^{(1)})\phi_{n\alpha}$$

$$= -P_n^\perp W\phi_{n\alpha}$$

liegt also im Komplement des betrachteten Eigenraumes von H_0; dort kann

$(H_0 - E_n^{(0)})$ invertiert werden. Man erhält als Lösung der inhomogenen Gleichung:

$$\psi_\alpha^{(1)} = \sum_\beta c_{\alpha\beta}^{(1)} \phi_{n\beta} - P_n^\perp (H_0 - E_n^{(0)})^{-1} P_n^\perp W \phi_{n\alpha} \, . \tag{5.1.18}$$

Die Koeffizienten $c_{\alpha\beta}^{(1)}$, $\beta \neq \alpha$, bleiben in dieser Ordnung unbestimmt, hingegen folgt aus (5.1.13), daß $c_{\alpha\alpha}^{(1)} = 0$.

Anmerkung: Die Gleichung (5.1.17) bestimmt die Energieaufspaltung in der ersten Ordnung zu

$$E_{n\alpha} = E_n^{(0)} + \lambda \omega_\alpha + \mathcal{O}(\lambda^2) \, .$$

Ist man lediglich an diesen Energieverschiebungen interessiert, so ergeben sich diese, dem Satz aus Abschnitt 5.1.1 zufolge, mittels einer beliebigen Orthonormalbasis $\{f_{n\alpha}\}$ des betrachteten Eigenraumes von H_0 als Eigenwerte der „Störmatrix" $(f_{n\alpha}, W f_{n\beta})$.

Die Ordnung λ^2:

i) Wir betrachten zunächst die Projektion der Gleichung (5.1.16) in die Richtung $\phi_{n\alpha}$:

$$(\phi_{n\alpha}, (H_0 - E_n^{(0)}) \psi_\alpha^{(2)}) = -(\phi_{n\alpha}, W \psi_\alpha^{(1)}) + \Delta_\alpha^{(1)} (\phi_{n\alpha}, \psi_\alpha^{(1)}) + \Delta_\alpha^{(2)}$$

Die linke Seite verschwindet, wenn wir den Operator $H_0 - E_n^{(0)}$ auf die andere Seite bringen. Auf der rechten Seite verschwindet der zweite Term wegen (5.1.13). Somit erhalten wir, zusammen mit (5.1.18),

$$\begin{aligned} \Delta_\alpha^{(2)} &= (\phi_{n\alpha}, W \psi_\alpha^{(1)}) \\ &= -(\phi_{n\alpha}, W P_n^\perp (H_0 - E_n^{(0)})^{-1} P_n^\perp W \phi_{n\alpha}) \, . \end{aligned} \tag{5.1.19}$$

ii) Die Projektion der Gleichung (5.1.16) in die Richtung $\phi_{n\gamma}$, mit $\gamma \neq \alpha$, liefert

$$(\phi_{n\gamma}, (H_0 - E_n^{(0)}) \psi_\alpha^{(2)}) = -(\phi_{n\gamma}, W \psi_\alpha^{(1)}) + \Delta_\alpha^{(1)} (\phi_{n\gamma}, \psi_\alpha^{(1)}) \, .$$

Wiederum verschwindet die linke Seite wie zuvor, auf der rechten verwenden wir (5.1.17-18) und erhalten für $\gamma \neq \alpha$

$$0 = c_{\alpha\gamma}^{(1)} [\omega_\alpha - \omega_\gamma] + (\phi_{n\gamma}, W P_n^\perp (H_0 - E_n^{(0)})^{-1} P_n^\perp W \phi_{n\alpha}) \, . \tag{5.1.20}$$

Hier begegnen wir den Fällen, die wir im vorbereitenden Abschnitt 5.1.1 in den Blick genommen haben:

a) Für $\gamma \neq \alpha$ gelte stets $\omega_\gamma \neq \omega_\alpha$: Die Entartung ist also in der ersten Ordnung vollständig aufgehoben. Dann ist die Basis $\{\phi_{n\alpha}\}$ im Eigenraum von H_0 zum Eigenwert $E_n^{(0)}$ (bis auf physikalisch belanglose Phasenfaktoren) eindeutig bestimmt und die Auflösung der Gleichung (5.1.20) liefert die noch fehlenden Entwicklungskoeffizienten in (5.1.18) für $\gamma \neq \alpha$:

$$c_{\alpha\gamma}^{(1)} = \frac{1}{\omega_\gamma - \omega_\alpha}(W\phi_{n\gamma}, P_n^\perp(H_0 - E_n^{(0)})^{-1}P_n^\perp W\phi_{n\alpha}) . \tag{5.1.21}$$

b) Ist a) nicht erfüllt, so fassen wir, wie beschrieben, gleiche ω_α jeweils zu einer Familie zusammen. Durch die bisherige Forderung (5.1.10) allein ist die Basis $\{\phi_{n\alpha}\}$ in jedem mit einer Familie verknüpften Unterraum jeweils nur bis auf eine beliebige unitäre Transformation festgelegt. Wir fordern zusätzlich: Gehören ω_α und ω_γ, $\gamma \neq \alpha$, derselben Familie an, also $\omega_\alpha = \omega_\gamma$, dann sei

$$(\phi_{n\gamma}, WP_n^\perp(H_0 - E_n^{(0)})^{-1}P_n^\perp W\phi_{n\alpha}) \stackrel{!}{=} v_\alpha \delta_{\gamma\alpha} . \tag{5.1.22}$$

Dies muß für jede Familie gelten. Dem Satz zufolge ist dies möglich. Hierdurch läßt sich die Gleichung (5.1.20) auch innerhalb einer Familie erfüllen; die entsprechenden Koeffizienten $c_{\alpha\gamma}^{(1)}$ bleiben allerdings auch in der zweiten Ordnung unbestimmt. Diejenigen $c_{\alpha\gamma}^{(1)}$, für deren Indexpaar α, γ gilt $\omega_\alpha \neq \omega_\gamma$, sind durch die Gleichung (5.1.21) gegeben.

Fazit: Erfüllt die Basis $\{\phi_{n\alpha}\}$ im Eigenraum von H_0 zum Eigenwert $E_n^{(0)}$ die Bedingungen (5.1.10) und (5.1.22), so ist

$$\begin{aligned} E_{n\alpha} = &E_n^{(0)} + \lambda(\phi_{n\alpha}, \phi_{n\alpha}) \\ &-\lambda^2(W\phi_{n\alpha}, P_n^\perp(H_0 - E_n^{(0)})^{-1}P_n^\perp W\phi_{n\alpha}) + \mathcal{O}(\lambda^3) . \end{aligned} \tag{5.1.23}$$

Der mathematische Status dieser formalen Potenzreihe bleibt offen; diesen zu bestimmen erfordert vertiefte Betrachtungen.

Besitzt H_0 ein rein diskretes Spektrum – jedoch nur dann – , so erzeugen seine Eigenvektoren eine Orthonormalbasis in $\mathcal{H}$. Diese kann in der Vollständigkeitsrelation verwendet werden und ergibt für den Term der Ordnung λ^2 in $E_{n\alpha}(\lambda)$:

$$-\lambda^2(W\phi_{n\alpha}, P_n^{\perp}(H_0 - E_n^{(0)})^{-1}P_n^{\perp}W\phi_{n\alpha})$$

$$= -\lambda^2 \sum_{\substack{m \\ m\neq n}} \sum_{\beta} \frac{(W\phi_{n\alpha}, \phi_{m\beta})(\phi_{m\beta}, W\phi_{n\alpha})}{E_m^{(0)} - E_n^{(0)}}$$

$$= -\lambda^2 \sum_{\substack{m \\ m\neq n}} \sum_{\beta} \frac{|(\phi_{m\beta}, W\phi_{n\alpha})|^2}{E_m^{(0)} - E_n^{(0)}}. \tag{5.1.24}$$

Wir lesen an der Gleichung (5.1.23) oder der Gleichung (5.1.24) ab, daß der Beitrag der 2. Ordnung zur Energieverschiebung des Grundzustands stets negativ ist, wenn er nicht verschwindet.

5.2 Einfache Anwendung: Modell des Leuchtelektrons für Alkaliatome

Die Grobstruktur der Spektren von Alkaliatomen läßt sich in guter Näherung mit der Hypothese deuten, sie werde von *einem* Elektron hervorgerufen – dem *Leuchtelektron* –, das sich in einem effektiven Zentralpotential bewegt, welches von den restlichen „inneren" Elektronen, zusammen mit dem Atomkern, erzeugt wird. Diesem effektiven Einteilchenmodell wird deshalb der Hilbert-Raum $\mathcal{H} = \mathcal{L}^2(\mathbb{R}^3)$ zugeordnet, mit dem Hamilton-Operator der Form (im Schrödinger-Bild)

$$H = -\frac{\hbar^2}{2m_0}\Delta - \frac{e^2}{r}\{1 + \chi(r)\}. \tag{5.2.1}$$

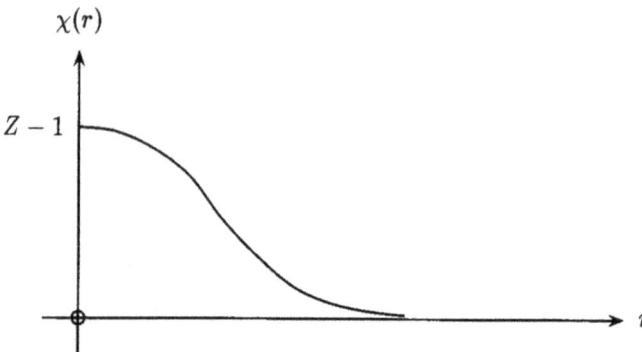

Abbildung 5.2: Qualitativer Verlauf der effektiven Kernladungszahl im Störpotential W, Gl. (5.2.3)

Das effektive Zentralpotential ist für $r \to \infty$ das Potential des Wasserstoffatoms, für $r \to 0$ hingegen dasjenige eines wasserstoffartigen Atoms der Kernladung Z. Auf das Leuchtelektron wirkt im Abstand r die effektive Ladung $e\{1 + \chi(r)\}$.

Die störungstheoretische Behandlung des Hamilton-Operators gründet sich auf die Zerlegung

$$H = H_0 + W \,, \tag{5.2.2}$$

$$H_0 := -\frac{\hbar^2}{2m_0}\Delta - \frac{e^2}{r} \,, \quad W := -\frac{e^2}{r}\chi(r) < 0 \,. \tag{5.2.3}$$

Der Operator H_0 ist der Hamilton-Operator des im Abschnitt 3.4 betrachteten Modells des Wasserstoffatoms: Sein Eigenraum zur Hauptquantenzahl n wird aufgespannt durch die orthonormalen Eigenvektoren

$$\left\{ \phi_{n,l}^m = \frac{1}{r}u_{n,l}(r)Y_l^m(\theta,\varphi) \right\}_{\substack{l=0,1,\dots,n-1 \\ m=l,\dots,-l}} \,. \tag{5.2.4}$$

Hiermit folgt für die Störmatrix:

$$(\phi_{n,l}^m , W\phi_{n,l'}^{m'}) = -\delta_{ll'}\delta_{mm'} \int_0^\infty dr\, |u_{n,l}(r)|^2 \frac{e^2}{r}\chi(r) \,. \tag{5.2.5}$$

Die obigen Eigenvektoren bilden also die „richtige" Basis im Eigenraum, und somit sind die Diagonalterme in (5.2.5) die Energieverschiebung in der 1. Ordnung der Störungstheorie. Das qualitative Verhalten dieser Energieverschiebung läßt sich leicht einsehen. Der Integrand in (5.2.5) ist positiv und $\chi(r)$ in der Umgebung von $r = 0$ lokalisiert – daher ist plausibel anzunehmen, daß das Schwellenverhalten der Radialfunktion $u_{n,l}(r) \sim r^{l+1}$ den Wert des Integrals bestimmt. Die Energie wird stets abgesenkt: umso tiefer, je kleiner die Bahndrehimpulsquantenzahl l. Wir lesen an der Gestalt (5.2.5) außerdem ab, daß die Entartung teilweise aufgehoben wird und „nur noch" die für ein Teilchen im Zentralpotential charakteristische „natürliche Entartung" übrigbleibt.

Aufgabe 5.2.1 (Linearer Stark-Effekt beim Wasserstoffatom)

a) *Im Fall der Hauptquantenzahl $n = 2$ bestimme man in der ersten störungstheoretischen Näherung die Energieaufspaltung unter der Einwirkung eines elektrischen Felds in 3-Richtung, beschrieben durch das (reelle) elektrostatische Potential $\varphi(\vec{x}) = -f(x_3)$ der Eigenschaften $f(-x_3) = -f(x_3)$ und $|f(x_3)| = \text{const}$, falls $x_3 > a$ ist.*
Hinweis: Die Bestimmung der Störmatrix vereinfacht sich, wenn man die inhärente Symmetrie ausnützt.

b) *Im Grenzfall $a \to \infty$ und $f(x_3) = x_3|\vec{E}|$ berechne man die Energieaufspaltung explizit.*

6 Streuprozesse

Bislang war unser Augenmerk hauptsächlich auf die Eigenwerte und die Eigenvektoren von Observablen gerichtet. Im Fall des Hamilton-Operators eines Mikrosystems bedeuten die Eigenwerte dessen diskrete Energiestufen. Seine Eigenvektoren erfahren durch die Schrödinger-Gleichung eine einfache Zeitevolution: Sie werden lediglich mit einem zeitlich oszillierenden Phasenfaktor multipliziert. Zustandsvektoren dieser Form – zuvor als stationäre Zustände bezeichnet – erzeugen eine zeitunabhängige Lokalisierung und zeitunabhängige Erwartungswerte. Der Zustandsvektor eines Streuprozesses hingegen muß eine von der Zeit abhängige Veränderung der räumlichen Lokalisierung zur Folge haben, die sich über einen makroskopisch ausgedehnten Raumbereich erstreckt. Wir behandeln die Streuung eines spinlosen Teilchens durch ein Potential – hierbei werden bereits wesentliche Züge einer allgemeinen Theorie der Streuprozesse sichtbar. Die (elastische) Streuung zweier Teilchen läßt sich kinematisch auf die Streuung durch ein Potential zurückführen.

6.1 Fourier-Transformation und Temperierte Distributionen

In diesem Abschnitt führen wir einige wenige mathematische Ergebnisse an, die als Rüstzeug für die folgenden Abschnitte dienen, jedoch darüber hinaus auch in anderen Bereichen der Physik Verwendung finden. Ausführliche und mathematisch fundierte Darstellungen der Theorie der Distributionen und ihrer Anwendungen sind z.B. [GS, Bd. I],[Sch].

6.1.1 Die rasch abfallenden Testfunktionen

Testfunktionen sind – aus dem Blickwinkel der Analysis betrachtet – besonders „gutartige" Funktionen. In mathematischer Sprache: Auf dem Raum der komplexwertigen unendlich oft differenzierbaren Funktionen über $\mathbb{R}$, $C^\infty(\mathbb{R})$, wird ein abzählbares Normensystem eingeführt:

$$\varphi(x) \in C^\infty(\mathbb{R}) \, , \quad |\varphi|_{l,m} := \sup_{x \in \mathbb{R}} \left| x^l \left(\frac{d}{dx} \right)^m \varphi(x) \right| \, , \text{ mit } l, m \in \mathbb{N}_o \, .$$

Dieses Normensystem definiert in $C^\infty(\mathbb{R})$ eine Untermenge: den *Raum der rasch abfallenden Testfunktionen*

$$\mathcal{S}(\mathbb{R}) = \{\varphi \in C^\infty(\mathbb{R})|\; |\varphi|_{l,m} < \infty, \forall l, m \in \mathbb{N}_0\}\,. \tag{6.1.1}$$

Im Funktionenraum $\mathcal{S}(\mathbb{R})$ bestimmt das Normensystem eine Topologie: Eine Folge $\{\varphi_j\}, j \in \mathbb{N}$, konvergiert gegen Null, $\varphi_j \xrightarrow{j\to\infty} 0$, genau dann, wenn

$$|\varphi_j|_{l,m} \xrightarrow{j\to\infty} 0, \quad \forall l, m \in \mathbb{N}_0\,. \tag{6.1.2}$$

Die Verallgemeinerung zur Definition von $\mathcal{S}(\mathbb{R}^n)$ ist evident: Anstelle von l und m treten jeweils ein n-Tupel aus $\mathbb{N}_0^n$.

Seien $k, x \in \mathbb{R}^n$ und $kx = \sum_{j=1}^n k_j x_j$. Die *Fourier-Transformation auf $\mathcal{S}(\mathbb{R}^n)$*:

$$(\mathcal{F}\varphi)(k) \equiv \hat{\varphi}(k) := (2\pi)^{-\frac{n}{2}} \int_{\mathbb{R}^n} d^n x\, e^{-ikx} \varphi(x) \tag{6.1.3}$$

ist offensichtlich wohldefiniert, da $\varphi(x)$ absolutintegrabel ist. Die Ableitung einer Testfunktion oder die Multiplikation mit einer Variablen ergibt wieder eine Testfunktion; hieraus resultiert der

Satz

Für $\varphi(x) \in \mathcal{S}(\mathbb{R}^n)$ und $m \in \mathbb{N}$ gilt in jeder Variablen x_j:

$$\left(\mathcal{F}\left((-i\frac{\partial}{\partial x_j})^m \varphi\right)\right)(k) = (k_j)^m (\mathcal{F}\varphi)(k)\,,$$

$$(\mathcal{F}((x_j)^m \varphi))(k) = \left(i\frac{\partial}{\partial k_j}\right)^m (\mathcal{F}\varphi)(k)\,. \tag{6.1.4}$$

Aus diesen Relationen folgt sofort der allgemeine Fall durch mehrfache Anwendung derselben. Auskunft über die Umkehrbarkeit der Fourier-Transformation (6.1.3) gibt der

Satz

Die Fourier-Transformation $\mathcal{F}$ bildet $\mathcal{S}(\mathbb{R}^n)$ bijektiv auf $\mathcal{S}(\mathbb{R}^n)$ ab, die inverse Transformation ist gegeben durch

$$\varphi(x) = (\mathcal{F}^{-1}\hat{\varphi})(x) = (2\pi)^{-\frac{n}{2}} \int_{\mathbb{R}^n} d^n k\, e^{ikx} \hat{\varphi}(k)\,. \tag{6.1.5}$$

Wir gehen auf die Herleitung dieser Umkehr-Relation kurz ein, ist sie doch zugleich auch ein Beispiel für den nachfolgenden Abschnitt. Hierzu schreiben wir die rechte Seite der Gleichung (6.1.5) im Fall $n = 1$ in der Form

$$\lim_{L \to \infty} (2\pi)^{-\frac{1}{2}} \int_{-L}^{L} dk e^{ikx} \underbrace{(2\pi)^{-\frac{1}{2}} \int_{-\infty}^{\infty} dy e^{-iky} \varphi(y)}_{\widehat{\varphi}(k)}$$

$$= \lim_{L \to \infty} \frac{1}{\pi} \int_{-\infty}^{\infty} dy \varphi(y) \frac{\sin L(x - y)}{x - y} \, .$$

Die Integrationsreihenfolge konnte vertauscht werden, da der Integrand in y und k absolutintegrabel ist. Durch Aufspalten erhält man

$$\frac{1}{\pi} \int_{-\infty}^{\infty} dy \varphi(y) \frac{\sin L(x - y)}{x - y} = I_1 + I_2 + I_3 \, ,$$

$$I_1 := \frac{1}{\pi} \int_{x-1}^{x+1} dy \frac{\sin L(y - x)}{y - x} \varphi(x) \overset{L \to \infty}{\longrightarrow} \varphi(x) \, , \text{ da } \int_{-\infty}^{\infty} dz \frac{\sin z}{z} = \pi \, ,$$

$$I_2 := \frac{1}{\pi} \int_{x-1}^{x+1} dy \sin L(y - x) \frac{\varphi(y) - \varphi(x)}{y - x} \overset{L \to \infty}{\longrightarrow} 0 \, ,$$

$$I_3 := \frac{1}{\pi} \left\{ \int_{-\infty}^{x-1} + \int_{x+1}^{\infty} \right\} dy \sin L(y - x) \frac{\varphi(y)}{y - x} \overset{L \to \infty}{\longrightarrow} 0 \, .$$

Die Intregrale I_2, I_3 verschwinden mit $L \to \infty$ infolge des Lemmas von Riemann-Lebesgue. Mithin ist der limes

$$\lim_{L \to \infty} \frac{1}{\pi} \int_{-\infty}^{\infty} dy \varphi(y) \frac{\sin L(x - y)}{x - y} = \varphi(x) \tag{6.1.6}$$

gezeigt. Anmerkung: Die Untermenge $\mathcal{D}(\mathbb{R}^n) \subset \mathcal{S}(\mathbb{R}^n)$ der *Testfunktionen mit kompaktem Träger* wird durch die Fourier-Transformation $\mathcal{F}$ nicht in sich abgebildet, sondern in die ganzen holomorphen Funktionen der Fourier-Variablen. Der Funktionenraum $\mathcal{S}(\mathbb{R}^n)$ ist eine dichte Untermenge des Hilbert-Raums $\mathcal{L}^2(\mathbb{R}^n)$, dessen Skalarprodukt wieder mit $(\cdot \, , \cdot)$ bezeichnet werde. Dann gilt für $\varphi, \psi \in \mathcal{S}(\mathbb{R}^n)$:

$$(\varphi \, , \psi) = (\widehat{\varphi} \, , \widehat{\psi}) \, . \tag{6.1.7}$$

Diese Relation ist leicht ersichtlich: Wir verwenden zunächst die Form

$$(\varphi \, , \psi) = \int d^n x (2\pi)^{-\frac{n}{2}} \int d^n k \overline{e^{ikx} \widehat{\varphi}(k)} \psi(x) \, .$$

Die Integrationsreihenfolge ist vertauschbar, da der Integrand absolutintegrabel in x und k ist, wir erhalten

$$(\varphi, \psi) = \int d^n k \overline{\widehat{\varphi}(k)} (2\pi)^{-\frac{n}{2}} \int d^n x \, e^{-ikx} \psi(x)$$

$$= \int d^n k \overline{\widehat{\varphi}(k)} \widehat{\psi}(k) .$$

Die auf $\mathcal{S}(\mathbb{R}^n)$ definierte Fourier-Transformation läßt sich zu einer unitären Transformation auf $\mathcal{L}^2(\mathbb{R}^n)$ erweitern, dies besagt der

Satz (Fourier-Plancherelsches Theorem)

Sei $f \in \mathcal{L}^2(\mathbb{R}^n)$, dann gilt:

i) $(\mathcal{F}f)(k) \equiv \widehat{f}(k) = \text{l.i.m.}_{M \to \infty} (2\pi)^{-\frac{n}{2}} \int_{|x| < M} d^n x \, e^{-ikx} f(x)$

   existiert fast überall (f.ü.) und $\widehat{f} \in \mathcal{L}^2(\mathbb{R}^n)$,

ii) $f(x) = (\mathcal{F}^{-1}\widehat{f})(x) = \text{l.i.m.}_{M \to \infty} (2\pi)^{-\frac{n}{2}} \int_{|k| < M} d^n k \, e^{ikx} \widehat{f}(k)$,

iii) $\mathcal{F}^{-1} = \mathcal{F}^*$, *also $\mathcal{F}$ ist unitär.*

Die „Impulsdarstellung" der Heisenberg-Algebra (erzeugt durch Orts- und Impulsoperatoren) ist also unitär äquivalent zur „Ortsdarstellung" dieser Algebra.

6.1.2 Temperierte Distributionen

Ein *lineares stetiges Funktional* auf dem Funktionenraum $\mathcal{S}(\mathbb{R}^n)$ wird *Temperierte Distribution* genannt. Im einzelnen: Eine Temperierte Distribution T ist eine Abbildung

$$T : \mathcal{S}(\mathbb{R}^n) \to \mathbb{C}$$
$$\varphi \mapsto \langle T | \varphi \rangle$$

mit den folgenden Eigenschaften:

i) Mit $\alpha_1, \alpha_2 \in \mathbb{C}$ und $\varphi_1, \varphi_2 \in \mathcal{S}(\mathbb{R}^n)$ gilt:

$$\langle T | \alpha_1 \varphi_1 + \alpha_2 \varphi_2 \rangle = \alpha_1 \langle T | \varphi_1 \rangle + \alpha_2 \langle T | \varphi_2 \rangle$$

ii) Konvergiert die Folge $\{\varphi_j\}, j \in \mathbb{N}$, in (der Topologie von) $\mathcal{S}(\mathbb{R}^n)$, $\varphi_j \to \varphi$, dann konvergiert die Zahlenfolge

$$\langle T|\varphi_j \rangle \overset{j \to \infty}{\longrightarrow} \langle T|\varphi \rangle \, .$$

Die Temperierten Distributionen bilden selbst einen linearen Raum $\mathcal{S}'(\mathbb{R}^n)$: Die Summe $T_1 + T_2$ und das Produkt αT , wobei $\alpha \in \mathbb{C}$, sind für alle $\varphi \in \mathcal{S}(\mathbb{R}^n)$ definiert durch

$$\langle T_1 + T_2|\varphi \rangle := \langle T_1|\varphi \rangle + \langle T_2|\varphi \rangle \, ,$$
$$\langle \alpha T|\varphi \rangle := \alpha \langle T|\varphi \rangle \, .$$

Die Form $\langle T|\varphi \rangle$, mit $T \in \mathcal{S}'(\mathbb{R}^n)$ und $\varphi \in \mathcal{S}(\mathbb{R}^n)$, ist also bilinear.

Beispiele Temperierter Distributionen:

i) *Reguläres Funktional:* Sei $T = T(x)$ eine lokal integrierbare und polynomial beschränkte Funktion, und

$$\langle T|\varphi \rangle := \int d^n x \, T(x)\varphi(x) \, .$$

ii) Die *Diracsche δ-Distribution* ist erklärt durch

$$\langle \delta_{x'}|\varphi \rangle := \varphi(x') \, .$$

Obgleich die δ-Distribution kein reguläres Funktional ist, wird in der physikalischen Literatur ihre Wirkungsweise häufig mittels eines Integrals geschrieben:

$$\int dx \, \delta(x - x')\varphi(x) = \varphi(x') \, .$$

Natürlich gibt es keine derartige Funktion $\delta(x - x')$, man sollte das Integral als bloße Schreibweise des wohldefinierten Funktionals $\langle \delta_{x'}|\varphi \rangle$ ansehen.

Eine Distribution T , die kein reguläres Funktional ist, kann jedoch als Grenzwert einer Folge $\{T_j\}$ regulärer Funktionale dargestellt werden:

$$\lim_{j \to \infty} \langle T_j|\varphi \rangle = \langle T|\varphi \rangle \, , \quad \forall \varphi \in \mathcal{S}(\mathbb{R}^n) \, . \tag{6.1.8}$$

In $\mathcal{S}'(\mathbb{R})$ seien als Beispiele im Fall der δ-Distribution verschiedene Folgen regulärer Funktionale angegeben, mit kontinuierlichem Index $\varepsilon \in \mathbb{R}_+$:

$$\delta_\varepsilon(x) = (\pi\varepsilon)^{-\frac{1}{2}} e^{-\frac{x^2}{\varepsilon^2}} \, ,$$

$$\delta_\varepsilon(x) = \frac{1}{\pi} \frac{\varepsilon}{x^2 + \varepsilon^2} \, ,$$

$$\delta_\varepsilon(x) = \begin{cases} \frac{1}{2\varepsilon} \, , & \text{falls } |x| < \varepsilon \, , \\ 0 \, , & \text{falls } |x| \geq \varepsilon \, . \end{cases}$$

Diese Folgen konvergieren jeweils für $\varepsilon \to 0$ im Sinne der Distributionen (6.1.8) gegen die Distribution $\delta_{x'}$ mit $x' = 0$. Der Grenzwert (6.1.6) samt Herleitung ist ein weiteres Beispiel.

Im folgenden führen wir noch grundlegende Operationen auf dem Raum $\mathcal{S}'(\mathbb{R}^n)$ an, dabei ist stets $T \in \mathcal{S}'(\mathbb{R}^n), \varphi \in \mathcal{S}(\mathbb{R}^n)$:

a) Die Multiplikation einer Distribution mit einer Funktion $\alpha \in C^\infty$, die außerdem noch polynomial beschränkt ist, wird definiert durch:

$$\langle \alpha T | \varphi \rangle = \langle T | \alpha \varphi \rangle \, .$$

(Konsistente Regel, da $\alpha \varphi \in \mathcal{S}$.)

b) Die *Ableitung beliebiger Ordnung einer Distribution* wird definiert durch:

$$\langle (\partial_j)^n T | \varphi \rangle = (-1)^n \langle T | (\partial_j)^n \varphi \rangle \, , \quad n \in \mathbb{N} \, .$$

Diese Definition stimmt für ein reguläres n-fach differenzierbares Funktional mit der Ableitung einer Funktion überein, wie aus wiederholter partieller Integration sofort ersichtlich wird. Ein Beispiel aus $\mathcal{S}'(\mathbb{R})$ sei mit den Distributionen

$$x_+ := \begin{cases} x \, , & \text{falls } x > 0 \, , \\ 0 \, , & \text{sonst} \, , \end{cases}$$

$$\Theta(x) := \begin{cases} 1 \, , & \text{falls } x \geq 0 \, , \\ 0 \, , & \text{sonst} \, , \end{cases}$$

$$\delta(x) \equiv \delta_{x'=0}$$

gegeben, es gilt:

$$\delta(x) = \frac{d}{dx} \Theta(x) = \left(\frac{d}{dx} \right)^2 x_+ \, ,$$

wovon man sich leicht überzeugt.

Die allgemeine Gestalt einer Temperierten Distribution bestimmt der

Satz

Jedes $T \in \mathcal{S}'(\mathbb{R}^n)$ ist eine Ableitung endlicher Ordnung einer stetigen polynomial beschränkten Funktion.

c) Die Fourier-Transformation in $\mathcal{S}'(\mathbb{R}^n)$ wird folgendermaßen definiert:

$$\langle \mathcal{F}T | \varphi \rangle \equiv \langle \widehat{T} | \varphi \rangle = \langle T | \widehat{\varphi} \rangle \equiv \langle T | F\varphi \rangle \ .$$

Diese Definition ist sinnvoll, da $\widehat{\varphi} \in \mathcal{S}(\mathbb{R}^n)$; außerdem stimmt sie für ein reguläres Funktional $T \in \mathcal{S}(\mathbb{R}^n)$ mit der Fourier-Transformation in $\mathcal{S}(\mathbb{R}^n)$ überein.

Die δ-Distribution soll als Beispiel betrachtet werden:

$$\langle \widehat{\delta} | \varphi \rangle = \langle \delta | \widehat{\varphi} \rangle = \widehat{\varphi}(0) = (2\pi)^{-\frac{n}{2}} \int d^n x \varphi(x) = \langle (2\pi)^{-\frac{n}{2}} | \varphi \rangle \ .$$

Somit ist die Fourier-Transformierte von $\delta(x)$ das reguläre Funktional

$$\widehat{\delta} = (2\pi)^{-\frac{n}{2}} \ .$$

Im symbolischen Kalkül der Physiker wird hieraus

$$\delta(x) \quad \text{„} = \text{“} \quad (2\pi)^{-n} \int d^n k\, e^{ikx} \ .$$

Das Integral auf der rechten Seite divergiert offensichtlich; schränken wir jedoch die Integration auf den Bereich $|k_j| < L$, $j = 1, \ldots, n$, ein, so wird daraus die wohldefinierte n-dimensionale Version der δ-Folge aus der Gleichung (6.1.6).

Mit $\check{\mathcal{F}}$ werde die Fourier-Transformation „mit dem anderem Vorzeichen im Exponenten" bezeichnet, $(\check{\mathcal{F}}\varphi)(k) := (\mathcal{F}\varphi)(-k)$. Wegen der Gleichung (6.1.5) gilt auf $\mathcal{S}$ die Relation $\check{\mathcal{F}} = \mathcal{F}^{-1}$ und aus den Identitäten

$$\mathcal{F}\check{\mathcal{F}}\varphi = \check{\mathcal{F}}\mathcal{F}\varphi = \varphi$$

folgen die entsprechenden Identitäten auf $\mathcal{S}'$. Denn $\forall \varphi \in \mathcal{S}$ und $\forall T \in \mathcal{S}'$ ist

$$\langle T | \varphi \rangle = \langle T | \check{\mathcal{F}}\mathcal{F}\varphi \rangle = \langle \check{\mathcal{F}} | \mathcal{F}\varphi \rangle = \langle \mathcal{F}\check{\mathcal{F}} | \varphi \rangle \ ,$$

mit analogem Schluß im Fall des Produkts $\mathcal{F}\check{\mathcal{F}}$.

Aufgabe 6.1.1

Im eindimensionalen Raum wirke auf ein „Teilchen" der Masse m das anziehende

Potential

$$v(x) = -\frac{\hbar^2}{2m}\lambda\delta_\varepsilon(x) \, ,$$

wobei λ eine positive Konstante ist und $\delta_\varepsilon(x)$ eine reelle reguläre δ-Approximation. Die wohldefinierte Eigenwertgleichung des Hamilton-Operators kann auch im Grenzfall der δ-Distribution gelöst werden, da dieses Funktional auf stetige Funktionen erweiterbar ist.

Man bestimme direkt die normierten Eigenvektoren in diesem Grenzfall.

6.2 Wellenpakete freier Teilchen

Im Hilbert-Raum $\mathcal{H} = \mathcal{L}^2(\mathbb{R}^3)$ sind der Impulsoperator $\vec{p}$ und der Hamilton-Operator

$$H_0 = \frac{1}{2m}\vec{p}^{\,2} \tag{6.2.1}$$

auf dem gemeinsamen Definitionsbereich $\mathcal{S}(\mathbb{R}^3)$ wesentlich selbstadjungiert. Die Operatoren H_0 , p_j , $j = 1, 2, 3$, vertauschen offensichtlich paarweise miteinander. Sie besitzen keine Eigenvektoren in $\mathcal{H}$, jedoch simultane *Eigendistributionen*

$$\vec{p}\,e^{i\vec{k}\cdot\vec{x}} = \hbar\vec{k}e^{i\vec{k}\cdot\vec{x}} \, , \quad \vec{k} \in \mathbb{R}^3 \, ,$$
$$H_0 e^{i\vec{k}\cdot\vec{x}} = \frac{\hbar^2\vec{k}^2}{2m}e^{i\vec{k}\cdot\vec{x}} \, . \tag{6.2.2}$$

Die (verallgemeinerten) Eigenwerte dieser Eigendistributionen bilden das *kontinu-ierliche Spektrum* der jeweiligen Operatoren: Im Fall jeder der Impulskomponenten p_j , $j = 1, 2, 3$, besteht dieses aus ganz $\mathbb{R}$, im Fall von H_0 aus $\mathbb{R}_+$. Die Eigendistributionen selbst („ebene Wellen"), da keine Elemente des Hilbert-Raums, entziehen sich einer unmittelbaren Wahrscheinlichkeitsinterpretation. Aus geeigneten Überlagerungen dieser Eigendistributionen (6.2.2) indessen gehen Vektoren in $\mathcal{L}^2(\mathbb{R}^3)$ hervor, *Wellenpakete* genannt: Sei $\widehat{\varphi} \in \mathcal{S}(\mathbb{R}^3)$, wobei $\|\widehat{\varphi}\| = 1$, mit

$$\widehat{\varphi}_t(\vec{k}) := e^{-i\frac{\hbar\vec{k}^2}{2m}t}\widehat{\varphi}(\vec{k}) \in \mathcal{S}(\mathbb{R}^3) \tag{6.2.3}$$

haben wir bereits eine Lösung der freien Schrödinger-Gleichung (nach einer Fourier-Transformation)

$$i\hbar\frac{\partial}{\partial t}\widehat{\varphi}_t = \frac{\hbar^2\vec{k}^2}{2m}\widehat{\varphi}_t \,. \tag{6.2.4}$$

Mittels der inversen Fourier-Transformation ergibt sich hieraus

$$\varphi_t = \mathcal{F}^{-1}\widehat{\varphi}_t \,,$$

also

$$\varphi_t(\vec{x}) = (2\pi)^{-\frac{3}{2}} \int_{\mathbb{R}^3} d^3k\,\widehat{\varphi}(\vec{k}) \exp i\left\{\vec{k}\cdot\vec{x} - \frac{\hbar\vec{k}^2}{2m}t\right\} \,, \tag{6.2.5}$$

mit den Eigenschaften

i) $i\hbar\frac{\partial}{\partial t}\varphi_t = H_0\varphi_t$,

ii) $\|\varphi_t\| = \|\widehat{\varphi}_t\| = \|\widehat{\varphi}\| = 1$, $\quad \forall t \in \mathbb{R}$.

Letztere folgen aus der Definition (6.2.3) von $\widehat{\varphi}_t$ und den Relationen (6.1.4) und (6.1.7).

Fazit: Mit den Wellenpaketen (6.2.5) sind Zustandsvektoren konstruiert, die der freien Schrödinger-Gleichung genügen.

Die Operatoren H_0 und $\vec{p}$ haben keine Eigenwerte, wie lauten dann ihre Erwartungswerte in den Wellenpaketen (6.2.5)? Wiederum mittels der Gleichungen (6.1.4) und (6.1.7) finden wir unschwer, wobei $j = 1, 2, 3$,

$$(\varphi_t, p_j\varphi_t) = \hbar \int d^3k\,k_j|\widehat{\varphi}(\vec{k})|^2 =: \hbar(\vec{k}_0)_j \,, \tag{6.2.6}$$

$$(\varphi_t, p_j^2\varphi_t) = \hbar^2 \int d^3k\,k_j^2|\widehat{\varphi}(\vec{k})|^2 \,, \tag{6.2.7}$$

$$(\varphi_t, H_0\varphi_t) = \frac{\hbar^2}{2m} \int d^3k\,\vec{k}^2|\widehat{\varphi}(\vec{k})|^2 \,. \tag{6.2.8}$$

Die Impulskomponenten sind Erhaltungsgrößen, deshalb sind auch ihre Erwartungswerte und ihre Schwankungsquadrate zeitunabhängig. Die obigen Relationen erlauben, den Spektralwert $\vec{k}$ der simultanen Eigendistributionen von $\vec{p}$ und H_0 als Impulsvariable (in der Einheit $\hbar$) zu interpretieren, sowie $|\widehat{\varphi}(\vec{k})|^2$ als Wahrscheinlichkeitsdichte dieser Variablen. Bei Streuexperimenten sind Wahrscheinlichkeitsdichten $|\widehat{\varphi}(\vec{k})|^2$ von Interesse, die stark um den Erwartungswert $\hbar\vec{k}_0$ lokalisiert sind.

Da die Wellenpakete keine Eigenvektoren des Hamilton-Operators H_0 sind, werden Erwartungswerte von Operatoren, die nicht mit H_0 vertauschen, im allgemeinen von der Zeit abhängen. Aufschluß über die Lokalisierung des Teilchens gibt der Erwartungswert des Ortsoperators und sein Schwankungsquadrat. Wir nehmen im folgenden $\widehat{\varphi}(\vec{k}) \in \mathcal{S}(\mathbb{R}^3)$ *reell* an und verwenden, wie zuvor, die Gleichungen (6.1.4) und (6.1.7). Hiermit erhalten wir für den Erwartungswert des Ortsoperators $\vec{q}$ im Zustand (6.2.5), wobei $j = 1, 2, 3$,

$$\begin{aligned}
(\varphi_t, q_j \varphi_t) &= \int d^3 k \, \widehat{\varphi}(\vec{k}) e^{i \frac{\hbar \vec{k}^2}{2m} t} i \frac{\partial}{\partial k_j} \left\{ \varphi(\vec{k}) e^{-i \frac{\hbar \vec{k}^2}{2m} t} \right\} \\
&= \int d^3 k \left\{ \frac{i}{2} \frac{\partial}{\partial k_j} \left(\widehat{\varphi}(\vec{k}) \right)^2 + \frac{\hbar \vec{k} t}{m} \left(\widehat{\varphi}(\vec{k}) \right)^2 \right\} \\
&= \frac{t}{m} (\varphi_t, p_j \varphi_t) \\
&= \frac{t}{m} \hbar (\vec{k}_0)_j .
\end{aligned} \tag{6.2.9}$$

Diese Relation – ein Beispiel für das Ehrenfestsche Theorem – führt zur Definition der *Gruppengeschwindigkeit*

$$\vec{v}_{\mathrm{gr}} := \frac{\hbar \vec{k}_0}{m} = \frac{1}{m} (\varphi_t, p_j \varphi_t) . \tag{6.2.10}$$

Der Erwartungswert des Operators $\vec{q}$ „bewegt" sich also gleichförmig geradlinig mit der Geschwindigkeit $\vec{v}_{\mathrm{gr}}$. Wir benötigen noch die Erwartungswerte

$$(\varphi_t, q_j^2 \varphi_t) = \int d^3 k \, \widehat{\varphi}(\vec{k}) e^{i \frac{\hbar \vec{k}^2}{2m} t} \left(i \frac{\partial}{\partial k_j} \right)^2 \left\{ \varphi(\vec{k}) e^{-i \frac{\hbar \vec{k}^2}{2m} t} \right\} .$$

Eine partielle Integration hat zur Folge:

$$\begin{aligned}
(\varphi_t, q_j^2 \varphi_t) &= \int d^3 k \left\{ \frac{\partial}{\partial k_j} \left(\widehat{\varphi}(\vec{k}) e^{i \frac{\hbar \vec{k}^2}{2m} t} \right) \right\} \frac{\partial}{\partial k_j} \left(\varphi(\vec{k}) e^{-i \frac{\hbar \vec{k}^2}{2m} t} \right) \\
&= \int d^3 k \left(\frac{\partial \widehat{\varphi}}{\partial k_j} \right)^2 + \left(\frac{t}{m} \right)^2 (\varphi_t, p_j^2 \varphi_t) .
\end{aligned}$$

Zusammen mit den Erwartungswerten (6.2.9) ergeben sich hieraus die Schwankungsquadrate der Komponenten des Ortsoperators

$$\begin{aligned}
(\Delta q_j)^2_{\varphi_t} &= (\varphi_t, q_j^2 \varphi_t) - (\varphi_t, q_j \varphi_t)^2 \\
&= \int d^3 k \left(\frac{\partial \widehat{\varphi}}{\partial k_j} \right)^2 + \frac{t^2}{m^2} (\Delta p_j)^2_{\varphi_t} .
\end{aligned} \tag{6.2.11}$$

Die Wellenpakete zerfließen! (Es sei daran erinnert, daß die Schwankungsquadrate der Impulskomponenten zeitunabhängig sind.)

Erwartungswert und Schwankungsquadrat des Ortsoperators liefern lediglich eine summarische Aussage über die räumliche Lokalisierung eines Wellenpakets. Für das asymptotische Verhalten eines freien Wellenpakets der Gestalt (6.2.5) gilt streng:

$$\lim_{t \to \infty} \left(\frac{i\hbar t}{m} \right)^{\frac{3}{2}} e^{-it\frac{\hbar \vec{q}^2}{2m}} \varphi_t(\frac{\hbar \vec{q}}{m} t) = \widehat{\varphi}(\vec{q}) \tag{6.2.12}$$

Physikalisch bedeutet dies, daß für große Zeiten t die Aufenthaltswahrscheinlichkeitsdichte am Ort $\vec{x} = \frac{\hbar \vec{q} t}{m}$ proportional der Wahrscheinlichkeitsdichte $|\widehat{\varphi}(\vec{q})|^2$ des Impulses im Wellenpaket ist:

$$|\varphi_t(\frac{\hbar \vec{q}}{m} t)|^2 \overset{t \to \infty}{\Longrightarrow} \left(\frac{m}{\hbar t} \right)^3 |\widehat{\varphi}(\vec{q})|^2 .$$

Die in das asymptotische Verhalten eingehende Verknüpfung $\vec{x} = \frac{\hbar \vec{q} t}{m}$ ist die Bahntrajektorie eines klassischen freien Teilchens der Masse m und mit dem (klassischen) Impuls $\hbar \vec{q}$.

Zum Beweis der Behauptung vergegenwärtigen wir uns zunächst in $\mathcal{S}'(\mathbb{R}^3)$ die spezielle δ-Folge

$$\left(\frac{it}{\pi} \right)^{\frac{3}{2}} e^{-it\vec{p}^2} \overset{t \to \infty}{\Longrightarrow} \delta(\vec{p}) . \tag{6.2.13}$$

Im Wellenpaket (6.2.5) wählen wir den Ort $\vec{x} = \frac{\hbar \vec{q} t}{m}$ und schreiben es in der Gestalt

$$\left(\frac{i\hbar t}{m} \right)^{\frac{3}{2}} e^{-i\frac{\hbar \vec{q}^2}{2m} t} \varphi_t(\frac{\hbar \vec{q}}{m} t) = f(t) ,$$

wobei

$$f(t) = \left(\frac{i\hbar t}{2\pi m} \right)^{\frac{3}{2}} \int d^3 k \, \widehat{\varphi}(\vec{k}) \exp \left\{ -i\frac{\hbar}{2m} (\vec{k} - \vec{q})^2 t \right\} .$$

Die Substitution der Integrationsvariablen

$$\vec{p} = \left(\frac{\hbar}{2m} \right)^{\frac{1}{2}} (\vec{k} - \vec{q})$$

führt zur Form

$$f(t) = \left(\frac{it}{\pi} \right)^{\frac{3}{2}} \int d^3 p \, e^{-it\vec{p}^2} \widehat{\varphi}(\vec{q} + (\frac{2m}{\hbar})^{\frac{1}{2}} \vec{p}) ,$$

und die δ-Folge (6.2.13) ergibt schließlich

$$\lim_{t \to \infty} f(t) = \widehat{\varphi}(\vec{q}) \,.$$

Dies ist die Behauptung.

Aufgabe 6.2.1 (Gaußsche Wellenpakete)

a) *Man bestimme im Hilbert-Raum $\mathcal{H} = \mathcal{L}^2(\mathbb{R})$ die Lösung der freien Schrödinger-Gleichung mit einer normierten Impulsamplitude $\widehat{\varphi}(k)$, $\|\widehat{\varphi}\| = 1$, der Form*

$$\widehat{\varphi}(k) = \left(\frac{a^2}{\pi}\right)^{\frac{1}{4}} e^{-\frac{1}{2}a^2(k-k_0)^2} \,,$$

wobei $a \in \mathbb{R}_+$ und $k_0 \in \mathbb{R}$. Welche Dichte der Aufenthaltswahrscheinlichkeit erzeugt diese Lösung?

b) *Ein Gaußsches Wellenpaket im Hilbert-Raum $\mathcal{L}^2(\mathbb{R}^3)$ ergibt sich aus der Impulsamplitude*

$$\widehat{\psi}(\vec{k}) = \prod_{j=1}^{3} \widehat{\varphi}_j(k_j) \,,$$

wobei jeder der Faktoren $\widehat{\varphi}_j$, $j = 1, 2, 3$, die Form $\widehat{\varphi}$ aus a) hat, jedoch im allgemeinen mit jeweiligen Parametern a_j und $k_{0,j}$. Welche Gestalt hat die Lösung der Schrödinger-Gleichung?

6.3 Die Resolvente des freien Hamilton-Operators und Greensche Funktionen

Wie im vorausgehenden Abschnitt betrachten wir ein freies Teilchen. Unser Ziel ist, die Resolvente seines Hamilton-Operators (6.2.1) in der Gestalt eines Integraloperators darzustellen:

$$((H_o - z\mathbb{1})^{-1}f)(\vec{x}) = \int_{\mathbb{R}^3} d^3y\, K(\vec{x}, \vec{y})f(\vec{y}) \,,$$

wobei $z \in \mathbb{C}$, mit $\mathrm{Im}\, z \neq 0$, und $f \in \mathcal{H}$. Offensichtlich genügt es, den Integralkern für die Resolvente des Operators $-\Delta$ zu finden.

Im folgenden benötigen wir die Quadratwurzel im Komplexen:

$$\lambda \in \mathbb{C}: \lambda = |\lambda| e^{i\varphi}, \text{ mit } 0 \leq \varphi < 2\pi, \quad \sqrt{\lambda} := |\lambda|^{\frac{1}{2}} e^{i\frac{\varphi}{2}}.$$

Die komplexe Ebene ist also längs der reellen positiven Achse aufgeschnitten und $\mathrm{Im}\sqrt{\lambda} > 0$ für $0 < \varphi < 2\pi$.

Für das kompakte Gebiet $\mathcal{B} \subset \mathbb{R}^3$,

$$\mathcal{B} = \{\vec{x} \in \mathbb{R}^3 | 0 < \rho \leq r \equiv |\vec{x}| \leq R < \infty\},$$

und die beiden Funktionen

$$\psi \in \mathcal{S}(\mathbb{R}^3), \quad g(\vec{x}) = \frac{e^{ir\sqrt{\lambda}}}{r}, \quad \lambda \in \mathbb{C},$$

verwenden wir die 1. Greensche Formel

$$\int_{\mathcal{B}} dv\{\psi \Delta g - g\Delta\psi\} = \int_{\partial\mathcal{B}} do\Big\{\psi\frac{\partial g}{\partial n} - g\frac{\partial\psi}{\partial n}\Big\},$$

worin $\frac{\partial}{\partial n}$ die äußere Normalenableitung bedeutet. Für $\vec{x} \neq 0$ gilt:

$$\Delta g = \frac{1}{r}\Big(\frac{\partial}{\partial r}\Big)^2 rg = -\lambda g$$

und somit folgt

$$-\int_{\rho \leq r \leq R} d^3x \frac{e^{ir\sqrt{\lambda}}}{r}(\Delta + \lambda)\psi$$

$$= -\int_{r=\rho} r^2 d\Omega\Big\{\psi\Big(i\sqrt{\lambda}\frac{e^{ir\sqrt{\lambda}}}{r} - \frac{e^{ir\sqrt{\lambda}}}{r^2}\Big) - \frac{e^{ir\sqrt{\lambda}}}{r}\frac{\partial\psi}{\partial r}\Big\}$$

$$+ \int_{r=R} r^2 d\Omega\Big\{\psi\Big(i\sqrt{\lambda}\frac{e^{ir\sqrt{\lambda}}}{r} - \frac{e^{ir\sqrt{\lambda}}}{r^2}\Big) - \frac{e^{ir\sqrt{\lambda}}}{r}\frac{\partial\psi}{\partial r}\Big\}. \qquad (6.3.1)$$

Auf der rechten Seite verschwindet das zweite Integral mit $R \to \infty$, da ψ rasch abfällt; zum ersten trägt für $\rho \to 0$ nur der Term $\sim r^{-2}$ im Integranden bei. Schreiben wir die linke Seite noch als reguläres Funktional, so ergibt sich

$$-\Big\langle\frac{e^{ir\sqrt{\lambda}}}{r}\Big|(\Delta + \lambda)\psi\Big\rangle = 4\pi\psi(0)$$

oder, als Distributionsableitung,

$$-\left\langle (\Delta + \lambda)\frac{e^{ir\sqrt{\lambda}}}{r}\Big|\psi \right\rangle = 4\pi\langle\delta|\psi\rangle \ .$$

Die obige Gleichung ist eine Identität auf $\mathcal{S}(\mathbb{R}^3)$. Außerdem kann anstelle des Koordinatenursprungs irgendein Punkt $\vec{y} \in \mathbb{R}^3$ als Quellpunkt gewählt werden, also gilt:

$$-(\Delta + \lambda)\frac{e^{i\sqrt{\lambda}|\vec{x}-\vec{y}|}}{|\vec{x}-\vec{y}|} = 4\pi\delta(\vec{x}-\vec{y}) \ . \tag{6.3.2}$$

Falls $\lambda \in \mathbb{C} \setminus [0,\infty)$ ist, wird $\mathrm{Im}\sqrt{\lambda} > 0$. Dann können wir in (6.3.1) den Testfunktionenraum $\mathcal{S}(\mathbb{R}^3)$ erweitern auf $\mathcal{D}_{(-\Delta)}$, da für $R \to \infty$ die Exponentialfunktion rasch verschwindet. Dies bedeutet schließlich, daß wir die Resolvente für $\lambda \notin \mathbb{R}_+$ in der Gestalt eines Integraloperators gewonnen haben:

$$((-\Delta - \lambda)^{-1}f)(\vec{x}) = \frac{1}{4\pi}\int_{\mathbb{R}^3} d^3y \frac{e^{i\sqrt{\lambda}|\vec{x}-\vec{y}|}}{|\vec{x}-\vec{y}|}f(\vec{y}) \ .$$

Die Werte $\lambda \in \mathbb{R}_+$ bilden das kontinuierliche Spektrum des Operators $-\Delta$; sei

$$k := \lambda^{\frac{1}{2}} , \quad \lambda \in \mathbb{R}_+ \ .$$

Die beiden Grenzfunktionen

$$\begin{aligned}
G_k^{(\pm)}(\vec{x}-\vec{y}) &:= \lim_{\varepsilon\to 0}\frac{1}{4\pi}\frac{e^{i|\vec{x}-\vec{y}|\sqrt{\lambda\pm i\varepsilon}}}{|\vec{x}-\vec{y}|} \\
&= \frac{1}{4\pi}\frac{e^{\pm ik|\vec{x}-\vec{y}|}}{|\vec{x}-\vec{y}|}
\end{aligned} \tag{6.3.3}$$

des Integralkerns der Resolvente werden *Greensche Funktionen* genannt. Sie sind ebenfalls reguläre Distributionen und erfüllen

$$(-\Delta - k^2)G_k^{(\pm)}(\vec{x}-\vec{y}) = \delta(\vec{x}-\vec{y}) \ . \tag{6.3.4}$$

Im Gegensatz zur Resolvente mit $\mathrm{Im}\lambda \neq 0$ fallen die Greenschen Funktionen jedoch nicht mehr exponentiell mit dem Abstand $|\vec{x}-\vec{y}|$ ab, sondern nur noch wie der inverse Abstand.

6.4   Schema eines Streuexperiments und Wirkungsquerschnitt

In einem typischen Experiment zur Untersuchung der elastischen Streuung eines Teilchens der Sorte A an einem Teilchen der Sorte B wird ein „Strahl" aus Teilchen der ersten Sorte auf ein „Target", das aus Teilchen der zweiten Sorte besteht, geschossen. (Das Target selbst kann auch ein Strahl sein.) Registriert werden z.B. die gestreuten Teilchen der Sorte A als Funktion des Ablenkwinkels. Charakteristisch für derartige Streuexperimente ist der Sachverhalt, daß die Teilchen des Strahls durch eine Vorrichtung präpariert werden, deren Abstand zum Target groß ist, verglichen mit der Reichweite der zwischen den Teilchen der Sorten A und B herrschenden Wechselwirkung. Gleiches gilt für die räumliche Lokalisierung des Detektors, der die gestreuten Teilchen registriert. Die physikalischen Konsequenzen dieser Verhältnisse lassen sich in einem groben Bild folgendermaßen veranschaulichen: Nach seiner Präparation („vor dem Stoß") bewegt sich ein Strahlteilchen quasi frei in Richtung des Targets; ist es letzterem hinreichend nahe gekommen, so findet Wechselwirkung statt („das Teilchen wird abgelenkt"), es entfernt sich schließlich wieder aus dem Wechselwirkungsbereich und bewegt sich dann wiederum quasi frei („nach dem Stoß"). Das Streuexperiment hat zum Ziel, eine Gesamtheit aus Mikrosystemen, die jeweils aus einem Teilchen der Sorte A und einem Teilchen der Sorte B bestehen, herzustellen und zu vermessen. Damit jedoch der Beschuß des aus Teilchen der Sorte B gebildeten Targets durch den aus Teilchen der Sorte A präparierten Strahl als voneinander unabhängiges Aufeinanderfolgen vieler Exemplare des ins Auge gefaßten Mikrosystems gedeutet werden kann, müssen Bedingungen grundsätzlicher Art erfüllt sein, die hier nur kurz angedeutet werden:

a) In der Präparation des Strahls müssen die Teilchen in einem solchen zeitlichen Takt emittiert werden, daß die Wechselwirkung dieser Teilchen untereinander vernachlässigbar wird.

b) Der Einfachheit halber sollen die kinematischen Verhältnisse erlauben, die Teilchen des Targets als „festgeheftet" anzusehen. Das Target muß dann hinreichend dünn sein, damit keine Mehrfachstreuung stattfindet. Außerdem muß es ungeordnet sein, um kollektive Interferenzphänomene (wie z.B. die Beugung an Kristallgittern) zu vermeiden.

In einem realen Experiment sind diese aus theoretischer Sicht wünschenswerten Verhältnisse natürlich nur genähert verwirklicht. Sehr weitgehend gelingt dies mit einem Strahl als Target, der den Projektilstrahl kreuzt. Natürlich müssen dann in einem solchen Fall die Meßergebnisse in das Bezugssystem ruhender Targetteilchen umgerechnet werden. Um aussagekräftige Ergebnisse zu erzielen, soll die Impulsverteilung im Strahl sehr stark um den Erwartungswert $\hbar\vec{k}_0$ des Impulses konzentriert sein. Im Ortsraum soll der Strahl ein näherungsweise homogenes Profil mit einer makroskopischen Breite ($\approx$ 1mm) aufweisen. Das wirksame Target liegt im Innern des verlängerten asymptotischen Strahlzylinders: Es bestehe aus N_T Streuzentren, also aus N_T Teilchen der Sorte B.

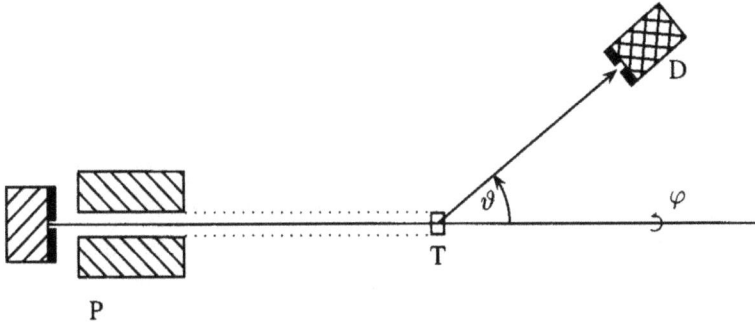

Abbildung 6.1: Schema eines Streuexperiments: Präparation des Strahls (P), Target (T), Detektor (D)

Gemessen werden:

i) $I(\vartheta, \varphi)d\Omega$: Die Anzahl der in den Raumwinkel $d\Omega$ um die Richtung (ϑ, φ) gestreuten Teilchen pro sec.

ii) $i_0 = \frac{dI_0}{dF}$: Die Stromdichte des Strahls, d.h. die Anzahl der pro cm^2 und sec einlaufenden Teilchen senkrecht zum Strahl, am Orte des *entfernten* Targets.

Der *differentielle elastische Streuquerschnitt* ist dann definiert durch den Quotienten

$$d\sigma = \frac{I(\vartheta, \varphi)}{i_0 N_T}d\Omega \; .$$

In den beiden folgenden Abschnitten machen wir uns zur Aufgabe, diese Meßgröße aus einer entsprechenden Lösung der Schrödinger-Gleichung im Rahmen der quantenmechanischen Wahrscheinlichkeitsinterpretation dieser Lösung zu extrahieren.

6.5 Streuung eines Teilchens an einem zeitunabhängigen Potential

Wir betrachten ein spinloses Teilchen unter der Wirkung eines zeitunabhängigen Potentials: also $\mathcal{H} = \mathcal{L}^2(\mathbb{R}^3)$. Dieses Potential sei kurzreichweitig, d.h. es verschwinde im Unendlichen hinreichend schnell; im Ursprung sei es nicht stärker singulär als der inverse Abstand. Die Potentialfunktion werde mit v bezeichnet:

$$(Vf)(\vec{x}) = v(\vec{x})f(\vec{x}) \ . \tag{6.5.1}$$

Von der speziellen Gestalt eines Zentralpotentials wird in diesem Abschnitt kein Gebrauch gemacht. Der gesamte Hamilton-Operator H des Sytems ist die Summe

$$H = H_0 + V \ , \tag{6.5.2}$$

wobei

$$H_0 = -\frac{\hbar^2}{2m}\Delta \tag{6.5.3}$$

der Hamilton-Operator eines freien Teilchens, d.h. der Operator der kinetischen Energie ist. Die Lösungen der Schrödinger-Gleichung zum Hamilton-Operator H_0 sind freie Wellenpakete. Wegen der angenommenen kurzen Reichweite des Potentials ist physikalisch plausibel, daß spezielle Lösungen ψ_t der Schrödinger-Gleichung zum Hamilton-Operator H existieren, festgelegt durch ihr asymptotisches Verhalten:

i) $\psi_t^S \equiv \psi_t^{(+)}$: Diese Lösung ist zu großen negativen Zeiten einem freien Wellenpaket beliebig nahe (*Strahltypus*).

ii) $\psi_t^D \equiv \psi_t^{(-)}$: Diese Lösung ist zu großen positiven Zeiten einem freien Wellenpaket beliebig nahe (*Detektortypus*).

Die zur zeitlichen Aussage gegenläufige alternative Bezeichnung mittels $(+)$, bzw. $(-)$ ist historisch bedingt, sie wird später erklärlich.

Aufgrund ihres Verhaltens für große negative Zeiten beschreibt die Lösung vom Strahltypus die Streuung eines einlaufenden freien Wellenpakets am Potential, während die Lösung vom Detektortypus eine zeitgespiegelte Version davon ist, deren physikalische Bedeutung wir zunächst nicht sehen. Die Lösungen $\psi_t^{(\pm)}$ der vollen Schrödinger-Gleichung werden über spezielle Eigendistributionen des Operators H gewonnen. Wir kennen die Eigendistributionen des Operators H_0: Mit den Bezeichnungen

$$\vec{k} \in \mathbb{R}^3 \ , \quad k := |\vec{k}| \ , \quad E := \frac{\hbar^2 k^2}{2m} \tag{6.5.4}$$

genügen sie der Gleichung

$$H_0 e^{i\vec{k}\cdot\vec{x}} = E e^{i\vec{k}\cdot\vec{x}} \ .$$

Die *Lippmann-Schwinger-Gleichungen*

$$\phi_{\vec{k}}^{(\pm)} = e^{i\vec{k}\cdot\vec{x}} - \frac{2m}{\hbar^2}G_k^{(\pm)}V\phi_{\vec{k}}^{(\pm)} \,, \tag{6.5.5}$$

also, mit der expliziten Gestalt (6.3.3) der Greenschen Funktionen:

$$\phi_{\vec{k}}^{(\pm)}(\vec{x}) = e^{i\vec{k}\cdot\vec{x}} - \frac{2m}{\hbar^2}\frac{1}{4\pi}\int d^3y\,\frac{e^{\pm ik|\vec{x}-\vec{y}|}}{|\vec{x}-\vec{y}|}v(\vec{y})\phi_{\vec{k}}^{(\pm)}(\vec{y}) \,, \tag{6.5.6}$$

definieren nun spezielle Eigendistributionen des Hamilton-Operators H. Diese Gleichungen sind Integralgleichungen für die Funktionen $\phi_{\vec{k}}^{(\pm)}$: Die Greenschen Funktionen (6.3.3) des freien Hamilton-Operators H_0 fungieren, nach Multiplikation mit der Potentialfunktion v, als Integralkerne und die Eigendistributionen von H_0 als Inhomogenität. Das Integral auf der rechten Seite der Gleichung (6.5.6) existiert, wenn $v(\vec{y})$ im Unendlichen hinreichend schnell abfällt. Die Funktionen $\phi_{\vec{k}}^{(\pm)}$ sind Eigendistributionen von H:

$$H\phi_{\vec{k}}^{(\pm)} = E\phi_{\vec{k}}^{(\pm)} \,. \tag{6.5.7}$$

Um dies zu sehen, operiere man auf die Integralgleichungen mit dem Operator $H_0 - E$ und verwende die Gleichungen (6.3.4); die δ-Distribution ist der Einheitsoperator, formal als Integralkern geschrieben:

$$(H_0 - E)\phi_{\vec{k}}^{(\pm)} = -\underbrace{(-\Delta - k^2)G_k^{(\pm)}}_{=1}V\phi_{\vec{k}}^{(\pm)} = -V\phi_{\vec{k}}^{(\pm)} \,.$$

Für „schwache" Potentiale $v(\vec{x})$ (bedarf der mathematischen Präzisierung) können die Integralgleichungen durch Iteration gelöst werden: Es entsteht die *Bornsche Reihe*

$$\phi_{\vec{k}}^{(\pm)}(\vec{x}) = e^{i\vec{k}\cdot\vec{x}} - \frac{2m}{4\pi\hbar^2}\int d^3y\,\frac{e^{\pm ik|\vec{x}-\vec{y}|}}{|\vec{x}-\vec{y}|}v(\vec{y})e^{i\vec{k}\cdot\vec{y}}$$
$$+\left(\frac{2m}{4\pi\hbar^2}\right)^2\int d^3y\,\frac{e^{\pm ik|\vec{x}-\vec{y}|}}{|\vec{x}-\vec{y}|}v(\vec{y})\int d^3z\,\frac{e^{\pm ik|\vec{y}-\vec{z}|}}{|\vec{y}-\vec{z}|}v(\vec{z})e^{i\vec{k}\cdot\vec{z}}$$
$$+\ldots \tag{6.5.8}$$

Wir übergehen eine mathematische Diskussion der Integralgleichungen (6.5.6) und benützen diese Gleichungen lediglich, um über eine asymptotische Entwicklung eine physikalische Charakterisierung der Eigendistributionen von H zu gewinnen. Wäre der Träger von $v(\vec{y})$ beschränkt, so gälte für hinreichend großes $r \equiv |\vec{x}|$

$$|\vec{x}-\vec{y}| = \sqrt{\vec{x}^2 + \vec{y}^2 - 2\vec{x}\cdot\vec{y}} = r - \frac{\vec{x}\cdot\vec{y}}{r} + \mathcal{O}(r^{-1}) \,,$$

und es ergäbe sich mit dem Vektor

$$\vec{k}' := |\vec{k}| \frac{\vec{x}}{r} \quad \Rightarrow \quad |\vec{k}'| = |\vec{k}| = k \tag{6.5.9}$$

die asymptotische Entwicklung der Lippmann-Schwinger-Gleichungen:

$$r \to \infty : \phi_{\vec{k}}^{(\pm)}(\vec{x}) \sim e^{i\vec{k}\cdot\vec{x}} + f^{(\pm)}(\vec{k}',\vec{k}) \frac{e^{\pm ikr}}{r} , \tag{6.5.10}$$

$$f^{(\pm)}(\vec{k}',\vec{k}) = -\frac{m}{2\pi\hbar^2} \int d^3y\, e^{\mp i\vec{k}'\cdot\vec{y}} v(\vec{y}) \phi_{\vec{k}}^{(\pm)}(\vec{y}) . \tag{6.5.11}$$

Für eine Potentialfunktion $v(\vec{y})$, deren Träger zwar unbeschränkt ist, die jedoch im Unendlichen hinreichend stark abfällt, gilt obige asymptotische Entwicklung immer noch. Mit den Gleichungen (6.5.10) haben wir das asymptotische Verhalten der beiden Eigendistributionen $\phi_{\vec{k}}^{(\pm)}$ für große Werte von $|\vec{x}|$ erhalten. Die Wirkung des Potentials manifestiert sich in den Amplituden $f^{(\pm)}(\vec{k}',\vec{k})$.

Aus den jeweiligen Eigendistributionen der Operatoren H_0 und H erhält man durch Überlagerung Lösungen der entsprechenden Schrödinger-Gleichungen im Hilbert-Raum. Wir verwenden eine Impulsamplitude $\widehat{\varphi} \in \mathcal{S}(\mathbb{R}^3)$, ohne uns hierdurch physikalisch einzuschränken:

$$\varphi_t(\vec{x}) := (2\pi)^{-\frac{3}{2}} \int d^3k\, \widehat{\varphi}(\vec{k}) \exp i\left\{ \vec{k}\cdot\vec{x} - \frac{\hbar k^2}{2m}t \right\} , \tag{6.5.12}$$

$$\Rightarrow \left\{ i\hbar\frac{\partial}{\partial t} - H_0 \right\} \varphi_t = 0 .$$

$$\psi_t^{(\pm)}(\vec{x}) := (2\pi)^{-\frac{3}{2}} \int d^3k\, \widehat{\varphi}(\vec{k}) \phi_{\vec{k}}^{(\pm)} e^{-i\frac{\hbar k^2}{2m}t} , \tag{6.5.13}$$

$$\Rightarrow \left\{ i\hbar\frac{\partial}{\partial t} - H \right\} \psi_t^{(\pm)} = 0 .$$

Das asymptotische Verhalten der Lösungen $\psi_t^{(\pm)}$ für $r \to \infty$ gewinnt man mittels der asymptotischen Darstellung (6.5.10) der Eigendistributionen $\phi_{\vec{k}}^{(\pm)}$ in der Gestalt

$$\psi_t^{(\pm)}(\vec{x}) \sim \varphi_t(\vec{x}) + \eta_t^{(\pm)}(\vec{x}) , \quad r \to \infty , \tag{6.5.14}$$

$$\eta_t^{(\pm)}(\vec{x}) := (2\pi)^{-\frac{3}{2}} \int d^3k\, \widehat{\varphi}(\vec{k}) f^{(\pm)}(\vec{k}',\vec{k}) \frac{1}{r} \exp\left\{ \pm ikr - i\frac{\hbar k^2}{2m}t \right\} , \tag{6.5.15}$$

mit $\vec{k}'$ aus (6.5.9). Im Hinblick auf das gesteckte Ziel, das quantenmechanische Bild des Wirkungsquerschnitts zu deduzieren, nehmen wir an, die Impulsamplitude $\widehat{\varphi}(\vec{k}) \in \mathcal{S}(\mathbb{R}^3)$ sei normiert, $\|\widehat{\varphi}\| = 1$, und ihr Träger sei eine enge Umgebung des Erwartungswerts

$$\vec{k}_0 := \int d^3k\,|\widehat{\varphi}(\vec{k})|^2\vec{k}\,, \quad \vec{v}_{\mathrm{gr}} \equiv \frac{\hbar\vec{k}_0}{m}\,. \tag{6.5.16}$$

Im Zustand (6.5.12) ist dann das Schwankungsquadrat des Impulses sehr klein. Das qualitative Raum-Zeit-Verhalten der *Streuwellen* $\eta_t^{(\pm)}$ kann mittels der Methode der stationären Phase bestimmt werden. Hierzu wird das Integral in die folgende Form gebracht:

$$r\eta_t^{(\pm)} = (2\pi)^{-\frac{3}{2}}\int d^3k\,|\widehat{\varphi}(\vec{k})|\,|f^{(\pm)}(\vec{k}',\vec{k})|\exp i\gamma^{(\pm)}(\vec{k};\vec{x},t)\,,$$

$$\gamma^{(\pm)}(\vec{k};\vec{x},t) := \pm kr - \frac{\hbar k^2}{2m}t + \arg f^{(\pm)} + \arg\widehat{\varphi}(\vec{k})\,.$$

Der Integrand ist das Produkt aus einer positiven und einer oszillierenden Funktion. Im Integral heben sich deshalb positive gegen negative Beiträge gegenseitig (teilweise) weg. Die Stärke der Oszillation hängt von den Parametern $\vec{x}$ und t ab. In unserem Fall ist die positive Funktion sehr eng um den Punkt $\vec{k}_0$ lokalisiert. Wir nehmen weiterhin an, daß sich $|f^{(\pm)}|$, verglichen mit $|\widehat{\varphi}|$, nur langsam mit $|\vec{k}|$ verändert. In guter Näherung können wir deshalb den Punkt $\vec{k}_0$ mit der Stelle gleichsetzen, an welcher der positive Faktor des Integranden maximal wird. Das Integral schließlich nimmt seinen größten Wert an, wenn in der Umgebung dieser Stelle die Phase sich wenig ändert und hierdurch destruktive Oszillationen unterdrückt werden. In der Taylor-Entwicklung der Phase an der Stelle $\vec{k} = \vec{k}_0$:

$$\gamma^{(\pm)}(\vec{k};\vec{x},t) = \gamma^{(\pm)}(\vec{k}_0;\vec{x},t) + (\vec{k} - \vec{k}_0)\cdot(\nabla_{\vec{k}}\,\gamma^{(\pm)})(\vec{k}_0;\vec{x},t) + \ldots$$

fordern wir somit

$$0 \overset{!}{=} (\nabla_{\vec{k}}\,\gamma^{(\pm)})(\vec{k}_0;\vec{x},t)$$

$$= \pm\frac{\vec{k}_0}{|\vec{k}_0|}r - \frac{\hbar\vec{k}_0}{m}t + \nabla_{\vec{k}}\arg f^{(\pm)}\Big|_{\vec{k}_0} + \nabla_{\vec{k}}\arg\widehat{\varphi}\Big|_{\vec{k}_0}\,.$$

Skalare Multiplikation mit $|\vec{k}_0|^{-1}\vec{k}_0$ ergibt für $\eta_t^{(\pm)}$ die Gleichungen

$$0 = \pm r - |\vec{v}_{\mathrm{gr}}|t + \alpha^{(\pm)}(\frac{\vec{x}}{r})\,,$$

die näherungsweise auch den Ort maximaler Wahrscheinlichkeitsdichte der Streu-wellen als Funktion der Zeit t bestimmen. Wegen der verwendeten asymptotischen Entwicklung gelten die obigen Relationen nur für große Werte von r:

$$\eta^{(+)} : \quad r = |\vec{v}_{\text{gr}}|t - \alpha^{(+)} \,, \quad \text{also nur erfüllbar für } t > 0 \,,$$

$$\eta^{(-)} : \quad r = -|\vec{v}_{\text{gr}}|t + \alpha^{(-)} \,, \quad \text{also nur erfüllbar für } t < 0 \,.$$

Die Gleichungen (6.5.14), zusammen mit der obigen heuristischen Behandlung der Streuwellen, lassen uns bereits das qualitative asymptotische Verhalten der beiden Lösungstypen $\psi_t^S \equiv \psi_t^{(+)}$ und $\psi_t^D \equiv \psi_t^{(-)}$ der Schrödinger-Gleichung erkennen:

a) Die Lösung ψ_t^S gleicht mit sich vergrößernden negativen Zeiten mehr und mehr dem freien Wellenpaket φ_t , zu großen positiven Zeiten hingegen ist sie die Summe aus φ_t und einer auslaufenden Kugelwelle.

b) Die Lösung ψ_t^D gleicht mit wachsenden positiven Zeiten mehr und mehr dem freien Wellenpaket φ_t , und ist zu großen negativen Zeiten die Summe aus φ_t und einer einlaufenden Kugelwelle.

Ein späterer Abschnitt dieses Kapitels wird die mathematische Formulierung der qualitativen Aussage: „gleicht mehr und mehr" zum Gegenstand haben.

Fazit: Die mittels der Eigendistributionen $\phi_{\vec{k}}^{(+)}$ des Hamilton-Operators H definierte Lösung ψ_t^S der Schrödinger-Gleichung entspricht der experimentellen Präparation eines Streuexperiments, die Lösung ψ_t^D hingegen ist experimentell nicht realisierbar.

Aufgabe 6.5.1 (Streuung am δ-Potential)

Im eindimensionalen Raum wirke auf ein Teilchen der Masse m das Potential, vgl. Aufgabe 6.1.1,

$$v(x) = -\frac{\hbar^2}{2m}\lambda\delta(x) \,, \quad \lambda \in \mathbb{R} \,.$$

Der Hamilton-Operator ist auf stetigen Funktionen als Differentialoperator im Sinne der Distributionen definiert.

a) *Man bestimme seine Eigendistributionen, die einem aus $x < 0$ einlaufenden Teilchen entsprechen.*

b) *Man bilde aus diesen Eigendistributionen eine normierte, fast monochromatische Lösung der Schrödinger-Gleichung und charakterisiere deren zeitliches Verhalten. Hierdurch zeigt sich, ob die physikalisch „richtige" Eigendistribution bestimmt wurde. Die mit der Streuung verknüpften „Meßgrößen" sind die Reflexionswahr-scheinlichkeit R und die Durchgangswahrscheinlichkeit T: Man bestimme beide aus der gewonnenen Lösung.*

6.6 Streulösungen und Wirkungsquerschnitt

Zur Extraktion der Meßgröße *Streuquerschnitt* oder *Wirkungsquerschnitt* aus der Streulösung ψ_t^S der Schrödinger-Gleichung wird das Bild eines lokalisierten Wahrscheinlichkeitsflusses verwendet. Wir nehmen zunächst dieses Bild in Augenschein. Im Fall eines spinlosen Teilchens im Potential betrachten wir die zugeordnete mathematische Struktur: den Hilbert-Raum $\mathcal{H} = \mathcal{L}^2(\mathbb{R}^3)$, den Impulsoperator $\vec{p}$ und den Hamilton-Operator H, also

$$\vec{p} = \frac{\hbar}{i}\vec{\nabla}, \quad H = \frac{1}{2m}\vec{p}^2 + V.$$

Außerdem sei ψ_t eine normierte Lösung der zugeordneten Schrödinger-Gleichung

$$i\hbar\frac{\partial}{\partial t}\psi_t = H\psi_t, \quad \|\psi_t\| = 1.$$

Die Größe

$$\rho(\psi_t(\vec{x})) := |\psi_t(\vec{x})|^2 \tag{6.6.1}$$

identifizierten wir bereits als Dichte der Aufenthaltswahrscheinlichkeit des Teilchens. Wird außerdem noch die *Wahrscheinlichkeitsstromdichte*

$$\vec{j}(\psi_t(\vec{x})) := \frac{\hbar}{2mi}\left\{\overline{\psi_t(\vec{x})}\vec{\nabla}\psi_t(\vec{x}) - \overline{(\vec{\nabla}\psi_t(\vec{x}))}\psi_t(\vec{x})\right\} \tag{6.6.2}$$

definiert, so erfüllen ρ und $\vec{j}$ die *Kontinuitätsgleichung*

$$\frac{\partial}{\partial t}\rho + \vec{\nabla}\cdot\vec{j} = 0. \tag{6.6.3}$$

Diese Gleichung kann als lokale Form der Wahrscheinlichkeitserhaltung angesehen werden. Zum Beweis der Kontinuitätsgleichung benutzen wir:

i) $\partial_t\rho = \overline{(\partial_t\psi_t)}\psi_t + \overline{\psi_t}\partial_t\psi_t$,

ii) $\vec{\nabla}\cdot\vec{j} = \frac{\hbar}{2mi}\left\{\overline{\psi_t}\Delta\psi_t - \overline{(\Delta\psi_t)}\psi_t\right\}$

$\phantom{\vec{\nabla}\cdot\vec{j}} = \frac{i}{\hbar}\left\{\overline{\psi_t}\left(\frac{\vec{p}^2}{2m} + V\right)\psi_t - \overline{\left(\frac{\vec{p}^2}{2m} + V\right)\psi_t}\psi_t\right\}.$

Mittels der Schrödinger-Gleichung folgt die Behauptung. $\qquad\qquad\square$

Im Abschnitt 6.5 haben wir gesehen, daß Streuprozesse durch die Lösungen vom Strahltypus $\psi_t^S = \psi_t^{(+)}$ der Schrödinger-Gleichung beschrieben werden. Eine Lösung

ψ_t^S ist der Zustandsvektor einer Gesamtheit aus vielen Exemplaren des betrachteten Einzelsystems; experimentell wird die Gesamtheit durch einen Präparierapparat hergestellt. Ist kein Potential vorhanden (d.h. wird das Target entfernt), so ist das freie Wellenpaket

$$\varphi_t(\vec{x}) = (2\pi)^{-\frac{3}{2}} \int d^3k \widehat{\varphi}(\vec{k}) \exp i\left\{\vec{k}\cdot\vec{x} - \frac{\hbar\vec{k}^2}{2m}t\right\} \tag{6.6.4}$$

der Zustandsvektor der vom gegebenen Apparat präparierten Gesamtheit; bei vorhandenem Potential indessen ist

$$\psi_t^{(+)} = (2\pi)^{-\frac{3}{2}} \int d^3k \widehat{\varphi}(\vec{k}) \phi_{\vec{k}}^{(+)}(\vec{x}) e^{-i\frac{\hbar\vec{k}^2}{2m}t} \tag{6.6.5}$$

der Zustandsvektor der (von derselben Apparatur präparierten) neuen Gesamtheit. Wesentliche Voraussetzung zur Extraktion des Wirkungsquerschnitts aus dem Zustandsvektor (6.6.5) ist eine normierte Impulsamplitude $\widehat{\varphi}(\vec{k})$, $\|\widehat{\varphi}\| = 1$, deren Träger sehr eng um den Erwartungswert (6.5.16) konzentriert ist. Dies sei im folgenden angenommen. Es stellt sich nun die Frage, durch welche Größen im betrachteten theoretischen Bild das Registrieren durch Detektoren beschrieben wird. Die lokale Interpretation des Zustandsvektors in der Schrödinger-Darstellung der Heisenberg-Algebra als räumliche Wahrscheinlichkeitsamplitude legt nahe, die Wahrscheinlichkeitsflußdichte, d.h. das Integral der Wahrscheinlichkeitsstromdichte über die Zeit, als relative Häufigkeit des Teilchenflusses anzusehen. Eine notwendige Bedingung hierfür ist die Positivität des Flusses durch ein Flächenelement. Da nicht schon durch die funktionale Form des Flusses erfüllt, muß diese Bedingung explizit verifiziert werden. Die physikalische Dimension der Wahrscheinlichkeitsflußdichte ist (Länge)$^{-2}$.

Wir berechnen zunächst die gesamte Wahrscheinlichkeitsflußdichte des freien Wellenpakets (6.6.4) am (beliebigen) Ort $\vec{x} \in \mathbb{R}^3$ mittels der Stromdichte (6.6.2) und erhalten

$$\int_{-\infty}^{\infty} dt \vec{j}(\varphi_t(\vec{x}))$$

$$= \frac{1}{(2\pi)^2} \int d^3k \overline{\widehat{\varphi}(\vec{k})} \int d^3q \widehat{\varphi}(\vec{q})(\vec{k}+\vec{q}) e^{i(\vec{q}-\vec{k})\cdot\vec{x}} \delta(\vec{q}^2 - \vec{k}^2). \tag{6.6.6}$$

Hierbei wurde die Fourier-Darstellung der δ-Distribution (vgl. Abschnitt 6.1.2) und die Relation $|c|\delta(cy) = \delta(y)$ benützt. Neben dieser Flußdichte, deren Verhalten in der Umgebung des Ursprungs wir später näher in Augenschein nehmen werden, betrachten wir den gesamten Wahrscheinlichkeitsfluß der Strahllösung (6.6.5) durch eine infinitesimale Detektoröffnung. Diese infinitesimale Öffnung bildet die Grundfläche einer Pyramide, deren Spitze sich im Ursprung, d.h. im Streuzentrum, befindet und deren Achse in die Richtung $\frac{\vec{x}}{r}$ zeigt, im Innern eines infinitesimalen Raumwinkels $d\Omega$. Die

Entfernung des Detektors vom Streuzentrum ist makroskopisch, daher kann die asymptotische Gestalt (6.5.14) der Strahllösung (6.6.5) mit $r \to \infty$ verwendet werden. Außerdem sei die Richtung $\frac{\vec{x}}{r}$ zur Detektoröffnung hinreichend verschieden von der Vorwärtsrichtung, d.h. der Richtung $\vec{k}_0/|\vec{k}_0|$ des Strahls; dann fließt das in der asymptotischen Form (6.5.14) auftretende freie Paket φ_t nicht durch die Detektoröffnung und der gesamte Wahrscheinlichkeitsfluß der Streulösung durch die Detektoröffnung ergibt sich zu

$$\int_{-\infty}^{\infty} dt \vec{j}(\psi_t^{(+)}(\vec{x})) \cdot \frac{\vec{x}}{r} r^2 d\Omega$$

$$= \lim_{r \to \infty} \int_{-\infty}^{\infty} dt \vec{j}(\eta_t^{(+)}(\vec{x})) \cdot \frac{\vec{x}}{r} r^2 d\Omega$$

$$= \frac{d\Omega}{(2\pi)^2} \int d^3k \overline{\widehat{\varphi}(\vec{k}) f^{(+)}} \left(\frac{\vec{x}}{r} |\vec{k}|, \vec{k} \right) \cdot$$

$$\cdot \int d^3q \widehat{\varphi}(\vec{q}) f^{(+)} \left(\frac{\vec{x}}{r} |\vec{q}|, \vec{q} \right) (|\vec{q}| + |\vec{k}|) \delta(\vec{q}^2 - \vec{k}^2) . \qquad (6.6.7)$$

Durch die Integrale wird die Streuamplitude mit der Impulsamplitude „verschmolzen", die δ-Distribution bewirkt dabei spektrale Energieerhaltung. Im Einklang mit einem wohlpräparierten Streuexperiment nehmen wir nun an, daß der Träger der Impulsamplitude $\widehat{\varphi}(\vec{k})$ auf eine sehr enge Umgebung des Erwartungswertes $\vec{k}_0$ beschränkt ist. Die Dynamik des Streuprozesses manifestiert sich im Verhalten der Streuamplitude. Es gelte, daß $f^{(+)}(\frac{\vec{x}}{r}|\vec{k}|, \vec{k})$ im Träger von $\widehat{\varphi}(\vec{k})$, also dem effektiven Integrationsbereich, nur schwach von $\vec{k}$ abhängt. Dann kann in $f^{(+)}$ die Integrationsvariable $\vec{k}$ in guter Näherung durch $\vec{k}_0$ ersetzt werden und der Wahrscheinlichkeitsfluß (6.6.7) mutiert in die Form

$$w \left(\frac{\vec{x}}{r} \right) d\Omega \equiv d\Omega \frac{2|\vec{k}_0|}{(2\pi)^2} \left| f^{(+)} \left(\frac{\vec{x}}{r} |\vec{k}_0|, \vec{k}_0 \right) \right|^2$$

$$\cdot \int d^3k \overline{\widehat{\varphi}(\vec{k})} \int d^3q \widehat{\varphi}(\vec{q}) \delta(\vec{q}^2 - \vec{k}^2) . \qquad (6.6.8)$$

Die rechte Seite ist positiv definit. Sie hängt von der Streuamplitude $f^{(+)}$ und der Impulsamplitude $\widehat{\varphi}$ ab. Wir interpretieren den Wahrscheinlichkeitsfluß (6.6.8) als die relative Häufigkeit der im Detektor pro Zeiteinheit gemessenen Teilchen.

Anmerkung: Die obige Annahme über das Verhalten der Streuamplitude ist im Bereich sehr scharfer Resonanzen nicht gültig und dort somit die Form (6.6.8) nicht gerechtfertigt.

Wir wenden uns wieder der Wahrscheinlichkeitsflußdichte des freien Wellenpaketes (6.6.6) zu und betrachten sie in der Ebene $x_3 = 0$. Dabei denken wir uns das

Koordinatensystem so gewählt, daß der Erwartungswert $\vec{k}_0$ Normalenvektor auf dieser Ebene ist. (Das jetzt entfernte Streuzentrum wäre der Ursprung $\vec{x} = 0$.) Dann gilt

$$\int_{-\infty}^{\infty} dt \vec{j}(\varphi_t(x_1, x_2, 0)) \cdot \vec{k}_0$$

$$= \frac{1}{(2\pi)^2} \int d^3k \overline{\widehat{\varphi}(\vec{k})} \int d^3q \widehat{\varphi}(\vec{q})(\vec{k} + \vec{q}) \cdot \vec{k}_0$$

$$e^{i(k_1 - q_1)x_1 + i(k_2 - q_2)x_2} \delta(\vec{q}^2 - \vec{k}^2) \, . \tag{6.6.9}$$

Damit die Flußdichte innerhalb der (effektiven) Reichweite a des Potentials als konstant angesehen werden kann, muß der Träger von $\widehat{\varphi}(\vec{k})$ die Bedingungen

$$a|k_1|_{\max} \ll 1 \, , \quad a|k_2|_{\max} \ll 1$$

erfüllen. Hierzu äquivalent sind die Forderungen

$$a(\Delta p_1) \ll \hbar \, , \quad a(\Delta p_2) \ll \hbar \, ,$$

wenn wir mit (Δp_1) und (Δp_2) die mittleren Schwankungen der Impulswerte p_1 und p_2 im Zustand φ_t bezeichnen. Aus der Unschärferelation $(\Delta x_i)(\Delta p_i) \geq \frac{1}{2}\hbar$ geht eine dritte Version der gestellten Forderung hervor:

$$a \ll (\Delta x_1) \, , \quad a \ll (\Delta x_2) \, .$$

Erfüllt die Impulsamplitude diese Forderung, so kann die Flußdichte (6.6.9) im Bereich $|x_1|, |x_2| \leq a$ hinreichend genau ersetzt werden durch

$$\frac{\vec{k}_0}{|\vec{k}_0|} \cdot \int_{-\infty}^{\infty} dt \vec{j}(\varphi_t(x_1, x_2, 0))\Big|_{|x_1|, |x_2| \leq a} \mapsto \omega_0 \tag{6.6.10}$$

$$\omega_0 = \frac{2|\vec{k}_0|}{(2\pi)^2} \int d^3k \overline{\widehat{\varphi}(\vec{k})} \int d^3q \widehat{\varphi}(\vec{q}) \delta(\vec{q}^2 - \vec{k}^2) \, . \tag{6.6.11}$$

Offensichtlich ist diese Flußdichte positiv. Der Experimentator mißt über eine makroskopische Fläche (mit einem Durchmesser von ungefähr einem Millimeter) die Anzahl der pro Flächen- und Zeiteinheit einfallenden Strahlteilchen. Kann man die Flußdichte (6.6.11) als die relative Häufigkeit dieser Meßgröße ansehen? Hierbei müssen wir im Auge behalten, daß ein solcher Strahl auf eine große Zahl an Streuzentren trifft. Unter der Annahme, daß jedes einlaufende Teilchen des homogenen Strahls jeweils gerade in den Reichweitenbereich eines Streuzentrums stößt, kann die Wahrscheinlichkeitsflußdichte (6.6.11) in der angeführten Weise gedeutet werden. Der *quantenmechanische differentielle Wirkungsquerschnitt* ist dann der Quotient

$$d\sigma = \frac{w(\frac{\vec{x}}{r})d\Omega}{\omega_0} ,$$

also mit (6.6.8) und (6.6.11):

$$d\sigma = |f^{(+)}(\vec{k}'_0, \vec{k}_0)|^2 d\Omega , \text{ wobei } \vec{k}'_0 = \frac{\vec{x}}{r}|\vec{k}_0| . \tag{6.6.12}$$

Die Abhängigkeit von der analytischen Gestalt der Impulsamplitude $\widehat{\varphi}(\vec{k})$ hebt sich am Ende weg! Beim Blick auf diese bemerkenswert einfache Relation sollte man sich jedoch an die spezifischen Bedingungen erinnern, aus denen sie hervorging.

Für die Streuamplitude $f^{(+)}$ haben wir im vorausgegangenen Abschnitt die Darstellung (6.5.11), also

$$f^{(+)}(\vec{k}', \vec{k}) = -\frac{m}{2\pi\hbar^2} \int d^3 y \, e^{-i\vec{k}'\cdot\vec{y}} v(\vec{y}) \phi_{\vec{k}}^{(+)}(\vec{y})$$

gefunden, worin $\phi_{\vec{k}}^{(+)}$ die noch zu bestimmende Lösung der Lippmann-Schwinger-Gleichung (6.5.5) ist. Für „schwache" Potentiale kann man eine iterative Lösung dieser inhomogenen Gleichung versuchen: Der nullte Iterationsschritt besteht dann in der Näherung

$$\phi_{\vec{k}}^{(+)}(\vec{x}) = e^{i\vec{k}\cdot\vec{x}} + \dots .$$

Wird diese Näherung in der obigen Darstellung der Streuamplitude $f^{(+)}$ verwendet, resultiert hieraus deren *erste Bornsche Näherung*

$$f^{(+)}(\vec{k}', \vec{k}) = -\frac{m}{2\pi\hbar^2}(2\pi)^{\frac{3}{2}}\widehat{v}(\vec{k}' - \vec{k}) + \dots . \tag{6.6.13}$$

Physikalisch gesehen ist $\hbar(\vec{k}' - \vec{k})$ die Impulsübertragung bei der Streuung und $|\vec{k}'| = |\vec{k}|$ bedeutet die Energieerhaltung. Eine mathematische Behandlung der Iterationslösung und der damit verknüpften Bornschen Reihe soll hier nicht verfolgt werden.

6.7   Streuung am Zentralpotential

6.7.1   Partialwellen und Streuphasen

Bewegt sich ein Teilchen in einem Zentralpotential, so ist sein Bahndrehimpuls eine Erhaltungsgröße: Welche Konsequenzen resultieren hieraus für die Streuamplitude?

Wir stellen zunächst Eigenschaften der Bessel-Funktionen voran, die im folgenden benötigt werden, siehe z.B. [AS].

Die *Bessel-Funktion* $J_\nu(z)$ mit Index $\nu \in \mathbb{C}$, $|\arg \nu| < \pi$ ist für $z \in \mathbb{C}$ definiert durch die Reihe

$$J_\nu(z) := \sum_{m=0}^{\infty} (-1)^m \frac{1}{m!\,\Gamma(m+\nu+1)} \left(\frac{z}{2}\right)^{2m+\nu} ;$$

sie genügt der Differentialgleichung

$$\left\{ \left(\frac{d}{dz}\right)^2 + \frac{1}{z}\frac{d}{dz} + 1 - \frac{\nu^2}{z^2} \right\} J_\nu(z) = 0 \,.$$

Ihr asymptotisches Verhalten für $|z| \to \infty$ folgt aus einer Integraldarstellung, es lautet:

$$J_\nu(z) \sim \left(\frac{2}{\pi z}\right)^{\frac{1}{2}} \cos\left(z - \frac{\pi\nu}{2} - \frac{\pi}{4}\right) \cdot \{1 + \mathcal{O}(z^{-2})\}$$
$$+ \sin\left(z - \frac{\pi\nu}{2} - \frac{\pi}{4}\right) \cdot \mathcal{O}(z^{-\frac{3}{2}}) \,.$$

Wir stoßen anschließend auf die *Riccati-Bessel-Funktion* $\tilde{j}_l(z)$ der Ordnung $l \in \mathbb{N}_0$:

$$\tilde{j}_l(z) := \sqrt{\frac{\pi z}{2}} J_{l+\frac{1}{2}}(z) \,.$$

Sie ist eine ganze holomorphe Funktion der Variablen z und genügt der Differential-gleichung

$$\left\{ \left(\frac{d}{dz}\right)^2 - \frac{l(l+1)}{z^2} + 1 \right\} \tilde{j}_l(z) = 0 \,.$$

Aus den korrespondierenden Eigenschaften der Bessel-Funktion folgt für die Riccati-Bessel-Funktion das Verhalten für $z \to 0$:

$$\tilde{j}_l(z) = \frac{z^{l+1}}{(2l+1)!!} \{1 + \mathcal{O}(z^2)\} \,, \quad (2l+1)!! = 1 \cdot 3 \cdot 5 \cdots (2l+1) \,,$$

und das asymptotische Verhalten für $|z| \to \infty$:

$$\tilde{j}_l(z) \sim \sin\left(z - \frac{\pi}{2}l\right) \cdot \{1 + \mathcal{O}(z^{-2})\} + \cos\left(z - \frac{\pi}{2}l\right) \cdot \mathcal{O}(z^{-1}) \,.$$

Nach dieser Vorbereitung blicken wir zurück auf den Abschnitt 6.5 und nehmen an, die Potentialfunktion v , Gleichung (6.5.1), sei radialsymmetrisch: $v(\vec{x}) = \tilde{v}(|\vec{x}|)$.

Etwas unsauber, jedoch gefahrlos, verwenden wir anstelle des Symbols $\tilde{v}$ der Kürze wegen wiederum v und schreiben $v(|\vec{x}|)$. Zur quantenmechanischen Beschreibung des Streuprozesses wurden spezielle Eigendistributionen des freien Hamilton-Operators, (6.5.3), und des Hamilton-Operators H, (6.5.2), herangezogen:

$$H_0 e^{i\vec{k}\cdot\vec{x}} = E e^{i\vec{k}\cdot\vec{x}} , \quad H\phi_{\vec{k}}^{(+)} = E\phi_{\vec{k}}^{(+)} ,$$

$$\vec{k} \in \mathbb{R}^3 , \quad |\vec{k}| = k , \quad 2mE = \hbar^2 k^2 . \tag{6.7.1}$$

Diese Eigendistributionen können nach *Partialwellen* entwickelt werden. Seien (r, ϑ, φ) die Kugelkoordinaten des Punktes $\vec{x} \in \mathbb{R}^3$, so gilt:

$$e^{i\vec{k}\cdot\vec{x}} = \frac{1}{kr} \sum_{l=0}^{\infty} \sum_{m=-l}^{l} \tilde{c}_l^m(\vec{k}) \tilde{u}_l(r) Y_l^m(\vartheta, \varphi) , \tag{6.7.2}$$

$$\phi_{\vec{k}}^{(+)}(\vec{x}) = \frac{1}{kr} \sum_{l=0}^{\infty} \sum_{m=-l}^{l} c_l^m(\vec{k}) u_l(r) Y_l^m(\vartheta, \varphi) . \tag{6.7.3}$$

Hiermit reduzieren sich die beiden verallgemeinerten Eigenwertgleichungen (6.7.1) auf ein jeweiliges Gleichungssystem für die Radialfunktion, wobei $l \in \mathbb{N}_0$:

$$\left\{ \left(\frac{d}{dr}\right)^2 - \frac{l(l+1)}{r^2} + k^2 \right\} \tilde{u}_l(r) = 0 , \tag{6.7.4}$$

$$\left\{ \left(\frac{d}{dr}\right)^2 - \frac{l(l+1)}{r^2} - \frac{2m}{\hbar^2} v(r) + k^2 \right\} u_l(r) = 0 , \tag{6.7.5}$$

hinzu treten noch Randbedingungen im Ursprung. Wir nehmen nun an, die Potentialfunktion $v(r)$ erfülle bei kleinen, bzw. bei großen Abständen:

i) $rv(r) \to M$, für $r \to 0$, $|M| < \infty$,

ii) $\lim_{r \to \infty} r^{1+a} v(r) = 0$, $0 < a$, a hinreichend groß, jedoch festgehalten.

Das Verhalten der Lösungen beider Radialgleichungen im Ursprung wird also durch den „Zentrifugalterm" $l(l+1)r^{-2}$ bestimmt. Hieraus resultieren – wie schon früher im Abschnitt 3.2 ausgeführt – die Randbedingungen

$$r \to 0 : \quad r^{-l-1} \tilde{u}_l(r) \to \tilde{a}_l , \quad r^{-l-1} u_l(r) \to a_l ,$$

mit nichtverschwindenden Konstanten $\tilde{a}_l$, a_l.

Da die Radialgleichungen homogen sind, bestimmen sie ihre Lösungen nur bis auf eine multiplikative Konstante. Mit $z = kr$ ist die Gleichung (6.7.4) gerade die Riccati-Besselsche Differentialgleichung. Die durch

$$\tilde{u}_l(r) = \tilde{j}_l(kr) \tag{6.7.6}$$

getroffene Wahl der multiplikativen Konstante legt schließlich auch die Entwicklungskoeffizienten $\tilde{c}_l^m$ in (6.7.2) fest, die noch zu bestimmen sind.

Die Streuamplitude geht aus dem führenden Verhalten der Radialfunktionen $\tilde{u}_l(r)$ und $u_l(r)$, $l \in \mathbb{N}_0$, bei wachsendem $r \to \infty$ hervor. Um hierüber Aufschluß zu erlangen, beachten wir, daß als Folge des vorausgesetzten raschen Verschwindens der Potentialfunktion $v(r)$ mit $r \to \infty$ dort die beiden Radialgleichungen (6.7.4-5) dieselbe asymptotische Gestalt

$$\left\{ \left(\frac{d}{dr}\right)^2 + k^2 \right\} h_l(r) = 0 \tag{6.7.7}$$

annehmen. Am asymptotischen Verhalten der Riccati-Bessel-Funktion lesen wir ab, daß im Fall der „freien" Radialgleichung (6.7.4)

$$\tilde{u}_l(r) = \tilde{j}_l(kr) \sim \sin(kr - \frac{\pi}{2}l)\,, \text{ für } r \to \infty\,, \tag{6.7.8}$$

die „richtige" Lösung der asymptotischen Gleichung (6.7.7) ist, sowie die Ordnung $\mathcal{O}((kr)^{-1})$ des Rests. Die asymptotische Gestalt der Lösung $u_l(r)$ der Radialgleichung (6.7.5) kann sich von der Form (6.7.8) nur durch eine vom Potential hervorgerufene Phasenverschiebung unterscheiden:

$$u_l(r) \sim \sin(kr - \frac{\pi}{2}l + \delta_l(k))\,, \text{ für } r \to \infty\,, \tag{6.7.9}$$

wenn wir die gleiche multiplikative Konstante wie in der Lösung (6.7.8) wählen. Letzteres ist stets möglich, da erst durch eine derartige Fixierung die Entwicklungskoeffizienten in (6.7.3) festgelegt sind. Die Phasenverschiebungen $\delta_l(k)$, $l \in \mathbb{N}_0$, werden *Streuphasen* genannt.

Im Gegensatz zur freien Radialgleichung können wir jedoch ohne tiefere mathematische Analyse die Ordnung des Restterms nicht angeben. Verschwindet jedoch das Potential mit $r \to \infty$ wie r^{-2-a}, wobei $a > 0$, so bestimmt der Zentrifugalterm auch das Verhalten für große r, weshalb plausibel erscheint, daß dann der Restterm von der gleichen Ordnung ist wie im Fall der Ricatti-Bessel-Funktion.

Nachdem die Koeffizienten in den Partialwellenentwicklungen (6.7.2-3) festgelegt sind, wollen wir sie bestimmen. Zunächst werde die Entwicklung (6.7.2) mit den Radialfunktionen (6.7.6) betrachtet. Seien (r, ϑ, φ) die Kugelkoordinaten des Vektors

$\vec{x}$ und (k, ϑ, φ) diejenigen des Vektors $\vec{k}$, durch diese beiden Vektoren wird ein Winkel θ aufgespannt:

$$\vec{k} \cdot \vec{x} = kr \cos \theta \, . \tag{6.7.10}$$

Für die vom Vektor $\vec{k}$ abhängigen Entwicklungskoeefizienten machen wir den Ansatz

$$\tilde{c}_l^m(\vec{k}) = \kappa_l \overline{Y_l^m}(\vartheta, \varphi)$$

und verwenden das *Additionstheorem der Kugelfunktionen*:

$$\frac{4\pi}{2l+1} \sum_{m=-l}^{l} Y_l^m(\vartheta, \varphi) \overline{Y_l^m}(\vartheta, \varphi) = P_l(\cos \theta) \, . \tag{6.7.11}$$

Hierbei tritt das Legendre-Polynom l-ten Grades $P_l(z)$ aus (2.2.26) auf. Der obige Ansatz für $\tilde{c}_l^m$, zusammen mit dem Additionstheorem, bringt die Entwicklung (6.7.2) in die Form

$$\exp(ikr \cos \theta) = \frac{1}{kr} \sum_{l=0}^{\infty} \frac{2l+1}{4\pi} \kappa_l \tilde{j}_l(kr) P_l(\cos \theta) \, .$$

Um schließlich noch die Koeffizienten κ_l zu bestimmen, setzen wir $\rho \equiv kr$, $z \equiv \cos \theta$ und operieren auf die obige Gleichung mit

$$\left(\frac{d}{dz} \right)^L \left(\frac{d}{d\rho} \right)^L \bigg|_{\rho=0} \, .$$

Auf der rechten Seite reduziert dann der Ableitungsoperator nach ρ mit der sich anschließenden Wahl $\rho = 0$ die Summation auf $0 \leq l \leq L$, wovon man sich durch einen Blick auf die Potenzreihe der Funktion $\tilde{j}_l$, $l \in \mathbb{N}_0$, leicht überzeugt. Der Ableitungsoperator nach z vernichtet alle Legendre-Polynome mit $l < L$. Somit trägt nur der Summand $l = L$ bei und wir erhalten

$$L! i^L = \frac{2L+1}{4\pi} \kappa_L \frac{L!}{(2L+1)!!} \frac{(2L)!}{2^L L!} \, ,$$

also

$$\kappa_L = 4\pi i^L \, .$$

Hiermit haben wir die gesuchte Entwicklung

$$e^{i\vec{k}\cdot\vec{x}} = \frac{4\pi}{kr} \sum_{l=0}^{\infty} i^l \tilde{\jmath}_l(kr) \sum_{m=-l}^{l} Y_l^m(\vartheta, \varphi)\overline{Y_l^m}(\underline{\vartheta}, \underline{\varphi}) \tag{6.7.12}$$

gefunden.

In der Partialwellenentwicklung (6.7.3) der Eigendistribution $\phi_{\vec{k}}^{(+)}$ des Hamilton-Operators H haben die Radialfunktionen $u_l(r)$ das asymptotische Verhalten (6.7.9). Die Entwicklungskoeffizienten lauten dann:

$$c_l^m(\vec{k}) = 4\pi i^l e^{i\delta_l(k)}\overline{Y_l^m}(\underline{\vartheta}, \underline{\varphi}) . \tag{6.7.13}$$

Zum Beweis dieser Behauptung zeigen wir, daß hierdurch $\phi_{\vec{k}}^{(+)}$ für $r \to \infty$ die zuvor gewonnene asymptotische Gestalt

$$\phi_{\vec{k}}^{(+)} \sim e^{i\vec{k}\cdot\vec{x}} + f^{(+)}(\vec{k}', \vec{k})\frac{e^{ikr}}{r} , \text{ mit } \vec{k}' = k\frac{\vec{x}}{r}$$

annimmt (siehe Gleichung (6.5.10)). Die Koeffizienten (6.7.13) in der Entwicklung (6.7.3) verwendet, ergeben

$$\phi_{\vec{k}}^{(+)}(\vec{x}) \sim \frac{4\pi}{kr} \sum_l \sum_m i^l e^{i\delta_l} Y_l^m(\vartheta, \varphi)\overline{Y_l^m}(\underline{\vartheta}, \underline{\varphi})$$

$$\cdot \frac{1}{2\pi}\left\{ \exp i\left(kr - \frac{\pi}{2}l + \delta_l\right) - \exp\left[-i\left(kr - \frac{\pi}{2}l + \delta_l\right)\right]\right.$$
$$\left. + \exp i\left(kr - \frac{\pi}{2}l - \delta_l\right) - \exp i\left(kr - \frac{\pi}{2}l - \delta_l\right)\right\} .$$

In der Klammer $\{\ldots\}$ wurden die beiden letzten Terme, deren Summe verschwindet, absichtlich addiert: Wir fassen den zweiten mit dem dritten, wie auch den ersten mit dem vierten zusammen und erhalten

$$\phi_{\vec{k}}^{(+)}(\vec{x}) \sim \frac{4\pi}{kr} \sum_l i^l \sin\left(kr - \frac{\pi}{2}l\right) \sum_m Y_l^m(\vartheta, \varphi)\overline{Y_l^m}(\underline{\vartheta}, \underline{\varphi})$$

$$+ \frac{e^{ikr}}{r}\frac{4\pi}{k} \sum_l e^{i\delta_l} \sin\delta_l \sum_m Y_l^m(\vartheta, \varphi)\overline{Y_l^m}(\underline{\vartheta}, \underline{\varphi}) . \tag{6.7.14}$$

Der erste Term ist gerade die asymptotische Form der Partialwellenentwicklung (6.7.12) von $\exp i\vec{k}\cdot\vec{x}$; wir haben somit die asymptotische Gestalt (6.5.10) wiedergewonnen. Außerdem können wir daran die Partialwellenentwicklung der Streuamplitude ablesen:

$$f^{(+)}(\vec{k}',\vec{k}) = \frac{4\pi}{k}\sum_{l=0}^{\infty}e^{i\delta_l(k)}\sin\delta_l(k)\sum_{m=-l}^{l}Y_l^m(\vartheta,\varphi)\overline{Y_l^m}(\underline{\vartheta},\underline{\varphi}) \qquad (6.7.15)$$

$$= \frac{1}{k}\sum_{l=0}^{\infty}(2l+1)e^{i\delta_l(k)}\sin\delta_l(k)P_l(\cos\theta) \qquad (6.7.16)$$

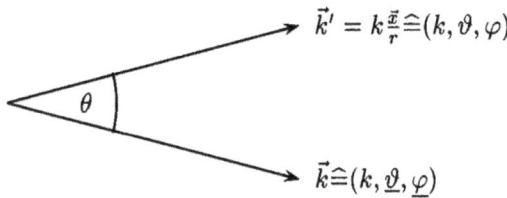

Abbildung 6.2: Die Wellenvektoren $\vec{k}',\vec{k}$ der Streuamplitude (6.7.15) und der Streuwinkel θ . Die Kugelkoordinaten der Wellenvektoren sind ebenfalls angegeben.

Fazit: Bei der Streuung eine Teilchens manifestiert sich die Wirkung eines Zentralpotentials durch die Streuphasen; diese hängen von der Energie des gestreuten Teilchens ab. Der totale Streuquerschnitt – im betrachteten Fall einer *Einkanalstreuung* identisch mit dem integrierten elastischen Streuquerschnitt – nimmt mit obiger Entwicklung der Streuamplitude die folgende Form an

$$\sigma_{\text{total}} = \int_0^\pi \sin\vartheta d\vartheta \int_0^{2\pi} d\varphi |f^{(+)}(\vec{k}',\vec{k})|^2$$

$$= \left(\frac{4\pi}{k}\right)^2 \sum_l\sum_m(\sin\delta_l)^2\overline{Y_l^m}(\underline{\vartheta},\underline{\varphi})Y_l^m(\underline{\vartheta},\underline{\varphi})$$

$$= \frac{4\pi}{k^2}\sum_{l=0}^{\infty}(2l+1)\sin^2\delta_l(k) . \qquad (6.7.17)$$

Dabei wurde zunächst die Orthonormalität der Kugelfunktionen verwendet, danach das Additionstheorem und die Eigenchaft $P_l(1) = 1$ der Legendre-Polynome. Vergleichen wir noch diese Form des totalen Streuquerschnitts mit der Gestalt (6.7.16) der Streuamplitude, so finden wir für die Vorwärtsstreuung $\vec{k}' = \vec{k}$, d.h. für den Streuwinkel $\theta = 0$, das *optische Theorem*

$$\sigma_{\text{total}} = \frac{4\pi}{k} \text{Im} f^{(+)}(\vec{k}, \vec{k}) \,. \tag{6.7.18}$$

Die Darstellung (6.7.16) der Streuamplitude mittels Streuphasen ist zur Analyse experimenteller Streuquerschnitte nützlich, wenn nur (sehr) wenige Streuphasen merklich von Null verschieden sind. Dann weist der differentielle Streuquerschnitt eine charakteristische Winkelverteilung auf, erzeugt durch die entsprechenden Legendre-Polynome. Solche Verhältnisse sind typisch für die Streuung niederenergetischer Teilchen an Potentialen kurzer Reichweite. Ein extremer Fall ist die *s-Wellen-Streuung*: Nur die Streuphase der Drehimpulsquantenzahl $l = 0$ ist ungleich Null, die Streuamplitude mithin unabhängig vom Streuwinkel.

Wir wollen noch eine Darstellung der Streuphasen gewinnen, die sich als Ausgangs-punkt für Näherungen eignet. Zu diesem Zweck betrachten wir das Integral

$$\int_0^\infty dr \frac{d}{dr} \left\{ u_l \frac{d}{dr} \tilde{j}_l - \tilde{j}_l \frac{d}{dr} u_l \right\}$$

und werten es auf zwei verschiedene Weisen aus:

i)   Direkt nach dem Fundamentalsatz der Differential- und Integralrechnung, wobei wir für $r \to \infty$ das asymptotische Verhalten (6.7.8) der Ricatti-Bessel-Funktion $\tilde{j}_l(kr)$ und dasjenige, (6.7.9), der Radialfunktion $u_l(r)$ verwenden, sowie bei $r = 0$ das Verschwinden der beiden Funktionen.

ii) Wir differenzieren den in der Klammer stehenden Ausdruck und benützen die jeweilige Radialgleichung (6.7.4), bzw. (6.7.5) für die Funktionen $\tilde{j}_l(kr)$ und $u_l(r)$.

Der Vergleich ergibt die Integraldarstellung

$$k \sin \delta_l(k) = -\frac{2m}{\hbar^2} \int_0^\infty dr \tilde{j}_l(kr) v(r) u_l(r) \,, \quad l \in \mathbb{N}_0 \,. \tag{6.7.19}$$

In dieser exakten Darstellung der Streuphasen werden allerdings die Radialfunktionen $u_l(r)$ auf ihrem vollen Träger benötigt.

Aufgabe 6.7.1

Der Bornsche Näherungsausdruck für die Streuphasen, $l \in \mathbb{N}$,

$$k \sin \delta_l(k) \Big|_{\text{Born}} = -\frac{2m}{\hbar^2} \int_0^\infty dr v(r) (\tilde{j}_l(kr))^2$$

geht aus der exakten Darstellung (6.7.19) dadurch hervor, daß dort die Radialfunktion $u_l(r)$ durch die Radialfunktion $\tilde{j}_l(kr)$ eines freien Teilchens ersetzt wird. Im Fall eines Potentials mit endlicher Reichweite a lassen sich für diese Prozedur bei hinreichend kleiner Energie des streuenden Teilchens intuitive, halbklassische Argumente anführen: Die Relation $\rho(2mE)^{\frac{1}{2}} = |\vec{D}|$ zwischen der Energie E , dem Stoßparameter ρ und dem Drehimpulsvektor $\vec{D}$ eines klassischen Teilchens hat zur Folge, daß klassisch keine Streuung stattfindet, wenn $a(2mE)^{\frac{1}{2}} < |\vec{D}|$ gilt, da dann der Stoßparameter größer ist als die Reichweite des Potentials. Das verschärfte quantenmechanische Substitut $ak \ll l$ dieser klassischen Ungleichung läßt plausibel erscheinen, daß im Bereich $ka \ll 1$ die Streuung der Partialwellen $l \geq 1$ sehr klein ist und deshalb die vorgenommene Ersetzung eine brauchbare Näherung liefert. Man bestimme in dieser Näherung das Schwellenverhalten für $k \to 0$ der Streuphasen δ_l , $l \geq 1$.

6.7.2 Das attraktive Exponentialpotential als Beispiel

Die von einem Zentralpotential $v(r)$ erzeugten Streuphasen können im allgemeinen nur durch numerische Integration der Radialgleichung (6.7.5) gewonnen werden. Bei einigen speziellen Potentialfunktionen läßt sich die Integration der Radialgleichung durch bekannte Funktionen bewerkstelligen, sei es für alle Werte der Drehimpulsquantenzahl l oder lediglich für $l = 0$. Bei hinreichend kleinen Energien wird andererseits nur die Partialwelle $l = 0$ merklich gestreut. Im Fall des früher erwähnten Topf-Potentials kann die Radialgleichung für alle $l \in \mathbb{N}_0$ integriert werden: Es ergeben sich die Riccati-Bessel- und die entsprechenden Riccati-Hankel-Funktionen. Wir wollen als Beispiel eines kurzreichweitigen Potentials das anziehende Exponentialpotential

$$v(r) = -\frac{\hbar^2}{2m}\left(\frac{b}{a}\right)^2 e^{-2\frac{r}{a}} \tag{6.7.20}$$

in Augenschein nehmen, mit der Reichweite $a > 0$ und dem dimensionslosen positiven Parameter b , der die „Stärke" der Anziehung bestimmt. Die spezielle Schreibweise des gesamten Stärkefaktors bedingt keine Einschränkung, $\hbar^2(2ma^2)^{-1}$ hat die Bedeutung einer (natürlichen) Energieeinheit. Im Gegensatz zum Yukawa-Potential ist das hier betrachtete Potential (6.7.20) im Ursprung $r = 0$ regulär. Ist die Anziehung hinreichend stark, so erwarten wir, daß auch gebundene Zustände existieren. Im Fall $l = 0$ ist die Radialgleichung mit dem Potential (6.7.20) in der angeführten Weise analytisch lösbar. Wir können die Eigenvektoren und die Streuphase aus einer Lösungsschar mit komplexen Werten des Energieparameters erhalten. Zu diesem Zweck schreiben wir die Radialgleichung (3.2.13), bzw. (6.7.5) in der Form

$$\left\{ -\left(\frac{d}{dr}\right)^2 + \frac{2m}{\hbar^2}v(r) \right\}u_0(r) = K^2 u_0(r)\,,$$

mit $K \in \mathbb{C}$. Lösungen zu reellen Energiewerten E ergeben sich durch die Wahl

$$K = \begin{cases} k \equiv \left(\frac{2mE}{\hbar^2}\right)^{\frac{1}{2}} & \text{, falls } E > 0\,, \\[2mm] i\kappa \equiv i\left(-\frac{2mE}{\hbar^2}\right)^{\frac{1}{2}} & \text{, falls } E < 0\,. \end{cases} \tag{6.7.21}$$

(Der komplexe Parameter K ist die Quadratwurzel aus $\frac{2mE}{\hbar^2}$, wobei die komplexe E-Ebene längs der positiv reellen Achse aufgeschnitten wurde und k als der Randwert im Fall $E + i0$, mit E reell positiv festgelegt.) Gesucht wird somit zunächst diejenige Lösung $u_0(r)$ der Differentialgleichung

$$\left\{ \left(\frac{d}{dr}\right)^2 + \left(\frac{b}{a}\right)^2 e^{-2\frac{r}{a}} + K^2 \right\}u_0(r) = 0\,, \tag{6.7.22}$$

die im Ursprung $r = 0$, der Randbedingung (3.2.15) zufolge, linear mit r verschwindet. Durch die Variablensubstitution

$$u_0(r) = f(z) \quad , \text{ mit } z := be^{-\frac{r}{a}}\,, \tag{6.7.23}$$

nimmt die Differentialgleichung (6.7.22) die Gestalt

$$\left\{ \left(\frac{d}{dz}\right)^2 + \frac{1}{z}\frac{d}{dz} + 1 + \frac{a^2 K^2}{z^2} \right\}f(z) = 0 \tag{6.7.24}$$

der Besselschen Differentialgleichung mit dem Index $\nu = iaK$ an. Falls $\nu \notin \mathbb{Z}$, sind $J_\nu(z)$ und $J_{-\nu}(z)$ zwei linear unabhängige Lösungen. Die gesuchte Lösung kann infolgedessen sofort in der Form

$$u_0(r) = c\{J_{iaK}(b)J_{-iaK}(z) - J_{-iaK}(b)J_{iaK}(z)\} \tag{6.7.25}$$

angegeben werden, mit einer komplexen Konstanten c. Diese Lösung verschwindet offensichtlich im Ursprung $r = 0$. Von physikalischem Interesse sind die Werte (6.7.21) des Parameters K, da sie reellen Energiewerten entsprechen. Das Verhalten einer solchen Lösung bei wachsendem $r \to \infty$ entscheidet dann darüber, ob sie quantenmechanisch verwertbar ist. Mit dem direkt an der Reihendarstellung der Bessel-Funktion ablesbaren Verhalten für $z \to 0$:

$$J_\nu(z) = \frac{\left(\frac{z}{2}\right)^\nu}{\Gamma(\nu + 1)}\{1 + \mathcal{O}(z^2)\}$$

ergibt sich das asymptotische Verhalten der Radialfunktion zu

$$u_0(r) \overset{r \to \infty}{\longrightarrow} c\left\{ J_{iaK}(b) \frac{(\frac{b}{2})^{-iaK} e^{iKr}}{\Gamma(-iaK+1)} - J_{-iaK}(b) \frac{(\frac{b}{2})^{iaK} e^{-iKr}}{\Gamma(iaK+1)} \right\}. \tag{6.7.26}$$

Wir betrachten dieses asymptotische Verhalten zuerst bei negativen Energiewerten, mithin ist $K = i\kappa$, wobei κ reell positiv ist:

$$u_0(r) \overset{r \to \infty}{\longrightarrow} c\left\{ J_{-a\kappa}(b) \frac{(\frac{b}{2})^{\kappa a} e^{-\kappa r}}{\Gamma(a\kappa+1)} - J_{a\kappa}(b) \frac{(\frac{b}{2})^{-\kappa a} e^{\kappa r}}{\Gamma(-a\kappa+1)} \right\}. \tag{6.7.27}$$

Eine exponentiell wachsende Funktion $u_0(r)$ ist keine Eigendistribution, geschweige denn ein Eigenvektor des Hamilton-Operators. Die Funktion $u_0(r)$ wächst genau dann nicht exponentiell (beachte $\nu \notin \mathbb{Z} \Rightarrow a\kappa \notin \mathbb{N}_0$), wenn die Forderung

$$J_{a\kappa}(b) \overset{!}{=} 0 \tag{6.7.28}$$

erfüllt ist; in diesem Fall wird $u_0(r)$ quadratintegrabel: Die Bedingung (6.7.28) bestimmt also die Eigenwerte des Hamilton-Operators mit der Bahndrehimpulsquantenzahl $l = 0$. Die physikalisch befremdliche Sonderrolle der Energiewerte $a\kappa = n \in \mathbb{N}$ erweist sich rasch als nur vorläufig: Für diese Energiewerte ist der Index der Bessel-Funktion eine natürliche Zahl und die „Lösung" (6.7.25) verschwindet dann wegen der Identität $J_{-n}(z) = (-1)^n J_n(z)$ identisch. In einem solchen Fall sind $J_n(z)$ und die Neumann-Funktion $N_n(z)$ zwei linear unabhängige Lösungen der Differential-gleichung (6.7.24). Die Lösung $N_n(z)$ muß jedoch wegen ihres Verhaltens bei $r \to \infty$ ausgeschlossen werden, und die Randbedingung bei $r = 0$ für die Lösung $J_n(z)$ er-weitert gerade die Eigenwertgleichung (6.7.28) auf die dort ausgeschlossenen Werte $a\kappa = n \in \mathbb{N}$. Damit bei gegebenem Stärkeparameter b des Potentials die Gleichung (6.7.28) mindestens eine Lösung hat, muß $b > b_1 = 2,4082\ldots$ sein. Für festes b lassen sich die Lösungen der Eigenwertgleichung (6.7.28) numerisch leicht finden. Seien $a\kappa = \nu_1, \ldots, \nu_n$ diese Lösungen, so sind

$$E_j = -\frac{\hbar^2}{2ma^2} \nu_j^2 \,,$$

mit $j = 1, 2, \ldots, n$, die Eigenwerte zu $l = 0$ des Hamilton-Operators. Aus $b = b_1$ resultiert gerade der Grenzfall eines „fastgebundenen Zustands mit verschwindender Bindungsenergie". In jeder der folgenden Nullstellen $J_0(b_j) = 0$, $j = 2, 3, \ldots$, tritt ein weiterer fastgebundener Zustand auf. Differenziert man die Eigenwertgleichung (6.7.28) nach b in einer Nullstelle $b = b_j$, so läßt sich hieraus das Schwellenverhalten

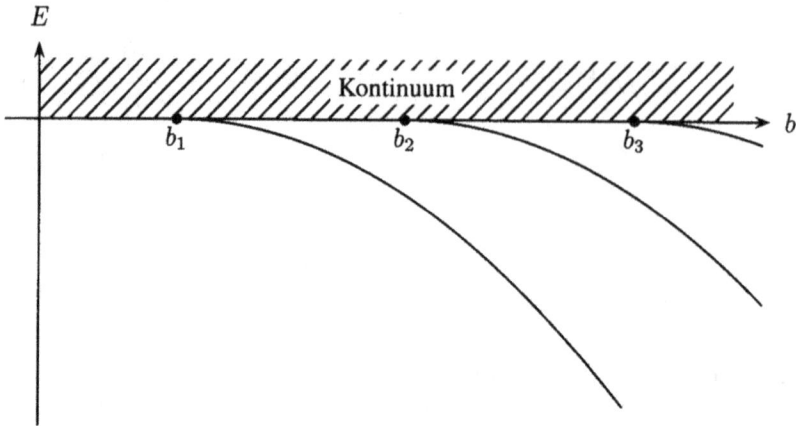

Abbildung 6.3: Qualitativer Verlauf des Energiespektrums mit der Drehimpulsquantenzahl $l = 0$ als Funktion des Stärkeparameters b, Gleichung (6.7.20)

$$E_j(b) = -\frac{\hbar^2}{2ma^2}\left(\frac{\pi}{2}\frac{J_1(b_j)}{N_0(b_j)}\right)^2 (b - b_j)^2 , \quad b \searrow b_j ,$$

des Eigenwerts gewinnen (siehe Abbildung 6.3).

Im Bereich positiver Energien ist $K = k$, also reell positiv, vgl. (6.7.21). Dann erblicken wir in der asymptotischen Form (6.7.26) der Radialfunktion das charakteristische Verhalten einer Eigendistribution des Hamilton-Operators im Fall eines rasch abklingenden Potentials: eine beschränkte periodische Funktion, wenn $r \to \infty$ strebt. Verwendet man die Relationen

$$\Gamma(iak + 1) = \overline{\Gamma(-iak + 1)} , \quad J_{-iak}(b) = \overline{J_{iak}(b)}$$

und wählt die Konstante c entsprechend, so kann das asymptotische Verhalten (6.7.26) leicht in die kanonische Form (6.7.9) gebracht werden:

$$u_0(r) \stackrel{r \to \infty}{\longrightarrow} \frac{1}{2i}\{e^{i\delta_0(k)}e^{ikr} - e^{-i\delta_0(k)}e^{-ikr}\} = \sin(kr + \delta_0(k)) , \qquad (6.7.29)$$

mit der Streuphase $\delta_0(k)$, und

$$e^{2i\delta_0(k)} = \frac{(\frac{b}{2})^{-iak}\Gamma(iak + 1)J_{iak}(b)}{(\frac{b}{2})^{iak}\Gamma(-iak + 1)J_{-iak}(b)} . \qquad (6.7.30)$$

Offensichtlich ist die Streuphase $\delta_0(k)$ eine stetige Funktion der Variablen $k \in \mathbb{R}_+$, sie ist jedoch global nur bis auf ein ganzzahliges Vielfaches von π bestimmt. In der

Darstellung (6.7.30) können wir die rechte Seite für $k = 0$ und für $k \to \infty$ leicht auswerten und erhalten

$$e^{2i\delta_0(0)} = 1 \, , \quad e^{2i\delta_0(\infty)} = 1 \, .$$

Im ersten Fall ist $J_0(b) \neq 0$ angenommen, im zweiten Fall benützen wir dabei die aus der Reihendarstellung der Bessel-Funktion $J_\nu(z)$ bei festgehaltenem z für $|\nu| \to \infty$, $|\arg \nu| < \pi$, folgende Relation

$$\left(\frac{z}{2}\right)^{-\nu} \Gamma(\nu + 1) J_\nu(z) = 1 + \mathcal{O}(|\nu|^{-1}) \, .$$

Somit gilt für die Differenz

$$\delta_0(0) - \delta_0(\infty) = n\pi \, , \tag{6.7.31}$$

mit $n \in \mathbb{Z}$. Hier sei nur vermerkt, daß diese Zahl n tatsächlich nichtnegativ ist und gerade gleich der Anzahl der gebundenen Zustände mit $l = 0$ ist. Eine Begründung liefert das für eine große Potentialklasse gültige *Levinsonsche Theorem*, siehe z.B. [RS, vol. III,chapt. XI.8].

In der Partialwellenzerlegung (6.7.16) der Streuamplitude tritt die Funktion

$$\frac{1}{k} e^{i\delta_0(k)} \sin \delta_0(k) = \frac{1}{2ik} \{ e^{2i\delta_0(k)} - 1 \} \tag{6.7.32}$$

der Streuphase $\delta_0(k)$ auf. Wir können die Funktion (6.7.30) und also auch die Funktion (6.7.32) analytisch fortsetzen, indem wir die Variable $k \in \mathbb{R}_+$ durch die komplexe Variable K aus (6.7.21) ersetzen. Wie uns dann der Faktor $J_{-iaK}(b)$ im Nenner des Quotienten auf der rechten Seite der Gleichung (6.7.30) zeigt, haben die beiden fortgesetzten Funktionen Pole 1. Ordnung in denjenigen Werten der komplexen Variablen K, Gleichung (6.7.23), die den Eigenwerten des Hamilton-Operators mit $l = 0$ entsprechen.

Wir berechnen noch die *Streulänge*

$$a_0 := -\lim_{k \to \infty} \frac{1}{k} e^{i\delta_0(k)} \sin \delta_0(k) \, . \tag{6.7.33}$$

Mit $\nu := iak$ folgt aus der funktionalen Form (6.7.30)

$$-a_0 = a \lim_{\nu \to 0} \frac{1}{\nu} \frac{\left(\frac{b}{2}\right)^{-\nu} \Gamma(\nu + 1) J_\nu(b) - \left(\frac{b}{2}\right)^{\nu} \Gamma(-\nu + 1) J_{-\nu}(b)}{\left(\frac{b}{2}\right)^{\nu} \Gamma(-\nu + 1) J_{-\nu}(b)}$$

$$= \frac{a}{J_0(b)} \frac{\partial}{\partial \nu} \left\{ \left(\frac{b}{2}\right)^{-\nu} \Gamma(\nu + 1) J_\nu(b) \right\} \Bigg|_{\nu=0}$$

$$= \frac{a}{J_0(b)} \left\{ - \left(\ln \frac{b}{2} \right) J_0(b) + \Gamma'(1) J_0(b) + \partial_\nu J_\nu(b) \Big|_{\nu=0} \right\}.$$

Hierbei wurde stillschweigend angenommen, daß $J_0(b)$ von Null verschieden ist; die Nullstellen werden später betrachtet. Verwenden wir noch die *Eulersche Kontante* $\gamma := -\Gamma'(1) = 0,5772\ldots$ und die *Neumann-Funktion* mit dem Index Null $N_0(z)$:

$$\frac{\pi}{2} N_0(z) = \left(\ln \frac{z}{2} + \gamma \right) J_0(z) - \sum_{k=1}^{\infty} \frac{(-1)^k}{(k!)^2} \left(\frac{z}{2} \right)^{2k} \sum_{m=1}^{k} \frac{1}{m},$$

so erhalten wir infolge der Relation

$$\partial_\nu J_\nu(z) \Big|_{\nu=0} = \frac{1}{2} \pi N_0(z)$$

schließlich die Streulänge a_0 in der Gestalt

$$a_0 = -\frac{a}{J_0(b)} \left\{ - \left(\ln \frac{b}{2} + \gamma \right) J_0(b) + \frac{1}{2} \pi N_0(b) \right\}$$

$$= -\frac{a}{J_0(b)} \sum_{k=1}^{\infty} \frac{(-1)^{k+1}}{(k!)^2} \left(\frac{b}{2} \right)^{2k} \sum_{m=1}^{k} \frac{1}{m}. \tag{6.7.34}$$

Die Streulänge ist ersichtlich reell.

Bei hinreichend kleiner Energie des Streuprozesses, durch die Bedingung $ka \ll 1$ grob charakterisiert, ist in der Streuamplitude nur die Partialwelle $l = 0$ (merklich) von Null verschieden und kann dazuhin durch ihren Wert bei $k = 0$ approximiert werden. Der differentielle Streuquerschnitt nimmt dann die Form

$$d\sigma = (a_0)^2 d\Omega$$

an, er ist also unabhängig vom Streuwinkel und durch die Streulänge a_0 bestimmt. Bei festgehaltenem Parameter a der Reichweite des Potentials variiert die Streulänge a_0 als Funktion des Stärkeparameters b über ganz $\mathbb{R}$:

i)   Sie verschwindet für spezielle Werte des Parameters b. In einem solchen Fall findet trotz des Potentials im betrachteten Energiebereich keine Streuung statt!

ii) In den Nullstellen $J_0(b_j) = 0$, $j = 1, 2, 3, \ldots$ der Bessel-Funktion weist a_0 jeweils einen Pol 1. Ordnung auf, ist dort also singulär. Die physikalische Ursache hierfür ist die Existenz eines fastgebundenen Zustands der Energie Null. Mit zunehmendem Parameter b wird dann aus diesem fastgebundenen Zustand ein gebundener Zustand, der wie auch alle anderen bereits vorhandenen, stärker und

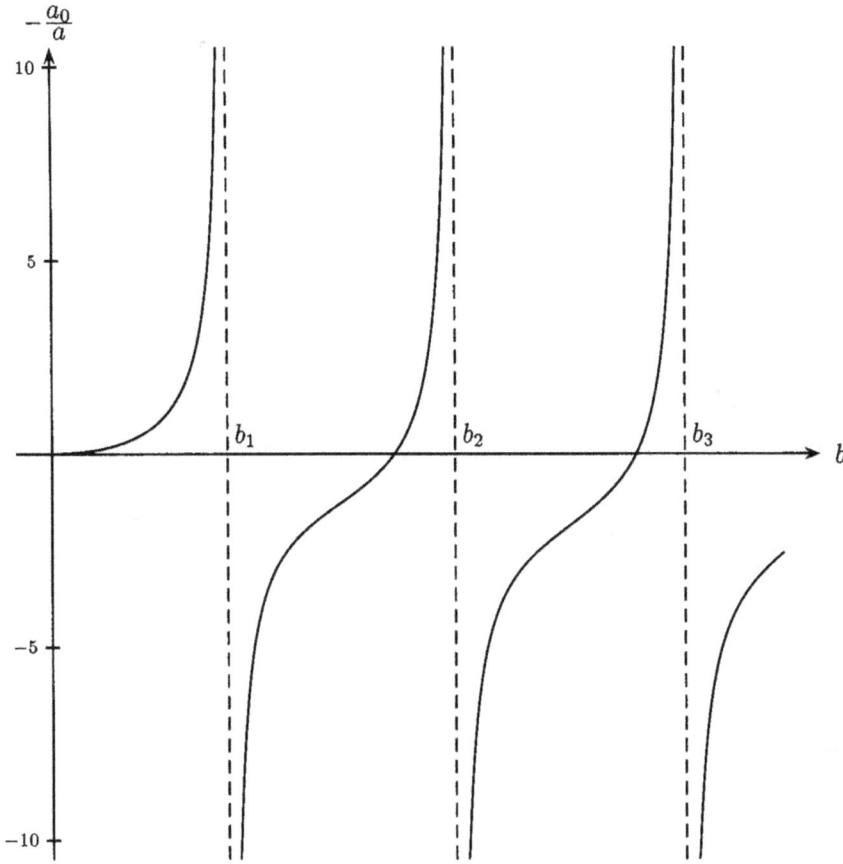

Abbildung 6.4: Die negative Streulänge $-a_0$, Gleichung (6.7.34), des Exponentialpotentials (6.7.20) in Einheiten des Reichweiteparameters a als Funktion des Stärkeparameters b

stärker gebunden wird. In der folgenden Nullstelle der Bessel-Funktion erscheint ein neuer fastgebundener Zustand der Energie Null, etc.

6.8   Die Streuung am Coulomb-Potential

Um die Streuung eines Teilchens positiver oder negativer Ladung gemeinsam behandeln zu können, lassen wir im Hamilton-Operator

$$H = -\frac{\hbar^2}{2m}\Delta - \frac{Ze^2}{r} \tag{6.8.1}$$

eine Kernladungszahl $Z \in \mathbb{Z}$ zu: $Z \in \mathbb{N}$ bedeutet Anziehung, $(-Z) \in \mathbb{N}$ Abstoßung. Gesucht werden diejenigen Eigendistributionen des Hamilton-Operators H ,

$$H\phi = E\phi, \quad E > 0, \tag{6.8.2}$$

die den Streuprozeß beschreiben. Mit

$$\vec{k} \in \mathbb{R}^3, \quad k \equiv |\vec{k}| = \frac{1}{\hbar}\sqrt{2mE}, \text{ und } \eta := \frac{mZe^2}{\hbar^2 k} \tag{6.8.3}$$

lautet die verallgemeinerte Eigenwertgleichung (6.8.2) dann

$$\left\{-\Delta - \frac{2\eta k}{r}\right\}\phi = k^2\phi. \tag{6.8.4}$$

Diese Gleichung kann analytisch gelöst werden, wie sogleich ausgeführt wird. Wir suchen eine Streulösung. Wäre das Potential kurzreichweitig, so erwarteten wir eine Lösung des Typs $\phi_{\vec{k}}^{(+)}$; das mit $r \to \infty$ nur schwach verschwindende Coulomb-Potential erzeugt jedoch, wie wir sehen werden, eine modifizierte Form.

Zur Lösung machen wir den Ansatz, dessen physikalische Berechtigung sich im Ergebnis herausstellen wird:

$$\phi(\vec{x}) = e^{i\vec{k}\cdot\vec{x}}g(\zeta), \quad \zeta = i(kr - \vec{k}\cdot\vec{x}). \tag{6.8.5}$$

Dieser Ansatz, in der Gleichung (6.8.4) verwendet, führt über eine Übung im Ableiten (nach cartesischen Koordinaten) zur gewöhnlichen Differentialgleichung

$$\zeta g''(\zeta) + (1 - \zeta)g'(\zeta) - i\eta g(\zeta) = 0. \tag{6.8.6}$$

Wir erkennen die konfluente hypergeometrische Differentialgleichung, der wir schon im Abschnitt 3.4 begegneten: Sie besitzt die im Punkt $\zeta = 0$ (entspricht $\vec{x} = 0$) reguläre Lösung

$$g(\zeta) = \text{const } {}_1F_1(i\eta; 1; \zeta). \tag{6.8.7}$$

Mit vorweggenommener Wahl der Konstanten ist also

$$\phi(\vec{x}) = e^{\frac{\pi}{2}\eta}\Gamma(1 - i\eta)e^{i\vec{k}\cdot\vec{x}} {}_1F_1(i\eta; 1; \zeta) \tag{6.8.8}$$

Eigendistribution des Hamilton-Operators (6.8.1). Ihre physikalische Bedeutung wird am Verhalten bei $r \to \infty$ ersichtlich. Wir verwenden die asymptotische Entwicklung der konfluenten hypergeometrischen Funktion, siehe z.B. [AS]; für $\zeta \to \infty$, mit $-\pi < \arg\zeta < \pi$, gilt:

$$\begin{aligned}
{}_1F_1(a; c; \zeta) \sim{} &\frac{\Gamma(c)}{\Gamma(c - a)}\exp[i\pi\,\text{asgn}(\text{Im}\zeta) - a\ln\zeta]\cdot\{1 + \mathcal{O}(\zeta^{-1})\} \\
&+ \frac{\Gamma(c)}{\Gamma(a)}\exp[\zeta + (a - c)\ln\zeta]\cdot\{1 + \mathcal{O}(\zeta^{-1})\},
\end{aligned}$$

wobei

$$\ln \zeta = \ln |\zeta| + i \arg \zeta \ .$$

Hiermit nimmt das asymptotische Verhalten der Eigendistribution (6.8.8) für $r \to \infty$ und $\theta \neq 0$, wobei $\vec{k} \cdot \vec{x} = kr \cos \theta$, die Gestalt

$$\phi(\vec{x}) \sim \exp i\{\vec{k} \cdot \vec{x} - \eta \ln(kr - \vec{k} \cdot \vec{x})\} + f(k, \theta)\frac{1}{r} \exp i\{kr + \eta \ln(kr)\}(6.8.9)$$

an, mit der Coulomb-Streuamplitude

$$f(k, \theta) = \frac{\Gamma(1 - i\eta)}{\Gamma(1 + i\eta)} \frac{\eta}{k} \left(2 \sin^2 \frac{\theta}{2}\right)^{-1+i\eta} . \qquad (6.8.10)$$

Im Unterschied zur asymptotischen Gestalt (6.5.10) der Eigendistribution $\phi_{\vec{k}}^{(+)}$ im Fall eines Potentials kurzer Reichweite, sind in der asymptotischen Entwicklung (6.8.9) ebene Welle und Kugelwelle durch Phasenfaktoren modifiziert, die logarithmisch von r, bei ersterer auch von $\cos \theta$ abhängen. Die Ähnlichkeit überzeugt uns, daß wir mit dem gewählten Ansatz gerade die den Streuprozeß beschreibende Eigendistribution des Hamilton-Operators (6.8.1) gefunden haben. Wird nun – etwas kühn angesichts der modifizierten Gestalt (6.8.9) – die im Abschnitt 6.6 deduzierte Relation zwischen Streuamplitude und differentiellem Wirkungsquerschnitt übernommen, so erhalten wir den *Rutherfordschen Streuquerschnitt*:

$$d\sigma = |f(k, \theta)|^2 d\Omega = \left(\frac{Ze^2}{4E \sin^2 \frac{\theta}{2}}\right)^2 d\Omega . \qquad (6.8.11)$$

(Hierbei wurde verwendet, daß die Eulersche Γ-Funktion reell analytisch ist: $\Gamma(\bar{z}) = \overline{\Gamma(z)}$.) Offensichtlich hängt der Wirkungsquerschnitt nicht davon ab, ob Anziehung oder Abstoßung vorliegt.

Bei festgehaltenem Streuwinkel θ kann die Coulomb-Streuamplitude $f(k, \theta)$ als analytische Funktion der zu komplexen Werten fortgesetzten Energie E betrachtet werden. Hierzu definieren wir die komplexe Quadratwurzel:

$$E = |E|e^{i\varphi} , \quad 0 \leq \varphi < 2\pi , \quad \Rightarrow \hbar k = \sqrt{2mE} = (2m|E|)^{\frac{1}{2}} e^{\frac{i}{2}\varphi} .$$

Die komplexe E-Ebene ist folglich längs der positiven reellen Achse, die das kontinuierliche Spektrum des Hamilton-Operators (6.8.1) bildet, aufgeschnitten. Der Faktor $\Gamma(1 - i\eta)$ in der Streuamplitude $f(k, \theta)$ hat Pole erster Ordnung in den Punkten $i\eta = n$, $n \in \mathbb{N}$. Aus der Definition von η, (6.8.3), ersehen wir, daß diese Polstellen –

auch mit $E \in \mathbb{C}$ – nur erreicht werden, wenn $Z > 0$ ist, also im Fall der Anziehung:
Sie befinden sich dann in den Punkten

$$E_n = -\frac{m(Ze^2)^2}{2\hbar^2}\frac{1}{n^2} .$$

(6.8.12)

Die Punkte E_n , $n \in \mathbb{N}$, sind gerade die Eigenwerte des Hamilton-Operators! Sie
liegen im jeweiligen Analytizitätsbereich der anderen Faktoren in der Streuamplitude.
Mithin weist die Streuamplitude als Funktion der fortgesetzten Energievariablen Pole
erster Ordnung in den Punkten des diskreten Spektrums, also den Eigenwerten des
Hamilton-Operators auf.

Zum Schluß soll noch ein kurioser Sachverhalt erwähnt werden: Berechnet man die
Coulomb-Streuamplitude in der Bornschen Näherung mittels der nur für kurzreich-
weitige Potentiale gerechtfertigten Formel (6.6.13), so ergibt sich

$$f(k,\theta)\Big|_{\text{Born}} = \text{sgn}(Z)|f(k,\theta)| ,$$

(6.8.13)

und somit für den differentiellen Streuquerschnitt das exakte Resultat (6.8.11).

Aufgabe 6.8.1

*Die Radialfunktionen (3.4.7) im Energiebereich $E > 0$ beschreiben die Streuung eines
spinlosen Teilchens im anziehenden Coulomb-Potential. In der asymptotischen Gestalt
dieser Funktionen für $r \to \infty$ treten die Streuphasen $\delta_l(k)$ zutage. Infolge des lang-
reichweitigen Coulomb-Potentials weicht jedoch diese asymptotische Gestalt von der
Form (6.7.9) durch einen zusätzlichen Term im Argument ab. Man bestimme aus dem
leitenden Beitrag in der asymptotischen Entwicklung der konfluenten hypergeometrischen Funktion die asymptotische Gestalt der Radialfunktion und die zugehörigen
Streuphasen. (Hinweis: Man benütze die Relation $\Gamma(\bar{z}) = \overline{\Gamma(z)}$.)*

6.9   Die Møller-Operatoren

Im Abschnitt 6.5 haben wir die Methode der stationären Phase verwendet, um hiermit
ein qualitatives Bild des zeitlichen Verhaltens zweier Lösungstypen der Schrödinger-
Gleichung zu gewinnen. Wenngleich nur ein heuristisches Verfahren, so erlaubte es
doch die physikalische Bedeutung dieser impliziten Lösungen zu erkennen. Sie zeigen
entweder „vor dem Stoß" oder aber danach ein „einfaches" Verhalten: Die Lösung

$\psi_t^{(+)}$ gleicht bei immer größeren negativen Zeiten „mehr und mehr" einem freien Wellenpaket, die Lösung $\psi_t^{(-)}$ hingegen verhält sich analog bei wachsenden positiven Zeiten. Diese intuitiven Aussagen sollen hier in mathematischer Sprache formuliert werden. Hierbei machen wir auch stillschweigend Gebrauch von Spektraleigenschaften selbstadjungierter Operatoren, die erst in einem späteren Kapitel zur Sprache kommen werden. Dieser und die beiden folgenden Abschnitte können beim ersten Lesen übergangen werden.

Im Hilbert-Raum $\mathcal{H} = \mathcal{L}^2(\mathbb{R}^3)$ sind also der „freie" Hamilton-Operator H_0 , (6.5.3), und der Hamilton-Operator H , (6.5.2), mit dem Potential V , (6.5.1), gegeben. Der jeweiligen Schrödinger-Gleichung zufolge bestimmen diese Operatoren die korrespondierende Zeitevolution beliebig wählbarer Anfangszustände $\varphi \in \mathcal{H}$, bzw. $\psi \in \mathcal{H}$ zur Zeit $t = 0$ in der Gestalt unitärer Transformationen:

$$\varphi_t = e^{-i\frac{t}{\hbar}H_0}\varphi , \ \text{bzw.} \ \psi_t = e^{-i\frac{t}{\hbar}H}\psi , \quad t \in \mathbb{R} .$$

Wir definieren nun die einparametrige Schar unitärer Transformationen

$$W_t = e^{i\frac{t}{\hbar}H}e^{-i\frac{t}{\hbar}H_0} , \quad t \in \mathbb{R} ; \tag{6.9.1}$$

folglich ist

$$W_t^* = e^{i\frac{t}{\hbar}H_0}e^{-i\frac{t}{\hbar}H} , \quad t \in \mathbb{R} , \tag{6.9.2}$$

die dazu adjungierte Schar. Physikalisch gesehen ist der Operator W_t das Produkt aus der freien Zeitevolution, gefolgt von der inversen Zeitevolution durch den Hamilton-Operator H . Ist das Potential kurzreichweitig, so bewirkt außerhalb seiner Reichweite der Hamilton-Operator H eine quasifreie inverse Zeitevolution. (Im Fall eines freien Wellenpakets, vgl. Abschnitt 6.2, läuft dessen wesentliche Lokalisierung durch den gedachten Wirkungsbereich des Potentials.) Daher kann man die Existenz von Grenzwerten für $t \to \mp\infty$ der Schar (6.9.1) vermuten. Es gilt der

Satz

Die Potentialfunktion $v(\vec{x})$ erfülle $v \in \mathcal{L}^2(\mathbb{R}^3)$, dann existieren die Møller-Operatoren

$$\Omega_\pm = \text{s}-\lim_{t\to\mp\infty} e^{i\frac{t}{\hbar}H}e^{-i\frac{t}{\hbar}H_0} .$$

Anmerkung: Die gegenläufige Zuordnung der Vorzeichen ist im Einklang mit der bereits im Abschnitt 6.5 erwähnten Konvention.

Die Møller-Operatoren existieren im Sinne der *starken Operatorkonvergenz*:

$$\lim_{t \to \mp\infty} \|\Omega_\pm\varphi - e^{i\frac{t}{\hbar}H}e^{-i\frac{t}{\hbar}H_0}\varphi\| = 0 \,, \quad \forall\varphi \in \mathcal{H} \,.$$

Einen lesbaren Beweis dieses Satzes findet man z.B. bei [Ka, chapt. 10, par. 3],[RS, vol. III, chapt. XI.4].

Die Forderung einer quadratintegrablen Potentialfunktion erlaubt z.B. eine $\frac{1}{r}$-Singularität im Ursprung und im Unendlichen einen Abfall $\sim \frac{1}{r^a}$, mit $a > \frac{3}{2}$; ihr genügt augenscheinlich eine große Klasse physikalisch interessanter Potentiale.

Aus der Unitarität der Evolutionsoperatoren folgt direkt

$$\begin{aligned}\|\Omega_\pm\varphi\| &= \lim_{t \to \mp\infty} \|e^{i\frac{t}{\hbar}H}e^{-i\frac{t}{\hbar}H_0}\varphi\| \\ &= \lim_{t \to \mp\infty} \|\varphi\| = \|\varphi\| \,,\end{aligned}$$

mithin

$$\Omega_+^*\Omega_+ = \Omega_-^*\Omega_- = \mathbb{1} \,. \tag{6.9.3}$$

Die Møller-Operatoren sind als starke Grenzwerte unitärer Operatoren zwar *isometrisch*, jedoch im allgemeinen nicht unitär. Gebundene Zustände können nicht im Wertebereich der Operatoren $\Omega_\pm$ auftreten. Sei $\psi \in \mathcal{H}$, $\|\psi\| = 1$, ein gebundener Zustand, also $H\psi = E\psi$, mit $E < 0$. Die Schar unitärer Transformationen (6.9.2) erzeugt aus ihm die Vektorfolge

$$W_t^*\psi = e^{i\frac{t}{\hbar}H_0}\psi e^{-i\frac{t}{\hbar}E} \,.$$

Diese Folge kann jedoch für $t \to \mp\infty$ nicht stark konvergieren, da das Spektrum von H_0 aus den positiv reellen Punkten besteht, und $E < 0$ ist. Die zu den Møller-Operatoren $\Omega_\pm$ adjungierten Operatoren können also im allgemeinen nicht als starke Grenzwerte der Schar (6.9.2) gewonnen werden. Die Operatoren

$$P_\pm := \Omega_\pm\Omega_\pm^*$$

sind offensichtlich selbstadjungiert und idempotent:

$$P_\pm^* = P_\pm \,,$$

$$P_\pm P_\pm = \Omega_\pm\Omega_\pm^*\Omega_\pm\Omega_\pm^* = P_\pm \,,$$

letzteres als Folge der Isometrie (6.9.3). Daher sind die beiden Operatoren $P_\pm$ orthogonale Projektoren. Gilt

$$\Omega_\pm \Omega_\pm^* = 1 - P_d \, , \qquad (6.9.4)$$

wobei P_d den orthogonalen Projektor auf den Unterraum des Hilbert-Raums bezeichnet, der von den gebundenen Zuständen aufgespannt wird, so werden die Møller-Operatoren $\Omega_\pm$ asymptotisch *vollständig* genannt. Die Relation (6.9.4) erscheint im Fall „physikalischer Potentiale" plausibel; natürlich erübrigt sich hierdurch eine mathematische Begründung nicht, der jedoch hier nicht nachgegangen werden soll.

Aus den Relationen (6.9.4) folgt

$$\Omega_\pm \mathcal{H} = \mathcal{H}_d^\perp \, . \qquad (6.9.5)$$

Asymptotisch vollständige Møller-Operatoren bilden also den Hilbert-Raum auf das orthogonale Komplement des Unterraums $\mathcal{H}_d$ der gebundenen Zustände ab. Zum Beweis der Behauptung (6.9.5) betrachten wir einen Vektor $f \in \mathcal{H}$, der orthogonal ist auf dem Wertebereich des Operators Ω_+, also

$$(f, \Omega_+ \varphi) = 0 \, , \quad \forall \varphi \in \mathcal{H} \, .$$

Somit ist $\Omega_+^* f = 0$ und daher gilt auch

$$0 = \Omega_+ \Omega_+^* f = (1 - P_d) f = f - P_d f \, .$$

Es muß also $f \in \mathcal{H}_d$ sein. Der Beweis für Ω_- verläuft ebenso. $\qquad \square$

Die Møller-Operatoren genügen den *Verflechtungsrelationen*

$$H \Omega_\pm = \Omega_\pm H_0 \, . \qquad (6.9.6)$$

Um diese Relationen zu zeigen, schreiben wir:

$$e^{i \frac{t}{\hbar} H} \Omega_\pm = \lim_{a \to \mp \infty} e^{i \frac{t}{\hbar} H} e^{i \frac{a}{\hbar} H} e^{-i \frac{a}{\hbar} H_0} e^{-i \frac{t}{\hbar} H_0} e^{i \frac{t}{\hbar} H_0} \, ,$$

das Produkt der beiden letzten Faktoren ist offensichtlich die Identität. Die Substitution $\tau = t + a$ führt auf

$$e^{i \frac{t}{\hbar} H} \Omega_\pm = \lim_{\tau \to \mp \infty} e^{i \frac{\tau}{\hbar} H} e^{-i \frac{\tau}{\hbar} H_0} e^{i \frac{t}{\hbar} H_0}$$
$$= \Omega_\pm e^{i \frac{t}{\hbar} H_0} \, .$$

Aus der Ableitung nach t an der Stelle $t = 0$ erhält man die Behauptung. $\qquad \square$

Mittels der Møller-Operatoren lassen sich nun spezielle Lösungen der Schrödinger-Gleichung mit der entsprechenden Potentialfunktion v konstruieren: Sei $\varphi \in \mathcal{H}$, mit $\|\varphi\| = 1$, und

$$\psi^{(\pm)} := \Omega_\pm \varphi .\tag{6.9.7}$$

Dann ist

$$\varphi_t := e^{-i\frac{t}{\hbar}H_0}\varphi\tag{6.9.8}$$

eine normierte Lösung der freien Schrödinger-Gleichung, und

$$\psi_t^S := e^{-i\frac{t}{\hbar}H}\psi^{(+)} , \quad \psi_t^D := e^{-i\frac{t}{\hbar}H}\psi^{(-)}\tag{6.9.9}$$

sind normierte Lösungen der „vollen" Schrödinger-Gleichung. Der Urbildvektor φ und die beiden Bildvektoren sind gerade die jeweiligen Lösungen zum Zeitpunkt $t = 0$. Die physikalische Bedeutung der Lösungen (6.9.9) erschließt sich aus ihrem zeitlichen Verhalten

$$\lim_{t\to-\infty} \|\psi_t^S - \varphi_t\| = 0 , \quad \lim_{t\to+\infty} \|\psi_t^D - \varphi_t\| = 0 .\tag{6.9.10}$$

Zum Beweis dieser Behauptung verwenden wir, daß der Operator der Zeitevolution unitär ist:

$$\|\psi_t^S - \varphi_t\| = \|\psi^{(+)} - e^{i\frac{t}{\hbar}H}e^{-i\frac{t}{\hbar}H_0}\varphi\|$$
$$= \|(\Omega_+ - e^{i\frac{t}{\hbar}H}e^{-i\frac{t}{\hbar}H_0})\varphi\| \xrightarrow{t\to-\infty} 0 .$$

Analog verfährt man im anderen Fall.   □

Der zeitabhängige Vektor φ_t stellt ein freies Wellenpaket dar. Die Lösung ψ_t^S der Schrödinger-Gleichung konvergiert also in der starken Vektorkonvergenz im Hilbert-Raum mit $t \to -\infty$ gegen dieses freie Wellenpaket, die Lösung ψ_t^D hingegen mit $t \to \infty$. Durch diese mathematische Aussage hat die intuitive Charakterisierung: „gleicht mehr und mehr" aus dem Abschnitt 6.5 eine präzise Form angenommen. Wir vermuten, daß die Lösungen (6.9.9), wie schon durch deren Bezeichnung angedeutet ist, mit den im Abschnitt 6.5 über die Lippmann-Schwinger-Gleichungen definierten Lösungen übereinstimmen. Hierüber wird der folgende Abschnitt Aufschluß geben.

Aufgabe 6.9.1

Man bestimme den Operator der Zeitevolution im Fall eines freien Teilchens als

Integralkern auf Funktionen $\varphi \in \mathcal{S}(\mathbb{R}^3) \subset \mathcal{L}(\mathbb{R}^3)$, *also*

$$\varphi_t(\vec{x}) = (e^{-i\frac{t}{\hbar}H_0}\varphi)(\vec{x}) = \int d^3y \mathcal{P}(\vec{x}, \vec{y}; t)\varphi(\vec{y}) .$$

Dieser Integralkern $\mathcal{P}(\vec{x}, \vec{y}; t)$ *wird auch als* freier Propagator *bezeichnet.*

6.10   Møller-Operatoren und Eigendistributionen der Lippmann-Schwinger-Gleichungen

Gegeben sei weiterhin das im vorausgehenden Abschnitt betrachtete System. Die Resolvente des freien Hamilton-Operators H_0:

$$R_0(z) = (H_0 - z\mathbb{1})^{-1} , \quad z \in \mathbb{C} , \tag{6.10.1}$$

wie auch diejenige des Hamilton-Operators H:

$$R(z) = (H - z\mathbb{1})^{-1} , \quad z \in \mathbb{C} , \tag{6.10.2}$$

sind beschränkte Operatoren im Hilbert-Raum, wenn $z \notin \sigma(H_0)$, bzw. $z \notin \sigma(H)$. Das Spektrum des Operators H_0 , $\sigma(H_0)$, ist $\mathbb{R}_+$, dasjenige des Operators H , $\sigma(H)$, besteht aus $\mathbb{R}_+$ und den gegebenenfalls vorhandenen Eigenwerten $\{E_i\}$; letztere sind negativ reell. Die *Resolventengleichungen 2. Art*

$$\begin{aligned} R(z) - R_0(z) &= -R(z)VR_0(z) \\ &= -R_0(z)VR(z) , \end{aligned} \tag{6.10.3}$$

wobei $z \notin \sigma(H)$, verknüpfen die beiden Resolventen miteinander; hiervon überzeugt man sich leicht:

$$\begin{aligned} R(z) - R_0(z) &= R(z)(H_0 - z\mathbb{1})R_0(z) - R(z)(H - z\mathbb{1})R_0(z) \\ &= R(z)(H_0 - H)R_0(z) . \end{aligned}$$

Entsprechende Schritte führen zur zweiten Gleichung.

Zur Beschreibung der Streuung werden die Resolventen mit Parameterwerten aus dem kontinuierlichen Spektrum benötigt: Diese Punkte können als Randpunkte der oberen

Halbebene, oder aber als Randpunkte der unteren Halbebene angesehen werden. Hierfür verwenden wir die Notation, wobei $E \in \mathbb{R}_+$:

$$R_0(E \pm i0) = \lim_{\varepsilon \searrow 0} R_0(E \pm i\varepsilon) , \tag{6.10.4}$$

und ebenso im Fall der Resolventen $R(z)$. Die Resolvente (6.10.1) des freien Hamilton-Operators konnten wir im Abschnitt 6.3 als Integraloperator darstellen (man beachte den dort abgespaltenen Faktor $\frac{2m}{\hbar^2}$), woraus für die beiden Randwerte (6.10.4) die Greenschen Funktionen (6.3.3) hervorgingen, also mit

$$E = \frac{\hbar^2 \vec{k}^2}{2m} , \quad k = |\vec{k}| :$$

$$(R_0(E \pm i0)\varphi)(\vec{x}) = \frac{2m}{\hbar^2} \int d^3 y\, G_k^{(\pm)}(\vec{x} - \vec{y})\varphi(\vec{y}) . \tag{6.10.5}$$

Die Lippmann-Schwinger-Gleichungen (6.5.5) können deshalb auch in der Form

$$\phi_{\vec{k}}^{(\pm)} = e^{i\vec{k}\cdot\vec{x}} - R_0(E \pm i0)V\phi_{\vec{k}}^{(\pm)}$$

geschrieben werden. Unser Ziel ist, sie nach den Eigendistributionen $\phi_{\vec{k}}^{(\pm)}$ des Hamilton-Operators H aufzulösen. Der Deutlichkeit wegen betrachten wir die beiden Gleichungen getrennt. Offensichtlich gilt

$$e^{i\vec{k}\cdot\vec{x}} = \{1 + R_0(E + i0)V\}\phi_{\vec{k}}^{(+)} ,$$

und hieraus folgt mit der Resolventen (6.10.2):

$$\{1 - R(E + i0)V\}e^{i\vec{k}\cdot\vec{x}}$$
$$= \{1 - R(E + i0)V + R_0(E+i0)V - R(E+i0)V R_0(E+i0)V\}\phi_{\vec{k}}^{(+)}$$
$$= \phi_{\vec{k}}^{(+)} - \{R(E+i0) - R_0(E+i0) + R(E+i0)V R_0(E+i0)\}V\phi_{\vec{k}}^{(+)} .$$

Die Summe in der Klammer der letzten Zeile verschwindet infolge der ersten Gleichung aus (6.10.3), wenn wir diese im Randpunkt $z = E + i0$ verwenden. (Man beachte, daß die Resolventen nicht direkt auf die Eigendistributionen von H_0 oder H wirken, sondern stets auf deren Abbildung durch V.) Entsprechend kann man im Fall $\phi_{\vec{k}}^{(-)}$ vorgehen. Somit sind

$$\phi_{\vec{k}}^{(\pm)} = \{1 - R(E \pm i0)V\}e^{i\vec{k}\cdot\vec{x}} \tag{6.10.6}$$

die „Lösungen" der Lippmann-Schwinger-Gleichungen (6.5.5) – im Gegensatz zu den Greenschen Funktionen des freien Hamilton-Operators H_0 können wir jedoch die Greenschen Funktionen $R(E \pm i0)$ des Hamilton-Operators H nicht direkt durch Integraloperatoren darstellen.

Das zentrale Ergebnis dieses Abschnitts ist der

Satz

Die beiden Møller-Operatoren Ω_+, Ω_- transformieren einen Vektor $\varphi \in \mathcal{S}(\mathbb{R}^3) \subset \mathcal{H}$ mit der Fourier-Darstellung

$$\varphi(\vec{x}) = (2\pi)^{-\frac{3}{2}} \int d^3k \widehat{\varphi}(\vec{k}) e^{i\vec{k}\cdot\vec{x}}$$

in die Bildvektoren $\Omega_+\varphi$ und $\Omega_-\varphi$ mit den Darstellungen

$$(\Omega_\pm\varphi)(\vec{x}) = (2\pi)^{-\frac{3}{2}} \int d^3k \widehat{\varphi}(\vec{k}) \phi_{\vec{k}}^{(\pm)}(\vec{x}) .$$

Der Satz besagt also, daß bei der Abbildung eines Vektors durch die Møller-Operatoren in der Fourier-Darstellung die Eigendistributionen des freien Hamilton-Operators H_0 ersetzt werden durch die korrespondierenden Eigendistributionen des Hamilton-Operators H, wobei die Impulsamplitude $\widehat{\varphi}(\vec{k})$ ungeändert bleibt.

Beweis: Wir verwenden die operatorwertige Funktion (vgl. Gleichung (6.9.1))

$$W(\tau) := e^{i\tau H} e^{-i\tau H_0} , \text{ mit } \tau = \frac{t}{\hbar} ,$$

und erhalten hiermit

$$\Omega_+\varphi = \lim_{\tau \to -\infty} W(\tau)\varphi$$

$$= \varphi - \int_{-\infty}^0 d\tau \frac{d}{d\tau} W(\tau)\varphi$$

$$= \varphi - i \int_{-\infty}^0 d\tau e^{i\tau H} V e^{-i\tau H_0} (2\pi)^{-\frac{3}{2}} \int d^3k \widehat{\varphi}(\vec{k}) e^{i\vec{k}\cdot\vec{x}}$$

$$= \varphi - i \lim_{\varepsilon \searrow 0} \int_{-\infty}^0 d\tau e^{i\tau H} V (2\pi)^{-\frac{3}{2}} \int d^3k \widehat{\varphi}(\vec{k}) e^{i\vec{k}\cdot\vec{x} - iE\tau + \varepsilon\tau} ,$$

wobei

$$E = \frac{\hbar^2 \vec{k}^2}{2m} .$$

Im letzten Schritt wurde die Abbildung durch den Operator $\exp i\tau H_0$ ausgeführt und das τ-Integral als *Abelscher Limes* formuliert. Für $\varepsilon > 0$ kann dann die Integrationsreihenfolge vertauscht werden, da die Konvergenz des τ-Integrals für $\tau \to -\infty$ nun durch den Faktor $\exp \varepsilon\tau$ erzeugt wird. Somit folgt also

$$
\begin{aligned}
(\Omega_+\varphi)(\vec{x}) &= (2\pi)^{-\frac{3}{2}} \int d^3k\,\widehat{\varphi}(\vec{k})\Big\{1 - i\lim_{\varepsilon\searrow 0}\int_{-\infty}^{0} d\tau\,e^{i\tau(H-E-i\varepsilon)}V\Big\}e^{i\vec{k}\cdot\vec{x}} \\
&= (2\pi)^{-\frac{3}{2}} \int d^3k\,\widehat{\varphi}(\vec{k})\Big\{1 - \lim_{\varepsilon\searrow 0}(H-E-i\varepsilon)^{-1}V\Big\}e^{i\vec{k}\cdot\vec{x}} \\
&= (2\pi)^{-\frac{3}{2}} \int d^3k\,\widehat{\varphi}(\vec{k})\phi_{\vec{k}}^{(+)}(\vec{x})\,.
\end{aligned}
$$

Hierbei benutzten wir zuletzt die Relation (6.10.6). Ganz ähnlich verläuft der Beweis im Fall $\Omega_-\varphi$.   □

Die Isometrie der Møller-Operatoren:

$$
(\varphi_1,\varphi_2) = (\Omega_\pm\varphi_1,\Omega_\pm\varphi_2)\,,\quad \forall\varphi_1,\varphi_2 \in \mathcal{S}\,,
$$

zusammen mit dem Satz, hat die Gleichung

$$
\int d^3k\,\overline{\widehat{\varphi}_1(\vec{k})}\widehat{\varphi}_2(\vec{k}) = (2\pi)^{-3}\int d^3k'\,\overline{\widehat{\varphi}_1(\vec{k}')}\int d^3k\,\widehat{\varphi}_2(\vec{k})(\phi_{\vec{k}'}^{(\pm)},\phi_{\vec{k}}^{(\pm)})
$$

zur Folge, an der wir ablesen können, daß die Eigendistributionen $\phi_{\vec{k}}^{(\pm)}$ des Operators H die gleiche „Normierung" aufweisen wie die Eigendistributionen $\exp i\vec{k}\cdot\vec{x}$ des Operators H_0:

$$
(\phi_{\vec{k}'}^{(\pm)},\phi_{\vec{k}}^{(\pm)}) = (2\pi)^3\delta(\vec{k}'-\vec{k})\,. \tag{6.10.7}
$$

Wir erinnern uns an den Abschnitt 6.5: Dort förderte eine asymptotische Entwicklung der Eigendistribution $\phi_{\vec{k}}^{(+)}$ für $r \to \infty$ die Streuamplitude $f^{(+)}(\vec{k}',\vec{k})$ zutage. Es erhebt sich die Frage, ob wir die Streuamplitude nicht auch dadurch sichtbar machen können, daß wir verallgemeinerte Skalarprodukte von Eigendistributionen, wie z.B. (6.10.7), als Kerne auffassen. In diesem Sinn ergibt sich mit den Abkürzungen

$$
E' = \frac{\hbar^2\vec{k}'^2}{2m}\,,\quad E = \frac{\hbar^2\vec{k}^2}{2m}
$$

aus den „Lösungen" der Lippmann-Schwinger-Gleichungen (6.10.6):

$$
(\phi_{\vec{k}'}^{(-)} - \phi_{\vec{k}'}^{(+)},\phi_{\vec{k}}^{(+)})
$$

$$= \lim_{\varepsilon \searrow 0}(\{-(H - E' + i\varepsilon)^{-1} + (H - E' - i\varepsilon)^{-1}\}V e^{i\vec{k}' \cdot \vec{x}}, \phi_{\vec{k}}^{(+)})$$

$$= \lim_{\varepsilon \searrow 0}(V e^{i\vec{k}' \cdot \vec{x}}, \{-(H - E' - i\varepsilon)^{-1} + (H - E' + i\varepsilon)^{-1}\}\phi_{\vec{k}}^{(+)})$$

(Man beachte den Vorzeichenwechsel der Imaginärteile)

$$= \lim_{\varepsilon \searrow 0} \frac{-2i\varepsilon}{(E - E')^2 + \varepsilon^2}(V e^{i\vec{k}' \cdot \vec{x}}, \phi_{\vec{k}}^{(+)}) .$$

Im ersten Faktor erkennen wir ein regularisiertes δ-Funktional (siehe Abschnitt 6.1.2), im zweiten Faktor die Streuamplitude $f^{(+)}(\vec{k}', \vec{k})$ aus der Gleichung (6.5.11) – jeweils bis auf eine Konstante – und erhalten also das verallgemeinerte Skalarprodukt

$$(\phi_{\vec{k}'}^{(-)}, \phi_{\vec{k}}^{(+)}) = (2\pi)^3 \delta(\vec{k}' - \vec{k}) + i\frac{(2\pi\hbar)^2}{m}\delta\left(\frac{\hbar^2 \vec{k}'^2}{2m} - \frac{\hbar^2 \vec{k}^2}{2m}\right)f^{(+)}(\vec{k}', \vec{k}) . \quad (6.10.8)$$

Die als Faktor vor der Streuamplitude $f^{(+)}(\vec{k}', \vec{k})$ stehende δ-Distribution garantiert die Energieerhaltung bei der Streuung am Potential.

6.11 Der Streuoperator

Wir fassen zunächst die Resultate der beiden vorausgehenden Abschnitte in den Blick, die dem Folgenden als Fundament dienen. Dabei nehmen wir eine solche Potentialfunktion im Hamilton-Operator an, welche die Existenz asymptotisch vollständiger Møller-Operatoren zur Folge hat. Gegeben seien zwei (beliebige) Vektoren $\varphi_{\text{ein}}, \varphi_{\text{aus}} \in \mathcal{H}$, sowie die von den Møller-Operatoren erzeugten Bildvektoren

$$\psi_{\text{ein}} := \Omega_+ \varphi_{\text{ein}} , \quad \psi_{\text{aus}} := \Omega_- \varphi_{\text{aus}} . \quad (6.11.1)$$

Definiert man hiermit die beiden Lösungen der freien Schrödinger-Gleichung:

$$\varphi_t^{\text{as}} = e^{-i\frac{t}{\hbar}H_0}\varphi_{\text{as}} , \quad \text{as} \equiv \text{ein}, \text{aus} , \quad (6.11.2)$$

wie auch die beiden Lösungen der Schrödinger-Gleichung (mit Potential):

$$\psi_t^S = e^{-i\frac{t}{\hbar}H}\psi_{\text{ein}} , \quad \psi_t^D = e^{-i\frac{t}{\hbar}H}\psi_{\text{aus}} , \quad (6.11.3)$$

so gilt das asymptotische Verhalten, vgl. die Gleichungen (6.9.7-10):

$$\lim_{t \to -\infty} \|\psi_t^S - \varphi_t^{\text{ein}}\| = 0 , \quad \lim_{t \to +\infty} \|\psi_t^D - \varphi_t^{\text{aus}}\| = 0 . \quad (6.11.4)$$

In der zuvor im Abschnitt 6.5 gewählten Bezeichnung ist also ψ_t^S eine Lösung der Schrödinger-Gleichung vom Strahltypus, hingegen ψ_t^D eine Lösung vom Detektortypus. Das Skalarprodukt dieser beiden Lösungen ist zeitunabhängig und somit gleich seinem Wert bei $t = 0$:

$$(\psi_t^D, \psi_t^S) = (\psi_{\text{aus}}, \psi_{\text{ein}}) = (\Omega_- \varphi_{\text{aus}}, \Omega_+ \varphi_{\text{ein}}) = (\varphi_{\text{aus}}, \Omega_-^* \Omega_+ \varphi_{\text{ein}}) . \quad (6.11.5)$$

Der offensichtlich auf ganz $\mathcal{H}$ definierte Operator

$$S := \Omega_-^* \Omega_+ \qquad (6.11.6)$$

wird als *Streuoperator*, oder kürzer: als *S-Operator* bezeichnet. Es gilt der

Satz

Der Streuoperator ist unitär, also

$$S^* S = S S^* = \mathbb{1} , \qquad (6.11.7)$$

und erfüllt

$$[S, \mathcal{H}_0] = 0 . \qquad (6.11.8)$$

Beweis:

i) Wir verwenden zunächst die asymptotische Vollständigkeit (6.9.4-5) und dann die Isometrie (6.9.3) der Møller-Operatoren:

$$S^* S = \Omega_+^* \Omega_- \Omega_-^* \Omega_+ = \Omega_+^* (1 - P_d) \Omega_+ = \Omega_+^* \Omega_+ = \mathbb{1} .$$

Den Fall des Produkts $S S^*$ zeigt man mit den gleichen Schritten.

ii) Aufgrund der Verflechtungsrelationen (6.9.6) und deren adjungierter Version ergibt sich

$$S H_0 = \Omega_-^* \Omega_+ H_0 = \Omega_-^* H \Omega_+ = H_0 \Omega_-^* \Omega_+ = H_0 S . \qquad \square$$

Lesen wir die Gleichung (6.11.5) von rechts nach links, so kann uns nicht entgehen, daß zwischen dem dort auftretenden Matrixelement des Streuoperators und der Streuamplitude eine (lineare) Relation bestehen muß. Diese bleibt noch zu bestimmen.

Ohne uns physikalisch einzuschränken, können wir aus mathematischen Gründen $\varphi_{\text{ein}}, \varphi_{\text{aus}} \in \mathcal{S}(\mathbb{R}^3)$ für die freien Wellenpakete zur Zeit $t = 0$ annehmen. Mittels deren Fourier-Darstellung erhalten wir den Streuoperator in der Gestalt eines Integralkerns „im Impulsraum":

$$(\varphi_{\text{aus}}, S \varphi_{\text{ein}}) = (2\pi)^{-3} \int d^3 k' \overline{\widehat{\varphi}_{\text{aus}}(\vec{k}')} \int d^3 k \widehat{\varphi}_{\text{ein}}(\vec{k}) (e^{i \vec{k}' \cdot}, S e^{i \vec{k} \cdot}) ,$$

d.h. als Matrixelement in der verallgemeinerten Basis $\{e^{i\vec{k}\cdot\vec{x}}\}$ aus Eigendistributionen des freien Hamilton-Operators H_0 . (Über die Variable $\vec{x}$ ist im Skalarprodukt integriert.) Andererseits gilt infolge des Satzes aus dem Abschnitt 6.10:

$$(\Omega_-\varphi_{\text{aus}}, \Omega_+\varphi_{\text{ein}}) = (2\pi)^{-3} \int d^3k' \overline{\hat{\varphi}_{\text{aus}}(\vec{k}')} \int d^3k \hat{\varphi}_{\text{ein}}(\vec{k})(\phi^{(-)}_{\vec{k}'}, \phi^{(+)}_{\vec{k}}) \, .$$

Daher erhalten wir aus der Identität

$$(\varphi_{\text{aus}}, S\varphi_{\text{ein}}) = (\Omega_-\varphi_{\text{aus}}, \Omega_+\varphi_{\text{ein}})$$

zunächst

$$(e^{i\vec{k}'\cdot}, Se^{i\vec{k}\cdot}) = (\phi^{(-)}_{\vec{k}'}, \phi^{(+)}_{\vec{k}}) \, , \tag{6.11.9}$$

und mit der Gleichung (6.10.8) zusammen die gesuchte Relation zwischen dem Integralkern des S-Operators und der Streuamplitude

$$(e^{i\vec{k}'\cdot}, Se^{i\vec{k}\cdot}) = (2\pi)^3 \delta(\vec{k}'-\vec{k}) + i\frac{(2\pi\hbar)^2}{m}\delta(\frac{\hbar^2\vec{k}'^2}{2m} - \frac{\hbar^2\vec{k}^2}{2m})f^{(+)}(\vec{k}', \vec{k}) \, . \tag{6.11.10}$$

Die Unitarität des S-Operators hat für die Streuamplitude das *verallgemeinerte optische Theorem*

$$i\{\overline{f^{(+)}(\vec{k}, \vec{k}')} - f^{(+)}(\vec{k}', \vec{k})\}$$
$$= \frac{1}{\pi} \int d^3q \delta(\vec{q}^2 - \vec{k}^2)\overline{f^{(+)}(\vec{q}, \vec{k}')}f^{(+)}(\vec{q}, \vec{k}) \tag{6.11.11}$$

zur Folge, wobei $|\vec{k}'| = |\vec{k}|$. Um dies zu sehen, schreibt man (6.11.7) mittels der verallgemeinerten Basis $\{(2\pi)^{-3/2} \exp i\vec{k}\cdot\vec{x}\}$ in der Gestalt

$$(2\pi)^3 \delta(\vec{k}' - \vec{k}) = (e^{i\vec{k}'\cdot}, S^*Se^{i\vec{k}\cdot})$$
$$= \frac{1}{(2\pi)^3} \int d^3q \overline{(e^{i\vec{q}\cdot}, Se^{i\vec{k}'\cdot})}(e^{i\vec{q}\cdot}, Se^{i\vec{k}\cdot})$$

und verwendet dann (6.11.10). Im Fall $\vec{k}' = \vec{k}$ wird aus dem verallgemeinerten optischen Theorem (6.11.11) das optische Theorem (6.7.18).

7 Teilchen mit Spin-$\frac{1}{2}$

Zur Beschreibung des beobachteten Verhaltens eines Elektrons, eines Protons, oder eines Neutrons reicht das bisher verwendete Bild eines Teilchens mit drei Translationsfreiheitsgraden nicht aus. Um auch feinere Experimente deuten zu können, wird diesen Teilchen noch ein „innerer quantenmechanischer Drehimpuls" der Quantenzahl $\frac{1}{2}$, „Spin-$\frac{1}{2}$" genannt, zugeordnet, der als Eigendrehimpuls angesehen werden kann. Mit diesem inneren Drehimpuls ist ein magnetisches Moment verknüpft, das eine charakteristische Stärke für die jeweilige Teilchensorte aufweist.

7.1 Hilbert-Raum und Observablen

Wir erinnern uns an den Abschnitt 2.1 in welchem aus der Algebra eines allgemeinen quantenmechanischen Drehimpulses dessen mögliche Spektralwerte gewonnen wurden: Der Quantenzahl $j = \frac{1}{2}$ entspricht ein 2-dimensionaler Darstellungsraum. Wir betrachten daher $\mathbb{C}^2$ mit hermiteschem Skalarprodukt als inneren (Hilbert-) Raum und die *Pauli-Matrizes*

$$\sigma_1 = \begin{pmatrix} 0 & 1 \\ 1 & 0 \end{pmatrix}, \quad \sigma_2 = \begin{pmatrix} 0 & -i \\ i & 0 \end{pmatrix}, \quad \sigma_3 = \begin{pmatrix} 1 & 0 \\ 0 & -1 \end{pmatrix}, \tag{7.1.1}$$

zusammen mit der Einheitsmatrix

$$\sigma_0 = \begin{pmatrix} 1 & 0 \\ 0 & 1 \end{pmatrix},$$

als spezielle auf $\mathbb{C}^2$ wirkende Operatoren.

Mit $a, b \in \{1, 2, 3\}$ gelten die Eigenschaften

i) $\sigma_a = (\sigma_a)^*$,
ii) $\mathrm{spur}\,\sigma_a = 0$,
iii) $\sigma_a \sigma_b = \delta_{ab} \sigma_0 + i \sum_{c=1}^{3} \varepsilon_{abc} \sigma_c$. $\tag{7.1.2}$

Diese Eigenschaften bleiben unter einer unitären Ähnlichkeitstransformation der Pauli-Matrizes

$$\sigma_a \to u \sigma_a u^*, \quad u^* = u^{-1}, \quad a = 1, 2, 3$$

offensichtlich ungeändert. Die Relation iii) aus (7.1.2) läßt sich aufspalten in

$$\sigma_a\sigma_b - \sigma_b\sigma_a = 2i\sum_{c=1}^{3}\varepsilon_{abc}\sigma_c \,, \tag{7.1.3}$$

$$\sigma_a\sigma_b + \sigma_b\sigma_a = 2\delta_{ab}\sigma_0 \,. \tag{7.1.4}$$

Die Operatoren $\frac{1}{2}\sigma_a$, $a = 1, 2, 3$, sind also, (7.1.3) zufolge, eine Realisierung der Drehimpulsalgebra. Mit der Wahl (7.1.1) der Pauli-Matrizes sind die orthonormalen Vektoren

$$\chi_+ := \begin{pmatrix} 1 \\ 0 \end{pmatrix} \,, \quad \chi_- := \begin{pmatrix} 0 \\ 1 \end{pmatrix}$$

simultane Eigenvektoren der Operatoren $(\frac{1}{2}\vec{\sigma})^2$ und $\frac{1}{2}\sigma_3$:

$$\left(\frac{1}{2}\vec{\sigma}\right)^2\chi_\pm = \frac{1}{2}\left(\frac{1}{2}+1\right)\chi_\pm \,,$$

$$\frac{1}{2}\sigma_3\chi_\pm = \pm\frac{1}{2}\chi_\pm \,.$$

Der Hilbert-Raum eines Spin-$\frac{1}{2}$-Teilchens ist das Tensorprodukt des Raumes $\mathcal{L}^2(\mathbb{R}^3)$, also des Hilbert-Raums eines Teilchens ohne Spin, mit dem Darstellungsraum $\mathbb{C}^2$ des inneren Drehimpulses:

$$\mathcal{H} = \mathcal{L}^2(\mathbb{R}^3) \otimes \mathbb{C}^2 \,. \tag{7.1.5}$$

Später werden wir die Konstruktion eines Tensorprodukts systematischer betrachten: Hier genügt es uns zu vergegenwärtigen, daß ein allgemeiner Vektor $g \in \mathcal{H}$ die Gestalt

$$\begin{aligned} g &= g_1 \otimes \chi_+ + g_2 \otimes \chi_- \\ &= g_1(\vec{x})\chi_+ + g_2(\vec{x})\chi_- \\ &= \begin{pmatrix} g_1(\vec{x}) \\ g_2(\vec{x}) \end{pmatrix} \end{aligned}$$

besitzt, wobei g_1 , $g_2 \in \mathcal{L}^2(\mathbb{R}^3)$. Das innere Produkt in $\mathcal{H}$ zweier Vektoren f , $g \in \mathcal{H}$ ist gegeben durch

$$(f, g) = \sum_{\alpha=1}^{2} \int d^3x \,\overline{f_\alpha(\vec{x})} g_\alpha(\vec{x}) \,. \tag{7.1.6}$$

Der einer Observablen zugeordnete Operator A in $\mathcal{H}$, $f = Ag$, hat die Form

$$f_\alpha = \sum_{\beta=1}^{2} A_{\alpha\beta}(\vec{p}\,,\vec{q})g_\beta\,, \quad \alpha = 1, 2\,. \tag{7.1.7}$$

Spezialfälle sind die Formen $A(\vec{p}\,,\vec{q}) \otimes \sigma_0$ für Operatoren A , die bereits Observablen eines spinlosen Teilchens entsprechen, und $\mathbb{1} \otimes \frac{1}{2}\sigma_k$, $k = 1, 2, 3$, für die Spinoperatoren. Physikalisch wichtige Beispiele für die Kopplung von Translationsfreiheitsgraden mit dem Spin sind

$$\vec{p}\cdot\otimes\vec{\sigma} := \sum_{k=1}^{3} p_k \otimes \sigma_k\,, \quad \vec{L}\cdot\otimes\vec{\sigma}\,.$$

Die Paritätstransformation wird in $\mathcal{H}$ definiert durch den linearen Operator

$$\mathcal{P}(f(\vec{x}) \otimes \chi) := f(-\vec{x}) \otimes \chi\,. \tag{7.1.8}$$

Hieraus folgt, daß sich die Spinoperatoren wie Axialvektoroperatoren verhalten, analog dem Bahndrehimpuls:

$$\mathcal{P}(\mathbb{1} \otimes \sigma_k) = (\mathbb{1} \otimes \sigma_k)\mathcal{P}\,. \tag{7.1.9}$$

Mithin vertauscht $\mathcal{P}$ mit $\vec{L}\cdot\otimes\vec{\sigma}$, jedoch nicht mit $\vec{p}\cdot\otimes\vec{\sigma}$.

7.2   Ein Spin-$\frac{1}{2}$-Teilchen im elektromagnetischen Feld

7.2.1   Allgemeiner Hamilton-Operator

Der Hamilton-Operator H, der ein geladenes Spin-$\frac{1}{2}$-Teilchen mit einem normalen magnetischen Moment unter der Einwirkung eines vorgegebenen klassischen elektromagnetischen Feldes beschreibt, kann in der folgenden Form gegeben werden:

$$\begin{aligned} H = \frac{1}{2m}\left(\frac{\hbar}{i}\vec{\nabla} - \frac{e}{c}\vec{A}(t,\vec{x})\right)\cdot\otimes\vec{\sigma}\left(\frac{\hbar}{i}\vec{\nabla} - \frac{e}{c}\vec{A}(t,\vec{x})\right)\cdot\otimes\vec{\sigma} \\ +e\varphi(t,\vec{x}) \otimes \sigma_0\,, \end{aligned} \tag{7.2.1}$$

definiert auf $\mathcal{D}_H \subset \mathcal{H}$. Neben der Masse m und der Ladung e treten hierbei keine weiteren mit dem Teilchen verknüpften Parameter auf. Die elektrodynamischen

Potentiale $\{\varphi, \vec{A}\}$ wurden bereits in Kapitel 4 eingeführt. Die dem Hamilton-Operator (7.2.1) entsprechende Schrödinger-Gleichung

$$i\hbar \frac{d}{dt} \psi_t = H\psi_t$$

hat die gewohnte Gestalt.

Mittels iii) aus (7.1.2) läßt sich der Hamilton-Operator (7.2.1) umformen:

$$
\begin{aligned}
H &= \frac{1}{2m} \sum_a O_a \otimes \sigma_a \sum_b O_b \otimes \sigma_b + e\varphi \otimes \sigma_0 \\
&= \frac{1}{2m} \sum_{a,b} O_a O_b \otimes \sigma_a \sigma_b + e\varphi \otimes \sigma_0 \\
&= \frac{1}{2m} \sum_{a,b} \{-\hbar^2 \partial_a \partial_b - \frac{e\hbar}{ic}(A_a \partial_b + A_b \partial_a) - \frac{e\hbar}{ic}(\partial_a A_b) + \frac{e^2}{c^2} A_a A_b\} \\
&\qquad \otimes \{\delta_{ab} \sigma_0 + i \sum_{c=1}^{3} \varepsilon_{abc} \sigma_c\} + e\varphi \otimes \sigma_0
\end{aligned}
$$

und wir erhalten somit (Man beachte die Antisymmetrie von ε_{abc} bei der Summation über a, b.)

$$H = \left\{ \frac{1}{2m}\left(\frac{\hbar}{i}\vec{\nabla} - \frac{e}{c}\vec{A}\right)^2 + e\varphi \right\} \otimes \sigma_0 - \frac{e\hbar}{2mc} \mathbb{1} \otimes \vec{B} \cdot \vec{\sigma} . \tag{7.2.2}$$

Dabei haben wir den in $\mathcal{L}^2(\mathbb{R}^3)$ wirkenden Anteil wieder zusammengefaßt zur Form der „minimalen Kopplung", siehe (4.1.1-2). Hinzu tritt jedoch in (7.2.2) mit dem zweiten Summanden eine Wirkung der magnetischen Induktion auf den Spin. Also ist mit dem Spin-$\frac{1}{2}$ ein magnetisches Dipolmoment verknüpft, beschrieben durch den Operator

$$\mathbb{1} \otimes \mathrm{sgn}(e) 2\mu \frac{1}{2}\vec{\sigma} , \tag{7.2.3}$$

wobei $\mu = |e|\hbar(2mc)^{-1}$ das entsprechende Magneton ist. Die Gestalt (7.2.2) ist eine Konsequenz der Setzung (7.2.1).

Im speziellen Fall einer räumlich und zeitlich konstanten magnetischen Induktion $\vec{B}_c$ und eines elektrostatischen Potentials $v(r)$,

$$\vec{A} = -\frac{1}{2}(\vec{x} \times \vec{B}_c) , \quad e\varphi = v(r) ,$$

wird der Hamilton-Operator (7.2.2) schließlich zu

$$H = \left\{ -\frac{\hbar^2}{2m}\Delta + v(r) + \frac{e^2}{8mc^2}(\vec{x} \times \vec{B}_c)^2 \right\} \otimes \sigma_0$$

$$-\mathrm{sgn}(e)\mu\vec{B}_c \cdot \{\vec{L} \otimes \sigma_0 + \mathbb{1} \otimes \vec{\sigma}\}\,, \tag{7.2.4}$$

nachdem in der minimalen Kopplung die gleiche Umformung wie in der Behandlung des spinlosen Teilchens verwendet wurde, vgl. (4.2.4). In der Auswirkung einer vorhandenen magnetischen Induktion sticht die unterschiedliche Proportionalität zwischen dem Operator des magnetischen Momentes und dem Drehimpulsoperator, wenn wir Bahndrehimpuls und Spin vergleichen, hervor.

Für welche der verschiedenen Teilchensorten mit Spin-$\frac{1}{2}$ liefert der Hamilton-Operator (7.2.2) eine adäquate Beschreibung? In sehr guter Näherung für (nichtrelativistische) Elektronen und auch für μ-Mesonen; die beobachtete Abweichung des magnetischen Spinmoments kann durch die Quantenelektrodynamik theoretisch gedeutet werden. Um den Anwendungsbereich des Hamilton-Operators (7.2.2) zu erweitern, ersetzt man in ihm $\vec{\sigma}$ durch $\frac{1}{2}g\vec{\sigma}$, mit dem dimensionslosen *gyromagnetischen Faktor g*. Im Falle eines Elektrons ist $\frac{1}{2}g = \frac{1}{2}g_e = 1,0012\ldots$. Dies zeigt die Güte der ursprünglichen Form. Für ein Proton hingegen muß $\frac{1}{2}g = \frac{1}{2}g_p = 2.79\ldots$ gewählt werden. Ein Neutron schließlich besitzt keine elektrische Ladung, und dennoch ein magnetisches Spinmoment: Im Hamilton-Operator (7.2.2) ist deshalb im ersten Term $e = 0$ zu setzen, jedoch nicht im Magneton, welches wie im Falle des Protons zu nehmen ist, zusammen mit $\frac{1}{2}g = \frac{1}{2}g_n = -1.91\ldots$. Man beachte, daß im Fall des Elektrons das *Bohrsche Magneton* als Einheit auftritt, im Fall eines Protons oder eines Neutrons das *Kernmagneton*.

Die große Abweichung des gyromagnetischen Faktors vom Wert $g = 2$ beim Proton und der Wert $g \neq 0$ beim Neutron sind empirische Gegebenheiten – sie werden qualitativ dadurch „erklärt", daß diese beiden Teilchensorten, im Gegensatz zu Elektron und μ-Meson, der Großfamilie der *Hadronen* angehören.

Die Eichinvaranz der Schrödinger-Gleichung mit dem Hamilton-Operator (7.2.2), selbst wenn dort ein g-Faktor eingeführt wurde, ist leicht einzusehen: Die Transformation des jetzt zweikomponentigen Zustandsvektors

$$\psi'_t(\vec{x}) = \exp\left\{ -i\frac{e}{\hbar c}\Lambda(t,\vec{x}) \right\}\sigma_0\psi_t(\vec{x})$$

vertauscht mit dem eichinvarianten zweiten Term in (7.2.2), der den Spinoperator enthält, und der in $\mathcal{L}^2(\mathbb{R}^3)$ wirkende erste Term stimmt mit der minimalen Kopplung eines Teilchens ohne Spin (siehe Abschnitt 4.1) überein.

7.2.2 Die Bewegung im Feld einer zeitunabhängigen homogenen magnetischen Induktion

Als einfache Anwendung werde die Bewegung eines geladenen Spin-$\frac{1}{2}$-Teilchens mit beliebigem gyromagnetischen Faktor g im Feld einer zeit- und ortsunabhängigen magnetischen Induktion $\vec{B}$ explizit behandelt. Offensichtlich können wir ein Koordinatensystem verwenden, dessen 3-Richtung durch den Vektor $\vec{B}$ gegeben ist, ohne uns hierdurch einzuschränken. Die spezielle Wahl des Vektorpotentials $\vec{A}$ zur magnetischen Induktion $\vec{B}$ in der Form

$$\vec{A}(\vec{x}) = (-x_2 B\,,0\,,0) \Rightarrow \vec{B}(\vec{x}) = (0\,,0\,,B)\,, \tag{7.2.5}$$

wobei $B > 0$, wird sich als vorteilhaft erweisen; sie wird auch als *Landau-Eichung* bezeichnet. Ein skalares Potential sei nicht vorhanden, also $\varphi = 0$.

Wir werfen zunächst einen Blick auf die klassische Bewegung eines geladenen Massenpunktes der Masse m und der Ladung e: In der 3-Richtung (also der Richtung des $\vec{B}$-Feldes) bewegt er sich kräftefrei. Die Projektion seiner Bahntrajektorie auf die 1,2-Ebene ist eine Kreislinie, die mit der Winkelgeschwindigkeit $\omega = \frac{|e|B}{mc}$ durchlaufen wird. Diese Kreislinie hat den Radius $\frac{v_\perp}{\omega}$, wobei $v_\perp$ der (konstante) Betrag der Projektion des Geschwindigkeitsvektors auf die 1,2-Ebene ist.

Ausgangspunkt der quantenmechanischen Behandlung ist der Hamilton-Operator (7.2.2) nach der Verallgemeinerung durch einen eingeführten gyromagnetischen Faktor g: Im Fall des Vektorpotentials (7.2.5) und $\varphi = 0$ nimmt er die spezielle Gestalt

$$H = \left\{ -\frac{\hbar^2}{2m}\Delta - i\frac{e\hbar B}{mc}x_2\frac{\partial}{\partial x_1} + \frac{e^2 B^2}{2mc^2}(x_2)^2 \right\} \otimes \sigma_0$$
$$-\frac{1}{2}g\frac{e\hbar}{2mc}B\,\mathbb{1}\otimes\sigma_3 \tag{7.2.6}$$

an. (Der Wert $g \neq 2$ bedeutet ein anomales magnetisches Moment.) Da die Operatoren

$$H\,, \quad p_1\otimes\sigma_0\,, \quad p_3\otimes\sigma_0\,, \quad \mathbb{1}\otimes\sigma_3$$

paarweise miteinander vertauschen, können wir simultane Eigendistributionen bestimmen. Hierzu dient der Ansatz, wobei $\chi_{+1} \equiv \chi_+$, $\chi_{-1} \equiv \chi_-$,

$$\psi = e^{i(k_1 x_1 + k_3 x_3)}\varphi(x_2) \otimes \chi_s\,, \quad s = \pm 1\,, \tag{7.2.7}$$

mit den (verallgemeinerten) Eigenwerten $\hbar k_1$, $\hbar k_3$ und s für die drei mit H vertauschenden Operatoren. Die verallgemeinerte Eigenwertgleichung

$$H\psi = E\psi$$

für den Hamilton-Operator (7.2.6) reduziert sich durch den Ansatz (7.2.7) auf ein Eigenwertproblem in $\mathcal{L}^2(\mathbb{R})$:

$$
\left\{ -\frac{\hbar^2}{2m}\left(\frac{d}{dx_2}\right)^2 + \frac{\hbar^2}{2m}(k_1^2 + k_3^2) + \frac{e\hbar B}{mc}k_1 x_2 \right.
$$
$$
\left. + \frac{e^2 B^2}{2mc^2}(x_2)^2 - \frac{s}{2}g\frac{e\hbar B}{2mc} \right\}\varphi(x_2) = E\varphi(x_2). \tag{7.2.8}
$$

Substituieren wir noch

$$
y := x_2 + \frac{c\hbar k_1}{eB}, \quad \phi(y) := \varphi(x_2), \tag{7.2.9}
$$

und verwenden die Abkürzungen

$$
\omega = \frac{|e|B}{mc}, \quad \mu = \frac{|e|\hbar}{2mc}, \tag{7.2.10}
$$

so wird aus der Eigenwertgleichung (7.2.8) die uns bekannte Eigenwertgleichung des linearen harmonischen Oszillators

$$
\left\{ -\frac{\hbar^2}{2m}\left(\frac{d}{dy}\right)^2 + \frac{m}{2}\omega^2 y^2 \right\}\phi(y) = \left(E - \frac{\hbar^2 k_3^2}{2m} + \frac{s}{2}g\operatorname{sgn}(e)\mu B \right)\phi(y). \tag{7.2.11}
$$

Wie wir im Abschnitt 1.4.1 dargelegt haben, besitzt diese Gleichung im Hilbert-Raum $\mathcal{L}^2(\mathbb{R})$ Eigenvektoren ϕ_n mit Eigenwerten $\varepsilon_n = \hbar\omega(n + \frac{1}{2})$ für $n \in \mathbb{N}_0$. Diese Eigenvektoren sind vollständig, d.h. sie erzeugen in $\mathcal{L}^2(\mathbb{R})$ eine Orthonormalbasis. Mit den Eigenwerten des linearen harmonischen Oszillators ergeben sich somit aus der Gleichung (7.2.11) die als *Landau-Niveaus* bezeichneten verallgemeinerten Eigenwerte des Hamilton-Operators (7.2.6) zu

$$
E = \hbar\omega(n + \frac{1}{2}) + \frac{\hbar^2 k_3^2}{2m} - \frac{s}{2}g\operatorname{sgn}(e)\mu B, \tag{7.2.12}
$$

wobei $n \in \mathbb{N}_0$, $k_3 \in \mathbb{R}$, $s = \pm 1$. Da unabhängig von $k_1 \in \mathbb{R}$, sind diese verallgemeinerten Eigenwerte ∞-fach entartet. Äquivalent zu (7.2.12) ist natürlich die Form

$$
E = 2\mu B\{n + \frac{1}{2}(1 - \frac{s}{2}g\operatorname{sgn}(e))\} + \frac{\hbar^2 k_3^2}{2m},
$$

wenn wir anstelle von $\hbar\omega$ die physikalischen Größen B und μ verwenden.

Aus den Eigendistributionen (7.2.7) gewinnen wir durch Überlagerung normierte Lösungen der Schrödinger-Gleichung im Hilbert-Raum $\mathcal{H}$ eines Spin-$\frac{1}{2}$-Teilchens. Hierzu verwenden wir eine normierte Impulsamplitude $c(k_1, k_3) \in \mathcal{S}(\mathbb{R}^2)$,

$$\int dk_1 \int dk_3 |c(k_1, k_3)|^2 = 1 .$$

Außerdem seien die Eigenvektoren des linearen harmonischen Oszillators normiert:

$$\int dy |\phi_n(y)|^2 = 1 .$$

Dann ist für $n \in \mathbb{N}_0$ und $s = \pm 1$

$$\psi_t = \frac{1}{2\pi} \int dk_1 \int dk_3 \, c(k_1, k_3) e^{i(k_1 x_1 + k_3 x_3)} \phi_n\left(x_2 + \frac{c\hbar k_1}{eB}\right)$$

$$\cdot \exp\left\{ -i\frac{t}{\hbar}\left(\hbar\omega(n + \frac{1}{2}) + \frac{\hbar^2 k_3^2}{2m} - \frac{s}{2}g\operatorname{sgn}(e)\mu B\right)\right\} \otimes \chi_s \qquad (7.2.13)$$

eine normierte Lösung der Schrödinger-Gleichung eines geladenen Spin-$\frac{1}{2}$-Teilchens im Feld der Induktion $\vec{B}$, mithin eine Wahrscheinlichkeitsamplitude.

Welches qualitative Bild der räumlichen Lokalisierung können wir an der Gestalt (7.2.13) ablesen? Die Zeit t tritt jeweils als Faktor im rein imaginären Argument dreier Exponentialfunktionen auf: Lediglich eine davon enthält auch Integrationsvariablen (k_3), die beiden anderen Exponentialfunktionen sind zeitabhängige Phasenfaktoren, also ohne Auswirkung in der Wahrscheinlichkeitsdichte. Das Fourier-Integral in der Variablen k_3 erzeugt die effektive Zeitabhängigkeit. Wir betrachten zunächst den einfacheren Fall einer faktorisierenden Impulsamplitude $c(k_1, k_3) = c_1(k_1)c_3(k_3)$. Dann ist die Wahrscheinlichkeitsdichte in der 1- und der 2-Richtung zeitunabhängig und außerdem stark lokalisiert: in der 2-Richtung durch die Eigenfunktion ϕ_n des harmonischen Oszillators und in der 1-Richtung durch die Fourier-Transformation der Impulsamplitude $c_1(k_1)$. In der 3-Richtung schließlich ergibt sich die von einem freien Wellenpaket erzeugte Lokalisierung (vgl. Abschnitt 6.2). Im Fall einer allgemeinen Impulsamplitude $c(k_1, k_3)$ wird nun das Verhalten in der 1,2-Ebene durch die zeitabhängige k_3-Integration beeinflußt; letztere kann jedoch dort keine der Zeit proportionale Translation der Lokalisierung bewerkstelligen, die in der 3-Richtung weiterhin erfolgt.

Auch im Hinblick auf den bereits im Abschnitt 4.1 zur Sprache gebrachten Unterschied zwischen dem kanonischen und dem kinetischen Impulsoperator im Fall eines wirkenden Vektorpotentials ist es instruktiv, die Erwartungswerte der fundamentalen Operatoren $\vec{p}$ und $\vec{q}$ in den Zuständen (7.2.13) zu bestimmen. Dies kann auch als Übungsaufgabe zum Abschnitt 6.1 angesehen werden, weshalb sogleich das Resultat angegeben werden soll. Zur Ausführung der Rechnung sei vermerkt, daß nur generelle Eigenschaften der Funktionen $\phi_n(y)$ benötigt werden, also keine explizite Darstellung. Werden mit $\langle \cdot \rangle_n$ die Erwartungswerte bezeichnet, so erhält man:

$$\langle p_1 \rangle_n = \hbar \int dk_1 \int dk_3 |c(k_1, k_3)|^2 k_1 ,$$

$$\langle p_2 \rangle_n = 0 ,$$

$$\langle p_3 \rangle_n = \hbar \int dk_1 \int dk_3 |c(k_1, k_3)|^2 k_3 ,$$

$$\langle q_1 \rangle_n = i \int dk_1 \int dk_3 \overline{c(k_1, k_3)} \frac{\partial}{\partial k_1} c(k_1, k_3) ,$$

$$\langle q_2 \rangle_n = -\frac{c}{eB} \langle p_1 \rangle_n ,$$

$$\langle q_3 \rangle_n = \int dk_1 \int dk_3 \overline{c(k_1, k_3)} \left\{ i \frac{\partial}{\partial k_3} + t \frac{\hbar k_3}{m} \right\} c(k_1, k_3) .$$

Offensichtlich hängen diese Erwartungswerte nicht von n ab und sind, vom letzten abgesehen, zeitunabhängig. Zur physikalischen Interpretation sei zunächst an den Zusammenhang zwischen dem kinetischen und dem kanonischen Impuls erinnert:

$$m\vec{v} = \vec{p} - \frac{e}{c} \vec{A} .$$

Im betrachteten Fall ist also

$$mv_1 = p_1 + \frac{eB}{c} q_2 ,$$

$$mv_a = p_a , \quad a = 2, 3 .$$

Somit verschwinden die Erwartungswerte der 1- und 2-Komponente des Geschwindigkeitsoperators $\vec{v}$, während der Erwartungswert seiner 3-Komponente im allgemeinen eine von Null verschiedene Konstante ist. Die Erwartungswerte der 1- und 2-Komponente des Ortsoperators $\vec{q}$ sind konstant, der Erwartungswert seiner 3-Komponente bewegt sich mit der (konstanten) Geschwindigkeit $\langle v_3 \rangle$.

Die Lösungen (7.2.13) der Schrödinger-Gleichung wurden mittels der Landau-Eichung (7.2.5) gewonnen. Hieraus ergeben sich Lösungen in einer anderen Eichung durch die entsprechende Eichtransformation: So bewirkt z.B. die Eichfunktion

$$\Lambda(\vec{x}) = -\frac{1}{2} x_1 x_2 B$$

das neue Vektorpotential

$$\vec{A}'(\vec{x}) = \vec{A}(\vec{x}) - \vec{\nabla}\Lambda(\vec{x}) = -\frac{1}{2}(\vec{x} \times \vec{B}) ,$$

und die transformierten Lösungen

$$\psi_t' = \exp\left\{-i\frac{e}{\hbar c}\Lambda(\vec{x})\right\}\sigma_0\psi_t$$

sind die korrespondierenden Lösungen der Schrödinger-Gleichung mit dem Vektorpotential $\vec{A}'(\vec{x})$.

7.3 Der Gesamtdrehimpuls und die Clebsch-Gordan-Koeffizienten

Das betrachtete Mikrosystem sei ein Spin-$\frac{1}{2}$-Teilchen: also $\mathcal{H} = \mathcal{L}^2(\mathbb{R}^3) \otimes \mathbb{C}^2$. In jedem der beiden Räume dieses Tensorproduktes ist ein Drehimpulsoperator definiert:

i) in $\mathcal{L}^2(\mathbb{R}^3)$ der Operator $\vec{L}$ des Bahndrehimpulses (in der Maßeinheit $\hbar$), mit

$$[L_a\,,L_b] = i\sum_{c=1}^{3}\varepsilon_{abc}L_c\,,\quad a,b\in\{1,2,3\}\,;$$

ii) in $\mathbb{C}^2$ der Operator $\frac{1}{2}\vec{\sigma}$ des Spin-$\frac{1}{2}$ (in der Maßeinheit $\hbar$), mit

$$\left[\frac{1}{2}\sigma_a\,,\frac{1}{2}\sigma_b\right] = i\sum_{c=1}^{3}\varepsilon_{abc}\frac{1}{2}\sigma_c\,,\quad a,b\in\{1,2,3\}\,.$$

Hiermit wird in $\mathcal{H}$ der Operator $\vec{J}$ definiert:

$$J_a = L_a\otimes\sigma_0 + \mathbb{1}\otimes\frac{1}{2}\sigma_a\,,\tag{7.3.1}$$

Operator des Gesamtdrehimpulses (in der Maßeinheit $\hbar$) genannt. Da offensichtlich $\forall a,b\in\{1,2,3\}$ gilt:

$$[L_a\otimes\sigma_0\,,\mathbb{1}\otimes\frac{1}{2}\sigma_b] = 0\,,$$

folgt aus i) und ii) direkt

$$[J_a\,,J_b] = i\sum_{c=1}^{3}\varepsilon_{abc}J_c\,.\tag{7.3.2}$$

Also ist $\vec{J}$ ebenfalls ein Drehimpulsoperator, wie mit seiner Bezeichnung bereits vorweggenommen wurde. Aus der Definition (7.3.1) ergibt sich unmittelbar

$$\vec{J}^2 = \vec{L}^2 \otimes \sigma_0 + \vec{L} \cdot \otimes \vec{\sigma} + \mathbb{1} \otimes \left(\frac{1}{2}\vec{\sigma}\right)^2. \tag{7.3.3}$$

Welche der nach Kapitel 2 möglichen Drehimpulsquantenzahlen treten im Fall von $\vec{J}$ auf? Unser Ziel ist, die simultanen Eigenvektoren von $\vec{J}^2$ und J_3, nebst den zugehörigen Eigenwerten, explizit zu konstruieren. Man vergewissert sich mühelos, daß die Operatoren

$$\vec{J}^2, J_3, \vec{L}^2 \otimes \sigma_0, \mathbb{1} \otimes \left(\frac{1}{2}\vec{\sigma}\right)^2$$

paarweise miteinander vertauschen – daher sind simultane Eigenvektoren möglich. Die simultanen Eigenvektoren der beiden letzteren mit den Eigenwerten $l(l+1)$, bzw. $\frac{1}{2}(\frac{1}{2}+1)$ sind die $2(2l+1)$ orthonormalen Produktvektoren

$$Y_l^m \otimes \chi_s \in \mathcal{L}^2(S^2, d\Omega) \otimes \mathbb{C}^2, \quad m = l, l-1, \ldots, -l; \quad s = \pm 1.$$

Diese Vektoren sind offensichtlich auch Eigenvektoren von J_3 mit den Eigenwerten $\mu = m + \frac{s}{2}$. Der Ansatz, mit halbzahligem μ und $a, b \in \mathbb{C}$,

$$\mathcal{Y}^\mu_{j,l,\frac{1}{2}} = aY_l^{\mu-\frac{1}{2}} \otimes \chi_+ + bY_l^{\mu+\frac{1}{2}} \otimes \chi_- \tag{7.3.4}$$

ist also bereits simultaner Eigenvektor der Operatoren J_3, $\vec{L}^2 \otimes \sigma_0$ und $\mathbb{1} \otimes (\frac{1}{2}\vec{\sigma})^2$ mit den Eigenwerten μ, $l(l+1)$ und $\frac{1}{2}(\frac{1}{2}+1)$. Die Koeffizienten a und b, *Clebsch-Gordan-Koeffizienten* genannt, werden durch die Eigenwertgleichung

$$\vec{J}^2 \mathcal{Y}^\mu_{j,l,\frac{1}{2}} \overset{!}{=} j(j+1)\mathcal{Y}^\mu_{j,l,\frac{1}{2}} \tag{7.3.5}$$

und durch die Normierungsforderung

$$\langle \mathcal{Y}^\mu_{j,l,\frac{1}{2}}, \mathcal{Y}^{\mu'}_{j',l,\frac{1}{2}} \rangle := \int d\Omega \sum_{\alpha=1}^{2} \overline{(\mathcal{Y}^\mu_{j,l,\frac{1}{2}})_\alpha} (\mathcal{Y}^{\mu'}_{j',l,\frac{1}{2}})_\alpha \overset{!}{=} \delta_{jj'}\delta_{\mu\mu'} \tag{7.3.6}$$

bestimmt. Genau besehen, bestimmen diese beiden Forderungen die Koeffizienten a und b natürlich nur bis auf einen gemeinsamen Phasenfaktor, der später festgelegt wird. Wegen der Relationen

$$L_\pm := L_1 \pm iL_2,$$
$$L_\pm Y_l^m = [(l \pm m + 1)(l \mp m)]^{\frac{1}{2}} Y_l^{m\pm 1},$$

$$\frac{1}{2}\sigma_\pm := \frac{1}{2}(\sigma_1 \pm i\sigma_2) ,$$

$$\frac{1}{2}\sigma_\pm \chi_\mp = \chi_\pm ,$$

$$\frac{1}{2}\sigma_\pm \chi_\pm = 0 ,$$

benützen wir in der Eigenwertgleichung (7.3.5) für $\vec{J}^2$ die Gestalt

$$\vec{J}^2 = \vec{L}^2 \otimes \sigma_0 + \mathbb{1} \otimes \left(\frac{1}{2}\vec{\sigma}\right)^2 + L_3 \otimes \sigma_3 + L_- \otimes \frac{1}{2}\sigma_+ + L_+ \otimes \frac{1}{2}\sigma_-$$

und erhalten für den Ansatz (7.3.4) die Bedingung

$$0 \stackrel{!}{=} Y_l^{\mu-\frac{1}{2}} \otimes \chi_+ \{a[l(l+1) + \frac{3}{4} + \mu - \frac{1}{2} - j(j+1)]$$
$$+ b[(l-\mu+\frac{1}{2})(l+\mu+\frac{1}{2})]^{\frac{1}{2}}\}$$
$$+ Y_l^{\mu+\frac{1}{2}} \otimes \chi_- \{a[(l+\mu+\frac{1}{2})(l-\mu+\frac{1}{2})]^{\frac{1}{2}}$$
$$+ b[l(l+1) + \frac{3}{4} - \mu - \frac{1}{2} - j(j+1)]\} .$$

Da die beiden Produktvektoren orthogonal sind, müssen deren Koeffizienten einzeln verschwinden: Hierdurch entsteht ein homogenes Gleichungssystem für die gesuchten Koeffizienten a, b. Eine nichttriviale Lösung fordert das Verschwinden der Determinante dieses Gleichungssystems:

$$0 \stackrel{!}{=} [l(l+1) + \frac{3}{4} - \frac{1}{2} - j(j+1)]^2 - (l+\frac{1}{2})^2$$
$$= [(l+\frac{1}{2})(l+\frac{1}{2}+1) - j(j+1)][(l-\frac{1}{2})(l-\frac{1}{2}+1) - j(j+1)] .$$

Die Quantenzahlen des Gesamtdrehimpulses sind somit

$$j = l + \frac{1}{2} \quad \text{oder} \quad j = l - \frac{1}{2} .$$

Die Koeffizienten a, b können offensichtlich reell gewählt werden. Jeder der beiden Werte von j bestimmt schließlich über die entsprechende homogene Gleichung und die aus (7.3.6) folgende Normierungsforderung $a^2 + b^2 = 1$ die explizite Gestalt der Clebsch-Gordan-Koeffizienten zur Kopplung eines Bahndrehimpulses der Quantenzahl l mit dem Spin $\frac{1}{2}$ zum Gesamtdrehimpuls der Quantenzahl j: Man erhält mit

$\mu = j, j-1, \ldots, -j$, falls $j = l + \frac{1}{2}$:

$$\mathcal{Y}^{\mu}_{j,l,\frac{1}{2}} = \left(\frac{l + \frac{1}{2} + \mu}{2l + 1}\right)^{\frac{1}{2}} Y_l^{\mu - \frac{1}{2}} \otimes \chi_+ + \left(\frac{l + \frac{1}{2} - \mu}{2l + 1}\right)^{\frac{1}{2}} Y_l^{\mu + \frac{1}{2}} \otimes \chi_- \, , \qquad (7.3.7)$$

und falls $j = l - \frac{1}{2}$:

$$\mathcal{Y}^{\mu}_{j,l,\frac{1}{2}} = -\left(\frac{l + \frac{1}{2} - \mu}{2l + 1}\right)^{\frac{1}{2}} Y_l^{\mu - \frac{1}{2}} \otimes \chi_+ + \left(\frac{l + \frac{1}{2} + \mu}{2l + 1}\right)^{\frac{1}{2}} Y_l^{\mu + \frac{1}{2}} \otimes \chi_- \, . \qquad (7.3.8)$$

Dies sind wiederum $2(2l+1)$ orthonormale Vektoren. Es bleibt einer Übung überlassen sich zu vergewissern, daß obige Lösungen der im Abschnitt 2.1 gewählten Phasenkonvention genügen. Bemerkenswert ist der Sachverhalt, daß für den Gesamtdrehimpuls nur halbzahlige Quantenzahlen auftreten.

7.4   Die Spin-Bahn-Kopplung

In den Hamilton-Operator eines Spin-$\frac{1}{2}$-Teilchens läßt sich neben einem Zentralpotential $v(r)$ ein weiterer Operator aufnehmen, der ebenfalls mit dem Paritätsoperator vertauscht: die Kopplung der beiden Axialvektoroperatoren $\vec{L}$ und $\frac{1}{2}\vec{\sigma}$, also

$$H = -\frac{\hbar^2}{2m_0}\Delta + v(r) + w(r)\vec{L} \cdot \otimes \vec{\sigma} \, . \qquad (7.4.1)$$

Um einer Verwechslung mit der magnetischen Quantenzahl m vorzubeugen, ist die Masse des Spin-$\frac{1}{2}$-Teilchens mit m_0 bezeichnet; $w(r)$ ist eine reelle Potentialfunktion – sie beschreibt eine radiale Abhängigkeit der Stärke der *Spin-Bahn-Kopplung*. Hamilton-Operatoren der Gestalt (7.4.1) werden in der Atomphysik und der Kernphysik verwendet.

a)   Wir nehmen zunächst an, die Spin-Bahn-Kopplung sei vernachlässigbar: also $w(r) \equiv 0$. Als Menge paarweise miteinander vertauschbarer Operatoren kann gewählt werden:

$$H \, , \vec{L}^2 \otimes \sigma_0 \, , L_3 \otimes \sigma_0 \, , \mathbb{1} \otimes \left(\frac{1}{2}\vec{\sigma}\right)^2 \, , \mathbb{1} \otimes \frac{1}{2}\sigma_3 \, , \mathcal{P} \, .$$

Die simultanen Eigenvektoren (bzw. Eigendistributionen) dieser Operatoren haben die Form

$$\psi = \frac{1}{r} u_l(r) Y_l^m(\vartheta, \varphi) \otimes \chi_\pm \, .$$

Der Spin, da an der Dynamik nicht beteiligt, verdoppelt also lediglich eine in $\mathcal{L}^2(\mathbb{R}^3)$ auftretende Entartung, bzw. einen einfachen Eigenwert.

b) Die Spin-Bahn-Kopplung sei vorhanden: $w(r) \neq 0$. Paarweise miteinander vertauschbare Operatoren sind nun

$$H \, , \vec{L}^2 \otimes \sigma_0 \, , \mathbb{1} \otimes \left(\frac{1}{2}\vec{\sigma}\right)^2 \, , \vec{J}^2 \, , J_3 \, , \mathcal{P} \, . \tag{7.4.2}$$

(Diese Eigenschaft bleibt natürlich auch im Fall $w(r) \equiv 0$ erhalten.) Die simultanen Eigenvektoren (bzw. Eigendistributionen) obiger Operatoren haben die Form

$$\psi = \frac{1}{r} u_{j,l}(r) \mathcal{Y}^{\mu}_{j,l,\frac{1}{2}} \, , \quad j = l \pm \frac{1}{2} \, . \tag{7.4.3}$$

Aufgrund der mittels (7.3.3) folgenden Relation

$$\vec{L} \cdot \otimes \vec{\sigma} \mathcal{Y}^{\mu}_{j,l,\frac{1}{2}} = \left\{ \vec{J}^2 - \vec{L}^2 \otimes \sigma_0 - \mathbb{1} \otimes \left(\frac{1}{2}\vec{\sigma}\right)^2 \right\} \mathcal{Y}^{\mu}_{j,l,\frac{1}{2}}$$

$$= \left\{ j(j+1) - l(l+1) - \frac{3}{4} \right\} \mathcal{Y}^{\mu}_{j,l,\frac{1}{2}} \tag{7.4.4}$$

reduziert sich im Fall b) die Eigenwertgleichung des Hamilton-Operators auf die Radialgleichung

$$\left\{ -\frac{\hbar^2}{2m_0} \left(\frac{d}{dr}\right)^2 + \frac{\hbar^2}{2m_0} \frac{l(l+1)}{r^2} + v(r) \right.$$

$$\left. + \left[j(j+1) - l(l+1) - \frac{3}{4} \right] w(r) \right\} u_{j,l}(r) = E u_{j,l}(r) \, . \tag{7.4.5}$$

Für $j = l + \frac{1}{2}$ und für $j = l - \frac{1}{2}$ ergibt sich also eine jeweilige Radialgleichung, in welcher an die Stelle des genuinen Potentials die Summe $v(r) + lw(r)$, bzw. $v(r) - (l+1)w(r)$ tritt. Sind $v(r)$ und $w(r)$ von vergleichbarer Stärke, so werden sich die Eigenwerte dieser beiden Radialgleichungen wesentlich von denjenigen der Radialgleichung mit $w(r) = 0$ unterscheiden. Falls jedoch $|w(r)| \ll |v(r)|$ gilt und es Eigenwerte im Fall $w(r) = 0$ gibt, so ist es plausibel, daß auch die beiden Radialgleichungen mit einem solchen $w(r)$ jeweils benachbarte Eigenwerte ergeben: Ein vom Zentralpotential $v(r)$ erzeugter Eigenwert wird durch die Spin-Bahn-Kopplung aufgespalten. Derartige Verhältnisse sind in der Atomphysik (bei nicht zu großem Z) gegeben und führen zur *Feinstruktur der Spektrallinien*.

Aufgabe 7.4.1 (Anomaler Zeeman-Effekt)

Ein Elektron (Spin-$\frac{1}{2}$-Teilchen) befinde sich in einem Potential, das als Summe eines Zentralpotentials und eines Spin-Bahn-Kopplungspotentials gegeben ist, der

Hamilton-Operator H_0 dieses Systems habe Eigenvektoren. Man berechne die Aufspaltung der Eigenwerte dieses Hamilton-Operators unter der Einwirkung einer schwachen, räumlich und zeitlich konstanten magnetischen Induktion $\vec{B}_c$ störungstheoretisch in der 1. Ordnung unter der Annahme, daß die magnetische Wechselwirkung schwächer sei als die Spin-Bahn-Kopplung und lediglich der in $\vec{B}_c$ lineare Term im Störoperator berücksichtigt werden muß. Außerdem verwende man den Landéschen g-Faktor

$$g_{jl\frac{1}{2}} := \frac{j(j+1) - l(l+1) + \frac{1}{2}(\frac{1}{2}+1)}{2j(j+1)} \; ,$$

um das Ergebnis auszudrücken, hierbei sind j und l die Drehimpulsquantenzahlen des Gesamt- und des Bahndrehimpulses.

8 Zur Spektraltheorie selbstadjungierter Operatoren

Die allgemeine quantenmechanische Formulierung der Meßstatistik einer Observablen gründet sich auf die Spektralzerlegung des zugeordneten selbstadjungierten Operators. Wir zitieren die benötigten mathematischen Ergebnisse ohne Beweise und veranschaulichen sie durch Beispiele aus dem Bereich der Quantenmechanik.

8.1 Die Spektralzerlegung

Umfassende Darstellungen der Theorie linearer Operatoren im Hilbert-Raum sind z.B. die Monographien [AG], [R Sz.-N],[Wei].

Betrachtet wird ein separabler komplexer Hilbert-Raum $\mathcal{H}$. Eine Zerlegung des Einheitsoperators erzeugt eine Aufspaltung des Hilbert-Raums in orthogonale Teilräume in der folgenden Weise:

Eine Familie $\{E_\lambda\}_{\lambda \in \mathbb{R}}$ orthogonaler Projektoren im Hilbert-Raum $\mathcal{H}$ wird eine *Zerlegung der Einheit* oder auch eine *Spektralschar* genannt, wenn die Bedingungen

i) $E_{-\infty} = 0$, $\quad E_\infty = \mathbb{1}$,

ii) $E_{\lambda+0} = E_\lambda$,

iii) $E_{\lambda_1} E_{\lambda_2} = E_\lambda$, $\quad \lambda = \min(\lambda_1, \lambda_2)$

erfüllt sind. Hierbei sind $E_{-\infty}$, $E_{+\infty}$ und $E_{\lambda+0}$ die Grenzwerte

$$E_{\mp\infty}h = \lim_{\lambda \to \mp\infty} E_\lambda h, \quad E_{\lambda+0}h = \lim_{\varepsilon \searrow 0} E_{\lambda+\varepsilon}h,$$

$\forall h \in \mathcal{H}$, in der starken Konvergenz. (Anstelle der rechtsseitigen Stetigkeit ii) könnte als alternative Konvention linksseitige Stetigkeit $E_{\lambda-0} = E_\lambda$ gefordert werden.) Ordnet man einem Intervall $(\lambda_1, \lambda_2] \subset \mathbb{R}$, wobei $\lambda_1 < \lambda_2$, den Operator

$$P((\lambda_1, \lambda_2]) := E_{\lambda_2} - E_{\lambda_1} \tag{8.1.1}$$

zu, so verifiziert man unmittelbar, daß dieser selbstadjungierte Operator idempotent, also wiederum ein orthogonaler Projektor ist. Die Operatoren (8.1.1) genügen der Relation

$$P((\lambda_1, \lambda_2]) P((\lambda_3, \lambda_4]) = P((\lambda_1, \lambda_2] \cap (\lambda_3, \lambda_4]) .$$ (8.1.2)

Den Zusammenhang zwischen Spektralscharen und selbstadjungierten Operatoren bestimmt der

Satz (Spektraldarstellung)

Zu jedem selbstadjungierten Operator A existiert umkehrbar eindeutig eine Zerlegung der Einheit $\{E_\lambda\}_{\lambda \in \mathbb{R}}$. Auf seinem Definitionsbereich

$$\mathcal{D}_A = \{f \in \mathcal{H} | \int_{-\infty}^{\infty} \lambda^2 d(f, E_\lambda f) < \infty\}$$

kann der selbstadjungierte Operator A in der Form

$$Af = \int_{-\infty}^{\infty} \lambda dE_\lambda f$$

dargestellt werden.

Anmerkung: Das Integral auf der rechten Seite ist ein vektorwertiges Stieltjes-Integral; im Skalarprodukt (g, Af) , $g \in \mathcal{H}$, wird es zum „gewöhnlichen" Stieltjes-Integral, insbesondere gilt $\forall g, h \in \mathcal{H}$:

$$(g, h) = \int_{-\infty}^{\infty} d(g, E_\lambda h) .$$

Die Spektralschar eines selbstadjungierten Operators A erlaubt, Funktionen dieses Operators zu bilden. Ein Beispiel, dem wir im Rahmen der Quantenmechanik wiederholt begegnen werden, ist der mit $t \in \mathbb{R}$ gebildete unitäre Operator

$$e^{-iAt}h = \int_{-\infty}^{\infty} e^{-i\lambda t} dE_\lambda h , \quad h \in \mathcal{H} .$$ (8.1.3)

Das Spektrum des selbstadjungierten Operators A kommt im Verhalten seiner Spektralschar $\{E_\lambda\}_{\lambda \in \mathbb{R}}$ zum Vorschein: Ein Punkt $\lambda \in \mathbb{R}$ wird *Konstanzpunkt* der Zerlegung der Einheit genannt, wenn für hinreichend kleines $\varepsilon > 0$

$$E_{\lambda-\varepsilon} = E_{\lambda+\varepsilon}$$

gilt. Dann ist λ ein *regulärer Punkt* des Operators und gehört nicht zu dessen Spektrum. Alle Punkte, die nicht regulär sind, bilden das *Spektrum* $\sigma(A)$ des Operators A:

$$\lambda \in \sigma(A) \quad \Leftrightarrow \quad E_{\lambda+\varepsilon} - E_{\lambda-\varepsilon} \neq 0, \quad \forall \varepsilon > 0,$$

sie sind *Wachstumspunkte* der Zerlegung der Einheit. Zur feineren Unterteilung des Spektrums dienen die nicht abnehmenden und von rechts stetigen Funktionen

$$\omega(\lambda; f) := (f, E_\lambda f), \quad f \in \mathcal{H},$$

die offensichtlich

$$\omega(-\infty; f) = 0, \quad \omega(+\infty; f) = (f, f)$$

erfüllen.

a) Ein Punkt $\lambda \in \sigma(A)$ gehört zum *Punktspektrum* $\sigma_P(A)$, wenn Vektoren $f \in \mathcal{H}$ existieren, die einen Sprung

$$\omega(\lambda; f) \neq \omega(\lambda - 0; f)$$

zur Folge haben. Dann ist λ ein Eigenwert des Operators A und

$$P_\lambda := E_\lambda - E_{\lambda-0}$$

der orthogonale Projektor auf den zugehörigen Eigenraum.

b) Ein Punkt $\lambda \in \sigma(A)$ gehört dem *kontinuierlichen Spektrum* $\sigma_c(A)$ an, wenn es Vektoren $f \in \mathcal{H}$ gibt, für die

$$\omega(\lambda + \varepsilon; f) - \omega(\lambda - \varepsilon; f) \neq 0, \quad \varepsilon > 0,$$
$$\omega(\lambda; f) - \omega(\lambda - 0; f) = 0$$

gilt.

c) Die Punktmengen $\sigma_P(A)$ und $\sigma_c(A)$ sind nicht notwendigerweise disjunkt: Den Durchschnitt $\sigma_P(A) \cap \sigma_c(A)$ bilden im Kontinuum eingebettete Eigenwerte.

Wir bezeichnen mit P den orthogonalen Projektor auf den von den Eigenvektoren erzeugten Teilraum. In der orthogonalen Zerlegung des Hilbert-Raums

$$\mathcal{H} = \mathcal{H}_P \oplus \mathcal{H}_c, \text{ wobei}$$

$$\mathcal{H}_P := P\mathcal{H}, \quad \mathcal{H}_c := (1 - P)\mathcal{H},$$

wird dann jeder der beiden Teilräume durch den Operator A in sich abgebildet, und in $\mathcal{H}_P$ erscheint allein das Punktspektrum, in $\mathcal{H}_c$ hingegen allein das kontinuierliche Spektrum. Der Teilraum $\mathcal{H}_c$ selbst spaltet im allgemeinen Fall in eine direkte Summe

$$\mathcal{H}_c = \mathcal{H}_{a.c.} \oplus \mathcal{H}_{s.c.}$$

auf: Ein Vektor $f \in \mathcal{H}_c$ gehört zum Teilraum $\mathcal{H}_{a.c.}$, $f \in \mathcal{H}_{a.c.}$, wenn die nichtabnehmende Funktion $(f, E_\lambda f)$ von λ *absolut stetig* ist, oder äquivalent: wenn $d(f, E_\lambda f)$ absolut stetig bezüglich des Lebesgue-Maßes $d\lambda$ ist, also $d(f, E_\lambda f) = \mu d\lambda$ mit einer positiven Funktion μ. In unseren Anwendungen wird nur dieser Fall auftreten, weswegen wir hier nicht versuchen, den *singulär-stetigen* Teilraum $\mathcal{H}_{s.c.}$ näher zu charakterisieren.

Wir schließen diese Übersicht mit dem Hinweis, daß die Projektoren (8.1.1) in der quantenmechanischen Formulierung der Meßstatistik einer Observablen eine zentrale Rolle übernehmen werden.

Beispiele:

1) Der selbstadjungierte Operator A habe ein reines Punktspektrum mit endlicher Entartung:

$$A\varphi_{n\alpha} = \lambda_n \varphi_{n\alpha}, \quad n \in \mathbb{N}, \quad \alpha = 1, 2, \ldots, N(n),$$

$$(\varphi_{n\alpha}, \varphi_{n'\alpha'}) = \delta_{nn'}\delta_{\alpha\alpha'}.$$

Mittels der orthogonalen Projektoren auf die Eigenräume

$$P_n := \sum_\alpha (\varphi_{n\alpha}, \cdot)\varphi_{n\alpha}, \quad n \in \mathbb{N}$$

erhält man die Zerlegung der Einheit

$$E_\lambda = \sum_{\substack{n \\ \lambda_n \leq \lambda}} P_n, \quad \lambda \in \mathbb{R},$$

und die Spektraldarstellung des Operators

$$A = \sum_{n=1}^{\infty} \lambda_n P_n.$$

Der Hamilton-Operator des harmonischen Oszillators ist ein konkretes derartiges Beispiel.

2) Der Multiplikationsoperator im Hilbert-Raum $\mathcal{L}^2(\mathbb{R})$ ist definiert auf dem Bereich

$$\mathcal{D}_q = \{f \in \mathcal{L}^2(\mathbb{R}) | \int_{-\infty}^{\infty} dx |xf(x)|^2 < \infty\}$$

als die Abbildung

$$(qf)(x) = xf(x) \,.$$

Physikalisch gesehen ist q der Ortsoperator (in der Schrödingerschen Realisierung der Heisenberg-Algebra). Dem Operator q entspricht die Zerlegung der Einheit

$$(E_\lambda h)(x) = \Theta(\lambda - x)h(x) \,, \quad \lambda \in \mathbb{R} \,, \quad h \in \mathcal{L}^2(\mathbb{R})$$

mit der Heaviside-Funktion

$$\Theta(\lambda - x) = \begin{cases} 1 \,, \text{ falls } x \leq \lambda \,, \\ 0 \,, \text{ sonst} \,. \end{cases}$$

Die von einer Zerlegung der Einheit geforderten Eigenschaften gelten offensichtlich. Alle Punkte $\lambda \in \mathbb{R}$ sind Punkte stetigen Wachstums. Mit $g \in \mathcal{L}^2(\mathbb{R})$ und $f \in \mathcal{D}_q$ folgt aus

$$(g \,, E_\lambda f) = \int_{-\infty}^{\lambda} dx \overline{g(x)} f(x)$$

die Spektraldarstellung

$$(g \,, qf) = \int_{-\infty}^{\infty} \lambda d(g \,, E_\lambda f) = \int_{-\infty}^{\infty} \lambda \overline{g(\lambda)} f(\lambda) d\lambda$$

des Multiplikationsoperators q .

8.2 Eigendistributionen und verallgemeinerte Vollständigkeitsrelation

Zu jedem selbstadjungierten Operator A existiert zwar eine eindeutige Spektralzerlegung, jedoch ist im Hilbert-Raum nur für denjenigen Teil dieser Zerlegung eine direkte Konstruktionsvorschrift gegeben, der dem Punktspektrum entspricht. Wie wir im vorausgehenden Abschnitt gesehen haben, ergibt sich dieser Teil der Zerlegung aus den Eigenvektoren des Operators A . Andrerseits stießen wir bei der Untersuchung konkreter Fälle mehrmals auf den Sachverhalt, daß ein selbstadjungierter Operator, dessen

Abbildungsoperation durch einen Differentialoperator definiert wird, außerhalb des Hilbert-Raums verallgemeinerte Eigenfunktionen besitzt, die nicht exponentiell anwachsen. Es stellt sich daher die Frage, ob – und gegebenenfalls in welcher Weise – sich Vektoren des Hilbert-Raums nach solchen verallgemeinerten Eigenfunktionen und den Eigenvektoren (sofern vorhanden) eines selbstadjungierten Operators entwickeln lassen. Im Fall des Impulsoperators und der Fourier-Transformation sind wir bereits der Verwirklichung einer derartigen Konstruktion begegnet.

Eine allgemeine mathematische Theorie wurde in [GS, Bd. III, Kap. IV] entwickelt; die für Anwendungen wesentliche Aussage soll hier summarisch wiedergegeben werden: Der Hilbert-Raum $\mathcal{H} = \mathcal{L}^2(\mathbb{R}^n)$ wird als Glied des *Gelfandschen Raum-Tripels*

$$\mathcal{S}(\mathbb{R}^n) \subset \mathcal{L}^2(\mathbb{R}^n) \subset \mathcal{S}'(\mathbb{R}^n)$$

angesehen: Er umfaßt den Raum $\mathcal{S}(\mathbb{R}^n)$ der rasch abfallenden Testfunktionen und ist selbst enthalten im hierzu dualen Raum $\mathcal{S}'(\mathbb{R}^n)$ der Temperierten Distributionen, vgl. Abschnitt 6.1. Gegeben sei ein linearer Operator A, der $\mathcal{S}(\mathbb{R}^n)$ in sich abbildet,

$$A : \mathcal{S}(\mathbb{R}^n) \to \mathcal{S}(\mathbb{R}^n) \, ,$$

der symmetrisch ist bezüglich des inneren Produkts in $\mathcal{L}^2(\mathbb{R}^n)$ und der außerdem eine selbstadjungierte Erweiterung in $\mathcal{L}^2(\mathbb{R}^n)$ hat: Dann besitzt der Operator A in $\mathcal{S}'(\mathbb{R}^n)$ ein *vollständiges System von Eigendistributionen*

$$A\phi_{\lambda,a}(x) = \lambda\phi_{\lambda,a}(x)$$

mit $\lambda \in \mathbb{R}$, a ist ein Entartungsindex, und $\forall \varphi, \psi \in \mathcal{S}(\mathbb{R}^n)$ gilt die *verallgemeinerte Vollständigkeitsrelation*

$$(\varphi \, , \psi) = \int \sum_a d\mu_a(\lambda) \langle \phi_{\lambda,a} | \overline{\varphi} \rangle \langle \overline{\phi}_{\lambda,a} | \psi \rangle \, ,$$

wie auch die Entwicklung

$$\varphi(x) = \int \sum_a d\mu_a(\lambda) \langle \overline{\phi}_{\lambda,a} | \varphi \rangle \phi_{\lambda,a}(x) \, .$$

(Zur Notation sei daran erinnert, daß das Funktional $\langle \cdot | \cdot \rangle$ in beiden Eingängen linear ist, im Gegensatz zum inneren Produkt $(\cdot, \cdot)$ im Hilbert-Raum $\mathcal{L}^2(\mathbb{R}^n)$.) Die Maße $d\mu_a(\lambda)$ sind durch die Zerlegung der Einheit $\{E_\lambda\}$ des Operators A bestimmt: Im allgemeinen Fall ergeben sie sich als Summe aus einem Maß, das auf isolierte Punkte konzentriert ist (Punktspektrum), und einem bezüglich des Lebesgue-Maßes $d\lambda$ absolut stetigen Maß (kontinuierliches Spektrum). Im Hinblick auf Anwendungen ist von großer Bedeutung, daß dann, wenn der Operator A einen normierten Raum $\mathcal{T}$ der Eigenschaft $\mathcal{S} \subset \mathcal{T} \subset \mathcal{L}^2$ in sich abbildet, die Aussage auf $\mathcal{T}$ mit seinem Dualraum $\mathcal{T}' \subset \mathcal{S}'$ erweitert werden kann.

Beispiele:

1) Der Impulsoperator in $\mathcal{L}^2(\mathbb{R})$

$$p = \frac{\hbar}{i}\frac{d}{dx}$$

erfüllt offensichtlich die Voraussetzungen, seine Eigendistributionen sind die „ebenen Wellen"

$$P_\lambda \phi_\lambda = \lambda \phi_\lambda \,, \quad \phi_\lambda(x) = (2\pi\hbar)^{-\frac{1}{2}} e^{i\frac{\lambda}{\hbar}x} \,, \quad \lambda \in \mathbb{R} \,,$$

wobei ein konstanter Faktor bereits festgelegt wurde. Die Fourier-Transformation in $\mathcal{S}(\mathbb{R})$ kann als reguläres Funktional aufgefaßt werden:

$$\widehat{\varphi}(k) = (2\pi)^{-\frac{1}{2}} \int_{-\infty}^{\infty} dx\, e^{-ikx} \varphi(x)$$

$$= \sqrt{\hbar} \langle \overline{\phi}_\lambda | \varphi \rangle \,, \text{ mit } \lambda = \hbar k \,.$$

Aus der $\forall \varphi, \psi \in \mathcal{S}(\mathbb{R})$ gültigen Relation

$$(\varphi\,,\psi) = (\widehat{\varphi}\,,\widehat{\psi}) = \int_{-\infty}^{\infty} dk\, \overline{\widehat{\varphi}(k)}\widehat{\psi}(k)$$

der Fourier-Transformation folgt daher direkt

$$(\varphi\,,\psi) = \int_{-\infty}^{\infty} d\lambda \langle \phi_\lambda | \overline{\varphi} \rangle \langle \overline{\phi}_\lambda | \psi \rangle$$

als Spezialfall der allgemeinen Aussage. In der symbolischen Schreibweise der Physik wird hieraus die „Vollständigkeitsrelation"

$$\delta(x - y) = (2\pi\hbar)^{-1} \int_{-\infty}^{\infty} d\lambda\, e^{i\frac{\lambda}{\hbar}(x-y)}$$

in der Gestalt eines „Integralkerns" für die Einheit.

2) Der Ortsoperator in $\mathcal{L}^2(\mathbb{R})$

$$(q\varphi)(x) = x\varphi(x)$$

ist ebenfalls ein Operator ohne Eigenvektoren mit den reellen Eigendistributionen

$$q\delta_\lambda = \lambda\delta_\lambda\,, \quad \delta_\lambda \equiv \delta(x - \lambda)\,, \quad \lambda \in \mathbb{R}\,.$$

Die $\forall \varphi, \psi \in \mathcal{S}(\mathbb{R})$ gültige verallgemeinerte Vollständigkeitsrelation

$$\begin{aligned}
(\varphi\,,\psi) &= \int_{-\infty}^{\infty} d\lambda \langle \delta_\lambda | \overline{\varphi} \rangle \langle \delta_\lambda | \psi \rangle \\
&= \int_{-\infty}^{\infty} d\lambda \overline{\varphi(\lambda)} \psi(\lambda)
\end{aligned}$$

ist evident.

3) Der Operator der kinetischen Energie in $\mathcal{L}^2(\mathbb{R}^3)$

$$H_0 = -\frac{\hbar^2}{2m}\Delta$$

vertauscht mit $\vec{L}^2$ und L_3, jeder dieser drei Operatoren bildet $\mathcal{S}(\mathbb{R}^3)$ in sich ab. Die Funktionen

$$\phi_{k,l,m}(\vec{x}) := \frac{1}{r}\tilde{j}_l(kr)Y_l^m(\vartheta, \varphi)\,,$$

$$k \in \mathbb{R}_+\,, \quad l \in \mathbb{N}_0\,, \quad m = l,\dots,-l$$

sind simultane Eigendistributionen der Operatoren H_0, $\vec{L}^2$ und L_3 mit den (verallgemeinerten) Eigenwerten $(\hbar k)^2/2m$, $l(l + 1)$, bzw. m, wie wir im Abschnitt 6.7.1 gesehen haben. Für $\chi, \psi \in \mathcal{S}(\mathbb{R}^3)$ gilt dann die verallgemeinerte Vollständigkeitsrelation

$$(\chi\,,\psi) = \frac{2}{\pi}\int_0^{\infty} dk \sum_{l=0}^{\infty} \sum_{m=-l}^{l} \langle \phi_{k,l,m}|\overline{\chi}\rangle \langle \overline{\phi}_{k,l,m}|\psi\rangle\,.$$

Von der richtigen Wahl des Maßes können wir uns überzeugen, wenn wir die $\forall l \in \mathbb{N}_0$ gültige Relation

$$\int_0^{\infty} dk \tilde{j}_l(kr)\tilde{j}_l(kr') = \frac{\pi}{2}\delta(r - r')$$

der in den Eigendistributionen des Operators H_0 auftretenden Riccati-Bessel-Funktionen verwenden und die verallgemeinerte Vollständigkeitsrelation in der

Schreibweise der Physik

$$\delta(\vec{x} - \vec{x}') = \frac{2}{\pi} \int_0^\infty dk \sum_{l=0}^\infty \sum_{m=-l}^l \frac{1}{r} \tilde{j}_l(kr) Y_l^m(\vartheta, \varphi) \frac{1}{r'} \tilde{j}_l(kr') \overline{Y_l^m(\vartheta', \varphi')}$$

als „Integralkern" des Einheitsoperators darstellen.

9 Allgemeine Formulierung: Zweiter Teil

Wir wenden uns erneut den allgemeinen Aussagen der Quantenmechanik zu mit dem Ziel, das im ersten Kapitel Begonnene und teilweise nur Angedeutete zu erweitern und in umfassender Form präzise darzulegen. Das Fundament hierfür bildet die Spektralzerlegung eines selbstadjungierten Operators, sowohl hinsichtlich der Observablen eines Mikrosystems wie auch der Beschreibung des Zustands einer Gesamtheit solcher Systeme. Unerwähnt bleibt dabei lediglich eine innere Symmetrieforderung an die Observablen und an die Zustände, die hinzukommt, wenn ein Mikrosystem mehrere identische Teilchen aufweist. Diese Symmetrieforderung und deren Auswirkungen sind Gegenstand des folgenden Kapitels.

9.1 Die Meßwahrscheinlichkeit spezieller Observablenwerte

Wir haben bisher Observablen betrachtet, die mittels des Korrespondenzprinzips aus ihren klassischen Vorbildern hervorgegangen sind, zusammen mit dem Spinoperator – einer genuin quantenmechanischen Observablen. Mit dem jeweiligen Operator und dessen Quadrat sind der Erwartungswert und die Streuung als Meßgrößen verknüpft. Diese beiden Meßgrößen erschöpfen jedoch die physikalische Aussage der Theorie nicht, vielmehr können feinere Meßgrößen formuliert werden: Wie wir bereits im anfänglichen Abschnitt 1.1 erfuhren, gehört zu den Grundannahmen der Quantenmechanik, jeder Observablen einen selbstadjungierten Operator A , also $A = A^*$, zuzuordnen. Die weittragenden mathematischen Konsequenzen dieser Annahme haben wir im vorausgehenden Kapitel beleuchtet: Jeder selbstadjungierte Operator A weist ein reelles Spektrum auf, verbunden mit einer entsprechenden Zerlegung der Einheit. Die Quantenmechanik interpretiert nun das Spektrum des Operators A physikalisch als die Menge möglicher Meßwerte.

Mit anderen Worten: Der am einzelnen Mikrosystem gemessene Wert der Observablen ist ein Punkt aus dem Spektrum des zugeordneten Operators. Dem selbstadjungierten Operator A entspricht eindeutig eine Zerlegung der Einheit, also eine Spektralschar

$\{E_\lambda\}$. Diese erlaubt, jedem Intervall $I \equiv (\lambda_1, \lambda_2] \subset \mathbb{R}$ einen orthogonalen Projektor

$$P(I) \equiv P((\lambda_1, \lambda_2]) := E_{\lambda_2} - E_{\lambda_1} \tag{9.1.1}$$

zuzuordnen, der mithin die Relationen

$$P(I)P(I) = P(I), \quad P(I)^* = P(I) \tag{9.1.2}$$

erfüllt.

Die Quantenmechanik postuliert nun: Die Wahrscheinlichkeit dafür, in einer reinen Gesamtheit ψ_t Werte der Observablen A aus dem Intervall I zu messen, ist der Erwartungswert

$$(\psi_t, P(I)\psi_t) = \|P(I)\psi_t\|^2. \tag{9.1.3}$$

Diese *Meßwahrscheinlichkeit* wird physikalisch als relative Häufigkeit interpretiert. Der Projektor (9.1.1) beschreibt die *Eigenschaft* der Mikrosysteme einer Gesamtheit, bei einer Messung der Observablen A Spektralwerte aus dem Intervall I zu ergeben. Der an jedem einzelnen Mikrosystem gewonnene Meßwert liegt entweder im Intervall I oder er liegt nicht dort: Dieser Alternative entsprechen gerade die Eigenwerte 1, bzw. 0 eines Projektors, die dessen Spektrum bilden.

Ein Punkt λ des diskreten Spektrums wird scharf gemessen, wenn das Intervall I außer λ keine anderen Spektralwerte enthält. Werte des kontinuierlichen Spektrums hingegen können nicht scharf gemessen werden, jedoch im Prinzip aus beliebig engen Intervallen. Das Postulat ist mit der Definition des Erwartungswerts der Observablen A verträglich: Sei $\{I_i\}$ eine Familie disjunkter Intervalle, so daß

$$\{I_i \cap I_j\} = \emptyset, \quad i \neq j, \text{ und } \bigcup_i I_i = \mathbb{R},$$

dann gilt mit $\lambda_i \in I_i, \forall i$, infolge der Spektraldarstellung

$$\sum_i \lambda_i(\psi_t, P(I_i)\psi_t) \to \int \lambda d(\psi_t, E_\lambda \psi_t) = (\psi_t, A\psi_t)$$

im Grenzfall verschwindender Länge der Intervalle. Außerdem bedeutet die für jede reine Gesamtheit gültige Relation

$$(\psi_t, P((-\infty, \infty))\psi_t) = (\psi_t, \mathbb{1}\psi_t) = 1$$

die Gewißheit, irgendeinen der möglichen Werte zu messen.

Die Projektoren (9.1.1) wie auch die aus der Spektralzerlegung des Operators A abgeleiteten beschränkten selbstadjungierten Operatoren

$$A(I) = \int_{\lambda_1}^{\lambda_2} \lambda dE_\lambda \qquad (9.1.4)$$

sind natürlich selbst wieder Observablen im Sinn der ursprünglichen Definition. Hierbei sollte jedoch nicht übersehen werden, daß nicht die Spektralschar $\{E_\lambda\}$ primär gegeben ist, sondern über das Korrespondenzprinzip der im allgemeinen unbeschränkte Operator A , dessen Spektralschar erst zu bestimmen ist. Als Beispiel einer Meßwahrscheinlichkeit werde die Messung eines entarteten Eigenwerts betrachtet: (vgl. das Beispiel 1) aus dem Abschnitt 8.1)

$$A\phi_{n\alpha} = \lambda_n\phi_{n\alpha} , \quad \alpha = 1,\ldots,N , \quad (\phi_{n\alpha},\phi_{n\beta}) = \delta_{\alpha\beta} .$$

Für hinreichend kleines $\varepsilon > 0$ gilt dann

$$(\psi_t, P((\lambda_n - \varepsilon, \lambda_n + \varepsilon])\psi_t) = (\psi_t, P_n\psi_t) = \sum_{\alpha=1}^{N} |(\phi_{n\alpha}, \psi_t)|^2 .$$

Im Sprachgebrauch der Physik wird diese Meßwahrscheinlichkeit häufig *Übergangswahrscheinlichkeit* genannt.

Die Frage nach der simultanen Meßwahrscheinlichkeit mehrerer Observablen erlaubt die Quantenmechanik nur unter der Einschränkung, daß die zugeordneten Operatoren paarweise vertauschen: Gegeben seien die selbstadjungierten Operatoren $A^{(i)}$, $i = 1,\ldots,n$, mit den jeweiligen Projektoren $P^{(i)}(I_i)$, wobei $I_i = (\lambda_1^{(i)}, \lambda_2^{(i)}]$. Vertauschen diese Projektoren paarweise, also

$$[P^{(i)}(I_i), P^{(j)}(I_j)] = 0 , \quad \forall i,j , \qquad (9.1.5)$$

so ist

$$(\psi_t, P^{(1)}(I_1) \cdots P^{(n)}(I_n)\psi_t) = \|P^{(1)}(I_1) \cdots P^{(n)}(I_n)\psi_t\|^2 \qquad (9.1.6)$$

die Wahrscheinlichkeit dafür, in der reinen Gesamtheit ψ_t Werte der $A^{(i)}$ entsprechenden Observablen im Intervall $I_i, i = 1,\ldots,n$, *zusammen zu messen*.

Dieses Postulat ist die weitestgehende Aussage der Quantenmechanik! Die Einschränkung auf paarweise vertauschbare Operatoren ist unumgänglich, da die physikalische Aussage die Unabhängigkeit des Erwartungswerts von der Reihenfolge der Projektoren fordert. Mathematisch gesehen ist dann das Produkt der Projektoren wiederum ein Projektor. (Nur beiläufig sei bemerkt, daß im Fall unbeschränkter

Operatoren Relationen der Form (9.1.5) die mathematische Formulierung der Vertauschbarkeit sind.) Wird eine der Observablen in der Aussage (9.1.6) nicht gemessen, z.B. die $A^{(j)}$ entsprechende, so ist

$$P^{(j)}(I_j) = P^{(j)}((-\infty, \infty)) = \mathbb{1} .$$

Im allgemeinen Fall werden die zwei Observablen zugehörigen Projektoren $P^{(1)}(I_1)$ und $P^{(2)}(I_2)$ nicht vertauschen: Dann sind lediglich die beiden Aussagen

$$(\psi_t, P^{(1)}(I_1)\psi_t) , \quad (\psi_t, P^{(2)}(I_2)\psi_t)$$

möglich, die getrennte Messungen bedeuten.

Aufgabe 9.1.1

Der Hamilton-Operator eines Einteilchensystems (ohne Spin) habe Eigenvektoren (gebundene Zustände). Da die Komponenten des Impulsoperators miteinander vertauschen, können Spektralwerte zusammen gemessen werden.

a) *Man bestimme die simultane Meßwahrscheinlichkeit dafür, im Fall eines gebundenen Zustands φ , $\|\varphi\| = 1$, Spektralwerte des Impulsoperators aus einem Bereich $\hbar K \subset \mathbb{R}^3$ zu messen, wobei $K = \{\vec{k} \in \mathbb{R}^3 | k_a \in I_a , a = 1, 2, 3\}$ ist.*

b) *Am Beispiel des Wasserstoffatoms berechne man explizit die entsprechende Wahrscheinlichkeitsdichte für den Grundzustand.*

9.2   Der Statistische Operator

9.2.1   Reine Gesamtheiten

Vergegenwärtigen wir uns die quantenmechanischen Aussagen zur Messung an den Mikrosystemen einer reinen Gesamtheit, so sehen wir, daß diese Aussagen jeweils in der Gestalt eines Erwartungswertes erscheinen: Dem Mikrosystem sei der separable Hilbert-Raum $\mathcal{H}$ zugeordnet und der ins Auge gefaßten Observablen der selbstadjungierte Operator A , dazu werde die reine Gesamtheit zum Zeitpunkt t der Messung durch den Zustandsvektor $\psi \equiv \psi_t \in \mathcal{H}$ beschrieben, dann sind diese Aussagen im einzelnen:

a_1) der Erwartungswert der Observablen, (1.1.1):

$$\langle A \rangle_\psi = (\psi, A\psi)\,,$$

b_1) die Streuung der Meßwerte (oder: das mittlere Schwankungsquadrat), (1.1.3):

$$\mathrm{Str}(A)_\psi = (\psi, (A - \langle A \rangle_\psi \mathbb{1})^2 \psi)\,,$$

c_1) die Wahrscheinlichkeit dafür, Werte der Observablen aus dem Intervall $I \subset \mathbb{R}$ zu messen, (9.1.3):

$$\|P^{(A)}(I)\psi\|^2 = (\psi, P^{(A)}(I)\psi)\,,$$

hierbei ist $P^{(A)}(I)$ der Projektor (9.1.1),

d_1) die simultane Meßwahrscheinlichkeit dafür, Werte der Observablen A aus dem Interall I_A und Werte einer Observablen B aus dem Intervall I_B zusammen zu messen, (9.1.6):

$$\|P^{(A)}(I_A)P^{(B)}(I_B)\psi\|^2 = (\psi, P^{(A)}(I_A)P^{(B)}(I_B)\psi)\,,$$

notwendige Voraussetzung hierfür ist die Vertauschbarkeit der beiden auftretenden Projektoren. Die nun evidente Formulierung im Fall von n Observablen sei hier unterlassen, siehe (9.1.6).

Wie wir schon früher bemerkten, hat die Form eines Erwartungswerts zur Folge, daß der Zustand einer reinen Gesamtheit – genau besehen – nicht durch einen Zustandsvektor beschrieben wird, sondern durch einen Strahl, d.h. einen Zustandsvektor, der nur bis auf einen physikalisch belanglosen Phasenfaktor feststeht. Dieser Sachverhalt läßt vermuten, daß man die zuvor betrachteten Erwartungswerte auch durch den Projektor

$$P_{[\psi]} := (\psi, \cdot)\psi\,, \quad \|\psi\| = 1\,, \tag{9.2.1}$$

auf den vom Zustandsvektor ψ aufgespannten eindimensionalen Teilraum ausdrücken kann. Der Projektor hängt offensichtlich nicht vom unbestimmten Phasenfaktor ab und entspricht eindeutig einem Zustand. Um die Vermutung zu erhärten, bedarf es einer kurzen mathematischen Vorbereitung. Im folgenden wird eine spezielle Klasse linearer Operatoren physikalische Bedeutung erlangen: Ein beschränkter Operator N in einem separablen Hilbert-Raum $\mathcal{H}$ heißt *nuklear* (oder: gehört zur *Spurklasse*), wenn für *jede* Orthonormalbasis $\{\varphi_n | n \in \mathbb{N}\}$ in $\mathcal{H}$ die Summe

$$\mathrm{spur}N := \sum_{n=1}^{\infty} (\varphi_n, N\varphi_n) \tag{9.2.2}$$

endlich ist und denselben Wert annimmt. Der Projektor (9.2.1) ist sofort als nuklearer Operator erkennbar, denn es gilt:

$$\text{spur} P_{[\psi]} = \sum_{n=1}^{\infty} (\varphi_n, P_{[\psi]} \varphi_n) = \sum_{n=1}^{\infty} (\psi, \varphi_n)(\varphi_n, \psi) = (\psi, \psi) = 1 \,, \qquad (9.2.3)$$

der Vollständigkeitsrelation zufolge. Sei A ein beschränkter selbstadjungierter Operator, dann ist

$$\text{spur}\{P_{[\psi]} A\} = \sum_{n=1}^{\infty} (\varphi_n, P_{[\psi]} A \varphi_n) = \sum_{n=1}^{\infty} (\varphi_n, \psi)(A\psi, \varphi_n) = (A\psi, \psi)$$
$$= (\psi, A\psi) \qquad (9.2.4)$$

offensichtlich wohldefiniert und hängt nicht von der verwendeten Orthonormalbasis ab: Also ist das Produkt $P_{[\psi]} A$ ebenfalls ein nuklearer Operator; gleiches gilt für das Produkt $A P_{[\psi]}$. Auf Grund der Identität (9.2.4) lassen sich die Erwartungswerte a_1) - d_1) auch folgendermaßen formulieren:

a_2) $\langle A \rangle_\psi = \text{spur}\{P_{[\psi]} A\}$,

b_2) $\text{Str}(A)_\psi = \text{spur}\{P_{[\psi]} (A - \langle A \rangle_\psi \mathbb{1})^2\}$,

c_2) $(\psi, P^{(A)}(I)\psi) = \text{spur}\{P_{[\psi]} P^{(A)}(I)\}$,

d_2) $(\psi, P^{(A)}(I_A) P^{(B)}(I_B)\psi) = \text{spur}\{P_{[\psi]} P^{(A)}(I_A) P^{(B)}(I_B)\}$.

Streng genommen wurden die Gleichungen a_2) und b_2) nur im Fall eines beschränkten Operators A gezeigt. Ist hingegen der Operator A unbeschränkt, so verwenden wir eine reduzierte Form der Gestalt (9.1.4). Physikalisch bedeutet dies bei hinreichend großem Intervall I ohnehin keine Einschränkung, da in keinem realen Experiment beliebig große Meßwerte auftreten können.

Fazit: Eine reine Gesamtheit kann also auch durch einen orthogonalen Projektor auf einen eindimensionalen Teilraum in $\mathcal{H}$ (zu jedem festen Zeitpunkt) beschrieben werden: Diesen Projektor bezeichnet man als den *Statistischen Operator*

$$\rho = P_{[\psi]} \qquad (9.2.5)$$

der reinen Gesamtheit.

Wir wollen noch auf die Frage eingehen, unter welchen prinzipiellen Bedingungen eine reine Gesamtheit präpariert werden kann.

Im Idealfall mißt die Präpariervorrichtung eine Observable des Mikrosystems und selektiert dabei Mikrosysteme mit einem scharfen Meßwert λ. Der Quantenmechanik zufolge entspricht der Observablen ein selbstadjungierter Operator A und der scharfe

Meßwert λ ist ein Eigenwert des Operators A . Ist dieser Eigenwert nicht entartet, so bilden die aussortierten Mikrosysteme – unmittelbar nach dem jeweiligen Hervortreten aus der Präpariervorrichtung genommen – eine reine Gesamtheit, die durch den normierten Eigenvektor φ , $\|\varphi\| = 1$, $A\varphi = \lambda\varphi$, beschrieben wird, oder besser: durch den Statistischen Operator $\rho = P_{[\varphi]}$. In dieser Gesamtheit gilt dann natürlich

$$\langle A \rangle_\varphi = \lambda , \quad \mathrm{Str}(A)_\varphi = 0 ,$$

und die Aussagen

$$\mathrm{spur}\{\rho P_{[\varphi]}\} = 1 , \quad \mathrm{spur}\{\rho(\mathbb{1} - P_{[\varphi]})\} = 0 \tag{9.2.6}$$

bedeuten, daß die Wahrscheinlichkeit dafür, unmittelbar nach der Präparation der Gesamtheit den Eigenwert λ zu messen, gleich eins ist, also Gewißheit herrscht, keinen anderen Spektralwert zu messen.

Die einschränkende Vorraussetzung eines nichtentarteten Eigenwerts kann verallgemeinert werden: Benötigt wird dann eine Präparierapparatur, die hinreichend viele miteinander verträgliche Observablen zusammen mißt. Miteinander verträgliche Observablen soll heißen, daß die entsprechenden selbstadjungierten Operatoren $A^{(i)}$, $i = 1, \dots, n$, paarweise vertauschen. Im Fall scharfer simultaner Meßwerte $\lambda^{(i)}$, $i = 1, \dots, n$, ist jeder der Meßwerte ein Eigenwert des entsprechenden Operators. Bezeichne $P^{(i)}(\lambda^{(i)})$ den Projektor auf den Eigenraum zum Eigenwert $\lambda^{(i)}$, $i = 1, \dots, n$, so ist

$$P := \prod_{i=1}^{n} P^{(i)}(\lambda^{(i)}) \tag{9.2.7}$$

wiederum ein Projektor. Projiziert P nun auf einen eindimensionalen Teilraum, gilt also

$$\mathrm{spur} P = 1 , \tag{9.2.8}$$

dann sondert die Präparierapparatur eine reine Gesamtheit aus, beschrieben durch den Statistischen Operator $\rho = P$. Die Meßwahrscheinlichkeiten

$$\mathrm{spur}\{\rho P^{(i)}(\lambda^{(i)})\} = 1 , \quad i = 1, \dots, n , \tag{9.2.9}$$

gelten unmittelbar nach der Präparation der Gesamtheit.

9.2.2   Gemischte Gesamtheiten

Im Rahmen der Quantenmechanik kann eine reine Gesamtheit nicht weiter in „feinere" Teilgesamtheiten zerlegt werden; der entsprechende Zustandsvektor (zu fester Zeit) φ

oder genauer: der Statistische Operator $\rho = P_{[\varphi]}$ kodiert die bestmögliche Kenntnis einer aus Mikrosystemen gebildeten Gesamtheit.

Durch eine konkrete Präpariervorrichtung wird im allgemeinen keine reine Gesamtheit erzeugt, sondern eine „allgemeinere" Gesamtheit: Auf welche Weise wird letztere beschrieben? Um ein Beispiel vor Augen zu haben, betrachten wir eine Gesamtheit, die durch Aussortieren derjenigen Mikrosysteme einer gegebenen Sorte entsteht, an denen der entartete Eigenwert λ einer bestimmten Observablen gemessen wird. Der Eigenraum zu diesem Eigenwert λ habe die Dimension d und P sei der orthogonale Projektor auf den Eigenraum. Die willkürliche Wahl eines normierten Vektors aus dem Eigenraum als Zustandsvektor der Gesamtheit wäre physikalisch sicher nicht gerechtfertigt – eine andere Wahl hätte im allgemeinen auch andere physikalische Aussagen zur Folge. Ohne zusätzliche Kenntnis können wir nur rein geometrisch im Eigenraum willkürlich eine Orthonormalbasis einführen und diesen hierdurch in orthogonale eindimensionale Teilräume zerlegen, mit den entsprechenden Projektoren P_α , $\alpha = 1, \ldots, d$; dann gilt:

$$\text{spur}\{P_\alpha P_\beta\} = \delta_{\alpha\beta} , \quad \sum_{\alpha=1}^{d} P_\alpha = P .$$

Diese Projektoren P_α , $\alpha = 1, \ldots, d$, beschreiben reine Teilgesamtheiten. Wir können nun die präparierte Gesamtheit als eine Mischung dieser Teilgesamtheiten auffassen, mit den nichtnegativen Gewichten w_α , $\alpha = 1, \ldots, d$, also

$$0 \leq w_\alpha \leq 1 , \quad \sum_{\alpha=1}^{d} w_\alpha = 1 .$$

Der Erwartungswert einer Observablen A in der präparierten Gesamtheit hat dann die Form

$$\langle A \rangle = \sum_{\alpha=1}^{d} w_\alpha \text{spur}\{P_\alpha A\} =: \text{spur}\{\rho A\} ,$$

mit einem Statistischen Operator

$$\rho = \sum_{\alpha=1}^{d} w_\alpha P_\alpha , \quad \text{spur}\rho = 1 .$$

Im allgemeinen hängt also ρ sowohl von der gewählten Orthonormalbasis wie auch von den Gewichten $\{w_\alpha\}$ ab. Lediglich im speziellen Fall der Gleichverteilung

$w_\alpha = \frac{1}{d}$, $\forall \alpha$, ist ρ unabhängig von der Basiswahl:

$$\rho = \frac{1}{d}P .$$

Mit der im Beispiel verfolgten Betrachtungsweise läßt sich nun die allgemeine Form eines Statistischen Operators definieren: Sei

i) $\{\phi_n\}_{n\in\mathbb{N}}$ eine Orthonormalbasis im Hilbert-Raum $\mathcal{H}$, mit den zugehörigen Projektoren $P_n := (\phi_n, \cdot\,)\phi_n$, und

ii) w_n nichtnegativ, $\forall n \in \mathbb{N}$, $\sum_{n=1}^\infty w_n = 1$,

dann ist

$$\rho = \sum_{n=1}^\infty w_n P_n \qquad\qquad (9.2.10)$$

die Spektraldarstellung eines allgemeinen *Statistischen Operators* zu einem festen Zeitpunkt. Er beschreibt eine *gemischte Gesamtheit* der Mikrosysteme, in welcher die orthogonalen reinen Teilgesamtheiten P_n mit den statistischen Gewichten w_n , $n \in \mathbb{N}$, *inkohärent* überlagert sind: der Statistische Operator ρ einer gemischten Gesamtheit ist eine konvexe Linearkombination aus orthogonalen Projektoren auf eindimensionale Teilräume, also Statistischen Operatoren reiner Gesamtheiten.

An der Gestalt (9.2.10) lesen wir ab, daß ein Statistischer Operator selbstadjungiert, positiv und nuklear mit normierter Spur ist:

$$\rho = \rho^* , \quad \rho \geq 0 , \quad \operatorname{spur}\rho = 1 . \qquad\qquad (9.2.11)$$

(Mathematisch gesehen ist ein positiver beschränkter Operator B in einem komplexen Hilbert-Raum $\mathcal{H}$ auch selbstadjungiert: $(f, Bf) \geq 0$, $\forall f \in \mathcal{H} \Rightarrow B = B^*$.) Im Sinne positiver Operatoren genügt ein Statistischer Operator der Relation

$$\rho^2 \leq \rho , \qquad\qquad (9.2.12)$$

das Gleichheitszeichen gilt genau dann, wenn ρ einer reinen Gesamtheit entspricht. Die quantenmechanischen Aussagen im Fall einer reinen Gesamtheit a_1) - d_1), bzw. a_2) - d_2) aus dem vorausgehenden Abschnitt werden verallgemeinert durch das

Postulat

Der Zustand einer Gesamtheit zu einem festen Zeitpunkt t wird beschrieben durch einen Statistischen Operator ρ der Gestalt (9.2.10). Die Aussagen zum Messen einer Observablen der Mikrosysteme mit dem zugeordneten selbstadjungierten Operator A in diesem Zustand sind dann im einzelnen:

a_3) der Erwartungswert:

$$\langle A \rangle_\rho = \text{spur}\{\rho A\}$$
$$= \sum_{n=1}^{\infty} w_n(\phi_n, A\phi_n) \,,$$

b_3) die Streuung der Meßwerte:

$$\text{Str}(A)_\rho = \text{spur}\{\rho(A - \langle A \rangle_\rho \mathbb{1})^2\}$$
$$= \sum_{n=1}^{\infty} w_n(\phi_n, (A - \langle A \rangle_\rho \mathbb{1})^2 \phi_n) \,,$$

c_3) die Meßwahrscheinlichkeit dafür, Werte der Observablen im Intervall I zu messen:

$$\text{spur}\{\rho P^{(A)}(I)\} = \sum_{n=1}^{\infty} w_n(\phi_n, P^{(A)}(I)\phi_n) \,,$$

d_3) die simultane Meßwahrscheinlichkeit dafür, Werte der Observablen A aus dem Intervall I_A zusammen mit Werten einer Observablen B aus dem Intervall I_B zu messen:

$$\text{spur}\{\rho P^{(A)}(I_A) P^{(B)}(I_B)\} = \sum_{n=1}^{\infty} w_n(\phi_n, P^{(A)}(I_A) P^{(B)}(I_B)\phi_n) \,,$$

vorausgesetzt, die beiden auftretenden Projektoren vertauschen, vgl. (9.1.6).

Die explizite Gestalt der Spur muß noch gezeigt werden: Hierzu berechnen wir mit einem beschränkten, selbstadjungierten Operator B und einer Orthonormalbasis $\{\psi_l\}_{l \in \mathbb{N}} \subset \mathcal{H}$

$$\text{spur}\{\rho B\} = \sum_l \sum_n w_n(\psi_l, P_n B \psi_l)$$
$$= \sum_l \sum_n w_n(\psi_l, \phi_n)(B\phi_n, \psi_l) \,;$$

Vertauschen der Summationsreihenfolge und Vollständigkeitsrelation ergeben dann

$$\text{spur}\{\rho B\} = \sum_n w_n(B\phi_n, \phi_n) = \sum_n w_n(\phi_n, B\phi_n) \,. \qquad (9.2.13)$$

Die ausgeführten Schritte sind zulässig, da die Doppelsumme absolut konvergiert:

$$|\text{spur}\{\rho B\}| \leq \sum_l \sum_n w_n |(\psi_l, \phi_n)| \cdot |(B\phi_n, \psi_l)|$$

$$\leq \frac{1}{2} \sum_l \sum_n w_n \{|(\psi_l, \phi_n)|^2 + |(B\phi_n, \psi_l)|^2\}$$

$$= \frac{1}{2} \sum_n w_n \{\|\phi_n\|^2 + \|B\phi_n\|^2\}$$

$$\leq \frac{1}{2} \sum_n w_n \{1 + \|B\|^2\}$$

$$= \frac{1}{2} \{1 + \|B\|^2\} .$$

Die rechte Seite der Gleichung (9.2.13) ist also wohldefiniert und unabhängig von der zur Spurbildung verwendeten Orthonormalbasis: ρB ist ein nuklearer Operator. Tritt ein unbeschränkter Operator auf, so gilt wiederum das zuvor nach a$_2$) - d$_2$) Gesagte.

Einer im allgemeinen gemischten Gesamtheit mit dem Statistischen Operator ρ , (9.2.10), läßt sich die *Informationsentropie*

$$\text{Ent}(\rho) := -\kappa \langle \ln \rho \rangle_\rho = -\kappa \, \text{spur}\{\rho \ln \rho\} = -\kappa \sum_{n=1}^{\infty} w_n \ln w_n \qquad (9.2.14)$$

zuordnen, mit einer (willkürlichen) positiven Konstanten κ . Verschwindet ein statistisches Gewicht w_n , so ist in (9.2.14)

$$0 \ln 0 = \lim_{\varepsilon \to 0} \varepsilon \ln \varepsilon = 0$$

zu setzen. Die Informationsentropie erfüllt

$$\text{Ent}(\rho) \geq 0 , \qquad (9.2.15)$$

das Gleichheitszeichen charakterisiert eindeutig reine Gesamtheiten, d.h. nicht weiter zerlegbare Gesamtheiten.

Richten wir unser Augenmerk noch auf die mathematische Struktur der allgemeinen quantenmechanischen Aussagen, bemerken wir, daß diese Struktur Symmetrietransformationen zuläßt, welche die physikalischen Aussagen nicht ändern: Sei U eine unitäre Transformation im Hilbert-Raum $\mathcal{H}$, mithin ist $U^* = U^{-1}$, so werden hierdurch ein Zustandsvektor ψ , ein Statistischer Operator ρ , ein selbstadjungierter Operator B jeweils in neue entsprechende Größen transformiert, also

$$\psi' = U\psi , \quad \rho' = U\rho U^* , \quad B' = UBU^* . \qquad (9.2.16)$$

Die Meßwerte haben die allgemeine Gestalt spur$\{\rho B\}$ und bleiben invariant unter der unitären Transformation:

$$\text{spur}\{\rho'B'\} = \text{spur}\{U\rho BU^*\} = \text{spur}\{\rho B\}\,, \qquad (9.2.17)$$

da die Operatoren U^* und U auf die zur Spurbildung verwendete Orthonormalbasis abgewälzt werden können. Diese Invarianz macht verschiedene „Darstellungen" der mathematischen Struktur der Quantenmechanik möglich, die alle *unitär äquivalent* sind – die „Ortsdarstellung" und die „Impulsdarstellung" sind physikalisch ausgezeichnete Darstellungen.

Wir schließen diesen Abschnitt mit einem einfachen Beispiel eines Statistischen Operators: Das Mikrosystem sei ein Spin-$\frac{1}{2}$, folglich ist $\mathcal{H} = \mathbb{C}^2$ der Hilbert-Raum. Der Operator

$$P := \frac{1}{2}(\sigma_0 + \vec{\sigma} \cdot \vec{n})\,, \quad \vec{n} \in \mathbb{R}^3\,, \quad |\vec{n}| = 1$$

erfüllt

$$P = P^*\,, \quad P^2 = P\,, \quad \text{spur}P = 1\,,$$

somit ist er orthogonaler Projektor auf einen eindimensionalen Teilraum und beschreibt deshalb eine reine Gesamtheit. In dieser Gesamtheit ist der Erwartungswert des Spinoperators gegeben durch

$$\langle \tfrac{1}{2}\vec{\sigma}\rangle_P = \text{spur}\{P\tfrac{1}{2}\vec{\sigma}\} = \frac{1}{2}\vec{n}\,.$$

Die beiden Operatoren

$$P_\pm := \frac{1}{2}(\sigma_0 \pm \vec{\sigma} \cdot \vec{n})\,, \quad \vec{n} \text{ fest}\,, \quad |\vec{n}| = 1 \qquad (9.2.18)$$

sind orthogonale Projektoren und erzeugen eine Zerlegung der Einheit:

$$P_+ + P_- = \sigma_0\,, \quad P_+P_- = P_-P_+ = 0\,. \qquad (9.2.19)$$

Den allgemeinen Statistischen Operator erhalten wir mit den beiden nichtnegativen Konstanten $w_+\,, w_-$, die $w_+ + w_- = 1$ erfüllen, zu

$$\rho = w_+P_+ + w_-P_- = \frac{1}{2}\{\sigma_0 + (w_+ - w_-)\vec{n} \cdot \vec{\sigma}\}\,.$$

Mithin hat der Statistische Operator die allgemeine Gestalt

$$\rho = \frac{1}{2}(\sigma_0 + \vec{\pi} \cdot \vec{\sigma}) , \quad \vec{\pi} \in \mathbb{R}^3 , \quad |\vec{\pi}| \leq 1 \tag{9.2.20}$$

und ergibt den Erwartungswert des Spinoperators

$$\langle \frac{1}{2}\vec{\sigma} \rangle_\rho = \mathrm{spur}\{\rho \frac{1}{2}\vec{\sigma}\} = \frac{1}{2}\vec{\pi} . \tag{9.2.21}$$

Ist $|\vec{\pi}| = 1$, so beschreibt ρ eine reine Gesamtheit, $\vec{\pi} = 0$ hingegen entspricht einer (völlig) *unpolarisierten* Gesamtheit.

9.3   Die Bilder der Zeitentwicklung

Unter den Observablen eines Mikrosystems nimmt der Hamilton-Operator eine herausragende Stellung ein: Er bestimmt die Zeitentwicklung einer Gesamtheit nach deren Präparation. Der Energie des Mikrosystems zugeordnet, beschreibt er die Wechselwirkung der Konstituenten des Mikrosystems untereinander wie auch die Einwirkung der Umgebung auf das Mikrosystem durch Potentiale oder Felder, die sich mit der Zeit in vorgegebener Weise ändern können. Die Umgebung wirkt hierdurch auf das Mikrosystem ein, erfährt jedoch selbst keine Rückwirkung des Mikrosystems. Ein Zustandsvektor oder allgemeiner: ein Statistischer Operator fungiert als Ergebnis der Präparation zu einem Zeitpunkt t_0 als Ausgangszustand der Zeitentwicklung.

9.3.1   Das Schrödinger-Bild

In unserer Darstellung der Quantenmechanik haben wir das *Schrödinger-Bild* dieser Theorie gezeichnet: Die inneren Observablen des Mikrosystems sind in diesem Bild zeitunabhängig, hingegen ändert sich ohne äußere Eingriffe durch Messungen ein Zustandsvektor mit der Zeit, bestimmt durch die Schrödinger-Gleichung (1.1.6):

$$i\hbar \frac{d}{dt}\varphi(t) = H(t)\varphi(t) . \tag{9.3.1}$$

Als Folge hiervon ergibt sich die Zeitentwicklung eines Statistischen Operators aus der *Liouville-v. Neumann-Gleichung*

$$i\hbar \frac{d}{dt}\rho(t) = [H(t), \rho(t)] . \tag{9.3.2}$$

Der Statistische Operator sei zur Zeit $t = t_0$ durch seine Spektraldarstellung (9.2.10) gegeben:

$$\rho(t_0) = \sum_n w_n P_n = \sum_n w_n(\phi_n, \cdot\,)\phi_n \,, \tag{9.3.3}$$

die Zustandsvektoren ϕ_n sind Anfangsvektoren einer jeweiligen Lösung $\phi_n(t)$ der Schrödinger-Gleichung (9.3.1), somit ergibt sich

$$\rho(t) = \sum_n w_n(\phi_n(t), \cdot\,)\phi_n(t) \,; \tag{9.3.4}$$

die Gleichung (9.3.2) ist die differentielle Form hiervon.

Im allgemeinen Fall eines zeitabhängigen Hamilton-Operators hat eine Lösung der Schrödinger-Gleichung (9.3.1) mit der Anfangsbedingung $\varphi(t_0) = \varphi$ die Form

$$\varphi(t) = U(t, t_0)\varphi \,, \tag{9.3.5}$$

wobei $U(t, t_0)$ ein linearer *Evolutionsoperator* ist. Aus der Linearität der Gleichung (9.3.1) folgen für $t_2 \geq t_1 \geq t_0$ die Eigenschaften

$$U(t_2, t_1)U(t_1, t_0) = U(t_2, t_0) \,, \quad U(t_0, t_0) = \mathbb{1} \,. \tag{9.3.6}$$

Außerdem geht aus der Normierung $\|\varphi(t)\| = 1 \,, \forall t \geq t_0 \,,$ vgl. Abschnitt 1.1, unmittelbar die Isometrie des Evolutionsoperators hervor:

$$U^*(t, t_0)U(t, t_0) = \mathbb{1} \,. \tag{9.3.7}$$

Wir wollen im folgenden annehmen, daß auch

$$U(t, t_0)U(t, t_0)^* = \mathbb{1} \tag{9.3.8}$$

gilt, der Evolutionsoperator also ein unitärer Operator ist. Infolge der Schrödinger-Gleichung genügt er der Evolutionsgleichung

$$i\hbar\frac{d}{dt}U(t, t_0) = H(t)U(t, t_0) \,. \tag{9.3.9}$$

Mit der Gleichung (9.3.5) läßt sich die zeitliche Änderung des Statistischen Operators (9.3.4) in der Form

$$\rho(t) = U(t, t_0)\rho(t_0)U(t, t_0)^* \tag{9.3.10}$$

darstellen.

Hängt der Hamilton-Operator nicht von der Zeit ab, gilt also $H(t) = H$, kann die Differentialgleichung (9.3.9) explizit integriert werden und der Evolutionsoperator erlangt hierdurch die Gestalt

$$U(t, t_0) = U(t - t_0) \, ,$$

$$U(t - t_0) := \exp\{-\frac{i}{\hbar}(t - t_0)H\}$$

(9.3.11)

Der hierbei zum Vorschein gekommene Operator $U(t - t_0)$ ist über die Spektraldarstellung (8.1.3) ein auf dem ganzen Hilbert-Raum wohldefinierter unitärer Operator, der nicht von der Weltzeit t abhängt, sondern lediglich vom Zeitintervall $t - t_0$.

Aufgabe 9.3.1 (Larmor-Präzession)

Der Hamilton-Operator für die Spinbewegung eines Spin-$\frac{1}{2}$-Teilchens mit einem magnetischen Moment μ unter der Einwirkung einer konstanten magnetischen Induktion $\vec{B}$ ist der Operator $H = \mu \vec{\sigma} \cdot \vec{B}$ in $\mathbb{C}^2$. Man bestimme die Zeitentwicklung des Statistischen Operators einer im allgemeinen gemischten Gesamtheit aus der Anfangsbedingung

$$\rho = \frac{1}{2}\{\sigma_0 + \vec{\sigma} \cdot \vec{\pi}\} \, , \quad |\vec{\pi}| \leq 1 \, ,$$

zum Zeitpunkt $t = 0$ und beschreibe das Ergebnis geometrisch.

9.3.2   Das Heisenberg-Bild

Wir erinnern uns daran, daß im Schrödinger-Bild, das wir bisher betrachtet haben, alle Meßwerte zum Zeitpunkt t in der Gestalt

$$\text{spur}\{\rho(t)B\}$$

(9.3.12)

erscheinen, mit dem entsprechenden selbstadjungierten Operator B . Verwendet man die Gleichungen (9.3.10) und (9.3.8):

$$\text{spur}\{\rho(t)B\} = \text{spur}\{U(t, t_0)\rho(t_0)U(t, t_0)^* B U(t, t_0)U(t, t_0)^*\} \, ,$$

und absorbiert den ersten und den letzten Faktor des Operatorprodukts in der Spurbildung, so können die Meßwerte in die Form

$$\text{spur}\{\rho(t)B\} = \text{spur}\{\rho(t_0)\widehat{B}(t)\}\,, \tag{9.3.13}$$
$$\widehat{B}(t) := U(t,t_0)^* B U(t,t_0) \tag{9.3.14}$$

gebracht werden. Diese Weise der Beschreibung wird als das *Heisenberg-Bild* der Quantenmechanik bezeichnet: Hierin sind die Zustände zeitunabhängig und die den Observablen zugeordneten Operatoren erfahren die Zeitevolution (9.3.14). Die differentielle Version der Zeitentwicklung (9.3.14) einer Observablen ergibt sich mit Hilfe der Evolutionsgleichung (9.3.9) und der Unitaritätsrelation (9.3.8):

$$\frac{d}{dt}\widehat{B}(t) = \frac{1}{i\hbar}[\widehat{B}(t),\widehat{H}(t)]\,, \tag{9.3.15}$$
$$\widehat{H}(t) = U(t,t_0)^* H U(t,t_0)\,. \tag{9.3.16}$$

Blicken wir auf die klassische Mechanik und das Korrespondenzprinzip zurück, so bemerken wir, daß im Heisenberg-Bild nicht nur die Poisson-Algebra der fundamentalen klassischen Observablen über die Ersetzung der Poisson-Klammer durch den Kommutator

$$\{\,\cdot\,,\cdot\,\}_P \quad\to\quad \frac{1}{i\hbar}[\,\cdot\,,\cdot\,]$$

in die Heisenberg-Algebra der entsprechenden Operatoren mutiert, sondern auch die Bewegungsgleichung der klassischen Observablen in diejenige ihrer quantenmechanischen Substitute.

9.3.3 Das Wechselwirkungsbild

Zum Studium des zeitlichen Verhaltens konkreter Systeme ist häufig vorteilhaft, einen dritten Weg einzuschlagen. Ausgangspunkt ist wiederum das Schrödinger-Bild mit einem im allgemeinen zeitabhängigen Hamilton-Operator der Form

$$H(t) = H_0 + V(t)\,. \tag{9.3.17}$$

Dabei wird in Anwendungen angenommen, daß die Spektraleigenschaften des zeitunabhängigen selbstadjungierten Operators H_0 (hinlänglich) bekannt sind. Dieser Operator erzeugt eine unitäre Transformation, die das ursprüngliche Schrödinger-Bild in das *Wechselwirkungsbild* – auch *Dirac-Bild* genannt – abbildet:

$$\widetilde{\varphi}(t) = e^{\frac{i}{\hbar}(t-t_0)H_0}\varphi(t)\,. \tag{9.3.18}$$

Vektoren und Operatoren in diesem neuen Bild werden im folgenden stets durch eine Tilde charakterisiert. Im Schrödinger-Bild bedeutet die unitäre Transformation gerade eine inverse Zeitevolution durch den Hamilton-Operator H_0. Der Transformation (9.3.18) eines Zustandsvektors entspricht die Transformation des Statistischen Operators

$$\tilde{\rho}(t) = e^{\frac{i}{\hbar}(t-t_0)H_0} \rho(t) e^{-\frac{i}{\hbar}(t-t_0)H_0} , \tag{9.3.19}$$

und eine Observable B des Schrödinger-Bilds wird transformiert in die Form

$$\tilde{B}(t) = e^{\frac{i}{\hbar}(t-t_0)H_0} B e^{-\frac{i}{\hbar}(t-t_0)H_0} \tag{9.3.20}$$

im Wechselwirkungsbild. Hiermit nehmen schließlich die Aussagen der Quantenmechanik über Meßwerte zum Zeitpunkt t die folgende Gestalt an:

$$\mathrm{spur}\{\tilde{\rho}(t)\tilde{B}(t)\} = \mathrm{spur}\{\rho(t)B\} . \tag{9.3.21}$$

Die Zeitentwicklung eines Zustandsvektors aus seinem Anfangswert $\tilde{\varphi}(t_0) = \varphi(t_0) = \varphi$ können wir wieder durch einen Evolutionsoperator darstellen: Mit der entsprechenden Darstellung (9.3.5) im Schrödinger-Bild ergibt sich

$$\tilde{\varphi}(t) = \tilde{U}(t,t_0)\varphi , \tag{9.3.22}$$

$$\tilde{U}(t,t_0) := e^{\frac{i}{\hbar}(t-t_0)H_0} U(t,t_0) . \tag{9.3.23}$$

Differenzieren wir den Operator (9.3.23) nach der Zeit und verwenden die Evolutionsgleichung (9.3.9), so erhalten wir zunächst

$$i\hbar\frac{d}{dt}\tilde{U}(t,t_0) = -H_0\tilde{U}(t,t_0) + e^{\frac{i}{\hbar}(t-t_0)H_0} H(t)U(t,t_0)$$

$$= e^{\frac{i}{\hbar}(t-t_0)H_0}\{-H_0 + H(t)\}e^{-\frac{i}{\hbar}(t-t_0)H_0}\tilde{U}(t,t_0) ,$$

und mit der Form des Hamilton-Operators (9.3.17) sowie der Transformation (9.3.20) schließlich die Differentialgleichung für den Evolutionsoperator im Wechselwirkungsbild

$$i\hbar\frac{d}{dt}\tilde{U}(t,t_0) = \tilde{V}(t)\tilde{U}(t,t_0) , \tag{9.3.24}$$

$$\tilde{U}(t_0,t_0) = \mathbb{1} .$$

Äquivalent hierzu ist natürlich das Substitut der Schrödinger-Gleichung (9.3.1)

$$i\hbar\frac{d}{dt}\tilde{\varphi}(t) = \tilde{V}(t)\tilde{\varphi}(t) . \tag{9.3.25}$$

Es sollte dabei nicht übersehen werden, daß auch im Fall eines zeitunabhängigen Operators $V(t) = V$ die Transformation (9.3.20) im allgemeinen eine Zeitabhängigkeit bewirkt. Die differentielle Version der Gleichungen (9.3.19) und (9.3.20) ergibt sich zu

$$i\hbar\frac{d}{dt}\widetilde{\rho}(t) = [\widetilde{V}(t), \widetilde{\rho}(t)] \,, \tag{9.3.26}$$

$$i\hbar\frac{d}{dt}\widetilde{B}(t) = [\widetilde{B}(t), H_0] \,. \tag{9.3.27}$$

Eine zunächst formale Lösung der Evolutionsgleichung (9.3.24) ist in der Form der *Dyson-Reihe*

$$\widetilde{U}(t,t_0) := \mathbb{1} + \sum_{n=1}^{\infty} \left(\frac{-i}{\hbar}\right)^n \int_{t_0}^{t} dt_n \int_{t_0}^{t_n} dt_{n-1} \cdots \int_{t_0}^{t_2} dt_1 \widetilde{V}(t_n)\widetilde{V}(t_{n-1}) \cdots \widetilde{V}(t_1)$$

$$\tag{9.3.28}$$

gegeben, wie man durch gliedweises Differenzieren der Reihe direkt verifiziert. Ist der selbstadjungierte Operator $V(t)$ beschränkt und hängt überdies stark stetig von t ab, d.h. $\|(V(t+\tau) - V(t))\varphi\| \to 0$ mit $\tau \to 0$, so findet man unschwer die Abschätzung

$$\|\widetilde{U}(t,t_0)\| \le \exp\left\{\frac{|t-t_0|}{\hbar} \sup_{\tau\in(t_0,t)} \|V(\tau)\|\right\} \cdot \|\varphi\| \,.$$

Hieraus folgt, daß in diesem Fall die Dyson-Reihe gleichmäßig (in der Operatornorm) konvergiert und deshalb die Reihe gliedweise differenziert werden kann, also tatsächlich eine Lösung der Gleichung (9.3.24) darstellt.

In physikalischen Anwendungen lassen sich im allgemeinen weder alle Glieder berechnen, geschweige denn aufsummieren. Kann der Operator $\widetilde{V}(t)$ als „kleine Störung" angesehen werden, dient die Reihe als störungstheoretische Entwicklung, wobei nur wenige Glieder berücksichtigt werden.

Die Zeitentwicklung im Wechselwirkungsbild von einem beliebigen Anfangszeitpunkt s hin zu einem späteren Zeitpunkt t, also $t > s$, ergibt sich aus der Gleichung (9.3.22) in der Gestalt des *unitären Propagators*

$$\widetilde{U}(t,s) := \widetilde{U}(t,t_0)\widetilde{U}(s,t_0)^* \,. \tag{9.3.29}$$

Der Differentialgleichung (9.3.24) und der Unitarität des Evolutionsoperators $\widetilde{U}(t,t_0)$ zufolge läßt sich der Propagator $\widetilde{U}(t,s)$ auch aus dem Anfangswertproblem

$$i\hbar \frac{d}{dt}\tilde{U}(t,s) = \tilde{V}(t)\tilde{U}(t,s)\,,$$

$$\tilde{U}(s,s) = \mathbb{1}\,, \quad \forall s\,, \text{ unabhängig von } t_0\,,$$

(9.3.30)

gewinnen: In völliger Analogie zum Operator $\tilde{U}(t,t_0)$ wird es durch die Dyson-Reihe

$$\tilde{U}(t,s) := \mathbb{1} + \sum_{n=1}^{\infty} \left(\frac{-i}{\hbar}\right)^n \int_s^t dt_n \int_s^{t_n} dt_{n-1} \cdots \int_s^{t_2} dt_1 \tilde{V}(t_n)\tilde{V}(t_{n-1}) \cdots \tilde{V}(t_1)$$

(9.3.31)

gelöst. In den Integranden bemerken wir die $t_n \geq t_{n-1} \geq \ldots \geq t_1$ entsprechende Zeitordnung der Faktoren im Operatorprodukt $\tilde{V}(t_n)\tilde{V}(t_{n-1}) \cdots \tilde{V}(t_1)$.

Ist das betrachtete Mikrosystem abgeschlossen, hängt der Summand $V(t)$ im Hamilton-Operator (9.3.17) nicht von der Zeit ab:

$$V(t) = V\,.$$

(9.3.32)

Dann hat der Evolutionsoperator (9.3.23) die Gestalt

$$\tilde{U}(t,t_0) = e^{\frac{i}{\hbar}(t-t_0)H_0} e^{-\frac{i}{\hbar}(t-t_0)H}\,,$$

(9.3.33)

und hieraus folgt der Propagator zu

$$\tilde{U}(t,s) = e^{\frac{i}{\hbar}(t-t_0)H_0} e^{-\frac{i}{\hbar}(t-t_0)H} e^{\frac{i}{\hbar}(s-t_0)H} e^{-\frac{i}{\hbar}(s-t_0)H_0}\,.$$

(9.3.34)

Im Fall des aus einem Teilchen im vorgegebenen Potential gebildeten Mikrosystems erkennen wir in dem Grenzwert

$$\lim_{t\to\infty}\lim_{s\to-\infty}\tilde{U}(t,s) = S\,,$$

(9.3.35)

dessen Existenz angenommen wird, den S-Operator aus dem Abschnitt 6.11; die nach wenigen Gliedern abgebrochene Dyson-Reihe (9.3.31) dient in physikalischen Anwendungen als Störentwicklung.

9.3.4   Der Oszillator im äußeren Feld als Beispiel

Zur Illustration des Wechselwirkungsbildes betrachten wir noch einen harmonischen Oszillator mit vorgegebener äußerer Einwirkung. Mit der Notation aus dem Abschnitt 1.4.1 sei im Hilbert-Raum $\mathcal{H} = \mathcal{L}^2(\mathbb{R})$ der Hamilton-Operator im Schrödinger-Bild

$$H = H_0 + V(t)\,,$$

(9.3.36)

$$H_0 = \hbar \omega a^* a \,,$$
$$V(t) = \hbar \{ f(t) a^* + \overline{f(t)} a \} = 2\hbar \{ \alpha \mathrm{Re} f(t) \cdot q + \beta \mathrm{Im} f(t) \cdot p \}$$

gegeben: Die äußere Erregung $f(t)$ verschwinde für $t < 0$. In H_0 haben wir dabei die konstante Energie $\frac{1}{2}\hbar\omega$ subtrahiert. Als Zeitpunkt t_0 der Verknüpfung von Schrödinger- und Wechselwirkungsbild wählen wir $t_0 = 0$. Zur Transformation (9.3.20) verwendet man die Operatorrelation, wobei $\zeta \in \mathbb{C}$,

$$e^{\zeta A} B e^{-\zeta A} = B + \frac{\zeta}{1!}[A, B] + \frac{\zeta^2}{2!}[A, [A, B]] + \cdots . \qquad (9.3.37)$$

Den Kommutatoren (1.4.5) zufolge ergibt sich hiermit die äußere Einwirkung $V(t)$ im Wechselwirkungsbild zu

$$\widetilde{V}(t) = \hbar \{ f(t) e^{i\omega t} a^* + \overline{f(t)} e^{-i\omega t} a \} \,. \qquad (9.3.38)$$

Den Evolutionsoperator im Wechselwirkungsbild (9.3.24) zu bestimmen ist das gesteckte Ziel, also die Gleichung

$$i\frac{d}{dt}\widetilde{U}(t, 0) = \{ \dot{z}(t) a^* + \overline{\dot{z}(t)} a \} \widetilde{U}(t, 0) \qquad (9.3.39)$$

mit der Anfangsbedingung $\widetilde{U}(0, 0) = \mathbb{1}$ und der vorgegebenen Funktion

$$z(t) := \int_0^t ds\, f(s) e^{i\omega s} \qquad (9.3.40)$$

zu lösen. Die gesuchte Lösung kann in *normalgeordneter* Gestalt – kein Operator a steht *vor* einem Operator a^* – angegeben werden:

$$\widetilde{U}(t, 0) = e^{-iz(t)a^*} e^{-i\overline{z(t)}a} \exp\{ -\int_0^t d\tau\, \overline{\dot{z}(\tau)} z(\tau) \} \qquad (9.3.41)$$

Die Anfangsbedingung ist offensichtlich erfüllt, außerdem auch die Differentialgleichung:

$$i\frac{d}{dt}\widetilde{U}(t, 0) = \{ \dot{z}a^* + e^{-iza^*}\overline{\dot{z}}a e^{iza^*} - i\overline{\dot{z}}z \} \widetilde{U}(t, 0)$$
$$= \{ \dot{z}a^* + \overline{\dot{z}}(a - iz[a^*, a]) - i\overline{\dot{z}}z \} \widetilde{U}(t, 0)$$
$$= \{ \dot{z}a^* + \overline{\dot{z}}a \} \widetilde{U}(t, 0) \,.$$

Hierbei war sorgfältig auf die Reihenfolge der Faktoren in den Operatorprodukten zu achten, da die Operatoren a und a^* nicht vertauschen. Im Schritt von der ersten zur zweiten Gleichung wurde wiederum die Operatorrelation (9.3.37) verwendet, die Reihe bricht jedoch wegen der Vertauschungsrelation $[a, a^*] = \mathbb{1}$ ab.

Um zu zeigen, daß der Evolutionsoperator (9.3.41) unitär ist, bringen wir ihn in die Form einer Exponentialfunktion: Hierzu benützen wir die algebraische Relation

$$e^A e^B = e^{A+B+\frac{1}{2}\gamma} , \quad \text{falls } [A, B] = \gamma\mathbb{1} , \quad \gamma \in \mathbb{C} ; \tag{9.3.42}$$

wir erhalten

$$\widetilde{U}(t,0) = \exp\{-iz(t)a^* - i\overline{z(t)}a + \frac{1}{2}|z(t)|^2 - \int_0^t d\tau\,\overline{\dot{z}(\tau)}z(\tau)\} \tag{9.3.43}$$

und hieraus

$$\widetilde{U}(t,0)^* = \exp\{i\overline{z(t)}a + iz(t)a^* + \frac{1}{2}|z(t)|^2 - \int_0^t d\tau\,\dot{z}(\tau)\overline{z(\tau)}\} . \tag{9.3.44}$$

Die Argumente der beiden Exponentialfunktionen vertauschen miteinander, somit folgt unmittelbar

$$\widetilde{U}(t,0)^* \, \widetilde{U}(t,0) = \widetilde{U}(t,0)\widetilde{U}(t,0)^* = \mathbb{1} , \tag{9.3.45}$$

der Evolutionsoperator ist unitär.

Wir fassen speziell die Zeitentwicklung einer reinen Gesamtheit ins Auge, die aus dem Grundzustand ϕ_0 als Anfangszustand zum Zeitpunkt $t_0 = 0$ hervorgeht:

$$\widetilde{\varphi}(t) = \widetilde{U}(t,0)\phi_0 \tag{9.3.46}$$

Der Evolutionsoperator (9.3.41) erzeugt offenbar für $t > 0$ den kohärenten Zustand

$$\widetilde{\varphi}(t) = \exp\{-\int_0^t d\tau\,\overline{\dot{z}(\tau)}z(\tau)\} \sum_{l=0}^{\infty} \frac{(-iz(t))^l}{\sqrt{l!}}\phi_l \tag{9.3.47}$$

mit den Eigenvektoren ϕ_l des Oszillators, $l \in \mathbb{N}_0$, vgl. (1.4.9). Die Meßwahrscheinlichkeit dafür, in dieser Gesamtheit zum Zeitpunkt t den Eigenwert $\hbar\omega n$ des Hamilton-Operators H_0 zu messen, folgt mit dem entsprechenden Projektor P_n zu

$$w_n := (\widetilde{\varphi}(t), \widetilde{P}_n\widetilde{\varphi}(t)) . \tag{9.3.48}$$

Beachten wir noch die Transformation (9.3.20)

$$\widetilde{P}_n = e^{\frac{i}{\hbar}tH_0}P_n e^{-\frac{i}{\hbar}tH_0} = P_n = (\phi_n, \cdot\,)\phi_n ,$$

so erhalten wir schließlich aus (9.3.47-48) die Meßwahrscheinlichkeit, $n \in \mathbb{N}_0$,

$$w_n = |(\phi_n, \widetilde{\varphi}(t))|^2 = \frac{|z(t)|^{2n}}{n!} \exp\{-|z(t)|^2\} , \qquad (9.3.49)$$

also eine *Poisson-Verteilung*.

Auf die dargelegte Weise läßt sich sofort auch im Fall eines Systems, das aus N ungekoppelten Oszillatoren besteht, vorgehen: Anstelle des Hamilton-Operators (9.3.36) tritt dann im Hilbert-Raum $\mathcal{L}^2(\mathbb{R}^N)$ der Hamilton-Operator

$$H = \hbar \sum_{j=1}^{N} \{\omega_j a_j^* a_j + f_j(t) a_j^* + \overline{f_j(t)} a_j\} . \qquad (9.3.50)$$

Da die Operatoren der verschiedenen Oszillatoren miteinander vertauschen und keine Kopplungsterme auftreten, faktorisiert das Problem in ein N-faches Produkt des zuvor behandelten Falls und wir erhalten als Meßwahrscheinlichkeit dafür, die Oszillatoren in den jeweiligen Energieniveaus $\hbar\omega_j n_j$, $j = 1, \ldots, n$, zu finden:

$$\omega(n_1, \ldots, n_N) = \prod_{j=1}^{N} \frac{|z_j(t)|^{2n_j}}{n_j!} \exp\{-|z_j(t)|^2\} , \qquad (9.3.51)$$

also eine unabhängige Poisson-Verteilung für jeden Oszillator.

9.4 Die Bewegungsumkehr

Hat man ein Experiment mit einer aus Mikrosystemen gebildeten Gesamtheit als Ganzes im Auge, so läßt sich dazu kein zeitgespiegeltes Abbild realisieren, bei dem die Vorgänge in umgekehrter Abfolge mit zunehmender Zeit ablaufen. Der Grund hierfür ist der Sachverhalt, daß sowohl bei der Präparation wie auch beim Registrieren irreversible Prozesse stattfinden. Es ist jedoch sinnvoll, nach einer Bewegungsumkehr in der Zeitevolution einer Gesamtheit zu fragen, wenn diese sich selbst überlassen bleibt.

Der Deutlichkeit wegen betrachten wir zunächst ein spinloses Teilchen, mithin ist $\mathcal{H} = \mathcal{L}^2(\mathbb{R}^3)$. In der Schrödinger-Darstellung der Heisenberg-Algebra, also der „Ortsdarstellung", wird durch die Abbildung

$$(\mathcal{T}f)(\vec{x}) = \overline{f(\vec{x})} , \quad f \in \mathcal{H} , \qquad (9.4.1)$$

dem Zustandsvektor einer reinen Gesamtheit ein neuer Zustandsvektor zugeordnet.

Der Operator $\mathcal{T}$ erfüllt zwar

$$\mathcal{T}^2 = \mathbb{1} \, , \tag{9.4.2}$$

ist jedoch *antiunitär* : $\forall \alpha, \beta \in \mathbb{C}$ und $\forall f, g \in \mathcal{H}$ gilt

$$\mathcal{T}(\alpha f + \beta g) = \overline{\alpha}\mathcal{T}f + \overline{\beta}\mathcal{T}g \, , \quad (\mathcal{T}f, \mathcal{T}g) = \overline{(f, g)} \, . \tag{9.4.3}$$

Aus der Definition (9.4.1) ergibt sich sofort die Transformation der fundamentalen Observablen $\vec{q}$ und $\vec{p}$ in der Form

$$\mathcal{T}\vec{q} = \vec{q}\mathcal{T} \, , \quad \mathcal{T}\vec{p} = -\vec{p}\mathcal{T} \, , \tag{9.4.4}$$

und hiermit die Transformation des Drehimpulsoperators

$$\mathcal{T}\vec{L} = -\vec{L}\mathcal{T} \, . \tag{9.4.5}$$

Das Teilchen sei geladen und befinde sich in einem (vorgegebenen) äußeren zeitunabhängigen elektromagnetischen Feld, beschrieben durch das Vektorpotential $\vec{A}(\vec{x})$ und das skalare Potential $\varphi(\vec{x})$: Der Hamilton-Operator hat dann die Gestalt

$$H(\vec{A}, \varphi) = \frac{1}{2m}(\vec{p} - \frac{e}{c}\vec{A}(\vec{x}))^2 + e\varphi(\vec{x}) + v(\vec{x}) \, , \tag{9.4.6}$$

mit einem im allgemeinen ohnehin vorhandenen reellen Potential $v(\vec{x})$; er genügt der Relation

$$\mathcal{T}H(\vec{A}, \varphi) = H(-\vec{A}, \varphi)\mathcal{T} \, . \tag{9.4.7}$$

Die Operatoren H und $\mathcal{T}$ vertauschen also nur im Fall $\vec{A} = 0$, d.h. bei verschwindender magnetischer Induktion $\vec{B} = \vec{\nabla} \times \vec{A}$. Im Schrödinger-Bild der Quantenmechanik gilt der

Satz

Ist $\psi_t(\vec{x})$ eine Lösung der Schrödinger-Gleichung

$$i\hbar\partial_t\psi_t = H(\vec{A}, \varphi)\psi_t$$

mit dem Hamilton-Operator (9.4.6), so genügt

$$\tilde{\psi}_t := \mathcal{T}\psi_{\tau-t} \, , \tag{9.4.8}$$

$\tau \in \mathbb{R}_+$ festgehalten, der Schrödinger-Gleichung

$$i\hbar\partial_t\widetilde{\psi}_t = H(-\vec{A}, \varphi)\widetilde{\psi}_t \ .$$

Anmerkung: In diesem Abschnitt ist die Bedeutung der Tilde ($\sim$) eigenständig definiert und sollte nicht als die zuvor verwendete Bezeichnung des Wechselwirkungsbilds angesehen werden!

Beweis: Man verifiziert direkt

$$\begin{aligned}
i\hbar\partial_t\widetilde{\psi}_t &= i\hbar\partial_t T\psi_{\tau-t} = T(-i\hbar\partial_t)\psi_{\tau-t} \\
&= T i\hbar\partial_{\tau-t}\psi_{\tau-t} = T H(\vec{A}, \varphi)\psi_{\tau-t} \\
&= H(-\vec{A}, \varphi)T\psi_{\tau-t} = H(-\vec{A}, \varphi)\widetilde{\psi}_t \ .
\end{aligned}$$

$\square$

Zu jeder reinen Gesamtheit ψ_t gibt es somit eine andere reine Gesamtheit $\widetilde{\psi}_t$, so daß

$$\widetilde{\psi}_{t=0}(\vec{x}) = \overline{\psi_\tau(\vec{x})} \ , \quad \widetilde{\psi}_\tau(\vec{x}) = \overline{\psi_{t=0}(\vec{x})}$$

erfüllt ist, wirkt auf ψ_t die magnetische Induktion $\vec{B}$, so muß jedoch auf $\widetilde{\psi}_t$ die magnetische Induktion $-\vec{B}$ wirken.

Der Satz läßt sich erweitern auf den Statistischen Operator ρ_t einer gemischten Gesamtheit: Aus

$$i\hbar\partial_t\rho_t = [H(\vec{A}, \varphi), \rho_t]$$

folgt, daß der transformierte Statistische Operator

$$\widetilde{\rho}_t := T\rho_{\tau-t}T \tag{9.4.9}$$

der Liouville-v. Neumann-Gleichung

$$i\hbar\partial_t\widetilde{\rho}_t = [H(-\vec{A}, \varphi), \widetilde{\rho}_t]$$

genügt.

Die physikalische Bedeutung der Bewegungsumkehr kommt an den im Abschnitt 6.5 eingeführten Eigendistributionen der beiden Lippmann-Schwinger-Gleichungen und den damit gebildeten Lösungen $\psi_t^{(+)}$, bzw. $\psi_t^{(-)}$ der Schrödinger-Gleichung klar zum Vorschein: An den beiden Lippmann-Schwinger-Gleichungen (6.5.6) liest man als Folge der reell vorausgesetzten Potentialfunktion $v(\vec{y})$ die Wirkung der Abbildung (9.4.1) ab, es ergibt sich offensichtlich

$$\mathcal{T}\phi_{\vec{k}}^{(+)} = \phi_{-\vec{k}}^{(-)}, \quad \mathcal{T}\phi_{\vec{k}}^{(-)} = \phi_{-\vec{k}}^{(+)}. \tag{9.4.10}$$

Besteht das Mikrosystem aus n unterscheidbaren Teilchen, definiert man die Abbildung

$$(\mathcal{T}f)(\vec{x}^{(1)}, \ldots, \vec{x}^{(n)}) = \overline{f(\vec{x}^{(1)}, \ldots, \vec{x}^{(n)})}, \quad f \in \mathcal{L}^2(\mathbb{R}^{3n}) ;$$

der Satz bleibt gültig, wenn wir $H(\vec{A}, \varphi)$ als den Hamilton-Operator (4.3.1) lesen.

Wir richten unser Augenmerk auf ein Spin-$\frac{1}{2}$-Teilchen. Fordert man, daß sich der Spinoperator wie der Operator des Bahndrehimpulses transformiert, so lautet im Hilbert-Raum $\mathcal{H} = \mathcal{L}^2(\mathbb{R}^3) \otimes \mathbb{C}^2$ das Analogon der Abbildung (9.4.1):

$$f(\vec{x}) = \begin{pmatrix} f_1(\vec{x}) \\ f_2(\vec{x}) \end{pmatrix} \in \mathcal{H} ,$$

$$(\mathcal{T}f)_\alpha(\vec{x}) = \sum_{\beta=1}^{2} (\sigma_2)_{\alpha\beta} \overline{f_\beta(\vec{x})}, \quad \alpha = 1, 2 , \tag{9.4.11}$$

mit der Pauli-Matrix σ_2 aus (7.1.1). Hieraus folgt

$$\mathcal{T}^2 = -\mathbb{1} , \tag{9.4.12}$$

ein Zustandsvektor wird deswegen durch $\mathcal{T}^2$ nur bis auf einen physikalisch allerdings belanglosen Phasenfaktor reproduziert. Die Entsprechungen der Gleichungen (9.4.3-5) im Fall der Transformation (9.4.11) haben die gleiche Gestalt; hinzu tritt die gewünschte Transformation des Spinoperators

$$\mathcal{T}\frac{1}{2}\vec{\sigma} = -\frac{1}{2}\vec{\sigma}\mathcal{T} , \tag{9.4.13}$$

von deren Gültigkeit man sich unschwer überzeugt, vgl. Abschnitt 7.1 . Folglich vertauscht $\mathcal{T}$ mit einem Hamilton-Operator der Form

$$H = \{\frac{1}{2m}\vec{p}^{\,2} + v(|\vec{x}|)\} \otimes \sigma_0 + w(|\vec{x}|)\vec{L} \cdot \otimes \vec{\sigma} . \tag{9.4.14}$$

Sowohl in der Atomphysik wie auch in der Kernphysik sind Hamilton-Operatoren, die eine Spin-Bahn-Wechselwirkung aufweisen, physikalisch zutreffende Modelle. Der zuvor im Fall eines spinlosen Teilchens gezeigte Satz gilt entsprechend auch für ein

Spin-$\frac{1}{2}$-Teilchen: Ist ψ_t eine Lösung der Schrödinger-Gleichung mit einem Hamilton-Operator, der mit $\mathcal{T}$ aus (9.4.11) vertauscht – wie z.B. der Hamilton-Operator (9.4.14) –, so ist

$$\tilde{\psi}_t = \mathcal{T}\psi_{\tau - z} \tag{9.4.15}$$

ebenfalls eine Lösung derselben Gleichung. Überdies bleibt auch für ein geladenes Spin-$\frac{1}{2}$-Teilchen, das sich im vorgegebenen elektromagnetischen Feld befindet und durch den Hamilton-Operator (7.2.2) beschrieben wird, die für ein geladenes spinloses Teilchen gewonnene Aussage gültig. Die Erweiterung auf den Fall eines anomalen magnetischen Moments mit einem gyromagnetischen Faktor g ist dann sofort ersichtlich.

Wir betrachten noch Hamilton-Operatoren eines Spin-$\frac{1}{2}$-Teilchens, die Eigenwerte aufweisen. Hierbei nehmen wir lediglich an, daß ein solcher Hamilton-Operator H mit der Transformation $\mathcal{T}$, (9.4.11), vertauscht, ohne seine Gestalt darüber hinaus weiter festzulegen. Mit einem Eigenvektor $\psi \in \mathcal{H}$ dieses Hamilton-Operators, es gilt also $H\psi = E\psi$, ist dann $\mathcal{T}\psi$ ebenfalls ein Eigenvektor zum selben Eigenwert:

$$H\mathcal{T}\psi = \mathcal{T}H\psi = E\mathcal{T}\psi.$$

Dieser Eigenvektor muß notwendig linear unabhängig vom ursprünglichen sein, denn die Annahme: $\mathcal{T}\psi = \alpha\psi$, $\alpha \in \mathbb{C}$, führt infolge der Identität (9.4.12) zu einem Widerspruch:

$$-\psi = \mathcal{T}^2\psi = \mathcal{T}\alpha\psi = |\alpha|^2\psi.$$

Mithin ist der Eigenwert E entartet, mit einem geradzahligen Entartungsgrad. Dieser Sachverhalt wird als *Kramers-Entartung* bezeichnet und läßt sich auf Mikrosysteme erweitern, die aus n Spin-$\frac{1}{2}$-Teilchen bestehen, sofern n ungerade ist.

9.5 Meßprozeß und Korrelationen

Beim Meßvorgang an einem einzelnen Mikrosystem kann dieses – im Gegensatz zu einem klassischen Körper – nicht *nur* wahrgenommen werden, ohne hierdurch merklich gestört zu werden. Die Messung an einem Mikrosystem basiert auf einer Wechselwirkung dieses Mikrosystems oder eines Konstituenten desselben mit einer makroskopischen Apparatur. Der gesamte Meßvorgang ist ein komplexer physikalischer Prozeß, dessen Ablauf etwas schematisch in zwei Stufen unterteilt werden kann, die die duale Funktion eines Meßapparats verwirklichen: In der ersten Stufe erfolgt die Wechselwirkung des zu messenden Einzelsystems mit Teilen der Meßapparatur. Diese Wechselwirkung selbst ist im Prinzip wieder quantenmechanisch beschreibbar, woraus sich jedoch wiederum nur Wahrscheinlichkeitsaussagen ergäben. Der Zweck dieser

Wechselwirkung besteht darin, daß ihr Resultat eine Art „Initialzündung" für die zweite Stufe des Meßprozesses darstellt, in der ein irreversibler Verstärkungsprozeß durch eine makroskopische, objektiv wahrnehmbare Registrierung das Meßergebnis eigentlich erst konstituiert. Das Resultat einer Einzelmessung ist also ein „Ereignis", ein „Sachverhalt", als Erscheinung in der mit technischen Fachausdrücken angereicherten Alltagssprache beschreibbar. Diese zweite Stufe, also das abschließende Registrieren, bleibt im Rahmen der Quantenmechanik theoretisch unaufgelöst.

Zur Veranschaulichung mögen einige Beispiele dienen:

i)   In einem Geiger-Zähler läßt sich die primäre Ionisation eines Atoms oder Moleküls als inelastische Streuung des einfallenden Teilchens quantenmechanisch beschreiben; der hierdurch ausgelöste Kaskadenprozeß samt dem daraus hervorgehenden Stromstroß können indessen nicht mehr konsistent quantenmechanisch erklärt werden.

ii) Analoges gilt für die verwandte Wirkungsweise eines Photomultipliers.

iii) In einer Stern-Gerlach-Apparatur zur Messung des magnetischen Moments eines Atoms durchläuft das Atom ein inhomogenes Magnetfeld, das auf das Atom einwirkt. Zum Messen wird die Schwerpunktsbewegung des Atoms ausgenutzt: Der ursprüngliche Strahl wird durch diese Einwirkung in räumlich divergierende Teilstrahlen aufgespalten, und jedem der Teilstrahlen wird eine bestimmte Spinorientierung der einlaufenden Atome zugeschrieben. Das abschließende Registrieren besteht im Zählen der Atome eines Teilstrahls mittels eines Detektors.

Ein realer Meßvorgang verläuft als physikalischer Prozeß nicht instantan. In der summarischen quantenmechanischen Formulierung seines Ergebnisses wird er als instantanes Geschehnis angesehen. Um die quantenmechanische Aussage zu testen, die Meßwahrscheinlichkeit dafür, in einer Gesamtheit ρ_t Werte einer Observablen A des Mikrosystems aus dem Spektralintervall I zu messen sei

$$\mathrm{spur}\{\rho_t P^{(A)}(I)\}\,,$$

muß die Meßapparatur die Mikrosysteme mit Werten der Observablen A aus dem Intervall I quantitativ registrieren – im Idealfall bis zum ε-Intervall um einen isolierten Eigenwert. Im allgemeinen wird sich eine solche Apparatur nur in einer gewissen Näherung realisieren lassen. Die quantenmechanische Aussage bezieht sich direkt nur auf die Gesamtheit der Mikrosysteme und nicht auf die Meßprozedur.

Ein Meßprozeß an den Mikrosystemen einer Gesamtheit stellt stets einen Eingriff dar, der im allgemeinen die ursprüngliche Gesamtheit „zerstört", sei es durch „Verschlucken" gewisser Konstituenten des Mikrosystems oder durch Aussortieren nach spezifizierten Eigenschaften. Die Präparation einer Gesamtheit ist jeweils ein spezieller Meßprozeß, der Statistische Operator ist das mathematische Bild des Resultats der Präparation. Als Idealfall einer Präparation kann angesehen werden, wenn dabei nach

der Eigenschaft $P^{(A)}(I)$ einer Observablen selektiert wird: Die Apparatur wirkt als
Filter. Der Statistische Operator der aus diesem Aussondern hervorgegangenen Gesamtheit unmittelbar nach der Messung, d.h. dem Aussondern zum Zeitpunkt t_0 ist
dann gegeben durch

$$\rho'_{t_0+\varepsilon} = \frac{P^{(A)}(I)\rho_{t_0-\varepsilon}P^{(A)}(I)}{\text{spur}\{P^{(A)}(I)\rho_{t_0-\varepsilon}P^{(A)}(I)\}} . \tag{9.5.1}$$

Dieser abrupte Wechsel vom Statistischen Operator $\rho_{t_0-\varepsilon}$ der ursprünglichen Gesamtheit zum Statistischen Operator $\rho'_{t_0+\varepsilon}$ der durch die Messung präparierten Gesamtheit
wird zuweilen vieldeutig als „Reduktion des Wellenpakets" bezeichnet. Nüchtern besehen ist der Ausdruck (9.5.1) im Rahmen der quantenmechanischen Beschreibung die
Bilanz für einen physikalischen Prozeß: die Präparation einer neuen Gesamtheit aus einer gegebenen durch Selektion nach der Eigenschaft $P^{(A)}(I)$. Die Quantenmechanik
selbst liefert keine Konstruktionsvorschrift für die entsprechenden Meßapparate.

Die Verbindung des mathematischen Bildes mit ihrem Wirklichkeitsbereich, d.h. mit
realem Geschehen – sei es in der Form von „Naturvorgängen" oder in der Form zweck-
gerichteter Experimente – ist wesentlich vermittelt durch externe klassische Elemente
der Beschreibung. Erblickt man das Ziel der Physik darin, Meßdaten der Vergangen-
heit mit zukünftigen zu verknüpfen, so kann die Quantenmechanik als ein System von
Regeln angesehen werden, das gestattet, die Meßwahrscheinlichkeiten zukünftiger Er-
eignisse aus der Kenntnis präparierter Gesamtheiten zu berechnen. Dieser moderate
Erkenntnisanspruch hebt sich ab von den weitergehenden Vorstellungen der Klassischen Physik, daß eine Größe, die gemessen wird, schon vor der Messung unabhängig
von dieser existiert als eine *Eigenschaft* des gemessenen Objekts, die durch eine ge-
eignet gewählte Messung lediglich wahrgenommen wird, ohne hierdurch (wesentlich)
beeinträchtigt zu werden. Im Rahmen der Quantenmechanik indessen zeigt sich die
enge Verknüpfung einer Eigenschaft des Mikrosystems mit der Messung (vgl. (9.1.3)
und c_1)-c_3) aus Abschnitt 9.2) besonders deutlich bei Korrelationen und den entsprechenden Koinzidenzmessungen.

Die Eigenart einer quantenmechanischen Korrelation über makroskopische Entfernung läßt sich an einem einfachen Beispiel sichtbar machen: dem Zerfall eines
Spin-0-Teilchens in zwei unterscheidbare Spin-$\frac{1}{2}$-Teilchen unter Erhaltung des Gesamtdrehimpulses. Im Ruhesystem des zerfallenden Spin-0-Teilchens fliegen die
beiden Zerfallsprodukte in entgegengesetzten Richtungen auseinander und in großer
Entfernung vom Zerfallsort kann jedes der beiden Zerfallsprodukte gemessen werden,
ohne daß diese Messungen aufeinander einwirken. Wir richten unser Augenmerk auf
die Messung des jeweiligen Spins, z.B. mit einer Stern-Gerlach-Apparatur, und können
deshalb von einer theoretischen Beschreibung der räumlichen Bewegung absehen. Das
betrachtete Mikrosystem besteht somit aus zwei Spin-$\frac{1}{2}$, beschrieben im Hilbert-Raum
$\mathcal{H} = \mathbb{C}^2 \otimes \mathbb{C}^2$, wobei der erste Faktor im Tensorprodukt dem Teilchen 1, der zweite
dem Teilchen 2 zugeordnet ist. Die Erhaltung des Drehimpulses beim Zerfall des Spin-

0-Teilchens hat zur Folge, daß hierdurch die Zerfallspaare in einer reinen Gesamtheit präpariert werden, beschrieben durch den Zustandsvektor

$$X_0^0 = \frac{1}{\sqrt{2}}\{\chi_+ \otimes \chi_- - \chi_- \otimes \chi_+\} \; ; \tag{9.5.2}$$

physikalisch bedeutet er die Kopplung zweier Spin-$\frac{1}{2}$ zum Gesamtspin Null. Mit den orthogonalen Projektoren $P_{\vec{n}}$ in $\mathbb{C}^2$ auf eindimensionale Teilräume

$$P_{\vec{n}} = \frac{1}{2}(\sigma_0 + \vec{\sigma} \cdot \vec{n}) \, , \quad |\vec{n}| = 1 \, ,$$

vgl. (9.2.18), ergibt sich durch

$$w(\vec{n}_1, \vec{n}_2) := (X_0^0, P_{\vec{n}_1} \otimes P_{\vec{n}_2} X_0^0) \tag{9.5.3}$$

$$= \frac{1}{4}(1 - \vec{n}_1 \cdot \vec{n}_2) \tag{9.5.4}$$

die Wahrscheinlichkeit dafür, bei einem jeweiligen Zerfallspaar den Spin des Teilchens 1 in Richtung $\vec{n}_1$ *und* überdies den Spin des Teilchens 2 in Richtung $\vec{n}_2$ zu messen. Die Aussage bezieht sich also auf eine Koinzidenzmessung an ein und demselben Mikrosystem. Der im Erwartungswert (9.5.3) auftretende Operator ist ein orthogonaler Projektor auf einen eindimensionalen Teilraum des Hilbert-Raums $\mathcal{H}$, mithin stellt (9.5.4) die feinste mögliche Aussage dar. Betrachten wir zuerst den Fall, daß lediglich Teilchen 1 gemessen wird, jedoch nicht auch Teilchen 2, so geschieht dies, wegen $P_{\vec{n}} + P_{-\vec{n}} = \sigma_0$, mit der Wahrscheinlichkeit

$$w(\vec{n}_1) = w(\vec{n}_1, \vec{n}_2) + w(\vec{n}_1, -\vec{n}_2) = \frac{1}{2} \, . \tag{9.5.5}$$

Werden also durch eine Meßapparatur die Teilchen 1 mit einer Spinprojektion in irgend einer festen Richtung $\vec{n}_1$ ausgesondert, so registriert diese Apparatur stets 50% der „Zerfälle", deren Teilchen 1 in der Apparatur ankommt. An einem Teilchen 1 kann im Rahmen der Quantenmechanik natürlich jeweils nur *eine*, wenn auch beliebige Spinrichtung ausgesondert werden. Offensichtlich gilt die obige Aussage auch bei vertauschten Rollen der beiden Teilchen.

Wird jedoch das Mikrosystem durch eine Koinzidenzmessung der Spinprojektionen $\vec{n}_1$ und $\vec{n}_2$ der beiden Teilchen vollständig ausgemessen, so folgt aus (9.5.4) bei der Wahl $\vec{n}_1 = \vec{n}_2$ die Gewißheit, daß kein solches Ereignis registriert wird. Der Erwartungswert (9.5.4) läßt sich auch folgendermaßen interpretieren: Die *bedingte Wahrscheinlichkeit* dafür, bei gegebener Spinprojektion $\vec{n}_1$ des Teilchens 1 außerdem die Spinprojektion

$\vec{n}_2$ des Teilchens 2 zu messen, ist

$$W(\vec{n}_2|\vec{n}_1) := \frac{w(\vec{n}_1, \vec{n}_2)}{w(\vec{n}_1)} \tag{9.5.6}$$

$$= \frac{1}{2}(1 - \vec{n}_1 \cdot \vec{n}_2) . \tag{9.5.7}$$

Physikalisch bedeutet diese Aussage die Präparation einer neuen Gesamtheit durch Selektion in einer primär gegebenen: Teilchen (der Sorte 2) werden korreliert mit dem speziellen Resultat einer Spinmessung am jeweiligen Partnerteilchen (der Sorte 1) ausgesondert. Sind nun insbesondere die beiden Stern-Gerlach-Apparaturen „parallel" orientiert, so bedeutet dies die beiden Möglichkeiten $\vec{n}_2 = \pm \vec{n}_1$. Dann wird die bedingte Wahrscheinlichkeit $W(\vec{n}_2 = -\vec{n}_1|\vec{n}_1) = 1$. Das Ergebnis der Messung am Teilchen 2 kann also mit Gewißheit vorhergesagt werden! Stets tritt die Möglichkeit $\vec{n}_2 = -\vec{n}_1$ ein, und niemals $\vec{n}_2 = \vec{n}_1$.

Fazit: Die beiden Spin-$\frac{1}{2}$-Teilchen als Konstituenten eines Mikrosystems bilden ein untrennbares Ganzes, welches Korrelationen über makroskopische Entfernungen zur Folge hat. Im Fall zusammengesetzter Systeme führt die Superposition von Vektoren dazu, daß die Subsysteme auch dann, wenn sie nicht mehr miteinander wechselwirken, nicht getrennt beschrieben werden können.

Diese Eigenart der Quantenmechanik hat immer wieder Verwunderung hervorgerufen und unter der Bezeichnung *EPR-Paradoxon* ihren Ausdruck gefunden – das Akronym steht dabei für die Namen Einstein, Podolsky und Rosen. Entscheidendes Kriterium für eine physikalische Theorie ist jedoch, ob sie empirisch gültig ist. Die von der Quantenmechanik vorhergesagten Korrelationen des behandelten Typs wurden in der Analyse von Experimenten mit Photonen zutage gefördert [BA].

10 Identische Teilchen

In der klassischen Mechanik wird angenommen, daß Massenpunkte stets unterscheidbar sind. Grund hierfür ist der Sachverhalt, daß makroskopische Objekte, auch wenn
sie geometrisch und physikalisch identisch sind, gekennzeichnet, und hierdurch unterschieden werden können. Die Bewegung der Massenpunkte wird mittels stetiger
Bahntrajektorien beschrieben, die zu einem Anfangszeitpunkt gekennzeichneten Massenpunkte tragen hierdurch diese Markierung im Zeitverlauf mit sich.

Bei Mikrosystemen hingegen ist eine experimentelle Unterscheidung verschiedener Exemplare einer Teilchensorte nicht mehr möglich. Ihre quantenmechanische
Beschreibung mittels Operatoren und Wahrscheinlichkeitsamplituden muß diese *Ununterscheidbarkeit* wiedergeben.

10.1 Das Tensorprodukt von Hilbert-Räumen

Das Tensorprodukt erzeugt aus bekannten Hilbert-Räumen neue. Physikalisch gesehen
bedeutet das Tensorprodukt die Komposition von Teilsystemen zu einem Gesamt-
system. Gegeben seien zwei separable Hilbert-Räume $\mathcal{H}_1$ und $\mathcal{H}_2$, Definiton einer
speziellen Anti-Bilinearform auf $\mathcal{H}_1 \times \mathcal{H}_2$: Seien $f \in \mathcal{H}_1$ und $\varphi \in \mathcal{H}_2$, sie erzeugen
die Abbildung

$$f \otimes \varphi : \mathcal{H}_1 \times \mathcal{H}_2 \to \mathbb{C}$$
$$g \quad \psi \mapsto (g\,,f)_{\mathcal{H}_1} \cdot (\psi\,,\varphi)_{\mathcal{H}_2}$$

(Die Antilinearität resultiert aus der Stellung von g , bzw. ψ im jeweiligen Skalarprodukt.) Mit $(\mathcal{H}_1 \otimes \mathcal{H}_2)'$ werde der lineare Raum aller endlichen Linearkombinationen
solcher Abbildungen

$$\sum_k \alpha_k f_k \otimes \varphi_k\,, \quad \alpha_k \in \mathbb{C} \tag{10.1.1}$$

bezeichnet, und in $(\mathcal{H}_1 \otimes \mathcal{H}_2)'$ wird ein *inneres Produkt* (Skalarprodukt) durch die
Regel

$$(\sum_k \alpha_k f_k \otimes \varphi_k \,,\, \sum_l \beta_l h_l \otimes \eta_l) = \sum_k \sum_l \overline{\alpha_k}\beta_l(f_k \otimes \varphi_k \,,\, h_l \otimes \eta_l) \,,$$

$$\tag{10.1.2}$$

$$(f_k \otimes \varphi_k \,,\, h_l \otimes \eta_l) := (f_k \,,\, h_l)_{\mathcal{H}_1} \cdot (\varphi_k \,,\, \eta_l)_{\mathcal{H}_2}$$

definiert. Das *Tensorprodukt der Hilbert-Räume* $\mathcal{H}_1, \mathcal{H}_2$ ist dann

$$\mathcal{H}_1 \otimes \mathcal{H}_2 = \overline{(\mathcal{H}_1 \otimes \mathcal{H}_2)'} \,, \tag{10.1.3}$$

also die Abschließung des linearen Raumes $(\mathcal{H}_1 \otimes \mathcal{H}_2)'$ in der vom inneren Produkt (10.1.2) erzeugten Norm. Es gilt der wichtige

Satz

Sind $\{h_k\}_{k\in\mathbb{N}}$ *und* $\{\psi_l\}_{l\in\mathbb{N}}$ *Orthonormalbasen in* $\mathcal{H}_1$ *, bzw. in* $\mathcal{H}_2$ *, so ist*

$$\{h_k \otimes \psi_l\}_{(k,l)\in\mathbb{N}^2} \subset \mathcal{H}_1 \otimes \mathcal{H}_2 \tag{10.1.4}$$

eine Orthonormalbasis in $\mathcal{H}_1 \otimes \mathcal{H}_2$.

Die Verallgemeinerung auf Tensorprodukte endlich vieler Hilbert-Räume ist evident. Das *Tensorprodukt der linearen Operatoren* A_1 in $\mathcal{H}_1$ und A_2 in $\mathcal{H}_2$ ist auf Vektoren der Gestalt (10.1.1) definiert durch die Abbildung

$$(A_1 \otimes A_2) \sum_k \alpha_k f_k \otimes \varphi_k = \sum_k \alpha_k A_1 f_k \otimes A_2 \varphi_k \,. \tag{10.1.5}$$

Die von uns betrachteten Tensorprodukte sind jeweils in natürlicher Weise isomorph zu speziellen anderen Hilbert-Räumen: Wir unterscheiden nicht innerhalb eines solchen Paars.

Beispiele:

i) $\qquad \mathcal{L}^2(\mathbb{R}) \otimes \mathcal{L}^2(\mathbb{R}) \otimes \mathcal{L}^2(\mathbb{R}) \cong \mathcal{L}^2(\mathbb{R}^3)$

$\qquad f(x) \otimes g(x) \otimes h(z) \mapsto f(x) \cdot g(y) \cdot h(z)$

Auf diese Weise haben wir Eigenwerte und Eigenfunktionen des Hamilton-Operators im Fall des isotropen dreidimensionalen harmonischen Oszillators aus denjenigen des linearen Oszillators gewonnen.

ii) $\qquad \mathcal{L}^2(\mathbb{R}^3) \otimes \mathcal{L}^2(\mathbb{R}^3) \cong \mathcal{L}^2(\mathbb{R}^6)$

$\qquad f(\vec{x}) \otimes g(\vec{y}) \mapsto f(\vec{x}) \cdot g(\vec{y})$

Ein Mikrosystem, das aus zwei unterscheidbaren Teilchen besteht, „zusammengesetzt" aus seinen beiden Konstituenten. Die Aufspaltung in Schwerpunkt- und Relativbewegung hat dieselbe mathematische Struktur.

iii) $\mathcal{L}^2(\mathbb{R}_+ , r^2 dr) \otimes \mathcal{L}^2(S^2 , d\Omega) \cong \mathcal{L}^2(\mathbb{R}^3)$

$$\frac{1}{r}u(r) \otimes Y_l^m(\vartheta , \varphi) \mapsto \frac{1}{r}u(r)Y_l^m(\vartheta , \varphi)$$

Die Separation mittels sphärischer Polarkoordinaten.

iv) $\mathcal{L}^2(\mathbb{R}^3) \otimes \mathbb{C}^2 \cong (\mathcal{L}^2(\mathbb{R}^3))^2$

$$f(\vec{x}) \otimes \begin{pmatrix} a \\ b \end{pmatrix} \mapsto \begin{pmatrix} af(\vec{x}) \\ bf(\vec{x}) \end{pmatrix}$$

Hiervon haben wir wortlos bei der Beschreibung eines Spin-$\frac{1}{2}$-Teilchens Gebrauch gemacht.

10.2 Fermi-Dirac-Statistik und Bose-Einstein-Statistik

Zunächst sei an das theoretische Bild eines nichtrelativistischen quantenmechanischen Teilchens erinnert: Den drei Translationsfreiheitsgraden im Raum $\mathbb{R}^3$ wird ein Hilbert-Raum $\mathcal{L}^2(\mathbb{R}^3)$ zugeordnet, zusammen mit dem Ortsoperator $\vec{q}$ und dem Impulsoperator $\vec{p}$. Im Rahmen der generellen Wahrscheinlichkeitsinterpretation der Theorie resultiert hieraus eine Lokalisierbarkeit des Teilchens in Raumgebieten. Besitzt das Teilchen einen Spin, so muß noch ein innerer Raum mit seinen Spinoperatoren hinzugenommen werden, wie im Falle eines Spin-$\frac{1}{2}$-Teilchens zuvor explizit ausgeführt wurde. Ein Teilchen einer bestimmten Sorte ergibt sich nun dadurch, daß ihm, neben seinem Hilbert-Raum mit den fundamentalen Operatoren $\vec{q}$ und $\vec{p}$ (und gegebenenfalls $\frac{1}{2}\vec{\sigma}$), noch wenige reelle Parameter zugeordnet werden: eine Masse, gegebenenfalls eine elektrische Ladung, ein gyromagnetischer Faktor,... .

Ein solches Bild kann unter entsprechenden Umständen auch für ein zusammengesetztes System wie z.B. einen Atomkern oder ein Heliumatom verwendet werden, solange dieses System keine innere Anregung erfährt.

Will man die Wechselwirkung mehrerer Teilchen miteinander beschreiben, so müssen diese Teilchen zu Konstituenten eines Mikrosystems zusammengefaßt werden. Auf welche Weise? Wir vergegenwärtigen uns noch einmal den schon früher betrachteten Fall zweier verschiedenartiger Teilchen. Dann kann prinzipiell jedes der beiden Teilchen durch einen Meßvorgang identifiziert werden. Die beiden unterscheidbaren

Teilchen können durch Numerierung bezeichnet werden: Dem Mikrosystem wird der Hilbert-Raum $\mathcal{H}_1 \otimes \mathcal{H}_2$ zugeordnet, wenn die Teilchen 1 und 2 mittels der Hilbert-Räume $\mathcal{H}_1$, bzw. $\mathcal{H}_2$, beschrieben werden. Der Operator einer Observablen des Teilchens 1 allein hat dann die Gestalt $A_1 \otimes \mathbb{1}_2$, und ein solcher des Teilchens 2 die Gestalt $\mathbb{1}_1 \otimes A_2$. Operatoren der allgemeinen Gestalt $\sum_n A_1^{(n)} \otimes A_2^{(n)}$ beschreiben eine Wechselwirkung der beiden Teilchen aufeinander.

Nehmen wir uns nun ein Mikrosystem vor, das aus zwei Exemplaren einer gegebenen Teilchensorte besteht. Sei $\mathcal{H}$ der Hilbert-Raum eines solchen Exemplars: Wir wählen versuchsweise zunächst

$$\mathcal{H}_2 := \mathcal{H} \otimes \mathcal{H} \tag{10.2.1}$$

als Hilbert-Raum des betrachteten Mikrosystems. Durch diese mathematische Formulierung werden jedoch die beiden Teilchen unterscheidbar: Der erste Faktor im Tensorprodukt beschreibt Teilchen 1, der zweite Teilchen 2. Die Operatoren

$$A^{(1)} := A \otimes \mathbb{1}, \quad A^{(2)} := \mathbb{1} \otimes A \tag{10.2.2}$$

entsprechen daher einer Meßgröße des Teilchens 1, bzw. des Teilchen 2. Derartige „Meßgrößen" der Theorie sind somit keine zulässigen Observablen einer physikalischen Theorie, da die beiden Teilchen experimentell nicht unterschieden werden können. Aus diesem Grund muß die der bisher verwendeten Formulierung innewohnende Auszeichnung der einzelnen Teilchen außer Kraft gesetzt werden – dies geschieht durch die folgenden Einschränkungen:

a) Der einer Observablen des Systems zugeordnete Operator muß unverändert bleiben bei einer Umbenennung 1↔2, d.h. einer Vertauschung der beiden Faktoren im Tensorprodukt.

Beispiele:

i) Der Ortsoperator eines Teilchens

$$\vec{Q} := \frac{1}{2}\{\vec{q}^{(1)} + \vec{q}^{(2)}\} = \frac{1}{2}\{\vec{q} \otimes \mathbb{1} + \mathbb{1} \otimes \vec{q}\}.$$

ii) Der Hamilton-Operator

$$H = \sum_{i=1}^{2}\{\frac{1}{2m}(\vec{p}^{(i)})^2 + v(|\vec{x}^{(i)}|)\} + w(|\vec{x}^{(1)} - \vec{x}^{(2)}|),$$

die beiden Teilchen befinden sich in einem Zentralpotential v und wechselwirken miteinander durch das Potential w.

b) Es ist naheliegend, die in a) gestellte Symmetrieforderung auch auf die Statistischen Operatoren der Theorie auszudehnen. Dies muß dann insbesondere für Projektoren auf eindimensionale Teilräume gelten, also für die Statistischen Operatoren reiner Gesamtheiten. Solche Projektoren werden erzeugt durch Einheitsvektoren (genauer: durch Einheitsstrahlen) des Hilbert-Raums. Aus der im Hilbert-Raum (10.2.1) gültigen Identität

$$f \otimes g = \frac{1}{2}(\psi_+ + \psi_-) \,, \tag{10.2.3}$$

$$\psi_\pm := f \otimes g \pm g \otimes f \,,$$

und ihrer linearen Erweiterung, folgt die Zerlegung des Tensorprodukts

$$\mathcal{H} \otimes \mathcal{H} = \mathcal{H}_s \oplus \mathcal{H}_a \tag{10.2.4}$$

in die direkte Summe zweier orthogonaler Unterräume: $\mathcal{H}_s$ ist das symmetrische Tensorprodukt, aufgespannt von Vektoren der Gestalt ψ_+ , $\mathcal{H}_a$ das antisymmetrische Tensorprodukt, durch Vektoren der Form ψ_- aufgespannt.

Vertauscht man die beiden Faktoren im Tensorprodukt (dies entspricht einer Umbenennung $1 \leftrightarrow 2$), so wird aus dem Vektor ψ_+ wiederum ψ_+ , aus ψ_- hingegen $-\psi_-$. Diese Eigenschaften bleiben unter linearer Erweiterung erhalten. Mithin ist in $\mathcal{H}_s$ und in $\mathcal{H}_a$ jeweils die eingangs gestellte Forderung an Statistische Operatoren erfüllt, jedoch nicht in $\mathcal{H} \otimes \mathcal{H}$ selbst – dieser Hilbert-Raum ist zu groß. Es sei daran erinnert, daß der Statistische Operator einer gemischten Gesamtheit eine konvexe Linearkombination orthogonaler Projektoren auf eindimensionale Teilräume ist (vgl. Kap. 9).

Der Bedingung a) zufolge ist eine Observable im allgemeinen Fall eine Summe aus Operatoren der Gestalt $A \otimes B + B \otimes A$, wobei die selbstadjungierten Operatoren A, B in $\mathcal{H}$ wirken. Mittels der Vektoren (10.2.3) sieht man leicht, daß die beiden orthogonalen Unterräume $\mathcal{H}_s$ und $\mathcal{H}_a$ durch Observablen stets jeweils in sich abgebildet werden! Aus diesem Grund vollzieht sich auch die zeitliche Entwicklung, erzeugt durch den Hamilton-Operator H , jeweils innerhalb der beiden Unterräume: Der unitäre Operator $\exp(-\frac{i}{\hbar}tH)$ bildet $\mathcal{H}_s$ auf $\mathcal{H}_s$ und $\mathcal{H}_a$ auf $\mathcal{H}_a$ ab.

Im Fall zweier identischer Teilchen haben wir also zwei Möglichkeiten gefunden, die gestellten Forderungen an eine theoretische Beschreibung einzulösen: durch die Wahl des Hilbert-Raums $\mathcal{H}_s$ oder $\mathcal{H}_a$, anstelle von $\mathcal{H}_2$ aus (10.2.1). Ehe wir danach fragen, welche dieser Möglichkeiten physikalisch verwendbar ist, betrachten wir die Verallgemeinerung auf $n > 2$ identische Teilchen.

Das n-fache Tensorprodukt (n Faktoren)

$$\mathcal{H}_n = \mathcal{H} \otimes \mathcal{H} \otimes \cdots \otimes \mathcal{H} \tag{10.2.5}$$

unterscheidet wiederum die Teilchen durch die Position des jeweiligen Hilbert-Raums $\mathcal{H}$ eines Teilchens. Daher führen wir die Familie der *Transpositionsoperatoren* $\{T_{ij}\}$, wobei $1 \leq i < j \leq n$, ein: Der linerare Operator T_{ij} vertauscht im Vektor

$$f \otimes g \otimes \cdots \otimes h \in \mathcal{H}_n$$

den i-ten mit dem j-ten Faktor (Beispiel für $n = 3$: $T_{13}f \otimes g \otimes h = h \otimes g \otimes f$). Jeder dieser Operatoren ist selbstadjungiert und unitär:

$$T_{ij} = T_{ij}^* , \quad T_{ij}T_{ij} = \mathbb{1} , \tag{10.2.6}$$

und kann folglich nur die Zahlen ± 1 als Eigenwerte haben.

Transpositionen sind spezielle Permutationen, und jede der $n!$ verschiedenen Permutationen kann als Produkt einer Anzahl von Transpositionen gewonnen werden. Zwar kann dies auf mehrere Weisen geschehen, eindeutig jedoch ist das *Signum einer Permutation*: die Zahl $+1$ im Fall einer geraden Anzahl von Transpositionen, und -1 andernfalls. Fazit: Die Transpositionsoperatoren $\{T_{ij}\}$ erzeugen im Hilbert-Raum $\mathcal{H}_n$, (10.2.5), eine unitäre Darstellung der Permutationsgruppe S_n. Mathematisch gesehen entsprechen also den Umbenennungen der identischen Teilchen unitäre Transformationen T_{ij} in $\mathcal{H}_n$.

Um die in $\mathcal{H}_n$ vorhandene Unterscheidung der Teilchen zum Verschwinden zu bringen, werden Einschränkungen gefordert – wie im Fall $n = 2$:

a) Als eine Observable des Systems ist nur ein selbstadjungierter Operator K in $\mathcal{H}_n$ zugelassen, der völlig symmetrisch unter Permutationen der Teilchen ist, in mathematischer Sprache:

$$T_{ij}K = KT_{ij} , \quad \text{für } 1 \leq i < j \leq n . \tag{10.2.7}$$

Beispiele seien die direkten Verallgemeinerungen derjenigen des Falls $n = 2$:

i) $$\vec{Q} = \frac{1}{n}\{\vec{q}^{(1)} + \vec{q}^{(2)} + \ldots + \vec{q}^{(n)}\} ,$$

ii) $$H = \sum_{k=1}^{n} \left\{ \frac{1}{2m}(\vec{p}^{(k)})^2 + v(|\vec{x}^{(k)}|) \right\} + \sum_{k<l} w(|\vec{x}^{(k)} - \vec{x}^{(l)}|) .$$

Die Relationen (10.2.7), zusammen mit (10.2.6), haben für den Erwartungswert einer Observablen K in einem Zustand $\psi \in \mathcal{H}_n$ die Identitäten

$$(\psi, K\psi) = (T_{ij}\psi, KT_{ij}\psi), \quad \forall (i < j) \tag{10.2.8}$$

zur Folge.

b) Unter den von den Transpositionen T_{ij} erzeugten Permutationen zerfällt der Hilbert-Raum $\mathcal{H}_n$ in invariante Teilräume. Zwei davon können wir sofort angeben: das total symmetrische Tensorprodukt

$$\mathcal{H}_s = \{\psi \in \mathcal{H}_n | T_{ij}\psi = \psi, \forall (i < j)\}, \tag{10.2.9}$$

und das total antisymmetrische Tensorprodukt

$$\mathcal{H}_a = \{\psi \in \mathcal{H}_n | T_{ij}\psi = -\psi, \forall (i < j)\}. \tag{10.2.10}$$

In beiden Unterräumen sind die Identitäten (10.2.8) trivial erfüllt – die jeweilige Darstellung der Permutationsgruppe S_n ist eindimensional. Im Gegensatz zum Fall $n = 2$ jedoch hat für $n > 2$ die Zerlegung des Hilbert-Raums $\mathcal{H}_n$ die Gestalt

$$\mathcal{H}_n = \mathcal{H}_s \oplus \mathcal{H}_a \oplus \ldots,$$

wobei die Pünktchen weitere invariante Teilräume andeuten. In diesen Teilräumen gibt es Vektoren ψ mit davon linear unabhängigem Bildvektor $T_{ij}\psi$. Wegen der Identität (10.2.8) liefern in einem solchen Fall zwei linear unabhängige Zustandsvektoren für alle Observablen jeweils den gleichen Erwartungswert. Wir verfolgen diese mehrdimensionalen Darstellungen der Permutationsgruppe aus sogleich angeführten Gründen nicht weiter.

Im Fall der Unterräume $\mathcal{H}_s$ und $\mathcal{H}_a$ verifiziert man unschwer, daß diese durch Observablen jeweils in sich abgebildet werden. Der Hilbert-Raum $\mathcal{H}_n$ ist also mit einer *Superauswahlregel* versehen: Die beiden orthogonalen Unterräume $\mathcal{H}_s$ und $\mathcal{H}_a$ können durch Observablen nicht miteinander verbunden werden.

Der Grund, hier lediglich die Hilbert-Räume $\mathcal{H}_s$ und $\mathcal{H}_a$ näher zu betrachten, ist physikalischer Natur: Mittels jeweils einer dieser beiden Möglichkeiten lassen sich alle beobachteten Systeme identischer Teilchen beschreiben.

Wir formulieren die beiden physikalisch ausgezeichneten Fälle etwas ausführlicher:

i) Die *Fermi-Dirac-Statistik*

Der n identischen Teilchen zugeordnete Hilbert-Raum ist das total antisymmetrische n-fache Tensorprodukt

$$\mathcal{H}^{(n)}_{\text{antisymm}} = \mathcal{H} \wedge \mathcal{H} \wedge \ldots \wedge \mathcal{H},$$

also die Abschließung des linearen Raumes aller endlichen Linearkombinationen aus Vektoren der Form

$$\sum_{\tau \in S_n} \text{sgn}(\tau) \varphi_{\tau(1)} \otimes \varphi_{\tau(2)} \otimes \ldots \otimes \varphi_{\tau(n)} , \qquad (10.2.11)$$

$$\varphi_1 , \varphi_2 , \ldots , \varphi_n \in \mathcal{H} .$$

Hierbei bezeichnet S_n die Permutationsgruppe von n Objekten und $\text{sgn}(\tau)$ das Signum der Permutation τ. Damit ein Vektor der Gestalt (10.2.11) nicht verschwindet, müssen offensichtlich die Einteilchenvektoren φ_i, $i = 1, \ldots, n$, linear unabhängig sein. Die Fermi-Dirac-Statistik ist eine Verallgemeinerung des *Pauli-Prinzips* der Atomphysik.

ii) Die *Bose-Einstein-Statistik*

Der n identischen Teilchen zugeordnete Hilbert-Raum ist das symmetrische n-fache Tensorprodukt

$$\mathcal{H}_{\text{symm}}^{(n)} = \mathcal{H} \overset{s}{\otimes} \mathcal{H} \overset{s}{\otimes} \ldots \overset{s}{\otimes} \mathcal{H} ,$$

d.h. die Abschließung des linearen Raumes aller endlichen Linearkombinationen aus Vektoren der Form

$$\sum_{\tau \in S_n} \varphi_{\tau(1)} \otimes \varphi_{\tau(2)} \otimes \ldots \otimes \varphi_{\tau(n)} , \qquad (10.2.12)$$

$$\varphi_1 , \varphi_2 , \ldots , \varphi_n \in \mathcal{H} .$$

Evidenterweise können in diesem Falle mehrere der φ_i, $i = 1, \ldots, n$, einander gleich sein, ohne daß der Vektor (10.2.12) verschwindet.

Wie zuvor ausgeführt, sind in beiden Fällen nur solche selbstadjungierten Operatoren als Observablen zugelassen, die völlig symmetrisch in den n Teilchen sind.

Antwort auf die Frage, welche der beiden Möglichkeiten bei gegebener Teilchensorte gültig ist, gibt das

Postulat (Zusammenhang zwischen Spin und Statistik)

Identische Teilchen mit ganzzahligem Spin, Bosonen genannt, werden mittels $\mathcal{H}_{\text{symm}}$ beschrieben (Bose-Einstein-Statistik); identische Teilchen mit halbzahligem Spin, Fermionen genannt, mittels $\mathcal{H}_{\text{antisymm}}$ (Fermi-Dirac-Statistik).

Empirisch wurde bisher keine Abweichung gefunden. Im Rahmen der nichtrelativisti-schen Quantenmechanik kann dieses Postulat nicht weiter begründet werden, jedoch in der Theorie relativistischer Quantenfelder.

Anmerkung: Die (Anti-)Symmetrieforderung an die Beschreibung identischer Teil-chen wirkt sich nur aus, wenn diese Teilchen wesentlich miteinander in Wechselwir-kung stehen, nicht aber, wenn sie makroskopisch voneinander getrennt sind. Ansonsten wäre ja ein grundlegendes Element physikalischer Beschreibung ausgeschlossen: das Konstrukt eines aus dem Weltganzen herausgegriffenen Systems. Wir vergewissern uns am einfachen Beispiel zweier räumlich weit getrennter identischer Teilchen. Der Hilbert-Raum eines solchen Teilchens sei $\mathcal{H}$. Eines der Teilchen, im Zustand $f \in \mathcal{H}$, $\|f\| = 1$, sei in einem bereits makroskopischen Experimentierbereich $\mathcal{B} : |\vec{x}| < R$ lokalisiert, das andere hingegen ganz außerhalb, mit dem Zustandsvektor $g \in \mathcal{H}$, $\|g\| = 1$. Mit P werde der Projektor auf den räumlich ausgezeichneten Bereich $\mathcal{B}$ bezeichnet, $h \in \mathcal{H}$:

$$(Ph)(\vec{x}) = \begin{cases} h(\vec{x}) \,, & \text{falls } |\vec{x}| < R \,, \\ 0 \,, & \text{sonst.} \end{cases}$$

Wegen des makroskopischen Raumbereichs $\mathcal{B}$ können wir unbedenklich annehmen, der Träger des Zustandsvektors f liege vollständig im Innern von $\mathcal{B}$, derjenige des Vektors g ganz im Äußeren: folglich gilt $Pf = f$, $Pg = 0$ und $(f, g) = 0$.

Wir betrachten den normierten Zweiteilchenvektor

$$\psi_\varepsilon := \frac{1}{\sqrt{2}} \{ f \otimes g + \varepsilon g \otimes f \} \,, \quad \varepsilon = \pm 1 \,.$$

Er beschreibt eine reine Gesamtheit zweier identischer Bosonen ($\varepsilon = +1$), bzw. Fermionen ($\varepsilon = -1$). Gemessen werde im Experimentierbereich $\mathcal{B}$ die Einteilchen-observable A. Der dem Zweiteilchensystem zugeordnete selbstadjungierte Operator ist dann gegeben durch

$$S := PAP \otimes \mathbb{1} + \mathbb{1} \otimes PAP \,,$$

symmetrisch unter der Vertauschung der beiden Faktoren im Tensorprodukt, d.h. der beiden Teilchen. Der Projektor P bewirkt

$$S\psi_\varepsilon = \frac{1}{\sqrt{2}} \{ PAf \otimes g + \varepsilon g \otimes PAf \} \,,$$

und der Erwartungswert der Observablen S in einer reinen Gesamtheit, beschrieben durch den Zustandsvektor ψ_ε, folgt zu

$$(\psi_\varepsilon, S\psi_\varepsilon) = (f, Af)_\mathcal{H} \,.$$

Fazit: Infolge der makroskopisch getrennten Lokalisierung der beiden identischen Teilchen kann das außerhalb des Meßbereichs lokalisierte Teilchen gänzlich unbeachtet bleiben; die umfassende Beschreibung als Zweiteilchensystem reduziert sich auf diejenige eines abgeschlossenen Einteilchensystems.

10.3 Zwei Elektronen im Coulomb-Potential

Zwei identische geladene Spin-$\frac{1}{2}$-Teilchen, die sich in einem vorgegebenen attraktiven Coulomb-Potential befinden und ihre gegenseitige Coulomb-Abstoßung erfahren, können als Modell für die heliumartigen Atome H^-, He, Li^+, Be^{++},... angesehen werden, in welchem der Atomkern in statischer Näherung behandelt wird und spinabhängige Wechselwirkungen vernachlässigt werden. Das Modell beschreibt die Grobstruktur des Energiespektrums.

10.3.1 Die Grobstruktur heliumartiger Atome

Der Hilbert-Raum $\mathcal{H}$ des Modells ist das antisymmetrische Tensorprodukt

$$\mathcal{H} = (\mathcal{L}^2(\mathbb{R}^3) \otimes \mathbb{C}^2) \wedge (\mathcal{L}^2(\mathbb{R}^3) \otimes \mathbb{C}^2) \,, \tag{10.3.1}$$

und der Hamilton-Operator hat die Gestalt

$$H = \sum_{j=1}^{2} \left\{ -\frac{\hbar^2}{2m_e} \Delta_{(j)} - \frac{Ze^2}{|\vec{x}^{(j)}|} \right\} + \frac{\tau e^2}{|\vec{x}^{(1)} - \vec{x}^{(2)}|} \,, \tag{10.3.2}$$

mit der Ladung e und der Masse m_e eines Elektrons, der Kernladungszahl $Z \in \mathbb{N}$ und dem willkürlich eingeführten Parameter $\tau \in \mathbb{R}$ im Wechselwirkungspotential: $\tau = 1$ ist der physikalische Wert. Die Operatoren des Gesamtdrehimpulses und des Gesamtspins

$$\vec{L} := \vec{L}_{(1)} + \vec{L}_{(2)} \,, \quad \vec{S} := \frac{1}{2}\vec{\sigma}^{(1)} + \frac{1}{2}\vec{\sigma}^{(2)} \tag{10.3.3}$$

vertauschen mit dem Hamilton-Operator,

$$[L_a, H] = 0 \,, \quad [S_a, H] = 0 \,, \quad a = 1, 2, 3 \,,$$

wie auch der Paritätsoperator $\mathcal{P}$. Somit vertauschen die Operatoren

$$H \,, \vec{L}^2 \,, L_3 \,, \vec{S}^2 \,, S_3 \,, \mathcal{P} \tag{10.3.4}$$

paarweise miteinander.

Zunächst zerlegen wir den Hilbert-Raum in eine direkte Summe zweier orthogonaler Teilräume, die Eigenräume des Operators $\vec{S}^2$ sind. Hierzu ersetzen wir die ursprüngliche Anordnung der Faktoren im Tensorprodukt durch eine äquivalente: mit $f, g \in \mathcal{L}^2(\mathbb{R}^3)$ und $\chi, \eta \in \mathbb{C}^2$ ist offensichtlich

$$(f \otimes \chi) \otimes (g \otimes \eta) - (g \otimes \eta) \otimes (f \otimes \chi) \cong f \otimes g \otimes \chi \otimes \eta - g \otimes f \otimes \eta \otimes \chi .$$

Aus der Identität

$$f \otimes g \otimes \chi \otimes \eta - g \otimes f \otimes \eta \otimes \chi = \frac{1}{2}(f \otimes g + g \otimes f) \otimes (\chi \otimes \eta - \eta \otimes \chi)$$
$$+ \frac{1}{2}(f \otimes g - g \otimes f) \otimes (\chi \otimes \eta + \eta \otimes \chi)$$

folgt die Zerlegung des Hilbert-Raumes $\mathcal{H}$ in die direkte Summe

$$\mathcal{H} = (\mathcal{L}^2(\mathbb{R}^3) \otimes \mathbb{C}^2) \wedge (\mathcal{L}^2(\mathbb{R}^3) \otimes \mathbb{C}^2) = \mathcal{H}_{(0)} \oplus \mathcal{H}_{(1)}$$
$$\mathcal{H}_{(0)} = (\mathcal{L}^2(\mathbb{R}^3) \overset{s}{\otimes} \mathcal{L}^2(\mathbb{R}^3)) \otimes (\mathbb{C}^2 \wedge \mathbb{C}^2) , \qquad (10.3.5)$$
$$\mathcal{H}_{(1)} = (\mathcal{L}^2(\mathbb{R}^3) \wedge \mathcal{L}^2(\mathbb{R}^3)) \otimes (\mathbb{C}^2 \overset{s}{\otimes} \mathbb{C}^2) .$$

Das heißt: Die Vektoren aus $\mathcal{H}_{(0)}$ haben die Gestalt

$$\mathcal{H}_{(0)} \ni \psi = \phi^{(s)}(\vec{x}^{(1)}, \vec{x}^{(2)}) \otimes X_0^0 ,$$

$$\phi^{(s)}(\vec{x}, \vec{y}) = \phi^{(s)}(\vec{y}, \vec{x}) , \quad X_0^0 = \frac{1}{\sqrt{2}}(\chi_+ \otimes \chi_- - \chi_- \otimes \chi_+) .$$

Der Spinraum $\mathbb{C}^2 \wedge \mathbb{C}^2$ ist eindimensional und wird durch den simultanen Eigenvektor von $\vec{S}^2$ und S_3 mit dem jeweiligen Eigenwert 0 aufgespannt.

Die Vektoren aus $\mathcal{H}_{(1)}$ hingegen haben die Form

$$\mathcal{H}_{(1)} \ni \psi = \phi^{(a)}(\vec{x}^{(1)}, \vec{x}^{(2)}) \otimes X_1^\mu ,$$

$$\phi^{(a)}(\vec{x}, \vec{y}) = -\phi^{(a)}(\vec{y}, \vec{x}) ,$$

$$X_1^1 = \chi_+ \otimes \chi_+ , \quad X_1^0 = \frac{1}{\sqrt{2}}(\chi_+ \otimes \chi_- + \chi_- \otimes \chi_+) , \quad X_1^{-1} = \chi_- \otimes \chi_- .$$

Im dreidimensionalen Spinraum $\mathbb{C}^2 \overset{s}{\otimes} \mathbb{C}^2$ können die simultanen Eigenvektoren von $\vec{S}^2$ und S_3 mit den Eigenwerten $1(1+1)$ bzw. μ, $\mu = 1, 0, -1$, als Basis verwendet werden.

Der Hamilton-Operator (10.3.2) enthält keine Spinoperatoren, deshalb bildet er jeden der beiden orthogonalen Teilräume in sich ab. Der Spin der Elektronen macht sich jedoch durch die Fermi-Dirac-Statistik auch in der Ortsfunktion bemerkbar! Die angeführte Menge paarweise vertauschbarer Operatoren (10.3.4) bewirkt, daß sich die Eigenwerte des Operators H durch eine Hauptquantenzahl n und die Eigenwerte der Operatoren $\vec{L}^2$, $\vec{S}^2$ und $\mathcal{P}$, also $L(L+1)$, $S(S+1)$ und π, charakterisieren lassen, in den Eigenwerten M und μ von L_3 bzw. S_3 sind sie entartet:

$$H\psi_{n,L,S,\pi}^{M,\mu} = E_{n,L,S,\pi}\psi_{n,L,S,\pi}^{M,\mu}\,,$$

$$L \in \mathbb{N}_0\,,\quad M = L,\ldots,-L\,;\quad S \in \{0,1\}\,,\quad \mu = S,\ldots,-S\,. \tag{10.3.6}$$

Es sind keine analytischen Lösungen bekannt! Wegen der Wechselwirkung der Elektronen miteinander faktorisiert ein Eigenvektor ψ von H *nicht* in ein Produkt aus Einteilchenfunktionen. Der Gesamtdrehimpuls $\vec{J} := \vec{L} + \vec{S}$ spielt im Rahmen der Grobstruktur keine dynamische Rolle.

Um zu einer ersten Orientierung über das Spektrum des Hamilton-Operators (10.3.2) zu gelangen, betrachten wir eine amputierte Version ohne Wechselwirkung zwischen den Elektronen, also

$$H_0 := H\Big|_{\tau=0}\,. \tag{10.3.7}$$

Dieser Hamilton-Operator ist die Summe zweier Exemplare des Hamilton-Operators eines geladenen Teilchens im anziehenden Coulomb-Potential; Eigenwerte und Eigenvektoren des Letzteren haben wir im Kapitel 3 gewonnen: Die Eigenwerte

$$E_n^{(1)} = -\frac{\tilde{E}}{n^2}\,,\quad \tilde{E} = \frac{m_e(Ze^2)^2}{2\hbar^2}\,,\quad n \in \mathbb{N}\,, \tag{10.3.8}$$

sind n^2-fach entartet (ohne Spin), und die zugehörigen Eigenräume werden aufgespannt durch die orthonormierten Eigenvektoren

$$\left\{\phi_{n,l,m}\right\}_{\substack{l=0,1,\ldots,n-1 \\ m=l,\ldots,-l}} \subset \mathcal{L}^2(\mathbb{R}^3)\,. \tag{10.3.9}$$

Hinzu tritt das kontinuierliche Spektrum für $E \geq 0$. Die Spektralwerte des Operators H_0, (10.3.7), ergeben sich als Summe zweier Spektralwerte des Einteilchensystems: Folglich hat H_0 das Punktspektrum

$$\sigma_p = \left\{-\tilde{E}\left(\frac{1}{n_1^2} + \frac{1}{n_2^2}\right)\Big|n_1, n_2 \in \mathbb{N}\right\}\,;$$

es enthält das diskrete Spektrum

$$\sigma_d = \left\{ -\tilde{E}\left(1 + \frac{1}{n^2}\right) \Big| n \in \mathbb{N} \right\},$$

und die restlichen Punkte aus σ_p liegen eingebettet im kontinuierlichen Spektrum

$$\sigma_c = [-\tilde{E}, \infty) .$$

Die physikalische Interpretation ist einfach: Im Spektralbereich $[-2\tilde{E}, -\tilde{E})$ sind beide „Elektronen" gebunden, im Intervall $[-\tilde{E}, 0)$ können beide noch gebunden sein, oder aber nur eins davon, während das andere gestreut wird; im Intervall $[0, \infty)$ schließlich werden beide gestreut.

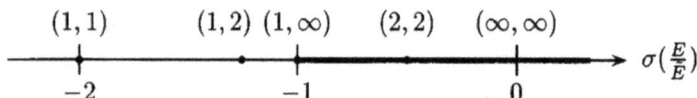

Abbildung 10.1: Zum Spektrum des Operators H_0 in Einheiten $\tilde{E}$: Punkte des Punktspektrums und Häufungspunkte sind durch die Quantenzahlpaare (n_1, n_2) gekennzeichnet

Aus den Eigenvektoren (10.3.9) des Einteilchensystems erzeugen wir sofort eine vollständige Menge orthonormierter Eigenvektoren zum diskreten Spektrum. Der Grundzustand mit dem Eigenwert $-2\tilde{E}$ ist nicht entartet; er ist im Raumanteil symmetrisch:

$$\psi_{1,0,0,+1} = \phi_{1,0,0} \otimes \phi_{1,0,0} \otimes X_0^0 \in \mathcal{H}_{(0)} . \tag{10.3.10}$$

Die höheren Eigenwerte $-\tilde{E}(1 + \frac{1}{n^2}), n = 2, 3, 4, \ldots$ sind $4n^2$-fach entartet, mit den orthonormalen Eigenvektoren

$$\psi_{n,l,0,\pi}^{m,0} = \frac{1}{\sqrt{2}}\{\phi_{1,0,0} \otimes \phi_{n,l,m} + \phi_{n,l,m} \otimes \phi_{1,0,0}\} \otimes X_0^0 \in \mathcal{H}_{(0)} ,$$

$$\psi_{n,l,1,\pi}^{m,\mu} = \frac{1}{\sqrt{2}}\{\phi_{1,0,0} \otimes \phi_{n,l,m} - \phi_{n,l,m} \otimes \phi_{1,0,0}\} \otimes X_1^\mu \in \mathcal{H}_{(1)} , \tag{10.3.11}$$

$$l = 0, 1, \ldots, n-1 , \quad m = l, \ldots, -l , \quad \pi = (-1)^l , \quad \mu = 1, 0, -1 .$$

Dank dem Faktor $\phi_{1,0,0}$ überzeugt man sich leicht, daß die Vektoren (10.3.10-11) auch Eigenvektoren von $\bar{L}^2$ und L_3 zu den Quantenzahlen $L = l$, bzw. $M = m$ sind.

Das diskrete Spektrum des Operators H_0 ist natürlich ein Spezialfall der Gestalt (10.3.6), wir veranschaulichen es als *Termschema*.

$E + \tilde{E}$

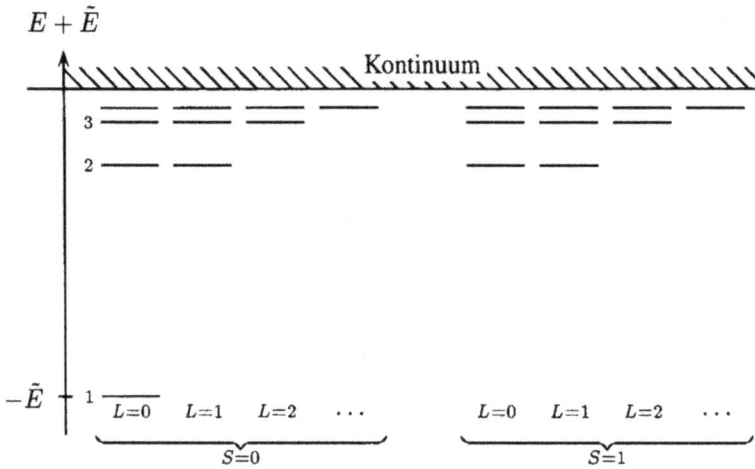

Abbildung 10.2: Termschema des Operators H_0, (10.3.7)

Wenden wir uns nun dem Hamilton-Operator der Grobstruktur (10.3.2) mit dem Wert $\tau = 1$ zu. Sein Spektrum wird ebenfalls einen diskreten Anteil aufweisen. Eine allgemeine Aussage hierüber werden wir im Abschnitt 10.4 kennenlernen. Wegen der hinzukommenden Elektron-Elektron-Wechselwirkung wird sich dieser Anteil jedoch von demjenigen des Operators H_0 unterscheiden: Energieniveaus werden verschoben und der Entartungsgrad verringert. Für eine störungstheoretische Untersuchung des gesuchten Spektrums bilden die Eigenvektoren (10.3.10-11) von H_0 die „richtige Basis". Wir beschreiten diesen Weg nicht, sondern nehmen im folgenden lediglich an, der Hamilton-Operator der Grobstruktur habe Eigenvektoren und der Grundzustand liege in $\mathcal{H}_{(0)}$ (also $S = 0$, wie im Falle von H_0). Verwendet werden die strengen Aussagen (10.3.6) und unser Augenmerk gilt der vom *Operator des elektrischen Dipolmoments* $e(\vec{q}^{(1)} + \vec{q}^{(2)})$ bewirkten Übergangsamplitude zwischen zwei Eigenvektoren des Hamilton-Operators (10.3.2)

$$\psi \equiv \phi_{n,L,S,\pi}^{M} \otimes X_{S}^{\mu}, \quad \psi' \equiv \phi_{n',L',S',\pi'}^{M'} \otimes X_{S'}^{\mu'},$$

$$(\psi', e(\vec{q}^{(1)} + \vec{q}^{(2)})\psi) = (\phi_{n',L',S',\pi'}^{M'}, e(\vec{x}^{(1)} + \vec{x}^{(2)})\phi_{n,L,S,\pi}^{M}) \cdot (X_{S'}^{\mu'}, X_{S}^{\mu}).$$

Die rechte Seite der Gleichung eröffnet uns notwendige Bedingungen dafür, daß die Übergangsamplitude nicht verschwindet:

$$S = S', \quad \mu = \mu', \quad \pi\pi' = -1. \tag{10.3.12}$$

Die betrachtete Übergangsamplitude beschreibt – der Quantenelektrodynamik zufolge – den dominanten Beitrag der Absorption oder Emission eines Photons (*elektrische Dipolstrahlung*). Daher kann eine Strahlung dieses Typs keine Übergänge zwischen

Zuständen mit $S = 0$ und $S = 1$ bewirken; insbesondere bedeutet dies, daß der tiefste Energiezustand mit $S = 1$, obgleich über dem Grundzustand liegend, metastabil ist.

Das betrachtete Modell liefert also – spektroskopisch gesehen – zwei Sorten Helium: das als *Parahelium* bezeichnete Termsystem mit $S = 0$, und das als *Orthohelium* bezeichnete mit $S = 1$.

Aufgabe 10.3.1 (Die Kopplung zweier Spin-$\frac{1}{2}$ zum Gesamtspin)

Im Hilbert-Raum $\mathcal{H} = \mathbb{C}^2 \otimes \mathbb{C}^2$ ist mit der Notation aus Abschnitt 7.1

$$S_a := \frac{1}{2}\sigma_a \otimes \sigma_0 + \sigma_0 \otimes \frac{1}{2}\sigma_a, \quad a = 1, 2, 3,$$

der Operator des Gesamtspins.

a) *Man verifiziere, daß die Operatoren $\{S_a\}$ eine Drehimpuls-Algebra bilden.*

b) *Mittels der zugehörigen Leiteroperatoren bestimme man die normierten simultanen Eigenvektoren der Operatoren $\vec{S}^2$ und S_3. Welchen Symmetriecharakter bei einer Permutation der beiden Faktoren im Tensorprodukt haben diese Eigenvektoren?*

Aufgabe 10.3.2

Im Hilbert-Raum $\mathbb{C}^2 \otimes \mathbb{C}^2$ zweier Spin-$\frac{1}{2}$ bezeichet $\vec{S}$ den Operator des Geamtspins. Man gebe die orthogonalen Projektoren auf die Eigenräume des Operators $\vec{S}^2$ an. Wie lauten diese Projektoren als Funktion der Spinoperatoren der beiden Spin-$\frac{1}{2}$?

10.3.2 Variationsmethoden und Grundzustand

Analytische Bestimmungen von Eigenwerten sind nur in wenigen Fällen möglich. Variationsverfahren zur näherungsweisen Berechnung gründen sich auf strenge Ungleichungen für Eigenwerte. Wir begnügen uns mit dem Grundzustand eines nach unten beschränkten Operators und gewinnen zunächst zwei mathematische Aussagen über dessen Eigenwert.

Lemma (Rayleigh-Ritzsches Prinzip)

Der Operator $A = A^*$ sei nach unten beschränkt und der kleinste Spektralwert, λ_1, gehöre zu seinem diskreten Spektrum, dann gilt

i) $\frac{(f,Af)}{(f,f)} \geq \lambda_1$, $\quad \forall f \in \mathcal{D}_A$,

ii) $\min_{f \in \mathcal{D}_A} \frac{(f,Af)}{(f,f)} = \lambda_1$.

Beweis im Fall eines rein diskreten Spektrums:
Dann erzeugen die Eigenvektoren des Operators A eine Orthonormalbasis $\{\varphi_n\}_{n \in \mathbb{N}}$:

$$A\varphi_n = \lambda_n \varphi_n, \quad n \in \mathbb{N}, \quad (\varphi_n, \varphi_l) = \delta_{nl},$$

$$\lambda_1 \leq \lambda_2 \leq \lambda_3 \leq \ldots \quad \text{(Entartung möglich)}.$$

$$\Rightarrow \mathcal{D}_A \ni f = \sum_{n=1}^{\infty} c_n \varphi_n, \quad c_n \in \mathbb{C}. \tag{10.3.13}$$

i) Wegen $\lambda_n \geq \lambda_1$, $\forall n$ ergibt sich

$$\frac{(f, Af)}{(f, f)} = \{\sum_{n=1}^{\infty} |c_n|^2\}^{-1} \sum_{n=1}^{\infty} \lambda_n |c_n|^2 \geq \lambda_1.$$

ii) Die Schranke wird erreicht durch $f = \varphi_1$.

$\square$

Anmerkung: Mittels der allgemeinen Spektralzerlegung, vgl. Kap. 8, kann der Beweis leicht auf den Fall erweitert werden, daß A auch ein kontinuierliches Spektrum aufweist.

In der praktischen Anwendung dieses Satzes kann nicht über ganz $\mathcal{D}_A$ variiert werden, wohl aber über eine von Parametern abhängige Funktionenschar: Hierdurch erhält man eine *obere Schranke* für den tiefsten Eigenwert.

Komplementär hierzu ist das

Lemma (Templesche Ungleichung)

Der Operator A sei wie im Rayleigh-Ritzschen Prinzip, jedoch der tiefste Eigenwert λ_1 nicht entartet. Sei $\tilde{\lambda} < \lambda_2$, und der Erwartungswert $\langle A \rangle$ von A im Zustandsvektor f, $\|f\| = 1$, erfülle die Bedingung $\langle A \rangle < \tilde{\lambda}$, dann gilt

$$\lambda_1 \geq \langle A \rangle - \frac{\langle A^2 \rangle - \langle A \rangle^2}{\tilde{\lambda} - \langle A \rangle}.$$

Beweis wiederum im Fall eines rein diskreten Spektrums:
Mittels der Entwicklung (10.3.13) erhält man

$$(f, (A - \lambda_1)(A - \tilde{\lambda})f) = \sum_{n=2}^{\infty} (\lambda_n - \lambda_1)(\lambda_n - \tilde{\lambda})|c_n|^2 \geq 0,$$

also

$$\langle A^2 \rangle + \lambda_1(\tilde{\lambda} - \langle A \rangle) - \tilde{\lambda}\langle A \rangle \geq 0.$$

Auflösen nach λ_1 ergibt die Behauptung. Die obige Anmerkung gilt ebenfalls.   □

Wegen der an den externen Parameter $\tilde{\lambda}$ gestellten Bedingung $\langle A \rangle < \tilde{\lambda} < \lambda_2$ verlangt die untere Schranke für λ_1 eine Abschätzung des nächsthöheren Eigenwerts λ_2 .

Wir wenden das Rayleigh-Ritzsche Prinzip auf den Hamilton-Operator der Grobstruktur heliumartiger Atome, (10.3.2) mit $\tau = 1$, an und wählen für die Ortsfunktion $\phi^{(s)}$ die normierte Funktionenschar, wobei $\alpha \in \mathbb{R}_+$,

$$\phi_\alpha^{(s)} := \frac{1}{\pi} \alpha^3 e^{-\alpha(|\vec{x}^{(1)}| + |\vec{x}^{(2)}|)}, \quad \|\phi_\alpha^{(s)}\| = 1. \tag{10.3.14}$$

Kommentar: Für $\alpha = \alpha_0 \equiv e^2 m_e \frac{Z}{\hbar^2}$ ist $\phi_\alpha^{(s)}$ der Grundzustand des Operators H_0 , (10.3.7), also des Hamilton-Operators (10.3.2), aus welchem die Elektron-Elektron-Wechselwirkung entfernt wurde.

Mittels der Entwicklung, $\vec{x}^{(i)} \hat{=} (r_i, \vartheta_i, \varphi_i), i = 1, 2$,

$$|\vec{x}^{(1)} - \vec{x}^{(2)}|^{-1} = \frac{1}{r_>} \sum_{l=0}^{\infty} \left(\frac{r_<}{r_>}\right)^l \frac{4\pi}{2l+1} \sum_{m=-l}^{l} Y_l^m(\vartheta_1, \varphi_1)\overline{Y_l^m}(\vartheta_2, \varphi_2),$$

$$r_> = \max\{r_1, r_2\}, \quad r_< = \min\{r_1, r_2\}, \tag{10.3.15}$$

erhält man den Erwartungswert des Hamilton-Operators (10.3.2) mit $\tau = 1$ zu

$$(\phi_\alpha^{(s)}, H\phi_\alpha^{(s)}) = 2\left(\frac{\hbar^2\alpha^2}{2m_e} - Ze^2\alpha\right) + \frac{5}{8}e^2\alpha. \tag{10.3.16}$$

Dieser Erwartungswert nimmt im Punkt

$$\alpha = \underline{\alpha} := e^2 m_e \hbar^{-2}\left(Z - \frac{5}{16}\right)$$

den Minimalwert

$$E_V \equiv (\phi_{\underline{\alpha}}^{(s)}, H\phi_{\underline{\alpha}}^{(s)}) = -\kappa(Z - \frac{5}{16})^2, \quad \kappa := m_e e^4 \hbar^{-2}, \tag{10.3.17}$$

an. Mithin ist E_V eine obere Schranke für den tiefsten Eigenwert des Hamilton-Operators (10.3.2) mit $\tau = 1$. Im Vergleich mit α_0 wird in $\underline{\alpha}$ die Kernladungszahl Z verringert: Dieser Sachverhalt kann als teilweise Abschirmung der Kernladung durch das jeweils andere Elektron angesehen werden.

Der Erwartungswert (10.3.16) ohne den Summanden $\frac{5}{8}e^2\alpha$, an der Stelle $\alpha = \alpha_0$, ist die 0. Ordnung des tiefsten Eigenwertes von (10.3.2), also der kleinste Eigenwert von H_0,

$$E_0 = -\kappa Z^2,$$

in einer störungstheoretischen Behandlung der Elektron-Elektron-Wechselwirkung; der vollständige Erwartungswert (10.3.6) im Punkte α_0 ist das Ergebnis bis zur 1. Ordnung einschließlich,

$$E_1 = -\kappa Z(Z - \frac{5}{8}).$$

Für das Helium-Atom ($Z = 2$) seien zum Vergleich noch die numerischen Werte, zusammen mit dem experimentellen Wert, angeführt.

E_0	E_1	E_V	$E_{\exp}$	
-108.76	-74.77	-77.43	-78.98	eV

Die obere Schranke, erhalten aus der einparametrigen Funktionenschar (10.3.14), liegt bereits bemerkenswert nahe am experimentellen Wert. Mehrparametrige Funktionenscharen geeigneter Gestalt verbessern dieses Ergebnis. Mit einer antisymmetrischen Funktionenschar, wie z.B.

$$\text{const}\{e^{-\alpha|\vec{x}^{(1)}| - \beta|\vec{x}^{(2)}|} - e^{-\alpha|\vec{x}^{(2)}| - \beta|\vec{x}^{(1)}|}\}, \quad \alpha, \beta \in \mathbb{R}_+,$$

läßt sich eine obere Schranke für den tiefsten Eigenwert im Sektor $\mathcal{H}_{(1)}$, also für $S = 1$, gewinnen.

10.4 Das *n*-Elektronen-Atom: der Virialsatz

Das homogene Verhalten des Coulomb-Potentials unter Maßstabstransformationen erlaubt eine strenge Spektralaussage über ein aus n Elektronen bestehendes Mikrosystem. Im Hilbert-Raum

$$\mathcal{H}^{(n)} = (\mathcal{L}^2(\mathbb{R}^3) \otimes \mathbb{C}^2) \wedge \ldots \wedge (\mathcal{L}^2(\mathbb{R}^3) \otimes \mathbb{C}^2)$$

(n Faktoren) habe (auf einem dichten Bereich) der Hamilton-Operator die Gestalt, mit $Z \in \mathbb{N}$,

$$H = T + V ,$$ (10.4.1)

$$T := \sum_{j=1}^{n} \left\{ -\frac{\hbar^2}{2m_e} \Delta_{(j)} \right\} ,$$

$$V := \sum_{j=1}^{n} \left\{ -\frac{Ze^2}{|\vec{x}^{(j)}|} \right\} + \sum_{i<j} \frac{e^2}{|\vec{x}^{(i)} - \vec{x}^{(j)}|} .$$

Für diesen Hamilton-Operator der Grobstruktur gilt der

Satz (Virialsatz)

Sei ϕ Eigenvektor des Hamilton-Operators (10.4.1),

$$H\phi = E\phi , \quad \|\phi\| < \infty ,$$

so folgt hieraus

i) $2(\phi , T\phi) = -(\phi , V\phi)$,

ii) $E\|\phi\|^2 = -(\phi , T\phi) < 0$.

Beweis:

i) Mit $\lambda \in \mathbb{R}_+$ definieren wir

$$T_\lambda := \lambda^{-2}T , \quad V_\lambda := \lambda^{-1}V , \quad \phi_\lambda(\{\vec{x}^{(j)}\}) := \phi(\{\lambda\vec{x}^{(j)}\}) .$$

Aus der Voraussetzung folgt

$$(T_\lambda + V_\lambda - E)\phi_\lambda = 0$$

mittels der Substitution $\vec{y}^{(j)} := \lambda\vec{x}^{(j)}$, $j = 1, \ldots, n$. Deshalb gilt

$$0 = (\phi , \{T_\lambda + V_\lambda - E\}\phi_\lambda)$$
$$= (\{T_\lambda + V_\lambda - E\}\phi , \phi_\lambda) .$$

Obige Gleichung, nach λ differenziert im Punkte $\lambda = 1$, ergibt

$$0 = (\{-2T - V\}\phi\,,\phi) + (\{T + V - E\}\phi\,,\frac{d\phi_\lambda}{d\lambda}\Big|_{\lambda=1})\,.$$

Der zweite Summand verschwindet, da $(H - E)\phi = 0$.

ii) Wir verwenden i) in der Gleichung

$$E\|\phi\|^2 = (\phi\,,(T + V)\phi)$$
$$= -(\phi\,,T\phi) = -\frac{1}{2m_e}\sum_{j=1}^{n}(\vec{p}^{(j)}\phi\,,\vec{p}^{(j)}\phi) < 0\,.$$

$\square$

Fazit: Die gebundenen Zustände haben negative Energie-Eigenwerte.

10.5 Der Fock-Raum

Die (Anti-) Symmetrieforderung an die Zustandsvektoren eines Systems mehrerer identischer Teilchen erschwert die analytische Behandlung eines solchen Systems zusätzlich. Eine Umformulierung der Theorie – etwas irreführend als *zweite Quantisierung* bezeichnet – erzeugt die geforderten Symmetrieeigenschaften algebraisch. Diese Methode, die vielfältige Anwendung in der Behandlung von Vielteilchenproblemen der Atom-, Kern-, Festkörper- und Tieftemperaturphysik findet, soll in diesem und dem folgenden Abschnitt dargelegt werden.

Wir geben zunächst die Antwort auf die Frage nach Basissystemen im Hilbert-Raum identischer Teilchen. Ausgangspunkt ist der Hilbert-Raum $\mathcal{H}$ eines Teilchens und die Wahl einer beliebigen Orthonormalbasis

$$\{\varphi_l\}_{l \in \mathbb{N}} \subset \mathcal{H}\,. \tag{10.5.1}$$

In physikalischen Anwendungen kann es ausgezeichnete Basissysteme geben, eine derartige Eigenschaft kommt jedoch zunächst nicht zum Tragen. Aufgrund des Abschnitts 10.2 wissen wir, daß einem System aus n Teilchen der in den Blick gefaßten Sorte der Hilbert-Raum $\mathcal{H}_\varepsilon^{(n)}$ zugeordnet wird, mit $\varepsilon = s$ im bosonischen Fall, und $\varepsilon = a$ im fermionischen. Eine Orthonormalbasis in $\mathcal{H}$, (10.5.1), erzeugt eine solche in $\mathcal{H}_\varepsilon^{(n)}$: Wir müssen nun beide Fälle getrennt verfolgen.

a) Fermi-Dirac-Statistik

$$\mathcal{H}_a^{(n)} = \mathcal{H} \wedge \mathcal{H} \wedge \ldots \wedge \mathcal{H}\,.$$

Im total antisymmetrischen Tensorprodukt aus n verschiedenen Basisvektoren kann ohne Beschränkung der Allgemeinheit

$$\psi(l_1, l_2, \ldots, l_n) := (n!)^{-\frac{1}{2}} \sum_{\tau \in S_n} \mathrm{sgn}\tau \varphi_{l_{\tau(1)}} \otimes \varphi_{l_{\tau(2)}} \otimes \ldots \otimes \varphi_{l_{\tau(n)}} \ , \qquad (10.5.2)$$

mit $l_1 < l_2 < \ldots < l_n$ gewählt werden – eine Umordnung ergäbe lediglich einen Faktor ± 1. Es gilt: Die Menge der Vektoren

$$\{\psi(l_1, l_2, \ldots, l_n)|l_1 < l_2 < \ldots < l_n\} \subset \mathcal{H}_a^{(n)} \qquad (10.5.3)$$

bildet eine Orthonormalbasis in $\mathcal{H}_a^{(n)}$. Als Folge der Ununterscheidbarkeit der Teilchen ist ein Basisvektor (nach einer Phasenkonvention) eindeutig bestimmt durch das Aufzählen der beteiligten Einteilchenvektoren φ_l, oder in anderer Sprechweise: der *besetzten Einteilchenzustände*.

b) Bose-Einstein-Statistik

$$\mathcal{H}_s^{(n)} = \mathcal{H} \overset{s}{\otimes} \mathcal{H} \overset{s}{\otimes} \ldots \overset{s}{\otimes} \mathcal{H} \ .$$

Im Gegensatz zu a) kann im total symmetrischen Tensorprodukt $\mathcal{H}_s^{(n)}$ ein Einteilchenvektor φ_l mehrfach als Faktor auftreten. Ein normiertes symmetrisches Tensorprodukt, gebildet aus Vektoren der Basis (10.5.1), erhält man folgendermaßen: Sei n_{l_1} die Anzahl der Faktoren $\varphi_{l_1}, \ldots, n_{l_r}$ die Anzahl der Faktoren φ_{l_r}, so ist offensichtlich $r \leq n$ und $n_{l_1} + n_{l_2} + \ldots + n_{l_r} = n$. Zur Symmetrisierung numerieren wir diese insgesamt n Faktoren neu in irgendeiner Reihenfolge mit den Ziffern 1 bis n, dann ist

$$\phi(n_{l_1}, n_{l_2}, \ldots, n_{l_r}) := (n_{l_1}! n_{l_2}! \cdots n_{l_r}! n!)^{-\frac{1}{2}}$$
$$\cdot \sum_{\tau \in S_n} \varphi_{\tau(1)} \otimes \varphi_{\tau(2)} \otimes \ldots \otimes \varphi_{\tau(n)} \qquad (10.5.4)$$

ein normierter Vektor in $\mathcal{H}_s^{(n)}$ und es gilt: Die Menge der Vektoren

$$\{\phi(n_{l_1}, n_{l_2}, \ldots, n_{l_r})|n_{l_i} \in \mathbb{N}, \sum_{i=1}^{r} n_{l_i} = n, r \leq n\} \subset \mathcal{H}_s^{(n)} \qquad (10.5.5)$$

bildet eine Orthonormalbasis in $\mathcal{H}_s^{(n)}$. Die natürlichen Zahlen n_{l_i} werden *Besetzungszahlen* genannt.

Fazit: Sowohl im Fall identischer Bosonen als auch im Fall identischer Fermionen ist ein jeweiliger Basisvektor des n-Teilchensystems eindeutig bestimmt (bis auf einen physikalisch belanglosen Phasenfaktor) durch die Angabe der von Null verschiedenen Besetzungszahlen. Eine solche Besetzungszahl kann im fermionischen Fall nur den Wert 1 annehmen, hingegen ist im bosonischen Fall jede natürliche Zahl $\leq n$ erlaubt.

Im Rahmen der nichtrelativistischen Quantenmechanik gibt es keine Teilchenerzeugung; das betrachtete Mikrosystem hat einen zeitlich unveränderlichen Teilchengehalt, der den entsprechenden Hilbert-Raum festlegt. Dennoch ist es für die theoretische Behandlung von Vielteilchensystemen in vielen Fällen vorteilhaft, parallel Systeme mit wachsender Teilchenzahl zu betrachten und diese zu einem Großsystem mit unbestimmter Teilchenzahl zusammenzufassen. (Es sei hier nur angedeutet, daß die Beschreibung relativistischer Phänomene, wie z.B. die Erzeugung eines Elektron-Positron-Paars oder das Auftreten von Photonen, eine Formulierung mit unbestimmter Teilchenzahl unumgänglich macht.)

Wir beschränken uns auf eine gegebene Teilchensorte: Einem Exemplar davon wird in bekannter Weise der entsprechende Hilbert-Raum $\mathcal{H}$ zugeordnet. Der *Fock-Raum* über diesem Hilbert-Raum $\mathcal{H}$ eines Teilchens ist die direkte Summe

$$
\begin{aligned}
\mathcal{F}_\varepsilon(\mathcal{H}) &:= \mathcal{H}^{(0)} \oplus \mathcal{H} \oplus \mathcal{H}_\varepsilon^{(2)} \oplus \mathcal{H}_\varepsilon^{(3)} \oplus \cdots \\
&= \bigoplus_{n=0}^{\infty} \mathcal{H}_\varepsilon^{(n)} .
\end{aligned}
\tag{10.5.6}
$$

Hierin beschreibt der eindimensionale Vektorraum $\mathcal{H}^{(0)} = \mathbb{C}$ das „Nullteilchensystem", also die physikalische Leere: Der normierte Basisvektor dieses Raums wird als *Vakuumvektor* bezeichnet. Die Hilbert-Räume $\mathcal{H}_\varepsilon^{(n)}$, mit $n = (1), 2, 3, \ldots$ sind die Hilbert-Räume für Systeme aus n Exemplaren der betrachteten Teilchensorte, wobei $\varepsilon = s$ im bosonischen und $\varepsilon = a$ im fermionischen Fall.

Vektoren $F, G \in \mathcal{F}_\varepsilon(\mathcal{H})$ sind also jeweils Folgen von Vektoren

$$
\begin{aligned}
F &= (F^{(0)}, F^{(1)}, F^{(2)}, F^{(3)}, \ldots) , \\
G &= (G^{(0)}, G^{(1)}, G^{(2)}, G^{(3)}, \ldots) ,
\end{aligned}
\tag{10.5.7}
$$

mit $F^{(n)}, G^{(n)} \in \mathcal{H}_\varepsilon^{(n)}$, für $n = 0, 1, 2, 3, \ldots$. Zunächst werden nur Folgen mit endlich vielen vom jeweiligen Nullvektor verschiedenen Gliedern zugelassen: Dann sind die Summe zweier Vektoren

$$
F + G := (F^{(0)} + G^{(0)}, F^{(1)} + G^{(1)}, F^{(2)} + G^{(2)}, \ldots) ,
\tag{10.5.8}
$$

die Multiplikation eines Vektors mit einer komplexen Zahl a

$$
aF := (aF^{(0)}, aF^{(1)}, aF^{(2)}, \ldots) ,
\tag{10.5.9}
$$

sowie das innere Produkt (Skalarprodukt) zweier Vektoren

$$\langle F, G \rangle := \sum_{n=0}^{\infty} (F^{(n)}, G^{(n)})_{\mathcal{H}_\varepsilon^{(n)}}$$ (10.5.10)

wohldefiniert. Der Fock-Raum (10.5.6) schließlich ist die Abschließung der obigen Vektormenge in der vom inneren Produkt (10.5.10) erzeugten Norm, also die Gesamtheit aller Folgen (10.5.7), die der Bedingung

$$\langle F, F \rangle = \sum_{n=0}^{\infty} (F^{(n)}, F^{(n)})_{\mathcal{H}_\varepsilon^{(n)}} < \infty$$

genügen, und keiner weiteren Einschränkung. Im Fock-Raum erscheinen die Hilbert-Räume zu fester Teilchenzahl als orthogonale Sektoren. Eine Orthogonalbasis im Fock-Raum ergibt sich deshalb dadurch, daß für eine gegebene Teilchenzahl n die zuvor aufgeführte Orthonormalbasis aus $\mathcal{H}_\varepsilon^{(n)}$ in $\mathcal{F}_\varepsilon(\mathcal{H})$ eingebettet wird, und als Komponenten der anderen Sektoren der jeweilige Nullvektor gesetzt wird.

10.6 Erzeugungs- und Vernichtungsoperatoren und der Feldoperator

In den Fock-Räumen $\mathcal{F}_\varepsilon(\mathcal{H})$, mit $\varepsilon = s, a$, lassen sich Operatoren definieren, die zwischen Sektoren verschiedener Teilchenzahl transformieren. Diese nichthermiteschen Operatoren sind keine Observablen, fungieren jedoch als Bausteine von Observablen.

10.6.1 Bosonen

Um eine kompakte Notation zu gewinnen, führen wir den Symmetrisierungsoperator S_n ein, der ein n-faches Tensorprodukt des Hilbert-Raums $\mathcal{H}$ eines Teilchens in das total symmetrische abbildet:

$$S_n : \mathcal{H} \otimes \mathcal{H} \otimes \cdots \otimes \mathcal{H} \rightarrow \mathcal{H}_s^{(n)},$$

$$S_n \varphi_1 \otimes \varphi_2 \otimes \cdots \otimes \varphi_n = (n!)^{-1} \sum_{\tau \in S_n} \varphi_{\tau(1)} \otimes \varphi_{\tau(2)} \otimes \cdots \varphi_{\tau(n)},$$ (10.6.1)

und lineare Erweiterung. Man vergewissert sich unschwer, daß S_n ein Projektor ist,

$$S_n S_n = S_n, \quad S_n^* = S_n.$$ (10.6.2)

Außerdem verwenden wir noch die Schreibweise für einen nicht mehr auftretenden

Faktor im Tensorprodukt

$$\varphi_1 \otimes \cdots \otimes \varphi_{l-1} \otimes \check{\varphi}_l \otimes \varphi_{l+1} \otimes \cdots \otimes \varphi_n$$
$$:= \varphi_1 \otimes \cdots \otimes \varphi_{l-1} \otimes \varphi_{l+1} \otimes \cdots \otimes \varphi_n , \qquad (10.6.3)$$

und $(\cdot, \cdot)$ bezeichnet das Skalarprodukt in $\mathcal{H}$.

Nach diesen Vorbereitungen definieren wir mit einem beliebigen Vektor $f \in \mathcal{H}$ im Fock-Raum $\mathcal{F}_s(\mathcal{H})$ die beiden Operatoren $\mathbf{a}(f)$ und $\mathbf{a}^*(f)$:

i) In einem Sektor fester Teilchenzahl n

$$\mathbf{a}(f) : \mathcal{H}^{(0)} \to 0 , \qquad (10.6.4)$$
$$\mathbf{a}(f) : \mathcal{H}_s^{(n)} \to \mathcal{H}_s^{(n-1)} , \quad n \in \mathbb{N} , \qquad (10.6.5)$$
$$\mathbf{a}(f) S_n \varphi_1 \otimes \varphi_2 \otimes \cdots \otimes \varphi_n = n^{-\frac{1}{2}} \sum_{l=1}^{n} (f, \varphi_l) S_{n-1} \varphi_1 \otimes \cdots \check{\varphi}_l \cdots \otimes \varphi_n .$$
$$\mathbf{a}^*(f) : \mathcal{H}_s^{(n)} \to \mathcal{H}_s^{(n+1)} , \quad n \in \mathbb{N}_0 , \qquad (10.6.6)$$
$$\mathbf{a}^*(f) 1 = f , \quad n = 0 ,$$
$$\mathbf{a}^*(f) S_n \varphi_1 \otimes \cdots \otimes \varphi_n := (n+1)^{\frac{1}{2}} S_{n+1} f \otimes \varphi_1 \otimes \cdots \otimes \varphi_n , \quad n \in \mathbb{N} .$$

(Man beachte den Faktor $(n!)^{-1}$ in der Definition des Projektors S_n .)

ii) Lineare Erweiterung dieser Abbildungen in $\mathcal{H}_s^{(n)}$.

iii) Einbettung als lineare Operatoren in den Fock-Raum $\mathcal{F}_s(\mathcal{H})$. Der Operator $\mathbf{a}^*(f)$ ist unbeschränkt; wir übergehen damit zusammenhängende mathematische Fragen.

Durch ihre Wirkungsweise nahegelegt, wird der Operator $\mathbf{a}^*(f)$ als *Erzeugungsope-rator* des Einteilchenzustandes f , und $\mathbf{a}(f)$ als *Vernichtungsoperator* desselben bezeichnet. Die wesentlichen Eigenschaften dieser Operatoren formulieren wir als

Satz

i) *In $\mathcal{F}_s(\mathcal{H})$ ist $\mathbf{a}^*(f)$ der zum Operator $\mathbf{a}(f)$ adjungierte Operator.*

ii) *Es gelten die Vertauschungsrelationen, mit $f, g \in \mathcal{H}$,*

$$[\mathbf{a}(f), \mathbf{a}(g)] = 0 , \quad [\mathbf{a}^*(f), \mathbf{a}^*(g)] = 0 ,$$
$$[\mathbf{a}(f), \mathbf{a}^*(g)] = (f, g) \mathbb{1}_{\mathcal{F}} . \qquad (10.6.7)$$

Beweis:

i) Wegen der Linearität der Operatoren genügt es, im Fock-Raum die beiden Vektoren

$$F = (0, \ldots, 0, S_n \varphi_1 \otimes \cdots \otimes \varphi_n, 0, \ldots),$$
$$G = (0, \ldots, 0, 0, S_{n+1} \psi_1 \otimes \cdots \otimes \psi_{n+1}, 0, \ldots)$$

aus dem n-, bzw. dem $(n+1)$-Teilchensektor zu betrachten. Es ergibt sich

$$\langle \mathbf{a}^*(f) F \, , G \rangle$$

$$= ((n+1)^{\frac{1}{2}} S_{n+1} f \otimes \varphi_1 \otimes \cdots \otimes \varphi_n \, , S_{n+1} \psi_1 \otimes \cdots \otimes \psi_{n+1})_{\mathcal{H}_s^{(n+1)}}$$

$$= \frac{(n+1)^{\frac{1}{2}}}{(n+1)!} \sum_{\tau \in S_{n+1}} (f \, , \psi_{\tau(1)})(\varphi_1 \, , \psi_{\tau(2)}) \cdots (\varphi_n \, , \psi_{\tau(n+1)}) \, .$$

Hierbei haben wir die Eigenschaften (10.6.2) des Symmetrisierungsoperators S_{n+1} verwendet.

$$\langle F \, , \mathbf{a}(f) G \rangle$$

$$= (S_n \varphi_1 \otimes \cdots \otimes \varphi_n \, , (n+1)^{-\frac{1}{2}} \sum_{j=1}^{n+1} (f \, , \psi_j) S_n \psi_1 \otimes \cdots \check{\psi}_j \cdots \otimes \psi_{n+1})_{\mathcal{H}_s^{(n)}}$$

$$= (n+1)^{-\frac{1}{2}} (n!)^{-1} \sum_{j=1}^{n+1} (f \, , \psi_j) \sum_{\tau \in S_n} (\varphi_1 \, , \psi_{\tau(1)}) \cdots (\varphi_n \, , \psi_{\tau(n+1)}) \, .$$

$$\underset{\psi_j \text{ fehlt}}{\uparrow}$$

Man beachte, daß die Summation über die Permutationen aus S_n die n Funktionen $\psi_1, \ldots, \psi_{n+1}$, unter welchen ψ_j fehlt, betrifft. Die Doppelsumme auf der rechten Seite ist wiederum eine Summe über alle Permutationen der $n+1$ Funktionen $\psi_1, \ldots, \psi_{n+1}$. Der Vergleich zeigt

$$\langle \mathbf{a}^*(f) F \, , G \rangle = \langle F \, , \mathbf{a}(f) G \rangle \, .$$

ii) Wegen der Linearität genügt es, auch die Vertauschungsrelationen auf Vektoren der Form F aus i) zu verifizieren:

$$\mathbf{a}^*(g) \mathbf{a}^*(f) S_n \varphi_1 \otimes \cdots \otimes \varphi_n$$

$$= \mathbf{a}^*(g)(n+1)^{\frac{1}{2}} S_{n+1} f \otimes \varphi_1 \otimes \cdots \otimes \varphi_n$$

$$= [(n+2)(n+1)]^{\frac{1}{2}} S_{n+2} g \otimes f \otimes \varphi_1 \otimes \cdots \otimes \varphi_n \, .$$

Die rechte Seite ändert sich nicht unter der Vertauschung $f \leftrightarrow g$, daher verschwindet der Kommutator zweier Erzeugungsoperatoren.

Hieraus folgt zusammen mit i), daß auch der Kommutator zweier Vernichtungsoperatoren verschwindet.

Zu zeigen bleibt die letzte Vertauschungsrelation

$$\mathbf{a}(f)\mathbf{a}^*(g)S_n\varphi_1 \otimes \cdots \otimes \varphi_n$$
$$= \mathbf{a}(f)(n+1)^{\frac{1}{2}}S_{n+1}g \otimes \varphi_1 \otimes \cdots \otimes \varphi_n$$
$$= (f,g)S_n\varphi_1 \otimes \cdots \otimes \varphi_n + \sum_{j=1}^{n}(f,\varphi_j)S_n g \otimes \varphi_1 \otimes \cdots \check{\varphi}_j \cdots \otimes \varphi_n \,.$$

$$\mathbf{a}^*(g)\mathbf{a}(f)S_n\varphi_1 \otimes \cdots \otimes \varphi_n$$
$$= \mathbf{a}^*(g)n^{-\frac{1}{2}}\sum_{j=1}^{n}(f,\varphi_j)S_{n-1}\varphi_1 \otimes \cdots \check{\varphi}_j \cdots \otimes \varphi_n$$
$$= \sum_{j=1}^{n}(f,\varphi_j)S_n g \otimes \varphi_1 \otimes \cdots \check{\varphi}_j \cdots \otimes \varphi_n \,.$$

Somit gilt

$$[\mathbf{a}(f),\mathbf{a}^*(g)]S_n\varphi_1 \otimes \cdots \otimes \varphi_n = (f,g)S_n\varphi_1 \otimes \cdots \otimes \varphi_n \,,$$

und der Satz ist bewiesen. □

Wir betrachten nun speziell die mit den Vektoren einer Orthonormalbasis

$$\{\varphi_l\}_{l\in\mathbb{N}} \subset \mathcal{H}$$

des Hilbert-Raums eines Teilchens verknüpften Vernichtungs- und Erzeugungsoperatoren

$$\mathbf{a}_l := \mathbf{a}(\varphi_l) \,, \quad \mathbf{a}_l^* := \mathbf{a}^*(\varphi_l) \,, \quad l \in \mathbb{N} \,. \tag{10.6.8}$$

Aus den allgemeinen Vertauschungsrelationen (10.6.7) folgt direkt, mit $k, l \in \mathbb{N}$,

$$[\mathbf{a}_k,\mathbf{a}_l] = 0 \,, \quad [\mathbf{a}_k^*,\mathbf{a}_l^*] = 0 \,, \quad [\mathbf{a}_k,\mathbf{a}_l^*] = \delta_{kl}\mathbb{1}_{\mathcal{F}} \,. \tag{10.6.9}$$

Wir erhalten also ein (abzählbar) unendliches System linearer Oszillatoren. Der Vakuumvektor im Fock-Raum, vgl. (10.5.7),

$$\Omega = (1,0,0,0,\ldots) \,, \quad \langle \Omega, \Omega \rangle = 1 \,, \tag{10.6.10}$$

wird von allen Vernichtungsoperatoren auf den Nullvektor abgebildet:

$$\mathbf{a}_l \Omega = 0 \, , \quad l \in \mathbb{N} \, . \tag{10.6.11}$$

Produkte von Erzeugungsoperatoren, auf den Vakuumvektor angewendet, ergeben Vektoren des Fock-Raums. Zur Bezeichnung solcher Vektoren verwenden wir unendliche Folgen von Besetzungszahlen mit nur endlich vielen von Null verschiedenen Gliedern

$$\underline{n} = (n_1 \, , n_2 \, , n_3 \, , \dots) \, , \text{ mit } n_l \in \mathbb{N}_0 \, , \quad \sum_{l=1}^{\infty} n_l < \infty \, ,$$

$$\phi_{\underline{n}} := \prod_{l=1}^{\infty} \frac{(\mathbf{a}_l^*)^{n_l}}{(n_l!)^{\frac{1}{2}}} \Omega \, . \tag{10.6.12}$$

Das scheinbar unendliche Produkt ist natürlich wegen der Einschränkung an die Besetzungszahlen ein endliches, mit der üblichen Konvention $(\mathbf{a}^*)^0 = 1$ und $0! = 1$. Erinnern wir uns an den linearen Oszillator, so ist es evident, daß die Vektoren (10.6.12) normiert sind und orthogonal aufeinander für verschiedene Besetzungszahlenfolgen. Außerdem folgt aus der Definition (10.6.6) eines Erzeugungsoperators, daß die Vektoren (10.6.12) mit Besetzungszahlen, deren Summe gleich n ist, dem n-Teilchensektor angehören und dort die Orthogonalbasis (10.5.5) bilden. Hieraus folgt schließlich, daß mit der Gesamtheit der Vektoren (10.6.12) eine Orthonormalbasis im Fock-Raum gegeben ist; der Vakuumvektor Ω ist ein zyklischer Vektor. Die Vertauschungsrelationen der Erzeugungs- und Vernichtungsoperatoren implizieren die Bose-Einstein Statistik der Vektoren des Fock-Raums $\mathcal{F}_s$. Die Operatoren

$$\mathbf{N}_l := \mathbf{a}_l^* \mathbf{a}_l \, , \quad l \in \mathbb{N} \, , \tag{10.6.13}$$

sind Teilchenzahloperatoren für den jeweiligen Einteilchenzustand φ_l, und

$$\mathbf{N} = \sum_{l=1}^{\infty} N_l \tag{10.6.14}$$

ist der Operator der gesamten Teilchenzahl: Der n-Teilchensektor des Fock-Raums ist Eigenraum des Operators $\mathbf{N}$ zum Eigenwert n.

Das bisher Ausgeführte beleuchtet mathematische Eigenschaften des Fock-Raums $\mathcal{F}_s$; welche Gestalt nimmt die quantenmechanische Formulierung eines physikalischen Vielteilchenproblems in diesem Rahmen an? Wir betrachten ein sehr einfaches Modell: ein System nicht wechselwirkender Teilchen. Außerdem – wiederum der Einfachheit wegen – habe der Hamilton-Operator H eines Teilchens ein rein diskretes Spektrum. Beispiele hierfür sind:

i) Ein Teilchen im Oszillatorpotential mit

$$H = -\frac{\hbar^2}{2m}\Delta + \frac{1}{2}m\omega^2 \vec{x}^2 \ ,$$

ii) ein Teilchen, dessen Bewegung auf einen endlichen Raumbereich $\mathcal{V}$ („Kasten") beschränkt ist, dann ist $\mathcal{H} = \mathcal{L}^2(\mathcal{V})$ und

$$H = -\frac{\hbar^2}{2m}\Delta$$

mit entsprechenden Randbedingungen.

Im Hilbert-Raum $\mathcal{H}$ eines Teilchens erzeugen die Eigenvektoren des Hamilton-Operators mit einem rein diskreten Spektrum eine Orthonormalbasis

$$\{\varphi_l\}_{l\in\mathbb{N}} \subset \mathcal{H} \ , \ \text{mit} \ H\varphi_l = \varepsilon_l\varphi_l \ , \quad l\in\mathbb{N} \ . \tag{10.6.15}$$

Entartung ist möglich; es sei so numeriert, daß $\varepsilon_1 \le \varepsilon_2 \le \varepsilon_3 \le \ldots$. Wir wählen diese physikalisch ausgezeichnete Orthonormalbasis zur Definition der Erzeugungs- und Vernichtungsoperatoren (10.6.8): Dann ist

$$\mathbf{H} = \sum_{l=1}^{\infty} \varepsilon_l \mathbf{a}_l^* \mathbf{a}_l \tag{10.6.16}$$

der Hamilton-Operator im Fock-Raum $\mathcal{F}_s(\mathcal{H})$ und die Basisvektoren (10.6.12) sind simultane Eigenvektoren von $\mathbf{N}$ und $\mathbf{H}$:

$$\mathbf{N}\phi_{\underline{n}} = (\sum_{l=1}^{\infty} n_l)\phi_{\underline{n}} \ ,$$
$$\mathbf{H}\phi_{\underline{n}} = (\sum_{l=1}^{\infty} n_l\varepsilon_l)\phi_{\underline{n}} \ . \tag{10.6.17}$$

Der Hamilton-Operator ist eine Observable: er ändert die Teilchenzahl nicht.

Am betrachteten einfachen System deuten wir noch kurz die *Methode der Feldquantisierung* an. Zudem seien die Bosonen spinlos. Zunächst lesen wir an der allgemeinen Definition (10.6.5) des Vernichtungsoperators $\mathbf{a}(f)$ dessen antilinerare Abhängigkeit vom „Argument" f ab: Mit $\alpha, \beta \in \mathbb{C}$ und $f, g \in \mathcal{H}$ gilt offensichtlich

$$\mathbf{a}(\alpha f + \beta g) = \bar{\alpha}\mathbf{a}(f) + \bar{\beta}\mathbf{a}(g) \ . \tag{10.6.18}$$

Die Entwicklung des Vektors f nach einer Orthonormalbasis ergibt somit

$$f = \sum_{l=1}^{\infty} (\varphi_l , f)\varphi_l ,$$

$$\mathbf{a}(f) = \sum_{l=1}^{\infty} \overline{(\varphi_l , f)}\mathbf{a}(\varphi_l) = \sum_{l=1}^{\infty} (f , \varphi_l)\mathbf{a}_l . \tag{10.6.19}$$

Führt man im Fock-Raum $\mathcal{F}_s(\mathcal{H})$ die operatorwertige Distribution – *Feldoperator im Schrödinger-Bild* genannt – ein:

$$\Phi(\vec{x}) = \sum_{l=1}^{\infty} \mathbf{a}_l\varphi_l(\vec{x}) , \tag{10.6.20}$$

so liefert die „Verschmierung" mit $\overline{f} \in \mathcal{H}$ den wohldefinierten Vernichtungsoperator $\mathbf{a}(f)$:

$$\int d^3x \overline{f(\vec{x})}\Phi(\vec{x}) = \sum_l (f , \varphi_l)\mathbf{a}_l = \mathbf{a}(f) . \tag{10.6.21}$$

Der Feldoperator $\Phi(\vec{x})$ und sein adjungierter Operator $\Phi^*(\vec{x})$ genügen den Vertauschungsrelationen

$$[\Phi(\vec{x}) , \Phi(\vec{x}')] = 0 , \quad [\Phi^*(\vec{x}) , \Phi^*(\vec{x}')] = 0 ,$$

$$[\Phi(\vec{x}) , \Phi^*(\vec{x}')] = \sum_{l=1}^{\infty} \varphi_l(\vec{x})\overline{\varphi_l(\vec{x}')} = \delta(\vec{x} - \vec{x}')\mathbb{1}_{\mathcal{F}} . \tag{10.6.22}$$

Diese Relationen sind eine unmittelbare Konsequenz aus (10.6.9). Die letzte Gleichung ist die Vollständigkeitsrelation in $\mathcal{H}$. Nach diesen allgemeingültigen Relationen kehren wir zum betrachteten System mit seiner physikalisch ausgezeichneten Basis (10.6.15) in $\mathcal{H}$ zurück. Hamilton- und Teichenzahloperator lassen sich dann als Raumintegrale über operatorwertige Dichten schreiben:

$$\mathbf{H} = \int d^3x \Phi^*(\vec{x})H\Phi(\vec{x}) ,$$

$$\mathbf{N} = \int d^3x \Phi^*(\vec{x})\Phi(\vec{x}) ,$$

wie leicht nachzurechnen ist. Die obige Darstellung des Hamilton-Operators bleibt jedoch, im Gegensatz zu (10.6.16), gültig, wenn in der Definition des Feldoperators

(10.6.20) eine beliebige Orthonormalbasis und die korrespondierenden Vernichtungs-operatoren verwendet werden: Der Feldoperator selbst hat bei jeder Basiswahl die gleiche Gestalt.

10.6.2 Fermionen

Wir gehen analog dem bosonischen Fall vor. Aus physikalischer Sicht können wir uns auf Spin-$\frac{1}{2}$-Teilchen beschränken, also auf den Hilbert-Raum eines Teilchens $\mathcal{H} = \mathcal{L}^2(\mathbb{R}^3) \otimes \mathbb{C}^2$, da Elektron, Proton und Neutron solche Teilchen sind. In der allgemeinen Formulierung macht sich diese Beschränkung nicht bemerkbar. Anstelle des Symmetrisierungsoperators (10.6.1) tritt jetzt der Alternierungsoperator

$$\mathcal{A}_n : \mathcal{H} \otimes \mathcal{H} \otimes \cdots \otimes \mathcal{H} \to \mathcal{H}_a^{(n)} , \tag{10.6.23}$$

$$\mathcal{A}_n \varphi_1 \otimes \varphi_2 \otimes \cdots \otimes \varphi_n = (n!)^{-1} \sum_{\tau \in S_n} \operatorname{sgn}(\tau) \varphi_{\tau(1)} \otimes \cdots \otimes \varphi_{\tau(n)} ,$$

und lineare Erweiterung. Dieser Operator ist wieder ein Projektor:

$$\mathcal{A}_n \mathcal{A}_n = \mathcal{A}_n = \mathcal{A}_n^* . \tag{10.6.24}$$

Wir verwenden die Notation (10.6.3), und $(\cdot, \cdot)$ bezeichne das Skalarprodukt in $\mathcal{H}$. Zu einem beliebigen Vektor $f \in \mathcal{H}$ definieren wir dann im Fock-Raum $\mathcal{F}_a(\mathcal{H})$ den korrespondierenden Vernichtungsoperator $\mathbf{a}(f)$ und Erzeugungsoperator $\mathbf{a}^*(f)$ durch die folgenden Schritte:

i) In einem Sektor gegebener Teilchenzahl n

$$\mathbf{a}(f) : \mathcal{H}^{(0)} \to 0 , \tag{10.6.25}$$

$$\mathbf{a}(f) : \mathcal{H}_a^{(n)} \to \mathcal{H}_a^{(n-1)} , \quad n \in \mathbb{N} , \tag{10.6.26}$$

$$\mathbf{a}(f) \mathcal{A}_n \varphi_1 \otimes \cdots \otimes \varphi_n = n^{-\frac{1}{2}} \sum_{j=1}^{n} (-1)^{j+1} (f, \varphi_j) \mathcal{A}_{n-1} \varphi_1 \otimes \cdots \check{\varphi}_j \cdots \otimes \varphi_n .$$

$$\mathbf{a}^*(f) : \mathcal{H}_a^{(n)} \to \mathcal{H}_a^{(n+1)} , \quad n \in \mathbb{N}_0 , \tag{10.6.27}$$

$$\mathbf{a}^*(f) 1 = f , \quad n = 0 ,$$

$$\mathbf{a}^*(f) \mathcal{A}_n \varphi_1 \otimes \cdots \otimes \varphi_n = (n+1)^{\frac{1}{2}} \mathcal{A}_{n+1} f \otimes \varphi_1 \otimes \cdots \otimes \varphi_n , \quad n \in \mathbb{N} .$$

ii) Lineare Erweiterung in $\mathcal{H}_a^{(n)}$.

iii) Einbettung als lineare Operatoren in den Fock-Raum $\mathcal{F}_a(\mathcal{H})$.

Um die charakteristischen Eigenschaften der fermionischen Erzeugungs- und Vernich-tungsoperatoren zu formulieren, benötigt man den *Antikommutator* zweier Operatoren

A und B , definiert durch

$$\{A,B\} = AB + BA\,. \tag{10.6.28}$$

Es gilt der

Satz

i) In $\mathcal{F}_a(\mathcal{H})$ ist $\mathbf{a}^*(f)$ der zum Operator $\mathbf{a}(f)$ adjungierte Operator.

ii) Mit $f, g \in \mathcal{H}$ gelten die Antikommutator-Relationen

$$\{\mathbf{a}(f),\mathbf{a}(g)\} = 0\,, \quad \{\mathbf{a}^*(f),\mathbf{a}^*(g)\} = 0\,,$$
$$\{\mathbf{a}(f),\mathbf{a}^*(g)\} = (f,g)\mathbb{1}_{\mathcal{F}}\,. \tag{10.6.29}$$

Beweis: Auch hier folgen wir den Schritten im bosonischen Fall.

i) Es genügt wieder zu betrachten

$$F = (0,0,\dots,0,\mathcal{A}_n\varphi_1 \otimes \cdots \otimes \varphi_n, 0, \dots) \in \mathcal{F}_a(\mathcal{H})\,,$$
$$G = (0,0,\dots,0,0,\mathcal{A}_{n+1}\psi_1 \otimes \cdots \otimes \psi_{n+1}, 0, \dots) \in \mathcal{F}_a(\mathcal{H})\,.$$

Mit den Eigenschaften (10.6.24) des Alternierungsoperators ergibt sich

$$\langle \mathbf{a}^*(f)F, G \rangle$$
$$= ((n+1)^{\frac{1}{2}}\mathcal{A}_{n+1}f \otimes \varphi_1 \otimes \cdots \otimes \varphi_n, \mathcal{A}_{n+1}\psi_1 \otimes \cdots \otimes \psi_{n+1})_{\mathcal{H}_a^{(n+1)}}$$
$$= (n+1)^{\frac{1}{2}}(f \otimes \varphi_1 \otimes \cdots \otimes \varphi_n, \mathcal{A}_{n+1}\psi_1 \otimes \cdots \otimes \psi_{n+1})_{\mathcal{H}_a^{(n+1)}}$$
$$= \frac{(n+1)^{\frac{1}{2}}}{(n+1)!} \sum_{\tau \in S_{n+1}} \mathrm{sgn}(\tau)(f,\psi_{\tau(1)})(\varphi_1,\psi_{\tau(2)}) \cdots (\varphi_n,\psi_{\tau(n+1)})\,.$$

$$\langle F, \mathbf{a}(f)G \rangle$$
$$= (\mathcal{A}_n\varphi_1 \otimes \cdots \otimes \varphi_n, (n+1)^{-\frac{1}{2}}\sum_{j=1}^{n+1}(-1)^{j+1}(f,\psi_j)\mathcal{A}_n\psi_1 \otimes \cdots \check{\psi}_j \cdots \otimes \psi_{n+1})$$
$$= (n+1)^{-\frac{1}{2}}\sum_{j=1}^{n+1}(-1)^{j+1}(f,\psi_j)(\varphi_1 \otimes \cdots \otimes \varphi_n, \mathcal{A}_n\psi_1 \otimes \cdots \check{\psi}_j \cdots \otimes \psi_{n+1})$$

$$= \frac{(n+1)^{-\frac{1}{2}}}{n!} \sum_{j=1}^{n+1} (-1)^{j+1} (f, \psi_j) \sum_{\tau \in S_n} \mathrm{sgn}(\tau)(\varphi_1, \psi_{\tau(1)}) \cdots (\varphi_n, \psi_{\tau(n+1)}) \cdot$$

$$\underset{\substack{\uparrow \\ \psi_j \text{ fehlt}}}{}$$

Genau besehen, müßten wir in der letzten Zeile für jedes j unter der Summe über die Permutationen aus S_n die n auftretenden Vektoren $\{\psi_i\}$, es fehlt ψ_j, in einem Zwischenschritt fortlaufend mit den Ziffern 1 bis n neu benennen. In $\langle \mathbf{a}^*(f)F, G \rangle$ können wir die Summation über die Permutationen aus S_{n+1} als Determinante lesen: Dann ist die Doppelsumme in $\langle F, \mathbf{a}(f)G \rangle$ gerade die Entwicklung dieser Determinante nach der ersten Zeile.

ii) $\quad \mathbf{a}^*(f)\mathbf{a}^*(g)\mathcal{A}_n \varphi_1 \otimes \cdots \otimes \varphi_n$

$$= \mathbf{a}^*(g)(n+1)^{\frac{1}{2}} \mathcal{A}_{n+1} f \otimes \varphi_1 \otimes \cdots \otimes \varphi_n$$

$$= (n+2)^{\frac{1}{2}} (n+1)^{\frac{1}{2}} \mathcal{A}_{n+2} g \otimes f \otimes \varphi_1 \otimes \cdots \otimes \varphi_n \ .$$

Wegen der Antisymmetrie unter der Vertauschung $g \leftrightarrow f$ verschwindet somit der Antikommutator zweier Erzeugungsoperatoren. Aufgrund von i) verschwindet deshalb auch der Antikommutator zweier Vernichtungsoperatoren.

$$\mathbf{a}(f)\mathbf{a}^*(g)\mathcal{A}_n \varphi_1 \otimes \cdots \otimes \varphi_n$$

$$= \mathbf{a}(f)(n+1)^{\frac{1}{2}} \mathcal{A}_{n+1} g \otimes \varphi_1 \otimes \cdots \otimes \varphi_n$$

$$= (f, g)\mathcal{A}_n \varphi_1 \otimes \cdots \otimes \varphi_n$$

$$+ \sum_{j=1}^{n} (-1)^j (f, \varphi_j) \mathcal{A}_n g \otimes \varphi_1 \otimes \cdots \check{\varphi}_j \cdots \otimes \varphi_n \ ,$$

$$\mathbf{a}^*(g)\mathbf{a}(f)\mathcal{A}_n \varphi_1 \otimes \cdots \otimes \varphi_n$$

$$= \mathbf{a}^*(g) n^{-\frac{1}{2}} \sum_{j=1}^{n} (-1)^{j+1} (f, \varphi_j) \mathcal{A}_{n-1} \varphi_1 \otimes \cdots \check{\varphi}_j \cdots \otimes \varphi_n$$

$$= \sum_{j=1}^{n} (-1)^{j+1} (f, \varphi_j) \mathcal{A}_n g \otimes \varphi_1 \otimes \cdots \check{\varphi}_j \cdots \otimes \varphi_n \ .$$

Mithin ist

$$\{\mathbf{a}(f), \mathbf{a}^*(g)\} \mathcal{A}_n \varphi_1 \otimes \cdots \otimes \varphi_n = (f, g)\mathcal{A}_n \varphi_1 \otimes \cdots \otimes \varphi_n$$

und der Satz ist bewiesen. $\qquad\qquad\qquad\qquad\qquad\qquad\qquad\qquad\qquad\qquad \Box$

Den Vektoren einer (jeden) Orthonormalbasis im Hilbert-Raum $\mathcal{H}$ eines Fermions

$$\{\varphi_l\}_{l \in \mathbb{N}} \subset \mathcal{H}$$

ist, analog zum bosonischen Fall, ein unendliches System von Vernichtungs- und Erzeugungsoperatoren zugeordnet, also

$$\mathbf{a}_l := \mathbf{a}(\varphi_l) , \quad \mathbf{a}_l^* := \mathbf{a}^*(\varphi_l) , \quad l \in \mathbb{N} . \tag{10.6.30}$$

Als Folge der allgemeinen Antikommutator-Relationen (10.6.29) genügen diese Operatoren den Relationen, mit $k, l \in \mathbb{N}$,

$$\{\mathbf{a}_k , \mathbf{a}_l\} = 0 , \quad \{\mathbf{a}_k^* , \mathbf{a}_l^*\} = 0 , \quad \{\mathbf{a}_k , \mathbf{a}_l^*\} = \delta_{kl} \mathbb{1}_{\mathcal{F}} . \tag{10.6.31}$$

Die Vernichtungsoperatoren bilden den Vakuumvektor

$$\Omega = (1, 0, 0, \ldots) \in \mathcal{F}_a(\mathcal{H}) \tag{10.6.32}$$

auf den Nullvektor ab:

$$\mathbf{a}_l \Omega = 0 , \quad l \in \mathbb{N} . \tag{10.6.33}$$

Aus der Antikommutator-Relation zweier Erzeugungsoperatoren folgt, daß das Quadrat eines fermionischen Erzeugungsoperators verschwindet. Deshalb verwenden wir nun Folgen von Besetzungszahlen der Form

$$\underline{n} = (n_1 , n_2 , n_3 , \ldots) , \text{ mit } n_l \in \{0, 1\} , \quad \sum_{l=1}^{\infty} n_l < \infty , \tag{10.6.34}$$

und definieren korrespondierende Vektoren im Fock-Raum $\mathcal{F}_a(\mathcal{H})$ durch

$$\psi_{\underline{n}} := (\mathbf{a}_1^*)^{n_1} (\mathbf{a}_2^*)^{n_2} (\mathbf{a}_3^*)^{n_3} \cdots \Omega . \tag{10.6.35}$$

Man beachte die gewählte Anordnung der Faktoren im Produkt! Wegen der endlichen Summe der Besetzungszahlen in einer Folge $\underline{n}$ ist das Produkt der Erzeugungsoperatoren endlich. Mittels der Antikommutator-Relationen (10.6.31) und der Eigenschaft (10.6.33) des Vakuumvektors sieht man leicht, daß die Vektoren (10.6.35) normiert sind und wechselseitig orthogonal, wenn sie sich in den Besetzungszahlen unterscheiden. Vergleicht man schließlich (über die Wirkungsweise der Erzeugungsoperatoren) diejenigen Vektoren (10.6.35), welche jeweils durch ein Produkt aus n Erzeugungsoperatoren aus dem Vakuumvektor hervorgehen, mit der Orthonormalbasis (10.5.3) im n-Teilchensektor des Fock-Raums, so sieht man sogleich, daß beide Vektormengen identisch sind. Hieraus folgt, daß die Gesamtheit der Vektoren (10.6.35), indiziert durch die Besetzungszahlenfolgen (10.6.34), eine Orthonormalbasis im Fock-Raum $\mathcal{F}_a(\mathcal{H})$bildet; wieder ist der Vakuumvektor Ω zyklisch. Die Teilchenzahloperatoren

$$\mathbf{N}_l := \mathbf{a}_l^* \mathbf{a}_l \tag{10.6.36}$$

für die Einteilchenzustände φ_l , $l \in \mathbb{N}$, sind im fermionischen Fall orthogonale Projektoren

$$\mathbf{N}_l^2 = \mathbf{N}_l = \mathbf{N}_l^* , \quad [\mathbf{N}_k , \mathbf{N}_l] = 0 . \tag{10.6.37}$$

Die Summe

$$\mathbf{N} = \sum_{l=1}^{\infty} \mathbf{N}_l \tag{10.6.38}$$

ist der Operator der Gesamtteilchenzahl.

Der dargelegte Rahmen zur Beschreibung eines Vielfermionensystems ist vielfältig anwendbar, sind doch die „Bausteine der Materie" – also Elektronen, Protonen und Neutronen – Teilchen mit Spin-$\frac{1}{2}$. Physikalisch einigermaßen realistisch erscheinende Modelle sind allerdings bereits so beschaffen, daß sie sich weitgehend einer strengen Behandlung entziehen. Daher ist es sinnvoll, einfachere Modelle zu betrachten, die mathematisch zugänglich sind, und als Preis dafür zu zahlen, daß die deduzierten Aussagen nur noch als qualitativ zutreffend angesehen werden dürfen. In einem zweiten Schritt können dann mehr oder weniger kontrollierbare „Störungen" in solche Modelle eingebaut werden, um hiermit feinere Einzelheiten hervorzubringen. Dieser Weg wird in den verschiedenen Ausprägungen eines *Modells unabhängiger Teilchen* beschritten: Die Teilchen üben keine Wechselwirkung aufeinander aus, sondern bewegen sich unabhängig voneinander in einem (vorgegebenen) Potential. Fürs erste erscheint eine derartige Vereinfachung wenig erfolgversprechend. Dominieren jedoch die durch die Fermi-Dirac-Statistik bedingten Korrelationen der Teilchen, d.h. überwiegen diese Korrelationen die effektive Wechselwirkung zwischen den Teilchen, so gewinnt das Modell an physikalischem Gewicht. Eine solche Konstellation theoretisch zu begründen ist äußerst schwierig, denn eine Kontrolle des vollen Problems wäre die Voraussetzung hierzu. Man begnügt sich deshalb damit, im Vergleich mit dem empirischen Befund eine nachträgliche Rechtfertigung zu finden. Das Schalenmodell der Atomelektronen, das Schalenmodell der Kerne, das Modell für die Valenzelektronen eines Metalls, allgemeiner: das Bändermodell der Festkörperphysik sind von solcher Bauart.

Mit Blick auf die Anwendungen formulieren wir das Folgende explizit für Spin-$\frac{1}{2}$-Fermionen. Der Hilbert-Raum eines Teilchens ist dann

$$\mathcal{H} = \mathcal{L}^2(\mathcal{V}) \otimes \mathbb{C}^2 , \tag{10.6.39}$$

wobei $\mathcal{V} = \mathbb{R}^3$ oder aber $\mathcal{V} \subset \mathbb{R}^3$ ein endlicher Bereich ist, versehen mit geeigneten Randbedingungen. (Näheres im nächsten Abschnitt.) In einem Modell unabhängiger Teilchen ist der Hamilton-Operator die Summe über das jeweilige Exemplar des Einteilchenoperators H. Der Einfachheit halber sei das Spektrum von H rein diskret: Die Eigenvektoren erzeugen somit eine Orthonormalbasis in $\mathcal{H}$

$$\{\varphi_l\}_{l \in \mathbb{N}} \subset \mathcal{H}, \text{ mit } H\varphi_l = \varepsilon_l \varphi_l, \quad l \in \mathbb{N}, \tag{10.6.40}$$

und $\varepsilon_1 \leq \varepsilon_2 \leq \varepsilon_3 \leq \ldots$, nach entsprechender Numerierung. Wählen wir diese physikalisch ausgezeichnete Basis zur Definition der Erzeugungs- und Vernichtungs-operatoren (10.6.30), so ist

$$\mathbf{H} = \sum_{l=1}^{\infty} \varepsilon_l \mathbf{a}_l^* \mathbf{a}_l = \sum_{l=1}^{\infty} \varepsilon_l \mathbf{N}_l \tag{10.6.41}$$

der Hamilton-Operator im Fock-Raum, und die Basisvektoren (10.6.35) dieses Raums sind simultane Eigenvektoren von $\mathbf{H}$ und $\mathbf{N}$,

$$\mathbf{H}\psi_{\underline{n}} = (\sum_{l=1}^{\infty} n_l \varepsilon_l)\psi_{\underline{n}},$$

$$\mathbf{N}\psi_{\underline{n}} = (\sum_{l=1}^{\infty} n_l)\psi_{\underline{n}}. \tag{10.6.42}$$

Der kleinste Eigenwert des Hamilton-Operators für eine gegebene Teilchenzahl n (also die Energie des Grundzustands in diesem Sektor) ist offensichtlich $\varepsilon_1 + \varepsilon_2 + \ldots + \varepsilon_n$, im Gegensatz zum Wert $n\varepsilon_1$ im bosonischen Fall. Diese charakteristische Form der Energie eines fermionischen Grundzustands ist die zentrale Aussage der verschiedenen zuvor erwähnten Modelle unabhängiger Fermionen.

Um einen beliebigen Einteilchenoperator A aus $\mathcal{H}$ in den Fock-Raum zu übertragen, verwendet man die Orthonormalbasis (10.6.40) und formuliert die Abbildungen

$$A\varphi_l = \sum_k \varphi_k(\varphi_k, A\varphi_l), \quad l \in \mathbb{N},$$

im Einteilchensektor des Fock-Raums: Es ergibt sich

$$\mathbf{A} = \sum_{k,l} (\varphi_k, A\varphi_l)\mathbf{a}_k^* \mathbf{a}_l, \tag{10.6.43}$$

wie man leicht verifiziert. Der Hamilton-Operator (10.6.41) ist ein Spezialfall dieser Relation. Zur Übersetzung einer Wechselwirkung zwischen zwei Teilchen gehen wir ganz analog vor. Gegeben sei ein spinunabhängiges Relativpotential zwischen zwei Teilchen, also in $\mathcal{H}_a^{(2)}$ der Multiplikationsoperator

$$W = w(|\vec{x}^{(1)} - \vec{x}^{(2)}|) \,,$$

$$W : \mathcal{H}_a^{(2)} \to \mathcal{H}_a^{(2)} \,.$$

(10.6.44)

(Ein wichtiges Beispiel hierfür ist die Coulomb-Abstoßung zweier Elektronen, wobei $w(|\vec{x}|) = e^2|\vec{x}|^{-1}$.) Wegen der Abbildungseigenschaft (10.6.44) wird aus W im Fock-Raum ein Operator der Gestalt

$$\mathbf{W} = \sum_{p,q,t,u} \mathbf{a}_q^* \mathbf{a}_p^* w_{pq,tu} \mathbf{a}_t \mathbf{a}_u \,.$$

(10.6.45)

(Man beachte die Reihenfolge der Indizes.) Mit den Basisvektoren (10.5.2) in $\mathcal{H}_a^{(2)}$

$$\psi(k,l) = 2^{-\frac{1}{2}}(\varphi_k \otimes \varphi_l - \varphi_l \otimes \varphi_k)$$

gewinnen wir die gesuchten Koeffizienten $w_{pq,tu}$ aus der Forderung

$$\langle \mathbf{a}_k^* \mathbf{a}_l^* \Omega \,, \mathbf{W} \mathbf{a}_r^* \mathbf{a}_s^* \Omega \rangle \overset{!}{=} (\psi(k,l) \,, W\psi(r,s))_{\mathcal{H}_a^{(2)}} \,.$$

Hieraus folgt

$$w_{kl,rs} = \frac{1}{2}(\varphi_k \otimes \varphi_l \,, W\varphi_r \otimes \varphi_s)_{\mathcal{H} \otimes \mathcal{H}} \,.$$

(10.6.46)

Auch im fermionischen Fock-Raum läßt sich ein Feldoperator definieren: Aufgrund der zweikomponentigen Vektoren des Hilbert-Raums $\mathcal{H}$ eines Teilchens, (10.6.39), ist der Feldoperator ebenfalls ein zweikomponentiges Objekt,

$$\Psi_\alpha(\vec{x}) = \sum_{l=1}^{\infty} (\varphi_l)_\alpha(\vec{x}) \mathbf{a}_l \,, \quad \alpha = 1, 2 \,,$$

(10.6.47)

mit den der Basis $\{\varphi_l\}$ entsprechenden Vernichtungsoperatoren (10.6.30). Als Folge der Antikommutatoren (10.6.31) und der Vollständigkeitsrelation der Basis (10.6.40) erhalten wir die Antikommutator-Relationen

$$\{\Psi_\alpha(\vec{x}) \,, \Psi_\beta(\vec{y})\} = 0 \,, \quad \{\Psi_\alpha^*(\vec{x}) \,, \Psi_\beta^*(\vec{y})\} = 0 \,,$$

$$\{\Psi_\alpha(\vec{x}) \,, \Psi_\beta^*(\vec{y})\} = \delta_{\alpha\beta}\delta(\vec{x} - \vec{y}) \,.$$

(10.6.48)

Hierbei ist $\Psi_\alpha^*(\vec{x})$ der zu $\Psi_\alpha(\vec{x})$ adjungierte Operator. Wiederum lassen sich die in den Fock-Raum übersetzten Operatoren mit Hilfe des Feldoperators ausdrücken: Die Einteilchenoperatoren als Raumintegrale über operatorwertige Dichten,

$$\mathbf{N} = \int d^3x \sum_{\alpha=1}^{2} \Psi_\alpha^*(\vec{x})\Psi_\alpha(\vec{x}) \,,$$

$$\mathbf{H} = \int d^3x \sum_{\alpha,\beta=1}^{2} \Psi_\alpha^*(\vec{x})(H)_{\alpha\beta}\Psi_\beta(\vec{x}) \,, \qquad (10.6.49)$$

$$\mathbf{A} = \int d^3x \sum_{\alpha,\beta=1}^{2} \Psi_\alpha^*(\vec{x})(A)_{\alpha\beta}\Psi_\beta(\vec{x}) \,,$$

und die Wechselwirkung zweier Teilchen in bilokaler Form,

$$\mathbf{W} = \frac{1}{2}\int d^3x \int d^3y \sum_{\alpha,\beta=1}^{2} \Psi_\alpha^*(\vec{y})\Psi_\beta^*(\vec{x})w(|\vec{x}-\vec{y}|)\Psi_\beta(\vec{x})\Psi_\alpha(\vec{y}) \,. \qquad (10.6.50)$$

Der Feldoperator selbst hängt nicht von der Basiswahl in $\mathcal{H}$ ab: Verwenden wir anstelle der Orthonormalbasis $\{\varphi_l\}$ eine andere, $\{\theta_l\}$, so folgt aus den jeweiligen Vollständigkeitsrelationen

$$\sum_{l=1}^{\infty}(\varphi_l)_\alpha(\vec{x})\overline{(\varphi_l)_\beta(\vec{y})} = \sum_{l=1}^{\infty}(\theta_l)_\alpha(\vec{x})\overline{(\theta_l)_\beta(\vec{y})} = \delta_{\alpha\beta}\delta(\vec{x}-\vec{y})$$

die Identität

$$\Psi_\alpha(\vec{x}) = \sum_{l=1}^{\infty}(\varphi_l)_\alpha(\vec{x})\mathbf{a}(\varphi_l) = \sum_{l=1}^{\infty}(\theta_l)_\alpha(\vec{x})\mathbf{a}(\theta_l) \,.$$

Zusammenfassend können wir feststellen, daß sich ein wechselwirkendes Vielfermionensystem im Fock-Raum $\mathcal{F}_a$ mittels des fermionischen Feldoperators – einer operatorwertigen Distribution, die im Ortsraum den lokalen Antikommutator-Relationen (10.6.48) genügt – formulieren läßt.

10.7 Die großkanonische Gesamtheit

Um ein quantenmechanisches Vielteilchensystem bei endlicher Temperatur zu beschreiben, wird sich als Vorteil herausstellen, den thermischen Gleichgewichtszustand als großkanonische Gesamtheit zu formulieren. In einer solchen Gesamtheit kann das betrachtete Vielteilchensystem sowohl Energie wie auch Teilchen mit seiner als Reservoir fungierenden Umgebung austauschen. Infolge dieses Teilchenaustauschs ist die Teilchenzahl des Systems nicht fixiert. Eine Formulierung im Fock-Raum beschreibt gemeinsam alle Teilchenzahlen. Der Einfachheit wegen beschränken wir uns wieder auf eine Teilchensorte: $\mathcal{F}$ sei der zugehörige Fock-Raum, mithin $\mathcal{F} = \mathcal{F}_a$ im fermionischen Fall und $\mathcal{F} = \mathcal{F}_s$ im bosonischen. Das System ist in einem endlichen, z.B. kastenförmigen Bereich $\mathcal{V} \subset \mathbb{R}^3$ mit dem Volumen V eingeschlossen; die Teilchen wechselwirken im allgemeinen Fall miteinander. Da es in einer nichtrelativistischen Theorie keine Teilchenerzeugung oder -vernichtung gibt, vertauschen der Hamilton-Operator $\mathbf{H}$ und der Teilchenzahloperator $\mathbf{N}$ des Fock-Raums miteinander,

$$[\mathbf{H}, \mathbf{N}] = 0 . \tag{10.7.1}$$

Der Statistische Operator einer großkanonischen Gesamtheit hat die Gestalt

$$\rho = \frac{1}{\mathcal{Z}} e^{-\beta(\mathbf{H} - \mu\mathbf{N})} , \tag{10.7.2}$$

mit den reellen Gleichgewichtsparametern β und μ . Der Normierungsfaktor $\mathcal{Z}$ ist die großkanonische Zustandssumme

$$\mathcal{Z} := \mathrm{spur}_{\mathcal{F}} e^{-\beta(\mathbf{H} - \mu\mathbf{N})} . \tag{10.7.3}$$

Der Parameter μ – chemisches Potential genannt – hat die physikalische Dimension einer Energie, und β^{-1} ist proportional der absoluten Temperatur T , $\beta^{-1} = k_B T$, wobei k_B die Boltzmann-Konstante $k_B = 1.38 \cdot 10^{-16} \mathrm{erg/K} = 8.617 \cdot 10^{-5} \mathrm{eV/K}$. Zur physikalischen Begründung der großkanonischen Gesamtheit sei auf [Hua] verwiesen. Im folgenden bezeichne $\langle \mathbf{A} \rangle$ den Erwartungswert des Operators $\mathbf{A}$ in der großkanonischen Gesamtheit (10.7.2). Wir verifizieren dank der Relation (10.7.1) leicht, daß sich die Erwartungswerte des Hamilton- und des Teilchenzahloperators, ebenso die Informationsentropie aus der großkanonischen Zustandssumme durch Differentiation nach den Gleichgewichtsparametern gewinnen lassen:

$$\langle \mathbf{N} \rangle = \frac{1}{\beta} \frac{\partial}{\partial \mu} \ln \mathcal{Z} ,$$

$$\langle \mathbf{H} \rangle = \left\{ -\frac{\partial}{\partial \beta} + \frac{\mu}{\beta} \frac{\partial}{\partial \mu} \right\} \ln \mathcal{Z} , \tag{10.7.4}$$

$$\mathrm{Ent}(\rho) := -\langle \ln \rho \rangle$$
$$= \left\{ -\beta \frac{\partial}{\partial \beta} + 1 \right\} \ln \mathcal{Z} .$$

Hieraus folgt direkt die Relation

$$-k_B T \ln \mathcal{Z} = \langle \mathbf{H} \rangle - T k_B \mathrm{Ent}(\rho) - \mu \langle \mathbf{N} \rangle \ . \tag{10.7.5}$$

Um dieser Relation eine thermodynamische Bedeutung beimessen zu können, muß der Bereich $\mathcal{V}$ hinreichend groß sein, d.h. „makroskopisch". Die Erwartungswerte der Observablen $\mathbf{N}$ und $\mathbf{H}$ sind die (mittlere) Teilchenzahl und die (mittlere) Innere Energie des Systems, die Informationsentropie der großkanonischen Gesamtheit, genauer: $k_B \mathrm{Ent}(\rho)$, wird schließlich als die thermodynamische Entropie interpretiert. Vergleicht man nun die Relation (10.7.5) mit den thermodynamischen Potentialen als Funktion ihrer „natürlichen" Variablen, so erweist sich die linke Seite als das *großkanonische Potential*. Von einer mikroskopischen Theorie des thermischen Gleichgewichts muß gefordert werden, daß im Fall eines makroskopischen Bereichs $\mathcal{V}$ der jeweils leitende Beitrag zu den einzelnen Termen in (10.7.5) von der Gestalt dieses Bereichs unabhängig und proportional dem Volumen V (des Bereichs) ist. In mathematischer Sprache: Es wird gefordert, daß der *thermodynamische limes*

$$j(T,\mu) := -k_B T \lim_{\mathcal{V} \to \mathbb{R}^3} \frac{1}{V} \ln \mathcal{Z} \tag{10.7.6}$$

existiert, unabhängig von der speziellen Gestalt des anfänglichen Kastens, wenn diese Gestalt durch eine isotrope Maßstabstransformation größer und größer wird. Analoges wird für die einzelnen Summanden der rechten Seite der Gleichung (10.7.5) gefordert. Die Dichte des großkanonischen Potentials ist direkt mit dem Druck des Systems verknüpft:

$$p(T,\mu) = -j(T,\mu) \ , \tag{10.7.7}$$

der somit als Funktion der Gleichgewichtsparameter T und μ gegeben ist.

10.7.1 Modell unabhängiger Teilchen und mittlere Besetzungszahlen

Thermisches Gleichgewicht in einem Teilchenensemble kommt über die Wechselwirkung der Teilchen miteinander zustande. Wie läßt sich diese Sichtweise mit dem Modell eines Systems unabhängiger Teilchen vereinbaren? Eine intuitive Antwort ist, daß eine Wechselwirkung zwischen den Teilchen zwar notwendigerweise bestehen muß, diese jedoch im theoretischen Bild, also dem Statistischen Operator, quantitativ auch als vernachlässigbar klein betrachtet werden kann. Natürlich sind die daraus folgenden Aussagen physikalisch nur bedingt anwendbar, hauptsächlich in „verdünnten" Systemen. Diese Argumentation wird durch strenge Ergebnisse in einigen Modellen wechselwirkender Systeme erhärtet, in denen der Grenzfall verschwindender Wechselwirkung analytisch verfolgt werden kann.

In einem Modell unabhängiger Teilchen ist der Hamilton-Operator vollständig durch den Hamilton-Operator eines Teilchens bestimmt. Wir nehmen an, das System sei auf einen endlichen Bereich eingeschränkt: durch Einschluß in einen „Kasten" auf $\mathcal{V} \subset \mathbb{R}^3$, oder aber, wie in der Festkörperphysik üblich (um die diskrete Translationssymmetrie des periodischen Potentials nicht zu zerstören) auf einen (topologischen) Torus durch die Forderung periodischer Randbedingungen. In beiden Fällen wird das Spektrum des Hamilton-Operators H eines Teilchens rein diskret. Dieses Spektrum sei nach unten beschränkt und die Eigenwerte seien geordnet: $\varepsilon_1 \leq \varepsilon_2 \leq \varepsilon_3 \leq \ldots$. Die Anzahl der Wiederholungen eines numerischen Werts (stets als endlich angenommen) ist die Dimension des zugehörigen Eigenraums. Wie wir zuvor im Abschnitt 10.6 gesehen haben, nimmt dann sowohl im bosonischen Fock-Raum $\mathcal{F}_s$ wie auch im fermionischen Fock-Raum $\mathcal{F}_a$ der jeweilige Hamilton-Operator durch die Wahl entsprechender Erzeugungs- und Vernichtungsoperatoren die Gestalt

$$\mathbf{H} = \sum_{l=1}^{\infty} \varepsilon_l \mathbf{a}_l^* \mathbf{a}_l$$

an, siehe die Gleichungen (10.6.16) und (10.6.41). Außerdem sind dann die Vektoren der Orthonormalbasis (10.6.16) in $\mathcal{F}_s$, bzw. der Othonormalbasis (10.6.35) in $\mathcal{F}_a$ simultane Eigenvektoren des Hamilton-Operators $\mathbf{H}$ und des Teilchenzahloperators $\mathbf{N}$: die Gleichungen (10.6.17) bzw. (10.6.42). Mittels dieser Basissysteme lassen sich die großkanonischen Zustandssummen (10.7.3) leicht ausführen, mit „BE" werde der bosonische Fall (Bose-Einstein-Statistik) bezeichnet, mit „FD" der fermionische (Fermi-Dirac-Statistik),

$$\mathcal{Z}_{\mathrm{BE}} = \sum_{\underline{n}} \langle \phi_{\underline{n}}, e^{-\beta(\mathbf{H} - \mu \mathbf{N})} \phi_{\underline{n}} \rangle_{\mathcal{F}_s} = \sum_{\underline{n}} \exp(-\beta \sum_{l=1}^{\infty} (\varepsilon_l - \mu) n_l) \, ,$$

$$\mathcal{Z}_{\mathrm{FD}} = \sum_{\underline{n}} \langle \psi_{\underline{n}}, e^{-\beta(\mathbf{H} - \mu \mathbf{N})} \psi_{\underline{n}} \rangle_{\mathcal{F}_a} = \sum_{\underline{n}} \exp(-\beta \sum_{l=1}^{\infty} (\varepsilon_l - \mu) n_l) \, .$$

Beide Zustandssummen unterscheiden sich lediglich durch die zugelassenen Besetzungszahlenfolgen $\underline{n}$. Da die Gesamtteilchenzahl nicht fixiert ist, können wir folgendermaßen summieren:

$$\mathcal{Z} = \prod_{l=1}^{\infty} \sum_{n_l=1}^{g} e^{-\beta(\varepsilon_l - \mu) n_l} \, ,$$

mit $g = 1$ im Fall FD und $g = \infty$ im Fall BE . Wir erhalten

$$\mathcal{Z} = \prod_{l=1}^{\infty} \{1 \pm e^{-\beta(\varepsilon_l - \mu)}\}^{\pm 1} \quad \binom{\text{FD}}{\text{BE}}, \tag{10.7.8}$$

wobei ein oberes Vorzeichen jeweils für FD gilt, ein unteres für BE. Die unendlichen Produkte sind wohldefiniert, wenn die Energiewerte ε_l mit l hinreichend rasch anwachsen. Außerdem muß im Fall BE für $\beta < \infty$ gelten $\mu < \varepsilon_1$. Mittels der beiden ersten Gleichungen (10.7.4) erhalten wir aus

$$\ln \mathcal{Z} = \pm \sum_{l=1}^{\infty} \ln\{1 \pm e^{-\beta(\varepsilon_l - \mu)}\} \quad \binom{\text{FD}}{\text{BE}}, \tag{10.7.9}$$

die Erwartungswerte des Teilchenzahl- und des Hamilton-Operators zu

$$\langle \mathbf{N} \rangle = \sum_{l=1}^{\infty} \overline{n}_l , \tag{10.7.10}$$

$$\langle \mathbf{H} \rangle = \sum_{l=1}^{\infty} \overline{n}_l \varepsilon_l , \tag{10.7.11}$$

wobei

$$\overline{n}_l := \frac{1}{e^{\beta(\varepsilon_l - \mu)} \pm 1} \quad \binom{\text{FD}}{\text{BE}}. \tag{10.7.12}$$

An den Formen dieser Erwartungswerte lesen wir die physikalische Bedeutung der nichtnegativen Zahlen $\overline{n}_l$, $l \in \mathbb{N}$, ab: $\overline{n}_l$ ist die *mittlere Besetzungszahl* des Einteilchenzustandes $\varphi_l \in \mathcal{H}$ in der großkanonischen Gesamtheit.

a) Im Fall der Fermi-Dirac-Statistik unterliegt der Wert des chemischen Potentials μ keiner Einschränkung: stets gilt $0 \leq \overline{n}_l \leq 1$. Bei der Temperatur $T = 0$ sind alle Einteilchenzustände φ_l mit Energiewerten $\varepsilon_l < \mu$ besetzt und die anderen unbesetzt; das chemische Potential μ wird dabei bildhaft als *Fermi-Kante* bezeichnet.

b) In der Bose-Einstein-Statistik hat die Konsistenzbedingung $0 \leq \overline{n}_l < \infty$ zur Folge, daß bei einer Temperatur $T > 0$ das chemische Potential μ eingeschränkt ist auf Werte $\mu < \varepsilon_1$. Bei $T = 0$ jedoch muß $\mu = \varepsilon_1$ gelten: Dann sind alle Besetzungszahlen $\overline{n}_l$, die Energiewerten $\varepsilon_l = \varepsilon_1$ entsprechen, unbestimmt, die übrigen hingegen sind gleich Null. Ist dazuhin der minimale Energiewert nicht entartet, also $\varepsilon_1 < \varepsilon_2$, so ist allein der Einteilchenzustand φ_1 besetzt und $\overline{n}_l = 0$

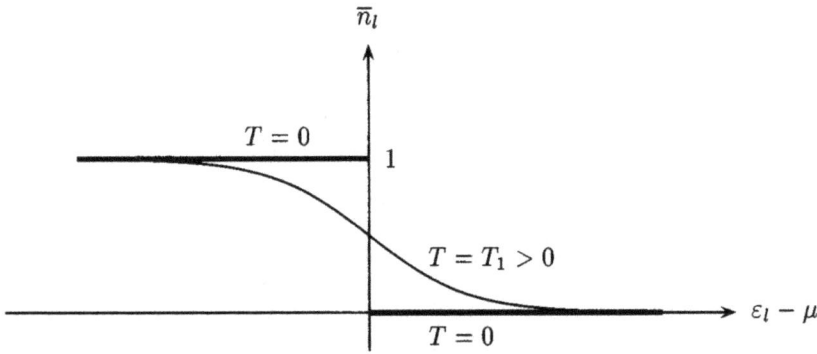

Abbildung 10.3: Mittlere Besetzungszahl $\bar{n}_l$ der Fermi-Dirac-Statistik (FD) bei der Temperatur $T = 0$ und einer Temperatur $T = T_1 > 0$.

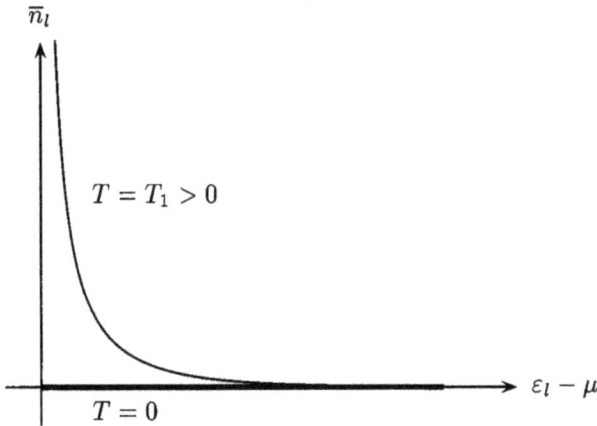

Abbildung 10.4: Mittlere Besetzungszahl $\bar{n}_l$ der Bose-Einstein-Statistik (BE) bei der Temperatur $T = 0$ und einer Temperatur $T = T_1 > 0$.

für $l > 1$. Dieses Verhalten bei $T = 0$ wird als *Bose-Einstein-Kondensation* bezeichnet.

10.7.2 Ideale Quantengase

Als Beispiel eines Modells unabhängiger Teilchen soll ein System freier Teilchen dienen, das in einen Kasten eingeschlossen ist. Um den Kasten im Rahmen der Quantenmechanik zu modellieren, blicken wir zunächst auf ein spinloses Teilchen in einem eindimensionalen Raum: Das Eigenwertproblem des Hamilton-Operators mit einem Kastenpotential im $\mathcal{L}^2(\mathbb{R})$ mutiert, wenn wir die Höhe des Potentialsprungs unbegrenzt wachsen lassen, zum Eigenwertproblem allein des Operators der kinetischen Energie im Hilbert-Raum $\mathcal{L}^2(0, L)$, mit *Dirichletschen Randbedingungen*, das Intervall $(0\,,L)$ ist der „Boden" des ursprünglichen Kastenpotentials. Der Grenzfall des „unendlich hohen" Kasten-Potentials erzeugt eine strikte Lokalisierung in einem endlichen Bereich. Im Hilbert-Raum $\mathcal{L}^2(0\,,L)$ ist der Operator

$$H = -\frac{\hbar^2}{2m}\left(\frac{d}{dx}\right)^2,\ \text{mit}\ \mathcal{D}_H = \{f \in \mathcal{H}|f'' \in \mathcal{H}\,,f(0) = f(L) = 0\}$$

selbstadjungiert. Seine Eigenvektoren ergeben die Orthonormalbasis

$$\{\varphi_l(x) = \left(\frac{2}{L}\right)^{\frac{1}{2}}\sin\frac{\pi l x}{L}|l \in \mathbb{N}\}\,,$$

$$H\varphi_l = \varepsilon_l\varphi_l\,,\quad \varepsilon_l = \frac{\hbar^2}{2m}\left(\frac{\pi l}{L}\right)^2.$$

Eine endliche Lokalisierung kann noch auf andere Weise erzwungen werden: Man ersetzt den eindimensionalen Raum $\mathbb{R}$ durch eine Kreislinie, also einen eindimensionalen (topologischen) Torus. Hat die Kreislinie die Länge L, so ergibt sich nun in $\mathcal{H} = \mathcal{L}^2(0\,,L)$ der selbstadjungierte Hamilton-Operator

$$H_{\text{per}} = -\frac{\hbar^2}{2m}\left(\frac{d}{dx}\right)^2,$$

$$\mathcal{D}_{H_{\text{per}}} = \{f \in \mathcal{H}|f'' \in \mathcal{H}\,,f(0) = f(L)\,,f'(0) = f'(L)\}\,,$$

also mit *periodischen Randbedingungen*. Hieraus resultiert die Orthonormalbasis

$$\{\varphi_k(x) = \left(\frac{1}{L}\right)^{\frac{1}{2}}\exp(i\frac{2\pi k x}{L})|k \in \mathbb{Z}\}\,,$$

$$H_{\text{per}}\varphi_k = \varepsilon_k^{\text{per}}\varphi_k\,,\quad \varepsilon_k^{\text{per}} = \frac{\hbar^2}{2m}\left(\frac{2\pi k}{L}\right)^2.$$

Wir wollen beide Möglichkeiten verfolgen. Die Verallgemeinerung auf den dreidimensionalen Raum ist evident: Wir betrachten in jeder cartesischen Koordinate ein Intervall $[0\,,L]$, der entstehende Würfel hat somit das Volumen $V = L^3$. Da der freie Hamilton-Operator die Summe der Hamilton-Operatoren jeder Koordinate ist, die miteinander vertauschen, sind seine Eigenvektoren jeweils ein Produkt aus Eigenvektoren und seine Eigenwerte jeweils die Summe der entsprechenden Eigenwerte der Hamilton-Operatoren der Koordinaten. Mithin lauten die Eigenwerte

$$\varepsilon_{\vec{\nu}} = \frac{1}{2m}\left(\frac{\hbar\pi}{L}\right)^2 \vec{\nu}^2, \quad \vec{\nu} \in \mathbb{N}^3, \text{ bzw.}$$

$$\varepsilon_{\vec{\nu}}^{\mathrm{per}} = \frac{1}{2m}\left(\frac{2\hbar\pi}{L}\right)^2 \vec{\nu}^2, \quad \vec{\nu} \in \mathbb{Z}^3.$$

(10.7.13)

Dies ist jeweils das Energiespektrum eines spinlosen Teilchens. Im Fall eines Spin-$\frac{1}{2}$-Teilchens tritt jeder der obigen Eigenwerte genau zweimal auf, als Konsequenz der Basis $\{\chi_+, \chi_-\}$ im Spinraum $\mathbb{C}^2$. Wir verwenden dieses Spektrum in den Gleichungen (10.7.9-11) und dividieren diese Gleichungen noch durch das Volumen V des Kastens:

$$\frac{1}{V}\ln \mathcal{Z} = \pm\frac{2s+1}{L^3}\sum_{\vec{\nu}}\ln\{1 \pm e^{-\beta(\varepsilon_{\vec{\nu}}-\mu)}\} \quad \left(\begin{matrix} \mathrm{FD} \\ \mathrm{BE} \end{matrix}\right),$$

(10.7.14)

$$\frac{1}{V}\langle \mathbf{N}\rangle = \frac{2s+1}{L^3}\sum_{\vec{\nu}}\frac{1}{e^{\beta(\varepsilon_{\vec{\nu}}-\mu)}\pm 1} \quad \left(\begin{matrix} \mathrm{FD} \\ \mathrm{BE} \end{matrix}\right),$$

(10.7.15)

$$\frac{1}{V}\langle \mathbf{H}\rangle = \frac{2s+1}{L^3}\sum_{\vec{\nu}}\frac{\varepsilon_{\vec{\nu}}}{e^{\beta(\varepsilon_{\vec{\nu}}-\mu)}\pm 1} \quad \left(\begin{matrix} \mathrm{FD} \\ \mathrm{BE} \end{matrix}\right).$$

(10.7.16)

Die Rolle des Zählindex' l hat das Paar $(\vec{\nu}, s)$ übernommen, wobei s die Spinquantenzahl ist: $s = \frac{1}{2}$ bei FD, und $s = 0$ bei BE. (Tatsächlich gelten die obigen Relationen für alle möglichen Spinquantenzahlen der jeweiligen Statistik, physikalisch relevant sind die beiden explizit behandelten.) Der Index $\vec{\nu}$ läuft über $\mathbb{N}^3$ bei der Wahl Dirichletscher Randbedingungen, hingegen über $\mathbb{Z}^3$ im periodischen Fall. Jede der Gleichungen (10.6.14-16) bestimmt eine Dichte. Bei einer thermodynamischen Interpretation dieser Größen muß L hinreichend groß sein. Wir verfolgen den thermodynamischen limes $L \to \infty$ im Fall FD. Wegen der Bose-Einstein-Kondensation ist der thermodynamische limes im Fall BE delikat; es sei auf die Literatur verwiesen [Jo].

Der Rest des Abschnitts bezieht sich also allein auf die Fermi-Dirac-Statistik. Vergleichen wir zunächst die Summationen über die beiden Energiespektren aus (10.7.13). Da die Energieeigenwerte nur vom Betrag $|\vec{\nu}|$ abhängen, können wir im Dirichletschen Fall auch über die negativen ganzen Zahlen summieren, wenn wir die Summe mit dem Faktor $\frac{1}{8}$ multiplizieren. Die Summation läuft dann über $\mathbb{Z}^3$ mit Ausnahme der Tripel, die wenigstens eine Null enthalten. Übersehen wir diese (relativ wenigen) Ausnahmepunkte, so wird aus der Dirichletschen Variante exakt die periodische mit der Kantenlänge $L' = 2L$. Da die Fermi-Verteilungsfunktion analytisch harmlos ist, spielen die Ausnahmepunkte mit wachsendem L eine immer geringere Rolle: Die Summe ist die Treppenapproximation eines Integrals. Wir verwenden für eine stetige Funktion

$f : \mathbb{R}^3 \to \mathbb{R}$, die im Unendlichen hinreichend schnell abfällt,

$$\lim_{L \to \infty} \left(\frac{2\pi}{L} \right)^3 \sum_{\vec{\nu} \in \mathbb{Z}^3} f(\frac{2\pi}{L}\vec{\nu}) = \int_{\mathbb{R}^3} d^3k f(\vec{k}) .$$

In diesem thermodynamischen limes erhalten wir aus der Gleichung (10.7.16) die (Innere) Energiedichte

$$u(T,\mu) = \frac{2}{(2\pi)^3} \int d^3k \frac{\hbar^2 \vec{k}^2}{2m} \{ e^{\beta(\frac{\hbar^2 \vec{k}^2}{2m} - \mu)} + 1 \}^{-1} , \qquad (10.7.17)$$

aus der Gleichung (10.7.15) die Teilchendichte ρ , bzw. das spezifische Volumen eines Teilchens v ,

$$\rho(T,\mu) = \frac{1}{v(T,\mu)} = \frac{2}{(2\pi)^3} \int d^3k \{ e^{\beta(\frac{\hbar^2 \vec{k}^2}{2m} - \mu)} + 1 \}^{-1} , \qquad (10.7.18)$$

und aus der Gleichung (10.7.14), zusammen mit der Gleichung (10.7.7), den Druck p, bzw. die Dichte des großkanonischen Potentials j ,

$$p(T,\mu) = -j(T,\mu) = \frac{1}{\beta} \frac{2}{(2\pi)^3} \int d^3k \ln\{ 1 + e^{-\beta(\frac{\hbar^2 \vec{k}^2}{2m} - \mu)} \} . \qquad (10.7.19)$$

Über eine partielle Integration erhalten wir schließlich noch (aus der Gleichung (10.7.19)) die Relation

$$p(T,\mu) = -j(T,\mu) = \frac{2}{3} u(T,\mu) . \qquad (10.7.20)$$

In den beiden verbleibenden Integralen (10.7.17-18) ist die Winkelintegration trivial, $u(T,\mu)$ und $\rho(T,\mu)$ sind dann jeweils durch ein einfaches Integral gegeben. Eine umfassende Analyse der resultierenden thermodynamischen Eigenschaften findet man z.B. in [Jo]. Wir begnügen uns hier mit dem Grenzfall $T = 0$, also $\beta \to \infty$. Dann wird die Verteilungsfunktion unter den Integralen zur Heaviside-Funktion

$$\Theta(k_F - |\vec{k}|) , \text{ mit } \hbar^2 k_F^2 := 2m\mu ,$$

und liefert unmittelbar

$$u(0,\mu) = \frac{\hbar^2}{10\pi^2 m} k_F^5 , \quad \rho(0,\mu) = \frac{1}{3\pi^2} k_F^3 . \qquad (10.7.21)$$

Eliminiert man das chemische Potential μ und verwendet noch die Relation (10.7.20), so ergibt sich

$$p = \frac{2}{3}u = \frac{\hbar^2}{5m}(3\pi^2)^{\frac{2}{3}}\rho^{\frac{5}{3}} \qquad (10.7.22)$$

als die Zustandsgleichung des idealen Spin-$\frac{1}{2}$-Fermi-Gases bei der Temperatur $T = 0$.

A Lineare Operatoren in einem separablen komplexen Hilbert-Raum

In einem knappen Abriß werden grundlegende Definitionen der Theorie linearer Operatoren in einem separablen komplexen Hilbert-Raum, die im Text verwendet werden, zusammengestellt und durch Beispiele veranschaulicht. Umfassende mathematische Darstellungen sind z.B. [AG],[R Sz.-N],[Wei].

A.1 Hilbert-Räume

A.1.1 Der abstrakte Hilbert-Raum

Eine Menge $\mathcal{H}$ mit Elementen $f, g, h, \dots$ – Vektoren genannt – bildet einen *Hilbert-Raum*, wenn die folgenden drei Axiome erfüllt sind.

Axiom 1

$\mathcal{H}$ *ist ein* linearer Raum *(oder auch ein* Vektorraum*) über den komplexen Zahlen. Somit ist in* $\mathcal{H}$ *eine Verknüpfung der Vektoren definiert – als Addition bezeichnet –, bezüglich der diese Menge eine abelsche Gruppe bildet; das Nullelement ist der Nullvektor* 0_V *, also* $f + 0_V = f$ *. Ferner ist eine Multiplikation der Vektoren mit komplexen Zahlen definiert, daß mit* $\alpha, \beta \in \mathbb{C}$ *gilt:*

$$\alpha(f + g) = \alpha f + \alpha g \in \mathcal{H} \,,$$
$$(\alpha + \beta)f = \alpha f + \beta f \,,$$
$$\alpha(\beta f) = (\alpha\beta)f \,,$$
$$1f = f \,,$$
$$0f = 0_V \,,$$
$$\alpha 0_V = 0_V \,.$$

Axiom 2

In $\mathcal{H}$ ist ein positiv definites inneres Produkt (Skalarprodukt) definiert. Also ist je zwei Vektoren f, g eine komplexe Zahl (f, g) zugeordnet, daß gilt:

$$(f, g) = \overline{(g, f)} \,,$$
$$(f, \alpha g + \beta h) = \alpha(f, g) + \beta(f, h) \,, \text{ mit } \alpha, \beta \in \mathbb{C} \,,$$
$$\|f\|^2 := (f, f) > 0 \,, \text{ wenn } f \neq 0_V \,.$$

Axiom 3

Der Raum $\mathcal{H}$ ist (stark) vollständig. Dies bedeutet: Erfüllt eine Vektorfolge $\{f_n\}_{n \in \mathbb{N}} \subset \mathcal{H}$ die Cauchy-Relation: $\forall \varepsilon > 0$ existiert ein $N(\varepsilon)$, daß $\|f_n - f_m\| < \varepsilon$ gilt, wenn $m, n > N(\varepsilon)$, dann gibt es eindeutig einen Vektor $f \in \mathcal{H}$ der Eigenschaft

$$\lim_{n \to \infty} \|f_n - f\| = 0 \,.$$

A.1.2 Folgerungen aus den Axiomen

Aus Axiom 1: Die Vektoren $f_1, f_2, \ldots, f_n \in \mathcal{H}$ werden *linear unabhängig* genannt, wenn die Gleichung

$$\alpha_1 f_1 + \alpha_2 f_2 + \ldots + \alpha_n f_n = 0_V$$

mit $\alpha_1, \alpha_2, \ldots, \alpha_n \in \mathbb{C}$ nur die Lösung $\alpha_1 = \alpha_2 = \ldots = \alpha_n = 0$ hat, andernfalls sind sie linear abhängig. Die maximale Anzahl linear unabhängiger Vektoren im Raum $\mathcal{H}$ ist dessen *Dimension*.

Aus Axiom 2: Man bezeichnet die Vektoren f, g als *orthogonal* zueinander, wenn deren inneres Produkt verschwindet, $(f, g) = 0$. Das innere Produkt induziert eine *Norm* über dem Raum $\mathcal{H}$:

$$\|f\| = \sqrt{(f, f)} \,, \quad f \in \mathcal{H} \,,$$

mit den offensichtlichen Eigenschaften:

$$\|f\| \geq 0 \,, \quad \|f\| = 0 \Leftrightarrow f = 0 \,,$$

sowie

$$\|\alpha f\| = |\alpha| \, \|f\| \,,$$

und überdies gilt die *Dreiecks-Ungleichung*

$$\|f + g\| \leq \|f\| + \|g\| \,.$$

Außerdem genügt das innere Produkt zweier Vektoren der *Schwarzschen Ungleichung*

$$|(f,g)| \leq \|f\| \cdot \|g\| \, .$$

Diese Ungleichung ist nur nichttrivial, wenn $(f,g) \neq 0$ und $\|f\|, \|g\| \neq 0$. Sie folgt aus der Ungleichung

$$0 \leq (\alpha f + \beta g, \alpha f + \beta g) = |\alpha|^2 (f,f) + \overline{\alpha}\beta(f,g) + \alpha\overline{\beta}(g,f) + |\beta|^2(g,g) \, ,$$

wenn man speziell

$$\alpha = \frac{(f,g)}{|(f,g)|}\|g\| \, , \quad \beta = -\frac{|(f,g)|}{\|g\|}$$

setzt. Mittels der Schwarzschen Ungleichung ergibt sich schließlich die Dreiecks-Ungleichung:

$$\begin{aligned}(f+g,f+g) &= (f,f) + 2\mathrm{Re}(f,g) + (g,g)\\ &\leq (f,f) + 2|(f,g)| + (g,g)\\ &\leq \|f\|^2 + 2\|f\| \cdot \|g\| + \|g\|^2 \, .\end{aligned}$$

Aus Axiom 3: Die eingeführte Norm definiert eine *Metrik*, also einen *Abstand* $\|f - g\|$ zweier Vektoren f und g, mit den Eigenschaften

$$\|f - g\| = \|g - f\| \geq 0 \, ,$$

$$\|f - g\| = 0 \Leftrightarrow f = g \, ,$$

$$\|f - g\| \leq \|f - h\| + \|h - g\| \, , \quad \forall h \in \mathcal{H} \, .$$

Dieser Abstand wiederum definiert die *starke Topologie* im Hilbert-Raum $\mathcal{H}$: Eine Vektorfolge $\{f_n\}_{n \in \mathbb{N}} \subset \mathcal{H}$ *konvergiert stark* gegen einen Vektor $f \in \mathcal{H}$, falls

$$\lim_{n \to \infty} \|f_n - f\| = 0 \, .$$

Gilt hingegen lediglich $\forall g \in \mathcal{H}$ die Konvergenz der Zahlenfolgen

$$\lim_{n \to \infty} (f_n, g) = (f,g) \, ,$$

so wird diese Form der Konvergenz als *schwache Konvergenz* der Vektorfolge $\{f_n\}$ gegen den Vektor f bezeichnet. In einem ∞-dimensionalen Hilbert-Raum sind diese beiden Topologien nicht äquivalent: Die starke Konvergenz einer Vektorfolge impliziert zwar deren schwache Konvergenz, jedoch nicht umgekehrt.

Technisch wichtig sind Untermengen im Hilbert-Raum, die hinreichend „dicht" sind: Eine Menge $\mathcal{M} \subset \mathcal{H}$ heißt *dicht*, wenn es für jeden Vektor $f \in \mathcal{H}$ und jedes $\varepsilon > 0$ einen Vektor $g \in \mathcal{M}$ gibt mit einem Abstand $\|f - g\| < \varepsilon$. Die *Abschließung* von $\mathcal{M}$ in der starken Topologie ist dann der Hilbert-Raum $\mathcal{H}$:

$$\overline{\mathcal{M}} = \mathcal{H} .$$

Ein Hilbert-Raum wird als *separabel* bezeichnet, wenn er eine abzählbare dichte Menge $\mathcal{M} \subset \mathcal{H}$ enthält. Es gilt der

Satz

In einem separablen Hilbert-Raum gibt es abzählbare orthonormale Basissysteme (auch vollständige Orthonormalsysteme genannt)

$$\{\varphi_n\}_{n\in\mathbb{N}} , \ wobei \ (\varphi_m, \varphi_n) = \delta_{mn} .$$

Dann gilt für $f, g \in \mathcal{H}$ die Vollständigkeitsrelation

$$(f, g) = \sum_{n=1}^{\infty} (f, \varphi_n)(\varphi_n, g) ,$$

sowie die Entwicklung eines Vektors nach einer Orthonormalbasis

$$f = \sum_{n=1}^{\infty} (\varphi_n, f)\varphi_n$$

im Sinne der starken Konvergenz der Partialsummen.

A.1.3 Konkrete Hilbert-Räume

1) Der n-dimensionale Vektorraum $\mathbb{C}^n$, $n \in \mathbb{N}$, mit hermiteschem inneren Produkt ist ein Hilbert-Raum endlicher Dimension. Das Axiom 3 ist in diesem Fall eine Konsequenz der beiden ersten; starke und schwache Konvergenz sind äquivalent.

2) Der Hilbertsche Folgenraum ℓ^2:
   Seine Vektoren sind unendliche Folgen komplexer Zahlen $f = \{f_n\} \equiv (f_1, f_2, f_3, \ldots)$, $f_n \in \mathbb{C}$, mit der Eigenschaft

   $$\sum_{n=1}^{\infty} |f_n|^2 < \infty .$$

Dann sind mit zwei Vektoren f, g und $\lambda \in \mathbb{C}$ die Operationen

$$\lambda f := \{\lambda f_n\}, \quad f + g := \{f_n + g_n\}, \quad (f, g) := \sum_{n=1}^{\infty} \overline{f}_n g_n$$

wohldefiniert: Dies folgt unschwer aus den $\forall \alpha, \beta \in \mathbb{C}$ gültigen Ungleichungen

$$|\alpha + \beta|^2 \leq 2\{|\alpha|^2 + |\beta|^2\},$$

$$|\overline{\beta}\alpha| = |\beta||\alpha| \leq \frac{1}{2}(|\alpha|^2 + |\beta|^2).$$

Somit sind die Axiome 1 und 2 erfüllt; Axiom 3 zu verifizieren ist aufwendiger, wie auch die Separabilität dieses Hilbert-Raums.

3)   Der Hilbert-Raum $\mathcal{L}^2(\mathbb{R}^n)$:
Die auf dem $\mathbb{R}^n$ definierten komplexwertigen Lebesgue-meßbaren quadratintegrablen Funktionen $f(x)$,

$$\int_{\mathbb{R}^n} d^n x |f(x)|^2 < \infty,$$

fallen in Äquivalenzklassen solcher Funktionen: Zwei Funktionen $f(x)$ und $g(x)$ einer Klasse genügen der Relation

$$\int_{\mathbb{R}^n} d^n x |f(x) - g(x)|^2 = 0,$$

sie unterscheiden sich nur auf *einer Menge vom Lebesgue-Maß Null*, oder, in anderer Sprechweise:

$$f = g, \quad \text{f.ü. (fast überall)}.$$

Die Vektoren des Hilbert-Raums $\mathcal{L}^2(\mathbb{R}^n)$ sind die Äquivalenzklassen solcher Funktionen: $f = \{f(x)\}$. Definiert man das λ-fache eines Vektors, die Summe und das innere Produkt zweier Vektoren f und g durch

$$\lambda f := \{\lambda f(x)\}, \quad f + g := \{f(x) + g(x)\},$$

$$(f, g) := \int_{\mathbb{R}^n} d^n x \overline{f}(x) g(x),$$

so läßt sich die Gültigkeit der Axiome 1 und 2 wiederum unschwer mittels der schon im Beispiel zuvor benützten Ungleichungen verifizieren. Tiefgehende mathematische Resultate sind die Vollständigkeit und die Separabilität dieses Raums.

Hilbert-Räume $\mathcal{L}^2(\mathbb{R}^n)$ mit verschiedenen Werten von $n \in \mathbb{N}$ sind zentrale Konstrukte in der mathematischen Gestalt der Quantenmechanik. Wir werden bei unserer Argumentation in diesem Rahmen stillschweigend die Funktionen einer Äquivalenzklasse gleichsetzen und so reden, als sei ein Vektor eine quadratintegrable Funktion anstelle einer Äquivalenzklasse solcher f.ü. gleicher Funktionen.

4) Der Hilbert-Raum $\mathcal{L}^2(\mathcal{B}, \mu d^n x)$.

Dieser Raum ist eine Verallgemeinerung des Hilbert-Raums $\mathcal{L}^2(\mathbb{R}^n)$: Anstelle des Trägerraums $\mathbb{R}^n$ tritt ein Bereich $\mathcal{B} \subset \mathbb{R}^n$, und anstelle des Lebesgue-Maßes $d^n x$ ein gewichtetes Lebesgue-Maß $\mu(x)d^n x$, wobei $\mu(x)$ eine stetige nichtnegative Funktion auf $\mathcal{B}$ ist.

A.2   Lineare Operatoren

Ein linearer Operator A in einem separablen komplexen Hilbert-Raum $\mathcal{H}$ bildet seinen *Definitionsbereich* $\mathcal{D}_A \subset \mathcal{H}$ auf seinen *Wertebereich* $\mathcal{W}_A \subset \mathcal{H}$ ab,

$$A : \mathcal{D}_A \to \mathcal{W}_A \, ,$$

mit der Eigenschaft, daß $\forall f, g \in \mathcal{D}_A$ und $\forall \alpha, \beta \in \mathbb{C}$ gilt:

$$A(\alpha f + \beta g) = \alpha A f + \beta A g \, .$$

Die *Norm des Operators* A wird definiert durch

$$\| A \| := \sup_{\substack{f \in \mathcal{D}_A \\ f \neq 0}} \frac{\| Af \|}{\| f \|} \, .$$

Ist $\| A \| < \infty$, nennt man A einen *beschränkten Operator*, andernfalls einen *unbeschränkten*.

A.2.1   Beschränkte auf ganz $\mathcal{H}$ definierte Operatoren

Der beschränkte Operator A sei auf ganz $\mathcal{H}$ definiert: $\mathcal{D}_A = \mathcal{H}$. Dann gibt es eindeutig einen auf ganz $\mathcal{H}$ definierten Operator A^* , daß die Gleichung

$$(f, Ag) = (A^* f, g)$$

für alle $f, g \in \mathcal{H}$ erfüllt ist. Dieser Operator A^* wird der *zum Operator A adjungierte Operator* genannt. Im Fall $A^* = A$ ist der Operator A ein *beschränkter selbstadjungierter Operator*.

Spezielle Klassen beschränkter auf ganz $\mathcal{H}$ definierter Operatoren:

1) Orthogonale Projektoren
   Ein *orthogonaler Projektor* P ist ein selbstadjungierter idempotenter Operator, also

$$P^* = P \quad \text{und} \quad P^2 = P \,.$$

Man überzeugt sich leicht davon, daß $P^\perp := \mathbb{1} - P$ ebenfalls ein orthogonaler Projektor ist und überdies

$$P^\perp P = PP^\perp = 0 \,, \quad P + P^\perp = \mathbb{1}$$

gilt. Hieraus folgt $\|P\| = 1$ für die Norm eines Projektors.

Beispiel: Ordnet man einem gegebenen normierten Vektor $h \in \mathcal{H}$, $\|h\| = 1$, den auf ganz $\mathcal{H}$ definierten Operator

$$P_{[h]} f := (h, f) h \,, \quad \forall f \in \mathcal{H} \,,$$

zu, so verifiziert man unmittelbar, daß dieser Operator selbstadjungiert und idempotent ist: Mithin ist $P_{[h]}$ ein orthogonaler Projektor, er projiziert auf den vom Vektor h aufgespannten eindimensionalen Teilraum des Hilbert-Raums $\mathcal{H}$.

2) Isometrische Operatoren
   Ein Operator T heißt *isometrisch*, wenn er $\forall f, g \in \mathcal{H}$ die Gleichung

$$(Tf, Tg) = (f, g)$$

erfüllt; hierzu äquivalent ist die Relation

$$T^*T = \mathbb{1} \,.$$

Insbesondere gilt also $\|Tf\|^2 = \|f\|^2$ und somit $\|T\| = 1$.

Beispiel: Sei $\{\varphi_n\}_{n \in \mathbb{N}}$ eine Orthonormalbasis im Hilbert-Raum $\mathcal{H}$. Der Operator T werde in $\mathcal{H}$ definiert durch die Abbildung

$$T\varphi_n = \varphi_{n+1} \,, \quad n \in \mathbb{N} \,,$$

und deren lineare Erweiterung

$$f = \sum_{n=1}^{\infty} c_n \varphi_n \in \mathcal{H} \,, \quad Tf = \sum_{n=1}^{\infty} c_n T\varphi_n \,.$$

Der zu T adjungierte Operator T^* bewirkt die Abbildung

$$T^*\varphi_{n+1} = \varphi_n , \quad T^*\varphi_1 = 0 ,$$

wovon man sich unschwer überzeugt. Auf dem allgemeinen Vektor f gilt also

$$T^*Tf = \sum_{n=1}^{\infty} c_n\varphi_n = f , \quad TT^*f = \sum_{n=2}^{\infty} c_n\varphi_n ,$$

oder

$$T^*T = \mathbb{1} , \quad TT^* = \mathbb{1} - P_{[\varphi_1]} = P^{\perp}_{[\varphi_1]} .$$

Der Operator T ist isometrisch, jedoch nicht unitär, das Produkt TT^* ist ein Projektor.

3) Unitäre Operatoren

Ein isometrischer Operator U wird *unitär* genannt, wenn sein Wertebereich ebenfalls ganz $\mathcal{H}$ ist: $\mathcal{W}_U = \mathcal{H}$. Es existiert dann auch auf $\mathcal{H}$ der Operator U^{-1} und erfüllt die Gleichung

$$U^{-1} = U^* ,$$

äquivalent hierzu ist die Relation $UU^* = \mathbb{1}$.

Beispiel: Die Operatoren U und V im Hilbert-Raum $\mathcal{H} = \mathcal{L}^2(\mathbb{R})$ seien die Abbildungen

$$(Uf)(x) := f(x - a) , \quad (Vg)(x) := g(x + a) , \quad \forall f, g \in \mathcal{H} .$$

Man findet sofort

$$(Vg, f) = (g, Uf) ,$$

also $V = U^*$. Zur Komposition der beiden Abbildungen setzen wir $g = Uf$ und erhalten

$$(VUf)(x) = (Vg)(x) = g(x + a) = (Uf)(x + a) = f(x) ,$$

also $V = U^{-1}$. Somit gilt

$$V = U^* = U^{-1} ,$$

der Operator U ist unitär.

A.2.2 Unbeschränkte Operatoren

Es soll hier nicht der Versuch einer allgemeinen Definition eines unbeschränkten Operators unternommen werden. Wir betrachten – im Hinblick auf die Bedürfnisse der Quantenmechanik – solche Operatoren, deren jeweiliger Definitionsbereich nicht mehr der ganze Hilbert-Raum ist, jedoch eine dichte Menge im Hilbert-Raum bildet.

Ein Operator A ist *abgeschlossen*, wenn im Sinne der starken Konvergenz gilt: Falls die Relationen

$$f_n \in \mathcal{D}_A , \quad \lim_{n \to \infty} f_n = f , \quad \lim_{n \to \infty} A f_n = g$$

gegeben sind, so folgt auch

$$f \in \mathcal{D}_A , \quad A f = g .$$

Die *Abschließung* $\overline{A}$ eines Operators A besteht darin, zu $\mathcal{D}_A$ alle derartigen Grenzwerte hinzuzunehmen und $\overline{A} f = g$ zu setzen.

Ein unbeschränkter Operator A mit dichtem Definitionsbereich $\mathcal{D}_A \subset \mathcal{H}$ heißt *symmetrisch* oder auch *hermitesch*, wenn $\forall f, g \in \mathcal{D}_A$ die Relation

$$(f, A g) = (A f, g)$$

gilt. Die Definition des zu einem unbeschränkten Operator A *adjungierten Operators* A^* erfordert einige Sorgfalt: Der Vektor $g \in \mathcal{H}$ gehört zum Definitionsbereich $\mathcal{D}_{A^*}$ des Operators A^*, d.h. $g \in \mathcal{D}_{A^*}$, genau dann, wenn ein Vektor $g^* \in \mathcal{H}$ existiert, daß gilt:

$$(g, A f) = (g^*, f) , \quad \forall f \in \mathcal{D}_A ,$$

man setzt dann

$$A^* g = g^* .$$

Der Vektor g^* ist eindeutig bestimmt, da $\mathcal{D}_A$ nach Voraussetzung dicht ist in $\mathcal{H}$. Folglich gilt $\forall f \in \mathcal{D}_A$ und $\forall g \in \mathcal{D}_{A^*}$ die Relation

$$(g, A f) = (A^* g, f) .$$

Aus der Definition des adjungierten Operators folgt, daß ein symmetrischer Operator A im allgemeinen von dessen adjungiertem Operator A^* umfaßt wird:

$$A^* \supseteq A , \quad \text{da } \mathcal{D}_{A^*} \supseteq \mathcal{D}_A .$$

Ein symmetrischer Operator A ist genau dann *selbstadjungiert*, wenn $A = A^*$ ist, also die Abbildungsvorschrift und der Definitionsbereich jeweils übereinstimmen! Ein selbstadjungierter Operator ist abgeschlossen.

Es ist gerade diese delikate Eigenschaft eines Operators, selbstadjungiert zu sein und nicht lediglich symmetrisch, welche die Quantenmechanik für Operatoren fordert, die Observablen zugeordnet werden. Der Grund hierfür sind die Spektraleigenschaften selbstadjungierter Operatoren, die physikalisch interpretiert werden.

Einen selbstadjungierten Operator direkt zu definieren ist im allgemeinen schwierig, hilfreich ist der

Satz

Sei A mit $\mathcal{D}_A$ dicht in $\mathcal{H}$ ein symmetrischer Operator, so sind die folgenden Eigenschaften äquivalent:

i) Die Abschließung $\overline{A}$ ist selbstadjungiert,

ii) A hat eine eindeutige selbstadjungierte Erweiterung,

iii) $A^* = A^{**}$,

iv) A^* ist symmetrisch.

Ein symmetrischer Operator A heißt *wesentlich selbstadjungiert*, wenn er eine – und damit alle – der obigen Eigenschaften aufweist. Einen Beweis des Satzes findet man z.B. bei [Ka, chapt. 5, par. 3.3].

Bei mathematischem Hinsehen bedürfen algebraische Operationen wie die Summe oder das Produkt zweier unbeschränkter Operatoren einer jeweils besonderen Betrachtung, als Folge der nicht mehr mit dem ganzen Hilbert-Raum zusammenfallenden Definitionsbereiche. Dies gilt gleichermaßen bei der Frage nach der Selbstadjungiertheit einer Summe zweier (oder mehrerer) selbstadjungierter Operatoren.

A.2.3 Das Spektrum eines selbstadjungierten Operators

In einem separablen Hilbert-Raum $\mathcal{H}$ sei ein selbstadjungierter Operator mit dichtem Definitionsbereich $\mathcal{D}_A \subset \mathcal{H}$ gegeben. Der Operator $A - \lambda\mathbb{1}$, wobei $\lambda \in \mathbb{C}$, bildet den Definitionsbereich $\mathcal{D}_A$ ab auf den Wertebereich

$$\mathcal{W}_A(\lambda) := (A - \lambda\mathbb{1})\mathcal{D}_A \ .$$

Alle diejenigen Punkte $\lambda \in \mathbb{C}$, für welche $\mathcal{W}_A(\lambda) = \mathcal{H}$ und die Abbildung umkehrbar eindeutig ist, und außerdem die *Resolvente*

$$R_\lambda := (A - \lambda\mathbb{1})^{-1}$$

ein auf ganz $\mathcal{H}$ definierter beschränkter Operator ist, werden als die *regulären Punkte* des Operators A bezeichnet: Sie bilden seine *Resolventenmenge* $\rho(A)$; alle übrigen Punkte hingegen bilden das *Spektrum* $\sigma(A)$ des Operators A , also

$$\sigma(A) = \{\lambda \in \mathbb{C} | \lambda \notin \rho(A)\} .$$

Der jeweilige Wertebereich $\mathcal{W}_A(\lambda)$, als Untermenge in $\mathcal{H}$ betrachtet, erlaubt eine feinere Charakterisierung des Spektrums:

$$\sigma(A) = \sigma_P(A) \cup \sigma_c(A) .$$

Hierin bezeichne $\sigma_P(A)$ das *Punktspektrum* und $\sigma_c(A)$ das *kontinuierliche Spektrum*. Diese beiden nicht notwendigerweise disjunkten Untermengen sind folgendermaßen bestimmt:

i) $\lambda \in \rho(A)$, falls $\mathcal{W}_A(\lambda) = \overline{\mathcal{W}_A(\lambda)} = \mathcal{H}$,

ii) $\lambda \in \sigma_P(A)$, jedoch $\lambda \notin \sigma_c(A)$, falls $\mathcal{W}_A(\lambda) = \overline{\mathcal{W}_A(\lambda)} \neq \mathcal{H}$,

iii) $\lambda \in \sigma_c(A)$, jedoch $\lambda \notin \sigma_P(A)$, falls $\mathcal{W}_A(\lambda) \neq \overline{\mathcal{W}_A(\lambda)} = \mathcal{H}$,

iv) $\lambda \in \sigma_P(A)$ und $\lambda \in \sigma_c(A)$, falls $\mathcal{W}_A(\lambda) \neq \overline{\mathcal{W}_A(\lambda)} \neq \mathcal{H}$.

Die Punkte aus ii) sind die isolierten Eigenwerte des Operators A: Sie bilden dessen *diskretes Spektrum*. Die Punkte aus iii) bilden sein rein kontinuierliches Spektrum, in den Punkten aus iv) schließlich sind Eigenwerte in das kontinuierliche Spektrum eingebettet.

Im betrachteten Fall eines selbstadjungierten Operators ist ein regulärer Punkt λ bereits durch die Eigenschaft $\mathcal{W}_A(\lambda) = \mathcal{H}$ bestimmt, und sein Spektrum liegt auf der reellen Achse.

Als Beispiele betrachten wir im Hilbert-Raum $\mathcal{L}^2(\mathbb{R})$ die Operatoren der Multiplikation mit und der Differentiation nach der Funktionenvariablen. Diese Operatoren werden in der Quantenmechanik den fundamentalen Observablen „Ort" und „Impuls" zugeordnet.

i)   Der Ortsoperator q wird definiert auf seinem „natürlichen" dichten Bereich

$$\mathcal{D}_q := \{f \in \mathcal{L}^2(\mathbb{R}) | \int_{-\infty}^{\infty} dx |x f(x)|^2 < \infty\}$$

als die Abbildung

$$(qf)(x) = x f(x) .$$

Er ist selbstadjungiert, $q = q^*$, wovon man sich ohne große Mühe überzeugen kann. Offensichtlich hat er keine Eigenvektoren: Sein Punktspektrum ist leer, $\sigma_P(q) = \emptyset$. Für jedes $\lambda \in \mathbb{C}$ mit $\text{Im}\lambda \neq 0$ ist die Resolvente

$$((q - \lambda\mathbb{1})^{-1}\varphi)(x) = \frac{\varphi(x)}{x - \lambda}$$

ein $\forall\varphi \in \mathcal{L}^2(\mathbb{R})$ definierter beschränkter Operator, somit gehören diese λ-Werte zur Resolventenmenge $\rho(q)$ und nicht zum Spektrum des Operators q. Für $\lambda \in \mathbb{R}$ und $\varepsilon > 0$ ordnen wir jedem Vektor $\varphi \in \mathcal{L}^2(\mathbb{R})$ den Vektor

$$\varphi_{(\lambda,\varepsilon)}(x) = \begin{cases} 0 & , \text{ falls } |x - \lambda| \leq \varepsilon, \\ \varphi(x) & , \text{ sonst,} \end{cases}$$

zu. Da der Operator $q - \lambda\mathbb{1}$ einen Vektor

$$\frac{\varphi_{(\lambda,\varepsilon)}(x)}{x - \lambda} \in \mathcal{D}_q$$

in den Bildvektor $\varphi_{(\lambda,\varepsilon)}$ transformiert, gilt

$$\mathcal{W}_\lambda(q) \supset \{\varphi_{(\lambda,\varepsilon)}|\varphi \in \mathcal{L}^2(\mathbb{R}), \varepsilon > 0\}.$$

Hieraus schließen wir, daß der Wertebereich $\mathcal{W}_\lambda(q)$ dicht ist in $\mathcal{H}$ und als Folge seine Abschließung $\overline{\mathcal{W}_\lambda(q)} = \mathcal{L}^2(\mathbb{R})$ ist. Der Operator q weist also ein rein kontinuierliches Spektrum $\sigma_c(q) = \mathbb{R}$ auf.

ii) Als Impulsoperator p wird der *Differentialoperator im Sinne der Distributionen*

$$p = \frac{\hbar}{i}\frac{d}{dx}$$

auf dem Bereich

$$\mathcal{D}_p := \{\varphi \in \mathcal{L}^2(\mathbb{R}) \text{ und } \varphi' \in \mathcal{L}^2(\mathbb{R})\}$$

bezeichnet. (Der reelle positive Faktor $\hbar$ ist in rein mathematischer Sicht belanglos.) In der Sprechweise des Abschnitts 6.1.2 ist φ' die Ableitung des regulären Funktionals φ. Konkret bedeutet dies, daß die Funktion $\varphi'(x)$ Sprungstellen haben kann. Der Operator p ist selbstadjungiert, $p = p^*$, und hat keine Eigenvektoren, jedoch beschränkte Eigenfunktionen $\exp ikx$, mit $k \in \mathbb{R}$. Sein Spektrum ist rein kontinuierlich, $\sigma_c(p) = \mathbb{R}$. Die spektralen Eigenschaften sind nicht zufällig identisch mit denjenigen des Operators q: Der Operator p kann durch eine unitäre Transformation (Fourier-Transformation) auf den Operator q abgebildet werden.

Die in $\mathcal{L}^2(\mathbb{R})$ dichte Funktionenmenge $\mathcal{S}(\mathbb{R})$ der rasch abfallenden Testfunktionen, siehe Abschnitt 6.1.1, liegt auch im jeweiligen Definitionsbereich der Operatoren q und p und wird durch diese Operatoren in sich abgebildet; sie ist ein Bereich wesentlicher Selbstadjungiertheit für q wie auch für p. Auf $\mathcal{S}(\mathbb{R})$ lassen sich also algebraische Operationen mit den Operatoren q und p vornehmen, insbesondere die Bildung des Kommutators $[p, q] := pq - qp$; die Identität

$$[p, q]\varphi = \frac{\hbar}{i}\varphi, \quad \forall \varphi \in \mathcal{S}(\mathbb{R}) ,$$

ist evident. Sie wird in der physikalischen Literatur oft in der Form der mathematisch inkorrekten „Gleichung"

$$[p, q] = \frac{\hbar}{i}\mathbb{1}$$

aufgeführt, deren rechte Seite auf dem ganzen Hilbert-Raum definiert ist, jedoch nicht deren linke.

Lösungen der Aufgaben

Aufgabe 1.1.1

a) $(f, Bf) = (Bf, f) = \overline{(f, Bf)}$.

b) Gilt $Bf = \lambda f$, $f \in \mathcal{D}_B$, dann folgt aus a)

$$\lambda \|f\|^2 = \overline{\lambda} \|f\|^2 .$$

c) Aus $Bf_i = \lambda_i f_i$, $f_i \in \mathcal{D}_B$, wobei $i = 1, 2$, folgt

$$\lambda_2(f_1, f_2) = (f_1, B f_2) = (B f_1, f_2) = \lambda_1(f_1, f_2) ,$$

im letzten Schritt wurde auch b) verwendet.

Aufgabe 1.1.2

Die Polarisationsrelation folgt direkt aus den Eigenschaften des inneren Produkts. Verwendet man diese Relation für A und für B zusammen mit der Voraussetzung, so ergibt sich

$$(f, Ag) = (f, Bg) , \quad \forall f, g \in \mathcal{H} ,$$

und somit $A = B$.

Aufgabe 1.3.1

a) Es gelte $H\psi = E\psi$, $\|\psi\| = 1$, dann folgt

$$E = (\psi, H\psi) = \frac{1}{2m} \|p\psi\|^2 + V_0 \int_{|x|>a} dx |\psi(x)|^2 > 0 .$$

b) Gesucht werden solche $\psi \in \mathcal{H}$, daß gilt:

$$H\psi = E\psi , \quad E \in \mathbb{R} ,$$
$$\mathcal{P}\psi = \eta\psi , \quad \eta \in \{1, -1\} .$$

Wegen der Sprünge im Potential müssen ψ und ψ' stetig sein, ψ'' jedoch einen entsprechenden Sprung aufweisen: Wir schreiben deshalb

$$\psi(x) = \begin{cases} \psi_1(x) \,, |x| \le a \,, \\ \psi_2(x) \,, x > a \,, \end{cases}$$

$$\psi_1(a) \overset{!}{=} \psi_2(a) \,, \quad \psi_1'(a) \overset{!}{=} \psi_2'(a) \,, \tag{$*$}$$

überdies gilt für $x < -a$: $\psi(x) := \eta\psi(-x)$.

Im Intervall $0 < E < V_0$ lautet dann die Eigenwertgleichung des Hamilton-Operators:

$$-\frac{\hbar^2}{2m}\psi_1''(x) = E\psi_1(x) \,, \quad -\frac{\hbar^2}{2m}\psi_2''(x) + V_0\psi_2(x) = E\psi_2(x) \,,$$

$$\hbar k := (2mE)^{\frac{1}{2}} \,, \quad \hbar\kappa := (2m(V_0 - E))^{\frac{1}{2}} \,,$$

somit

$$\psi_1''(x) = -k^2\psi_1(x) \,, \quad \psi_2''(x) = \kappa^2\psi_2(x) \,.$$

i)   Eigenvektoren mit gerader Parität, also $\eta = 1$:

$$\psi_1(x) = \cos kx \,, \quad \psi_2(x) = \alpha_1 e^{-\kappa(x-a)} + \beta_1 e^{\kappa(x-a)} \,.$$

Die Anschlußbedingungen ($*$) fordern

$$\cos ka = \alpha_1 + \beta_1 \,, \quad -k\sin ka = -\kappa\alpha_1 + \kappa\beta_1$$

Die Lösung ist genau dann ein Eigenvektor, wenn β_1 verschwindet:

$$2\kappa\beta_1 = \kappa\cos ka - k\sin ka \overset{!}{=} 0 \,,$$

$$\Rightarrow \tan ka \overset{!}{=} \frac{\kappa}{k} \,. \tag{e_+}$$

ii)   Eigenvektoren mit ungerader Parität, also $\eta = -1$:

$$\psi_1(x) = \sin kx \,, \quad \psi_2(x) = \alpha_2 e^{-\kappa(x-a)} + \beta_2 e^{\kappa(x-a)} \,,$$

mit den Anschlußbedingungen ($*$)

$$\sin ka = \alpha_2 + \beta_2 \,, \quad k\cos ka = -\kappa\alpha_2 + \kappa\beta_2 \,.$$

Diese Lösung ist genau dann quadratintegrabel, wenn

$$2\kappa\beta_2 = \kappa\sin ka + k\cos ka \overset{!}{=} 0$$

erfüllt ist, mithin

$$- \operatorname{ctg} ka \overset{!}{=} \frac{\kappa}{k} \, . \tag{e_-}$$

Verwenden wir in den beiden Eigenwertgleichungen $(e_\pm)$

$$\hbar^2 u^2 := 2mV_0 \Rightarrow \kappa = (u^2 - k^2)^{\frac{1}{2}} \, ,$$

so gewinnen sie die Form:

$$\tan ka = \frac{1}{ka} \{ (au)^2 - (ka)^2 \}^{\frac{1}{2}} \, , \tag{e_+}$$

$$- \operatorname{ctg} ka = \frac{1}{ka} \{ (au)^2 - (ka)^2 \}^{\frac{1}{2}} \, . \tag{e_-}$$

Diese Gleichungen lassen sich leicht graphisch lösen: Einer Lösung $\underline{k}a$ entspricht der Eigenwert

$$E = \frac{\hbar^2}{2ma^2} (\underline{k}a)^2 \, .$$

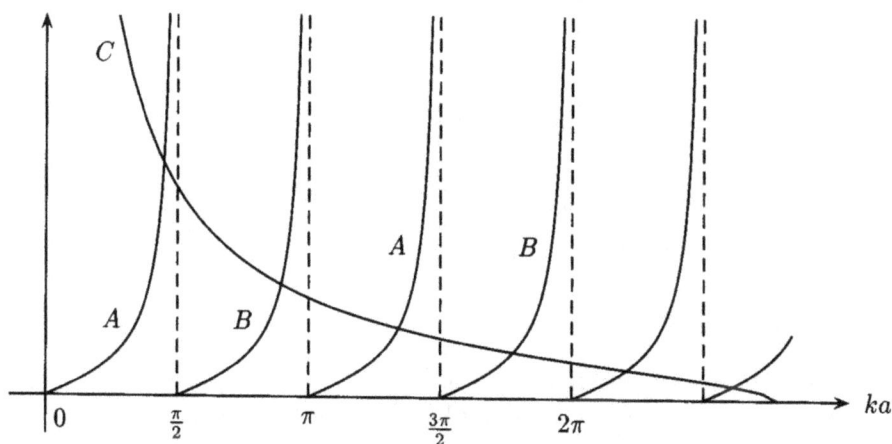

Abbildung 1.1: Graphische Lösung der Eigenwertgleichungen (e_+) und (e_-): Die Kurven A stellen die Funktion $\tan ka$ dar, die Kurven B die Funktion $- \operatorname{ctg} ka$, und die Kurve C ist der Graph der rechten Seite der beiden Eigenwertgleichungen.

Die Eigenwerte sind einfach, der Eigenvektor zum kleinsten Eigenwert hat gerade Parität.

c) Für Parameterwerte $E > V_0$ genügt die Funktion ψ_2 der Differentialgleichung

$$\psi_2''(x) = -K^2\psi_2(x)\,, \quad \hbar K := \{2m(E-V_0)\}^{\frac{1}{2}}\,,$$

mit der allgemeinen Lösung

$$\psi_2(x) = \alpha e^{iK(x-a)} + \beta e^{-iK(x-a)}\,.$$

Diese Funktion wäre nur im Trivialfall $\alpha = \beta = 0$ quadratintegrabel, der jedoch mit der Anschlußbedingung (*) nicht verträglich ist. Wir bemerken jedoch, daß die Eigenwertgleichung, als Differentialgleichung betrachtet, für jedes $E > V_0$ zwei linear unabhängige Lösungen hat, die zwar nicht quadratintegrabel sind, jedoch auch nicht exponentiell wachsen, sondern überall beschränkt sind. Derartige Lösungen werden später mittelbar physikalische Bedeutung erlangen.

Aufgabe 1.3.2

a) Wir verwenden die Resultate aus b) der Aufgabe 1.3.1 .

i)   Eigenvektoren mit gerader Parität:
     An der graphischen Darstellung der Eigenwertgleichung liest man im Fall
     $V_0 \to \infty$, also $u \to \infty$ die Lösungen

$$ka \to \frac{\pi}{2}(2n+1)\,, \quad n \in \mathbb{N}_0\,,$$

     ab und erhält somit die Grenzwerte

$$E_n^{(+)} = \frac{\hbar^2}{2ma^2}\left(\frac{\pi}{2}\right)^2(2n+1)^2\,, \quad n \in \mathbb{N}_0\,.$$

     Außerdem folgt $\forall x \geq a$:

$$|\psi_2(x)|^2 \leq |\alpha_1| = |\cos ka| \overset{V_0\to\infty}{\longrightarrow} 0\,.$$

ii) Eigenvektoren mit ungerader Parität:
     Man geht analog vor und erhält für $V_0 \to \infty$ die Lösungen

$$ka \to \frac{\pi}{2}2n\,, \quad n \in \mathbb{N}\,,$$

     und somit die Grenzwerte

$$E_n^{(-)} = \frac{\hbar^2}{2ma^2}\left(\frac{\pi}{2}\right)^2(2n)^2\,, \quad n \in \mathbb{N}\,.$$

     Außerdem gilt $\forall |x| \geq a$ nun

$$|\psi_2(x)|^2 \leq |\alpha_2| = |\sin ka| \overset{V_0\to\infty}{\longrightarrow} 0\,.$$

b) Seien $f, g \in \mathcal{D}_{H_1}$: Aus der Identität

$$\overline{f}''g + (\overline{f}g')' = (\overline{f}'g)' + \overline{f}g''$$

ergibt sich durch Integration über das Intervall $[-a, a]$

$$\int_{-a}^{a} dx \overline{f}''(x)g(x) + \overline{f}(a)g'(a) - \overline{f}(-a)g'(-a)$$

$$= \overline{f}'(a)g(a) - \overline{f}'(-a)g(-a) + \int_{-a}^{a} dx \overline{f}(x)g''(x) .$$

Mit den Randbedingungen im Definitionsbereich folgt hieraus schließlich

$$(H_1 f, g) = (f, H_1 g) .$$

Aufgabe 1.3.3

a) Die Operatoren H und $\mathcal{P}$ vertauschen: Hieraus folgen simultane Eigenvektoren

$$H\psi = E\psi , \quad \mathcal{P}\psi = \eta\psi .$$

Infolge des unstetigen Potentials sind ψ, ψ' stetig, jedoch ψ'' wird unstetig an den Sprungstellen des Potentials; wir setzen

$$\psi(x) = \begin{cases} \psi_1(x) , |x| \leq a , \\ \psi_2(x) , a < x \leq b , \end{cases}$$

$$\psi_1(a) \overset{!}{=} \psi_2(a) , \quad \psi_1'(a) \overset{!}{=} \psi_2'(a) , \tag{$*$}$$

und für $-b \leq x < -a$: $\psi(x) = \eta\psi(-x)$. Hiermit lautet die Eigenwertgleichung des Hamilton-Operators H für Eigenwerte $0 < E < B$:

$$\psi_1''(x) = \kappa^2 \psi_1(x) , \quad \psi_2''(x) = -k^2 \psi_2(x) ,$$

$$\hbar\kappa = \{2m(B - E)\}^{\frac{1}{2}} , \quad \hbar k = (2mE)^{\frac{1}{2}} .$$

i) Eigenvektoren mit der Parität $\eta = 1$:

$$\psi_1(x) = \cosh \kappa x , \quad \psi_2(x) = \alpha_1 \sin k(x - b) .$$

Die Anschlußbedingungen $(*)$ fordern

$$\cosh \kappa a = \alpha_1 \sin k(a - b) , \quad \kappa \sinh \kappa a = \alpha_1 k \cos k(a - b) .$$

Die beiden Gleichungen sind genau dann verträglich, wenn gilt:

$$\frac{k}{\kappa} \coth \kappa a = -\tan k(b-a) \, . \tag{e_+}$$

ii)   *Eigenvektoren mit der Parität* $\eta = -1$:

$$\psi_1(x) = \sinh \kappa x \, , \quad \psi_2(x) = \alpha_2 \sin k(x-b) \, .$$

Ganz ähnlich wie zuvor ergibt sich aus (*) die Eigenwertgleichung

$$\frac{k}{\kappa} \tanh \kappa a = -\tan k(b-a) \, . \tag{e_-}$$

Die beiden Eigenwertgleichungen $(e_\pm)$ *bringen wir mit*

$$y := (b-a)k = \frac{b-a}{\hbar}(2mE)^{\frac{1}{2}}$$

$$y_0 := \frac{b-a}{\hbar}(2mB)^{\frac{1}{2}}$$

in die Form

$$\mu_+(y) \equiv \frac{y}{\sqrt{y_0^2 - y^2}} \coth \frac{a}{b-a}\sqrt{y_0^2 - y^2} = -\tan y \, , \tag{e_+}$$

$$\mu_-(y) \equiv \frac{y}{\sqrt{y_0^2 - y^2}} \tanh \frac{a}{b-a}\sqrt{y_0^2 - y^2} = -\tan y \, , \tag{e_-}$$

Offensichtlich ist $\mu_+(y) > \mu_-(y)$ *für* $0 < y < y_0$.

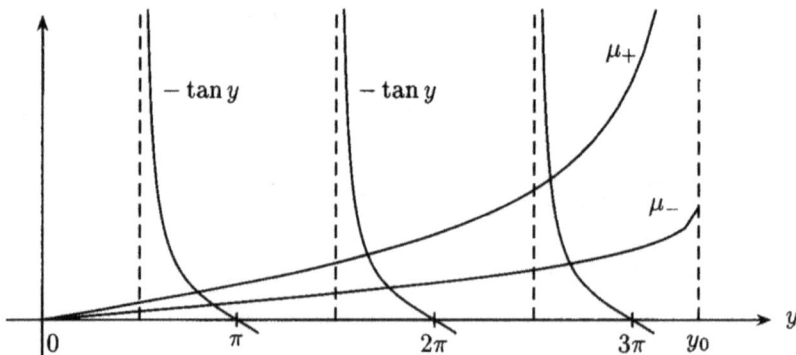

Abbildung 1.2: Graphische Lösung der Eigenwertgleichungen (e_+): $\mu_+(y) = -\tan y$ zu gerader Parität und (e_-): $\mu_-(y) = -\tan y$ zu ungerader Parität

Sowohl die unter der Spiegelung $x \rightarrow -x$ symmetrischen ($\eta = +1$) wie auch die schiefsymmetrischen ($\eta = -1$) Eigenvektoren haben symmetrische Wahrscheinlichkeitsdichten zur Folge.

b) *$y_1^{(+)}$ ($y_1^{(-)}$) entspreche dem kleinsten Eigenwert gerader (ungerader) Parität: Da $y_1^{(+)} \nearrow \pi$ und $y_1^{(-)} \nearrow \pi$ mit $y_0 \rightarrow \infty$, folgt somit $y_1^{(-)} - y_1^{(+)} \searrow 0$ mit $y_0 = \text{const}\sqrt{B} \rightarrow \infty$.*

Aufgabe 1.6.1

Zu berechnen ist

$$\text{Str}(q)_n \equiv (\Delta q)_n^2 := (\phi_n, q^2\phi_n) - (\phi_n, q\phi_n)^2 \; ,$$

und entsprechend mit dem Operator p . Infolge der Spiegelsymmetrie wissen wir bereits, daß

$$(\phi_n, q\phi_n) = (\phi_n, p\phi_n) = 0$$

gilt. Mit (1.4.2) und der Gestalt (1.4.9) der Eigenvektoren ϕ_n ergibt sich

$$\begin{aligned}
(\phi_n, q^2\phi_n)^2 &= (2\alpha)^{-2}(\phi_n, (a + a^*)^2\phi_n) \\
&= (2\alpha)^{-2}(\phi_n, (aa^* + a^*a)\phi_n) \\
&= (2\alpha)^{-2}(\phi_n, (2a^*a + 1)\phi_n) \\
&= (2\alpha)^{-2}(\phi_n, \frac{2H}{\hbar\omega}\phi_n) \\
&= \frac{2n + 1}{4\alpha^2} \; .
\end{aligned}$$

Entsprechend findet man

$$\begin{aligned}
(\phi_n, p^2\phi_n) &= (2i\beta)^{-2}(\phi_n, (a - a^*)^2\phi_n) \\
&= (2i\beta)^{-2}(\phi_n, (-aa^* - a^*a)\phi_n) \\
&= \frac{2n + 1}{4\beta^2} \; .
\end{aligned}$$

Somit lautet das Produkt der Streuungen:

$$\text{Str}(q)_n\text{Str}(p)_n = \frac{\hbar^2}{4}(2n + 1)^2 \geq \frac{\hbar^2}{4} \; .$$

Im Grundzustand ϕ_0 wird also die prinzipielle Schranke der Heisenbergschen Unschärferelation erreicht.

Aufgabe 1.7.1

a) Wir gehen ähnlich vor wie in den Aufgaben 1.3.1,3 und schreiben ψ aus (1.7.2) in der Form

$$\psi(x) = \begin{cases} \psi_1(x)\,, 0 \le x < a - b\,, \\ \psi_2(x)\,, a - b \le x < a\,, \end{cases}$$

mit den Anschlußbedingungen

$$\psi_1(a - b) = \psi_2(a - b)\,, \quad \psi_1'(a - b) = \psi_2'(a - b)\,. \tag{$*$}$$

Die Differentialgleichung (1.7.2) lautet dann

$$-\frac{\hbar^2}{2m}\psi_1'' = E\psi_1\,, \quad -\frac{\hbar^2}{2m}\psi_2'' = (E - v_0)\psi_2\,.$$

Die komplexen Quadratwurzeln

$$\hbar k \equiv \hbar f(E) := \sqrt{2mE}\,, \quad \hbar q \equiv \hbar g(E) := \sqrt{2m(E - v_0)}$$

sind im Text vor (1.7.13) festgelegt. Somit bestimmt sich das Fundamentalsystem (1.7.3) aus

$$\psi_1'' = -k^2\psi_1\,, \quad \psi_2'' = -q^2\psi_2\,.$$

i) $\psi(x) = \varphi_1(x; E)$, mit $\varphi_1(0; E) = 1$, $\varphi_1'(0; E) = 0$:

$$\psi_1(x) = \cos kx\,, \quad \psi_2(x) = \alpha_1 e^{iq(x-a+b)} + \beta_1 e^{-iq(x-a+b)}\,,$$

die Anschlußbedingungen ($*$) fordern

$$\cos k(a - b) = \alpha_1 + \beta_1\,, \quad -k\sin k(a - b) = iq(\alpha_1 - \beta_1)$$

und hiermit folgt

$$\varphi_1(a; E) = \cos k(a - b) \cdot \cos qb - \frac{k}{q}\sin k(a - b) \cdot \sin qb\,.$$

ii) $\psi(x) = \varphi_2(x; E)$, mit $\varphi_2(0; E) = 0$, $\varphi_2'(0; E) = 1$:

$$\psi_1(x) = \frac{1}{k}\sin kx\,, \quad \psi_2(x) = \alpha_2 e^{iq(x-a+b)} + \beta_2 e^{-iq(x-a+b)}\,.$$

Aufgrund der Bedingungen ($*$) muß gelten:

$$\frac{1}{k}\sin k(a - b) = \alpha_2 + \beta_2\,, \quad \cos k(a - b) = iq(\alpha_2 - \beta_2)\,,$$

mithin ergibt sich

$$\varphi_2'(a; E) = \cos k(a - b) \cdot \cos qb - \frac{q}{k} \sin k(a - b) \cdot \sin qb \,.$$

Mit $k = f(E)$ *und* $q = g(E)$ *erhalten wir*

$$\gamma(E) = \frac{1}{2}\{\varphi_1(a; E) + \varphi_2'(a; E)\}$$
$$= \cos(a - b)f(E) \cdot \cos bg(E)$$
$$- \frac{1}{2}\left\{\frac{f(E)}{g(E)} + \frac{g(E)}{f(E)}\right\} \sin(a - b)f(E) \cdot \sin bg(E) \,.$$

b) *Für reelle Werte des Parameters* E *sind die Randwerte* $E + i0$ *zu nehmen:*
Sei $0 < E < v_0$:

$$f(E + i0) = k = \frac{1}{\hbar}(2mE)^{\frac{1}{2}} \,,$$

$$g(E + i0) = i\kappa = \frac{i}{\hbar}(2m(v_0 - E))^{\frac{1}{2}} \,,$$

$$\gamma(E) = \cos(a - b)k \cdot \cosh b\kappa - \frac{1}{2}\left(\frac{k}{\kappa} - \frac{\kappa}{k}\right) \sin(a - b)k \cdot \sinh b\kappa$$

Sei $v_0 < E$:

$$f(E + i0) = k = \frac{1}{\hbar}(2mE)^{\frac{1}{2}} \,,$$

$$g(E + i0) = q = \frac{1}{\hbar}(2m(E - v_0))^{\frac{1}{2}} \,,$$

$$\gamma(E) = \cos(a - b)k \cdot \cos bq - \frac{1}{2}\left(\frac{k}{q} + \frac{q}{k}\right) \sin(a - b)k \cdot \sin bq$$

c) *Der zu bestimmende Grenzfall geht aus der für* $0 < E < v_0$ *gültigen Form der Funktion* $\gamma(E)$ *aus b) hervor. Mit der Substitution von* v_0 *ergibt sich*

$$\sqrt{b}\kappa \xrightarrow{b \searrow 0} \left(\frac{\nu}{a}\right)^{\frac{1}{2}} \,,$$

$$\kappa \sinh \kappa b \xrightarrow{b \searrow 0} \frac{\nu}{a} \,, \quad \frac{1}{\kappa} \sinh \kappa b \xrightarrow{b \searrow 0} 0 \,,$$

und hiermit folgt

$$\gamma(E) \xrightarrow{b \searrow 0} \cos ka + \frac{\nu}{2} \frac{\sin ak}{ak}$$

als Grenzfall.

Aufgabe 2.1.1

Man verwendet $2J_1 = J_+ + J_-$, $2iJ_2 = J_+ - J_-$, *sowie aus (2.1.17)*

$$J_+ \phi_{\frac{1}{2}}^{-\frac{1}{2}} = \phi_{\frac{1}{2}}^{\frac{1}{2}}, \quad J_- \phi_{\frac{1}{2}}^{\frac{1}{2}} = \phi_{\frac{1}{2}}^{-\frac{1}{2}}$$

und findet hiermit die Pauli-Matrizes

$$\sigma_1 = \begin{pmatrix} 0 & 1 \\ 1 & 0 \end{pmatrix}, \quad \sigma_2 = \begin{pmatrix} 0 & -i \\ i & 0 \end{pmatrix}, \quad \sigma_3 = \begin{pmatrix} 1 & 0 \\ 0 & -1 \end{pmatrix}.$$

Sie sind offensichtlich selbstadjungiert, die Vertauschungsrelationen ergeben sich durch direktes Rechnen.

Aufgabe 2.2.1

Aus der Darstellung (2.2.24) folgt sofort

$$Y_0^0(\vartheta, \varphi) = \left(\frac{1}{4\pi}\right)^{\frac{1}{2}},$$

$$Y_1^0(\vartheta, \varphi) = \left(\frac{3}{4\pi}\right)^{\frac{1}{2}} \cos \vartheta, \quad Y_1^{\pm 1}(\vartheta, \varphi) = \mp \left(\frac{3}{8\pi}\right)^{\frac{1}{2}} e^{\pm i\varphi} \sin \vartheta.$$

Aufgabe 2.2.2

Ist $\mathcal{P}(\vec{L})$ *ein Polynom der Drehimpulsoperatoren* $\vec{L}$ *, so gilt mit der Notation des Abschnitts 2.2*

$$(\phi, \mathcal{P}(\vec{L})\phi) = \langle Y_l^m, \mathcal{P}(\vec{L})Y_l^m \rangle.$$

Man verwendet $2L_1 = L_+ + L_-$, $2iL_2 = L_+ - L_-$ *und erhält mit den Eigenschaften der Leiteroperatoren für* L_a , $a = 1, 2$:

$$\langle Y_l^m, L_a Y_l^m \rangle = 0,$$

$$\langle Y_l^m, L_a^2 Y_l^m \rangle = \frac{1}{4} \langle Y_l^m, (L_+ L_- + L_- L_+) Y_l^m \rangle.$$

Also gilt

$$\langle Y_l^m, L_a^2 Y_l^m \rangle = \frac{1}{2} \langle Y_l^m, (L_1^2 + L_2^2) Y_l^m \rangle = \frac{1}{2} \langle Y_l^m, (\vec{L}^2 - L_3^2) Y_l^m \rangle$$

$$= \frac{1}{2} \{ l(l+1) - m^2 \} .$$

Mithin erhalten wir für die Operatoren L_a, $a = 1, 2$:

$$\langle L_a \rangle_\phi = 0 , \quad \text{Str}(L_a)_\phi = \frac{1}{2} \{ l(l+1) - m^2 \} .$$

Aufgabe 3.4.1

Zustandsvektoren mit der Hauptquantenzahl n *und der maximalen Drehimpulsquantenzahl* $l = n - 1$ *haben (3.4.11) und (3.4.14) zufolge die Gestalt*

$$\phi_{n,n-1,m}(\vec{x}) = \frac{1}{r} c_{n,n-1} r^n e^{-\frac{1}{n} \frac{r}{r_0}} Y_l^m(\vartheta, \varphi) ,$$

wobei die Konstante $c_{n,n-1}$ *durch die Normierungsbedingung (bis auf eine Phase) bestimmt ist. Mit* $a \in \mathbb{N}_0$ *berechnet man die Erwartungswerte*

$$\langle r^a \rangle := (\phi_{n,n-1,m}, r^a \phi_{n,n-1,m})$$

$$= |c_{n,n-1}|^2 \int_0^\infty dr \, r^{2n+a} e^{-\frac{2}{n} \frac{r}{r_0}}$$

$$= |c_{n,n-1}|^2 \left(\frac{n r_0}{2} \right)^{2n+a+1} (2n+a)! .$$

Die Potenz $a = 0$ *liefert den Normierungsfaktor* $|c_{n,n-1}|^2$ *und hiermit ergibt sich dann der Erwartungswert*

$$\langle r \rangle = \frac{n r_0}{2} (2n + 1) ,$$

sowie das mittlere Schwankungsquadrat

$$(\Delta r)^2 \equiv \langle r^2 \rangle - \langle r \rangle^2 = \left(\frac{n r_0}{2} \right)^2 (2n + 1) .$$

Beide divergieren mit wachsendem n *, das relative Schwankungsquadrat*

$$\frac{(\Delta r)^2}{\langle r \rangle^2} = \frac{1}{2n + 1}$$

hingegen verschwindet mit $n \to \infty$ *.*

Aufgabe 5.2.1

a) Die Eigenvektoren des ungestörten Hamilton-Operators, siehe (3.4.14), $\phi_{2,0,0}$, $\{\phi_{2,1,m}|m = 1, 0, -1\}$, bilden eine Orthonormalbasis im Eigenraum zur Hauptquantenzahl $n = 2$. In (5.1.4) setzen wir den Parameter $\lambda = 1$ und erhalten aus (4.1.1) den Störoperator

$$W = e\varphi(\vec{x}) = -ef(x_3) ,$$

er antivertauscht mit dem Paritätsoperator $\mathcal{P}$ und vertauscht mit dem Drehimpulsoperator L_3 :

$$\mathcal{P}W = -W\mathcal{P} , \quad L_3 W = W L_3 .$$

Die Elemente der Störmatrix

$$(\phi_{2,l,m}, W\phi_{2,l',m'})$$

verschwinden daher, wenn $l = l'$ oder $m \neq m'$ ist. Somit sind nur die beiden Matrixelemente

$$(\phi_{2,0,0}, W\phi_{2,1,0}) = (\phi_{2,1,0}, W\phi_{2,0,0})$$

von Null verschieden und dazuhin einander gleich, da die auftretenden Eigenvektoren reell sind. Die Störmatrix ist also nicht diagonal. Wir erraten im Eigenraum die neue Orthonormalbasis $\{\psi_\alpha\}_{\alpha=1,...,4}$:

$$\psi_1 = \frac{1}{\sqrt{2}}(\phi_{2,0,0} + \phi_{2,1,0}) , \quad \psi_2 = \frac{1}{\sqrt{2}}(\phi_{2,0,0} - \phi_{2,1,0}) ,$$

$$\psi_3 = \phi_{2,1,1} , \quad \psi_4 = \phi_{2,1,-1}$$

und finden hiermit die Störmatrix

$$(\psi_\alpha, W\psi_\beta) = 0 , \text{ falls } \alpha \neq \beta ,$$
$$(\psi_1, W\psi_1) = -(\psi_2, W\psi_2) = (\phi_{2,1,0}, W\phi_{2,0,0}) ,$$
$$(\psi_3, W\psi_3) = (\psi_4, W\psi_4) = 0 .$$

In der neuen Basis ist die Störmatrix diagonal: Mithin sind die Diagonalelemente die Energieverschiebungen in der ersten Ordnung der Störungstheorie, also

$$\Delta_\alpha^{(1)} = (\psi_\alpha, W\psi_\alpha) , \quad \alpha = 1, \ldots, 4 .$$

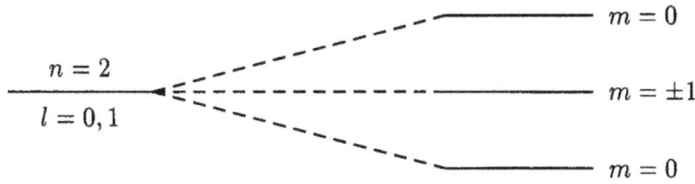

Abbildung 5.3: Die Energieaufspaltung durch den linearen Stark-Effekt im Fall der Hauptquantenzahl $n = 2$

b) Im Grenzfall $a \to \infty$ ist

$$\Delta_1^{(1)} = -\Delta_2^{(1)} = -e|\vec{E}|(\phi_{2,1,0}, x_3\phi_{2,0,0}) \ .$$

Mit der expliziten Gestalt der Eigenvektoren, (3.4.13-14), erhält man

$$\Delta_1^{(1)} = -\Delta_2^{(1)} = -\frac{1}{\sqrt{3}}e|\vec{E}| \int_0^\infty dr\, r u_{2,0}(r)u_{1,0}(r)$$

$$= 3r_0 e|\vec{E}| \ .$$

Aufgabe 6.1.1

Die resultierende Differentialgleichung

$$-\psi''(x) - \lambda\delta(x)\psi(x) = \frac{2mE}{\hbar^2}\psi(x)$$

läßt nur für Werte $E < 0$ Eigenvektoren erwarten. Mit der Abkürzung

$$\kappa := \left(\frac{-2mE}{\hbar^2}\right)^{\frac{1}{2}}$$

sind also die quadratintegrablen Lösungen der Gleichung

$$\psi''(x) + \lambda\delta(x)\psi(0) = \kappa^2\psi(x)$$

zu bestimmen. Die Gleichung ist invariant unter der Spiegelung $x \to -x$.

i) Der symmetrische Ansatz

$$\psi(x) = Ae^{-\kappa|x|}$$

ist Lösung der Gleichung im Gebiet $|x| \geq \varepsilon$, $\forall \varepsilon > 0$. Um die Ableitungen von ψ in $S'(\mathbb{R})$ zu berechnen, schreibt man z.B. den Ansatz in der Form

$$\psi(x) = A\{\Theta(x)e^{-\kappa x} + (1 - \Theta(x))e^{\kappa x}\}$$

und erhält

$$\psi'(x) = A\{\delta(x) - \kappa\Theta(x)e^{-\kappa x} - \delta(x) + \kappa(1 - \Theta(x))e^{\kappa x}\},$$
$$\psi''(x) = A\{-\kappa\delta(x) + \kappa^2\Theta(x)e^{-\kappa x} - \kappa\delta(x) + \kappa^2(1 - \Theta(x))e^{\kappa x}\}$$
$$= -2\kappa A\delta(x) + \kappa^2\psi.$$

Verwendet man ψ und ψ'' in der Eigenwertgleichung, so wird diese durch $\kappa = \frac{1}{2}\lambda$ gelöst; hiermit ergibt sich der normierte Eigenvektor

$$\psi(x) = \left(\frac{\lambda}{2}\right)^{\frac{1}{2}} e^{-\frac{1}{2}\lambda|x|}$$

mit dem Eigenwert

$$E = -\frac{\hbar^2}{2m}\left(\frac{\lambda}{2}\right)^2.$$

ii) *Ein schiefsymmetrischer Eigenvektor verschwände im Ursprung, weshalb das Potential nicht zur Wirkung käme: Daher gibt es keinen solchen Eigenvektor.*

Aufgabe 6.2.1

a) *Die gesuchte Lösung ist gegeben durch die Fourier-Integraldarstellung*

$$\varphi_t(x) = (2\pi)^{-\frac{1}{2}} \int_{-\infty}^{\infty} dk\widehat{\varphi}(k)e^{ikx - i\frac{\hbar k^2}{2m}t}.$$

Das Fourier-Integral läßt sich analytisch ausführen, hierzu faßt man den Exponenten folgendermaßen zusammen:

$$-\frac{1}{2}a^2(k - k_0)^2 + ikx - i\frac{\hbar k^2}{2m}t = -\frac{1}{2}a^2(1 + i\frac{\hbar t}{ma^2})(k - \omega)^2 + g(x, t),$$

$$\omega := \frac{k_0 + i\frac{x}{a^2}}{1 + i\frac{\hbar t}{ma^2}},$$

$$g(x, t) := \frac{-\frac{x^2}{2a^2} + i(k_0 x - \frac{\hbar k_0^2}{2m}t)}{1 + i\frac{\hbar t}{ma^2}}.$$

Im resultierenden Integral

$$I = \lim_{A \nearrow \infty} \int_{-\infty}^{\infty} dk \exp\left\{ -\frac{1}{2}a^2\left(1 + i\frac{\hbar t}{ma^2}\right)(k - \omega)^2\right\}$$

ist der Integrand eine ganze holomorphe Funktion der Integrationsvariablen k: Wir können deshalb den Integrationsweg deformieren, siehe Abbildung.

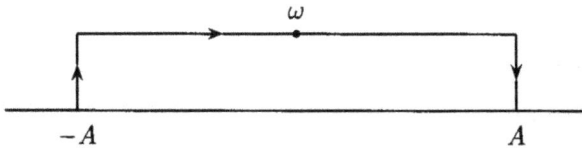

Abbildung 6.4: Integrationsweg in der komplexen k-Ebene

Man überzeugt sich unschwer, daß die beiden Teilintegrale in Richtung der imaginären Achse mit $A \to \infty$ verschwinden, mithin ergibt sich

$$I = \frac{1}{a} \int_{-\infty}^{\infty} d\tau \exp\left\{ -\frac{1}{2}\left(1 + i\frac{\hbar t}{ma^2}\right)\tau^2\right\},$$

und dieses Integral ist nun nach dem Identitätssatz gleich der inversen komplexen Quadratwurzel

$$aI = \frac{(2\pi)^{\frac{1}{2}}}{\sqrt{1 + i\frac{\hbar t}{ma^2}}}.$$

Wir haben somit die explizite Gestalt

$$\varphi_t(x) = \left(\frac{1}{\pi a^2}\right)^{\frac{1}{4}} \frac{e^{g(x,t)}}{\sqrt{1 + i\frac{\hbar t}{ma^2}}}$$

der gesuchten Lösung erhalten, die sich auch in die Form

$$\varphi_t(x) = \left(\frac{1}{\pi a^2}\right)^{\frac{1}{4}} \frac{e^{i(k_0 x - \frac{\hbar k_0^2}{2m}t)}}{\sqrt{1 + i\frac{\hbar t}{ma^2}}} \exp\left\{ -\frac{(x - \frac{\hbar k_0}{m}t)^2}{2a^2(1 + i\frac{\hbar t}{ma^2})}\right\}$$

bringen läßt. Hieraus folgt die Dichte der Aufenthaltswahrscheinlichkeit

$$|\varphi_t(x)|^2 = \frac{\pi^{-\frac{1}{2}}}{\sqrt{a^2 + (\frac{\hbar t}{ma})^2}} \exp\left\{ -\frac{(x - \frac{\hbar k_0}{m}t)^2}{a^2 + (\frac{\hbar t}{ma})^2}\right\}.$$

b) Die normierte Lösung der Schrödinger-Gleichung im $\mathcal{L}^2(\mathbb{R}^3)$

$$\psi_t(\vec{x}) = (2\pi)^{-\frac{3}{2}} \int d^3k \, \widehat{\psi}(\vec{k}) e^{i\vec{k}\cdot\vec{x} - i\frac{\hbar k^2}{2m}t}$$

faktorisiert in das Produkt

$$\psi_t(\vec{x}) = \varphi_t^{(1)}(x_1)\varphi_t^{(2)}(x_2)\varphi_t^{(3)}(x_3) \, ,$$

wobei jeder der Faktoren $\varphi_t^{(j)}$, $j = 1, 2, 3$, die Gestalt φ_t aus a) mit den Parametern a_j und $k_{0,j}$ besitzt.

Aufgabe 6.5.1

a) Die verallgemeinerte Eigenwertgleichung des Hamilton-Operators

$$\left\{ -\frac{\hbar^2}{2m}\left(\frac{d}{dx}\right)^2 - \frac{\hbar^2}{2m}\lambda\delta(x) \right\}\psi(x) = E\psi(x)$$

liefert Eigendistributionen im Fall $E > 0$; mit der Abkürzung $\hbar k = \sqrt{2mE}$ nimmt sie die Form

$$-\psi''(x) - \lambda\delta(x)\psi(0) = k^2\psi(x)$$

an. Der Ansatz

$$\psi(x) = \phi_k(x) := (1 - \Theta(x))\{e^{ikx} + \rho e^{-ikx}\} + \Theta(x)\tau e^{ikx}$$

ist eine Lösung der Differentialgleichung im Gebiet $|x| \geq \varepsilon$, $\varepsilon > 0$, mit dem geforderten Verhalten. Da die Eigendistribution stetig sein muß, ergibt sich die Bedingung an die Koeffizienten

$$1 + \rho = \tau \, . \tag{$*$}$$

Hiermit folgt

$$\phi_k'(x) = (1 - \Theta(x))ik\{e^{ikx} - \rho e^{-ikx}\} + \Theta(x)\tau ik e^{ikx}$$

und hieraus

$$\phi_k''(x) = -ik\delta(x)\{1 - \rho - \tau\} - k^2\phi_k(x) \, .$$

Die Eigenwertgleichung wird somit erfüllt durch die Bedingung

$$ik\{1 - \rho - \tau\} - \lambda\tau = 0 \ . \qquad (**)$$

Die beiden Gleichungen $(*), (**)$ bestimmen schließlich die Koeffizienten zu

$$\rho \equiv \rho(k) = \frac{-\lambda}{2ik + \lambda} \ , \quad \tau \equiv \tau(k) = \frac{2ik}{2ik + \lambda} \ .$$

Offensichtlich gilt die Relation

$$|\rho(k)|^2 + |\tau(k)|^2 = 1 \ . \qquad (***)$$

Im Fall eines anziehenden Potentials ist $\lambda > 0$: Dann weisen die beiden in der Energie analytisch fortgesetzten Koeffizienten jeweils einen Pol erster Ordnung am Eigenwert des Hamilton-Operators auf: $k = i\kappa$, $\kappa = \frac{\lambda}{2}$, vgl. Aufg. 6.1.1 .

b) Mit der normierten Impulsamplitude $\widehat{\varphi}(k)$, $\|\widehat{\varphi}\| = 1$, die stark um $k = k_0 > 0$ konzentriert sein soll, gewinnt man aus den Eigendistributionen $\phi_k(x)$ die normierte Lösung der Schrödinger-Gleichung

$$\varphi_t(x) := (2\pi)^{-\frac{1}{2}} \int_{-\infty}^{\infty} dk \widehat{\varphi}(k) \phi_k(x) e^{-i\frac{\hbar k^2}{2m}t}$$

in der Gestalt der Summe

$$\varphi_t(x) = \varphi_t^{\text{ein}}(x) + \varphi_t^{\text{refl}}(x) + \varphi_t^{\text{trans}}(x) \ .$$

Hierin sind die Summanden gegeben durch

$$\varphi_t^{\text{ein}}(x) = (1 - \Theta(x)) f_t(x) \ ,$$
$$\varphi_t^{\text{refl}}(x) = (1 - \Theta(x)) g_t(x) \ , \quad \varphi_t^{\text{trans}}(x) = \Theta(x) h_t(x) \ ,$$

mit den freien Wellenpaketen

$$f_t(x) := (2\pi)^{-\frac{1}{2}} \int dk \widehat{\varphi}(k) \exp\{ikx - i\frac{\hbar k^2}{2m}t\} \ ,$$
$$g_t(x) := (2\pi)^{-\frac{1}{2}} \int dk \widehat{\varphi}(k) \rho(k) \exp\{-ikx - i\frac{\hbar k^2}{2m}t\} \ ,$$
$$h_t(x) := (2\pi)^{-\frac{1}{2}} \int dk \widehat{\varphi}(k) \tau(k) \exp\{ikx - i\frac{\hbar k^2}{2m}t\} \ .$$

Die jeweiligen Zentren der räumlichen Lokalisierung der beiden Wellenpakete

$f_t(x)$ und $h_t(x)$ vollführen die Bewegung $\underline{x} = \frac{\hbar k_0}{m} t$, das Zentrum des Wellenpakets $g_t(x)$ bewegt sich entgegengesetzt: $\underline{x} = -\frac{\hbar k_0}{m} t$. Infolge dieser zeitveränderlichen Lokalisierungen sind für große negative Zeiten t die beiden Anteile $\varphi_t^{\text{refl}}(x)$ und $\varphi_t^{\text{trans}}(x)$ praktisch gleich Null, für große positive Zeiten t hingegen ist $\varphi_t^{\text{ein}}(x)$ praktisch gleich Null. Das hierdurch zutage tretende zeitliche Verhalten der Lösung $\varphi_t(x)$ rechtfertigt den gewählten Ansatz der Eigendistribution $\phi_k(x)$.

Die Interpretation von $|\varphi_t(x)|^2$ als Dichte der Aufenthaltswahrscheinlichkeit, zusammen mit dem Verhalten von φ_t bei großen positiven Zeiten, legen die Definitionen nahe:

$$R = \|\varphi_t^{\text{refl}}\|_{t\to+\infty}^2 , \quad T = \|\varphi_t^{\text{trans}}\|_{t\to+\infty}^2 .$$

Die Lokalisierung im Ortsraum und die eng um $k = k_0$ konzentrierte Impulsamplitude $\widehat{\varphi}(k)$ lassen für $t \to +\infty$ die folgenden Näherungen in den Zwischenschritten plausibel erscheinen:

$$\|\varphi_t^{\text{refl}}\|^2 = \int_{-\infty}^{0} dx |g_t(x)|^2 \approx \int_{-\infty}^{\infty} dx |g_t(x)|^2 = (g_t, g_t)$$

$$= (\widehat{\varphi}\rho, \widehat{\varphi}\rho) \approx |\rho(k_0)|^2 (\widehat{\varphi}, \widehat{\varphi}) = |\rho(k_0)|^2 .$$

$$\|\varphi_t^{\text{trans}}\|^2 = \int_{0}^{\infty} dx |h_t(x)|^2 \approx (h_t, h_t) = (\widehat{\varphi}\tau, \widehat{\varphi}\tau)$$

$$\approx |\tau(k_0)|^2 .$$

Hiermit erhält man

$$R = |\rho(k_0)|^2 , \quad T = |\tau(k_0)|^2$$

und es gilt $T + R = 1$, der Relation $(* * *)$ zufolge.

Aufgabe 6.7.1

Wegen der endlichen Reichweite des Potentials kann man im Integranden die Riccati-Bessel-Funktion $\tilde{j}_l(kr)$ durch den ersten Term ihrer Potenzreihendarstellung ersetzen:

$$k \sin \delta_l(k)\Big|_{\text{Born}} = -\frac{2m}{\hbar^2} \int_{0}^{a} dr v(r) \Big(\frac{(kr)^{l+1}}{(2l+1)!!} \{1 + \mathcal{O}(k^2 r^2)\} \Big)^2 .$$

Da die rechte Seite mit $k \to 0$ verschwindet, können wir auf der linken Seite $\sin \delta_l$

durch δ_l ersetzen und erhalten das Schwellenverhalten

$$\lim_{k \searrow 0} \frac{\delta_l^{\text{Born}}(k)}{(ka)^{2l+1}} = -\left(\frac{1}{(2l+1)!!}\right)^2 \int_0^a \frac{dr}{a} \left(\frac{r}{a}\right)^{2l+2} \frac{2ma^2}{\hbar^2} v(r) \,.$$

Physikalisch bedeutet dies, daß im Bereich $ka \ll 1$ die Streuphasen rasch mit zunehmenden Werten von l verschwinden.

Aufgabe 6.8.1

Im Energiebereich $E > 0$ ist $K = k = (2m_0 E)^{\frac{1}{2}}/\hbar$ und

$$u_l(r) = \text{const } r^{l+1} e^{ikr} \, {}_1F_1(l+1 - \frac{iZ}{kr_0}; 2l+2; -2ikr)$$

sind die zugehörigen Radialfunktionen (3.4.7), $l \in \mathbb{N}_0$. Verwendet man die im Abschnitt 6.8 angeführte asymptotische Entwicklung der Funktion ${}_1F_1(a; c; \zeta)$ für $\zeta \to \infty$, so ergibt sich hiermit die Gestalt der Radialfunktionen $u_l(r)$ für $r \to \infty$ zu

$$u_l(r) \sim \text{const } r^{l+1} e^{ikr} \Gamma(2l+2)$$
$$\cdot \left\{ \frac{1}{\Gamma(l+1+i\frac{Z}{kr_0})} \exp\left[-(l+1 - i\frac{Z}{kr_0})(\ln 2kr + i\frac{\pi}{2}) \right] \right.$$
$$\left. + \frac{1}{\Gamma(l+1-i\frac{Z}{kr_0})} \exp[-2ikr - (l+1+i\frac{Z}{kr_0})(\ln 2kr - i\frac{\pi}{2})] \right\} \,.$$

Setzt man

$$\Gamma(l+1 - i\frac{Z}{kr_0}) =: R_l e^{i\delta_l(k)}$$

mit dem positiven Betrag R_l und der reellen Phase δ_l, so folgt aus der Relation $\overline{\Gamma}(z) = \Gamma(\bar{z})$

$$\Gamma(l+1 + i\frac{Z}{kr_0}) = R_l e^{-i\delta_l(k)}$$

und somit

$$e^{2i\delta_l(k)} = \frac{\Gamma(l+1 - i\frac{Z}{kr_0})}{\Gamma(l+1 + i\frac{Z}{kr_0})} \,.$$

Die obigen Darstellungen der beiden Γ-Funktionen benützt man in der asymptotischen Gestalt von $u_l(r)$ für $r \to \infty$:

$$u_l(r) \sim \text{const} \frac{2\Gamma(2l+2)\exp\{-\frac{\pi}{2}\frac{Z}{kr_0}\}}{(2k)^{l+1}R_l}$$

$$\cdot \cos\{kr - \frac{\pi}{2}(l+1) + \frac{Z}{kr_0}\ln(2kr) + \delta_l\} \, .$$

Die Konstante kann so gewählt werden, daß der gesamte Faktor zu Eins wird: Mithin ergibt sich für $r \to \infty$ die Form

$$u_l(r) \sim \sin\{kr - \frac{\pi}{2}l + \frac{Z}{kr_0}\ln(2kr) + \delta_l(k)\}$$

der Radialfunktionen, $l \in \mathbb{N}_0$, mit einer zusätzlichen logarithmischen r-Abhängigkeit im Argument der Sinusfunktion.

Aufgabe 6.9.1

Die freie Zeitevolution hat die Gestalt

$$\varphi_t(x) = \frac{1}{(2\pi)^{\frac{3}{2}}} \int d^3k e^{i\vec{k}\cdot\vec{x} - i\frac{\hbar k^2}{2m}t}\widehat{\varphi}(\vec{k}) \, ,$$

daher gilt

$$\widehat{\varphi}(\vec{k}) = \frac{1}{(2\pi)^{\frac{3}{2}}} \int d^3y e^{-i\vec{k}\cdot\vec{y}}\varphi(\vec{y}) \, ,$$

mit $\varphi(\vec{y}) \equiv \varphi_{t=0}(\vec{y})$. Verwendet man diese Fourier-Darstellung von $\widehat{\varphi}(\vec{k})$ in φ_t und vertauscht die Integrationsreihenfolge nach vorsorglicher Regularisierung der $\vec{k}$-Integration, findet man

$$\mathcal{P}(\vec{x}, \vec{y}; t) = \lim_{K \nearrow \infty} \frac{1}{(2\pi)^3} \int_{|\vec{k}|<K} d^3k e^{i\vec{k}\cdot(\vec{x}-\vec{y}) - i\frac{\hbar k^2}{2m}t} \, .$$

Durch die Substitution der Integrationsvariablen

$$\vec{q} = \left(\frac{\hbar|t|}{2m}\right)^{\frac{1}{2}}[\vec{k} - \frac{m}{\hbar t}(\vec{x}-\vec{y})]$$

erhält man zunächst

$$P(\vec{x}, \vec{y}; t) = \lim_{K' \nearrow \infty} \frac{e^{im\frac{|\vec{x} - \vec{y}|^2}{2\hbar t}}}{(2\pi)^3} \left(\frac{2m}{\hbar|t|}\right)^{\frac{3}{2}} \int_{\mathcal{G}} d^3 q \, e^{-i(\text{sgn} t)\vec{q}^2}$$

mit dem Integrationsbereich $\mathcal{G}$ der Gestalt $|\vec{q} + \frac{m}{\hbar t}(\vec{x} - \vec{y})| < K'$ und als Folge des Fresnel-Integrals

$$\int_0^\infty d\tau e^{i\tau^2} = \frac{1}{2}\sqrt{\pi} e^{i\frac{\pi}{4}}$$

ergibt sich schließlich im limes $K' \to \infty$

$$P(\vec{x}, \vec{y}; t) = e^{-i\frac{3\pi}{4}\text{sgn} t} \left(\frac{m}{2\pi\hbar|t|}\right)^{\frac{3}{2}} \exp im\frac{|\vec{x} - \vec{y}|^2}{2\hbar t} \; .$$

Aufgabe 7.4.1

Der Hamilton-Operator H_0 hat die Gestalt (7.4.1) und besitzt normierte Eigenvektoren der Form (7.4.3),

$$\psi^\mu_{n,j,l} = \frac{1}{r} u_{n,j,l}(r) \mathcal{Y}^\mu_{j,l,\frac{1}{2}} \; ,$$

mit $l \in \mathbb{N}_0$, $j = l \pm \frac{1}{2} > 0$, $\mu = j, j-1, \ldots, -j$. Die zugehörigen Eigenwerte $E_{n,j,l}$ sind charakterisiert durch die Hauptquantenzahl n und die beiden Drehimpulsquantenzahlen j und l; die magnetische Quantenzahl μ hingegen ist ein Entartungsindex.

Wählt man die 3-Richtung des Koordinatensystems in der Richtung der magnetischen Induktion $\vec{B}_c$, so lautet der Störoperator, vgl. (7.2.4),

$$W = \mu_B |\vec{B}_c| \{L_3 \otimes \sigma_0 + \mathbb{1} \otimes \sigma_3\} = \mu_B |\vec{B}_c| \{J_3 + \mathbb{1} \otimes \frac{1}{2}\sigma_3\} \; .$$

Im Eigenraum zum Eigenwert $E_{n,j,l}$ erhält man unmittelbar

$$(\psi^\mu_{n,j,l}, J_3 \psi^{\mu'}_{n,j,l}) = \mu \delta_{\mu\mu'}$$

und findet mit der expliziten Gestalt (7.3.7), bzw. (7.3.8) der Funktionen $\mathcal{Y}^\mu_{j,l,\frac{1}{2}}$

$$\frac{1}{2}(\psi^\mu_{n,j,l}, \mathbb{1} \otimes \sigma_3 \psi^{\mu'}_{n,j,l}) = \pm \delta_{\mu\mu'} \frac{\mu}{2l + 1} \; , \quad \text{für } j = l \pm \frac{1}{2} \; .$$

Die resultierende Störmatrix

$$(\psi^\mu_{n,j,l}, W\psi^{\mu'}_{n,j,l}) = \mu_B |\vec{B}_c| \mu \{1 \pm \frac{1}{2l+1}\} \delta_{\mu\mu'} \text{ , für } j = l \pm \frac{1}{2} \text{ ,}$$

ist also diagonal: Somit liefern die Diagonalelemente die Energieaufspaltung in der 1. Ordnung der Störungstheorie. Die $(2j+1)$-fache Entartung eines Energieniveaus $E_{n,j,l}$ wird durch die Störung vollständig aufgehoben.

Die Darstellung mittels des Landé schen g-Faktors

$$(\psi^\mu_{n,j,l}, W\psi^\mu_{n,j,l}) = \mu_B |\vec{B}_c| \mu \{1 + g_{jl\frac{1}{2}}\}$$

verifiziert man durch explizites Rechnen.

Aufgabe 9.1.1

a) Die gesuchte Meßwahrscheinlichkeit ist der Erwartungswert

$$(\varphi, P(\hbar K)\varphi)$$

mit dem orthogonalen Projektor $P(\hbar K)$ auf den Spektralbereich $\hbar K$ des Impuls-operators $\vec{p}$. Die Eigendistributionen des Operators $\vec{p}$,

$$\phi_{\vec{k}}(\vec{x}) = (2\pi)^{-\frac{3}{2}} e^{i\vec{k}\cdot\vec{x}} \text{ , } \vec{k} \in \mathbb{R}^3 \text{ ,}$$

haben die verallgemeinerte Vollständigkeitsrelation

$$1 = (\varphi, \varphi) = \int_{\mathbb{R}^3} d^3k \langle \phi_{\vec{k}}|\overline{\varphi}\rangle\langle\overline{\phi}_{\vec{k}}|\varphi\rangle = \int_{\mathbb{R}^3} d^3k |\widehat{\varphi}(\vec{k})|^2$$

zur Folge, worin die Fourier-Transformierte

$$\widehat{\varphi}(\vec{k}) = \langle\overline{\phi}_{\vec{k}}|\varphi\rangle = (2\pi)^{-\frac{3}{2}} \int d^3x \, e^{-i\vec{k}\cdot\vec{x}} \varphi(\vec{x})$$

des Zustandsvektors φ auftritt. Somit ist

$$(\varphi, P(\hbar K)\varphi) = \int_K d^3k |\widehat{\varphi}(\vec{k})|^2$$

die Darstellung der gesuchten Meßwahrscheinlichkeit mittels der Wahrscheinlich-keitsdichte $|\widehat{\varphi}(\vec{k})|^2$.

b) Der Grundzustand des Wasserstoffatoms, vgl. Abschnitt 3.4.1, ist

$$\varphi(\vec{x}) = (\pi r_0^3)^{-\frac{1}{2}} e^{-\frac{r}{r_0}} .$$

Zur Berechnung der Fourier-Transformation

$$\widehat{\varphi}(\vec{k}) = (2\pi)^{-\frac{3}{2}} \int d^3 x e^{-i\vec{k}\cdot\vec{x}} \varphi(\vec{x})$$

verwenden wir sphärische Polarkoordinaten: Die zuerst ausgeführte Integration über die Winkel ergibt

$$\widehat{\varphi}(\vec{k}) = (2\pi^2 r_0^3)^{-\frac{1}{2}} \frac{1}{ik} \int_0^\infty dr r e^{-\frac{r}{r_0}} \{e^{ikr} - e^{-ikr}\} ,$$

wobei $k \equiv |\vec{k}|$ *ist. Die verbleibende Integration liefert*

$$\widehat{\varphi}(\vec{k}) = \frac{4}{\pi} \left(\frac{r_0^3}{2}\right)^{\frac{1}{2}} \{1 + (kr_0)^2\}^{-2}$$

und somit ist

$$|\widehat{\varphi}(\vec{k})|^2 = \frac{8}{\pi^2} \frac{r_0^3}{[1 + (kr_0)^2]^4}$$

die Wahrscheinlichkeitsdichte „im Impulsraum".

Aufgabe 9.3.1

Im Schrödinger-Bild ist

$$U(t) = \exp\{-\frac{i}{\hbar} tH\} = \exp\{-\frac{i}{\hbar} t\mu \vec{B} \cdot \vec{\sigma}\}$$

der Evolutionsoperator. Wir wählen die 3-Achse des Koordinatensystems in der Richtung von $\vec{B}$ *und definieren* $\hbar\omega := 2\mu|\vec{B}|$ *, somit hat* $U(t)$ *die Form*

$$U(t) = \exp\{-i\frac{\omega t}{2}\sigma_3\} .$$

Die Potenzreihenentwicklung der Exponentialfunktion ergibt schließlich die Gestalt

$$U(t) = \sigma_0 \cos\frac{\omega t}{2} - i\sigma_3 \sin\frac{\omega t}{2} .$$

Die Zeitevolution des Statistischen Operators aus seiner Anfangsbedingung ist gege-

ben durch

$$\rho(t) = U(t)\rho U(t)^* = \frac{1}{2}\{\sigma_0 + \vec{\sigma} \cdot \vec{\pi}(t)\}$$

mit dem zeitabhängigen Polarisationsvektor $\vec{\pi}(t)$ *, bestimmt durch*

$$\vec{\sigma} \cdot \vec{\pi}(t) = U(t)\vec{\sigma} \cdot \vec{\pi} U(t)^*$$

$$= \vec{\sigma} \cdot \vec{\pi} \cos^2 \frac{\omega t}{2} + \sigma_3 \vec{\sigma} \cdot \vec{\pi} \sigma_3 \sin^2 \frac{\omega t}{2} - i \sin \frac{\omega t}{2} \cos \frac{\omega t}{2} [\sigma_3, \vec{\sigma} \cdot \vec{\pi}]$$

$$= \sigma_3 \pi_3 + \cos \omega t (\sigma_1 \pi_1 + \sigma_2 \pi_2) + \sin \omega t \sum_{a,b} \varepsilon_{3ab} \pi_a \sigma_b .$$

Somit ergibt sich

$$\vec{\pi}(t) = (\pi_1 \cos \omega t - \pi_2 \sin \omega t, \pi_1 \sin \omega t + \pi_2 \cos \omega t, \pi_3) .$$

Der Polarisationsvektor $\vec{\pi}(t)$ *geht also durch eine Rotation mit der magnetischen Induktion* $\vec{B}$ *als Drehachse und der konstanten Winkelgeschwindigkeit* ω *aus seinem Anfangswert* $\vec{\pi}$ *hervor. (Man beachte* $\text{sgn}\,\omega = \text{sgn}\,\mu$ *.)*

Aufgabe 10.3.1

a) *Man sieht sofort: Die Drehimpuls-Algebra der Operatoren* $\{S_a\}$ *folgt aus dem Sachverhalt, daß die Spinoperatoren* $\{\frac{1}{2}\sigma_a\}$ *eine Drehimpuls-Algebra bilden.*

b) *Mit der Notation aus Abschnitt 7.1 gilt für die Leiteroperatoren eines Spin-$\frac{1}{2}$:*

$$\sigma_\pm = \sigma_1 \pm \sigma_2 \quad \Rightarrow \quad \sigma_\pm \chi_\pm = 0 , \quad \sigma_\pm \chi_\mp = 2\chi_\pm .$$

Gesucht werden die simultanen Eigenvektoren

$$\vec{S}^2 X_s^\mu = s(s+1)X_s^\mu , \quad S_3 X_s^\mu = \mu X_s^\mu$$

mit der Normierung

$$(X_s^\mu, X_{s'}^{\mu'}) = \delta_{ss'}\delta_{\mu\mu'} .$$

Verwendet man die Leiteroperatoren des Gesamtspins

$$S_\pm := S_1 \pm S_2 = \frac{1}{2}\{\sigma_\pm \otimes \sigma_0 + \sigma_0 \otimes \sigma_\pm\}$$

zusammen mit der Form

$$\vec{S}^2 = S_- S_+ + S_3(S_3 + 1) \, ,$$

so verifiziert man unmittelbar, daß gilt:

$$S_3 \chi_+ \otimes \chi_+ = \chi_+ \otimes \chi_+ \, , \quad S_+ \chi_+ \otimes \chi_+ = 0 \, ,$$

$$\vec{S}^2 \chi_+ \otimes \chi_+ = 1 \cdot (1+1) \chi_+ \otimes \chi_+ \, .$$

Mithin haben wir den Eigenvektor X_1^1 gefunden: Aus ihm ergibt sich durch wiederholte Anwendung von S_- , vgl. (2.1.17) ,

$$X_1^1 = \chi_+ \otimes \chi_+ \, ,$$
$$X_1^0 = \frac{1}{\sqrt{2}} \{ \chi_+ \otimes \chi_- + \chi_- \otimes \chi_+ \} \, ,$$
$$X_1^{-1} = \chi_- \otimes \chi_- \, .$$

Dies sind die simultanen Eigenvektoren der Operatoren $\vec{S}^2$ und S_3 zur Quantenzahl des Gesamtspins $s = 1$.

Der Vektor $\chi_+ \otimes \chi_- - \chi_- \otimes \chi_+$ ist orthogonal zu X_1^0 und ebenfalls Eigenvektor von S_3 zum Eigenwert $\mu = 0$. Außerdem verifiziert man leicht, daß er von S_+ vernichtet wird, somit ist

$$X_0^0 = \frac{1}{\sqrt{2}} \{ \chi_+ \otimes \chi_- - \chi_- \otimes \chi_+ \}$$

normierter Eigenvektor von $\vec{S}^2$ zur Quantenzahl $s = 0$ des Gesamtspins.

Die Vektoren X_1^μ sind symmetrisch, der Vektor X_0^0 antisymmetrisch unter einer Permutation der beiden Faktoren im Tensorprodukt. Sie bilden in $\mathbb{C}^2 \otimes \mathbb{C}^2$ eine Orthonormalbasis und erzeugen die Zerlegung

$$\mathbb{C}^2 \otimes \mathbb{C}^2 = \mathbb{C}^2 \overset{s}{\otimes} \mathbb{C}^2 \oplus \mathbb{C}^2 \wedge \mathbb{C}^2$$

des Tensorprodukts.

Aufgabe 10.3.2

Der Operator $\vec{S}^2$ besitzt die orthonormierten Eigenvektoren

$$\vec{S}^2 X_s^\mu = s(s+1) X_s^\mu \, ,$$

wobei $s = 0, 1$ *und* $\mu = s, \ldots, -s$ *gilt. Somit ist*

$$P_1 := \frac{1}{2}\vec{S}^2$$

orthogonaler Projektor auf den dreidimensionalen Eigenraum zur Quantenzahl $s = 1$ *des Gesamtspins, und*

$$P_0 := \sigma_0 \otimes \sigma_0 - \frac{1}{2}\vec{S}^2$$

ist orthogonaler Projektor auf den eindimensionalen Eigenraum zu $s = 0$.

Aus der Definition des Operators $\vec{S}$:

$$S_a = \frac{1}{2}\{\sigma_a \otimes \sigma_0 + \sigma_0 \otimes \sigma_a\}$$

mit $a = 1, 2, 3$ *folgt*

$$\vec{S}^2 = \frac{1}{2}\{3\sigma_0 \otimes \sigma_0 + \vec{\sigma} \cdot \otimes \vec{\sigma}\},$$

und mithin die Form

$$P_1 = \frac{1}{4}\{3\sigma_0 \otimes \sigma_0 + \vec{\sigma} \cdot \otimes \vec{\sigma}\},$$

$$P_0 = \frac{1}{4}\{\sigma_0 \otimes \sigma_0 - \vec{\sigma} \cdot \otimes \vec{\sigma}\}$$

der orthogonalen Projektoren.

Literaturverzeichnis

Im Text zitierte Literatur

[AS]   Abramowitz, M. and Stegun, I.A.
Handbook of Mathematical Functions,
Dover Publications, New York, 1970.

[AG]   Achieser, N.I. und Glasmann, I.M.,
Theorie der Linearen Operatoren im Hilbert-Raum,
4. Aufl., Akademie-Verlag, Berlin, 1965.

[Ba]   Bargmann, V.,
On the number of bound states in a central field of forces,
Proc. Nat. Acad. Sci., USA **38** (1952) 961-966.

[BA]   Bohm D. and Aharanov Y.,
Discussion of Experimental Proof for the Paradox of Einstein, Rosen and Podolsky,
Phys. Rev. **108** (1957) 1070-1077.

[Ga]   Gantmacher, F.R.,
Matrizenrechnung I, Kap. IX,
Deutscher Verlag der Wissenschaften, Berlin, 1970.

[GS]   Gelfand, I.M. und Schilow, G.E.,
Verallgemeinerte Funktionen, Bände I-IV,
2. Aufl., Deutscher Verlag der Wissenschaften, Berlin, 1967.

[Hua]   Huang, K.,
Statistical Mechanics,
2. ed., Wiley, New York, 1987.

[Jo]   Jost, R.,
Quantenmechanik II, Kap. IX.6,
Verlag der Fachvereine an der ETH/Z, 1973.

[Ka]   Kato, T.,
Pertubation theory of linear operators,
Springer Verlag, Berlin, 1966.

[RS]   Reed, M. and Simon, B.,
            Methods of Modern Mathematical Physics, Vols. I-IV,
            Academic Press, New York, 1970.

[R Sz.-N]   Riesz, F. und Sz.-Nagy, B.,
            Vorlesungen über Funktionalanalysis,
            Deutscher Verlag der Wissenschaften, Berlin, 1973.

[Sch]   Schwartz, L.,
            Méthodes mathématiques pour les sciences physiques,
            deux. ed., Hermann, Paris, 1965.

[Wei]   Weidmann, J.,
            Linear Operators in Hilbert Spaces,
            Springer Verlag, New York, 1980.

Ergänzende Literatur

Grundlagen, Meßprozeß

- Jauch, J. M.,
  Foundations of Quantum Mechanics,
  Addison-Wesley, Reading, Mass., 1968.

- Ludwig, G.,
  Einführung in die Grundlagen der Theoretischen Physik,
  Band 3: Quantenmechanik,
  2. Aufl., Vieweg, Braunschweig, 1984.

- Peres, A.,
  Quantum Theory: Concepts and Methods,
  Kluwer, Dordrecht, 1995.

- v. Neumann, J.,
  Mathematische Grundlagen der Quantenmechanik,
  unveränd. Nachdruck der 1. Aufl., 1932, Springer Verlag, Berlin, 1968.

Lehrbücher großen Umfangs mit vielfältigen Anwendungen

- Bohm, A.,
  Quantum Mechanics: Foundations and Applications,
  3. ed., Springer Verlag, New York, 1993.

- Cohen-Tannoudji, C., Diu, B. und Laloë, F.,
  Quantenmechanik, Bände 1,2,
  2. Aufl., W. de Gruyter, Berlin, 1999.

- Galindo, A. and Pascual, P.,
  Quantum Mechanics, Vols. I,II,
  Springer Verlag, Berlin, 1990.

Mathematische Fragen der Quantenmechanik

- Reed, M. and Simon, B.,
  Methods of Modern Mathematical Physics, Vols. I-IV,
  Academic Press, New York, 1970.

- Thirring, W.,
  Lehrbuch der Mathematischen Physik,
  Band 3: Quantenmechanik von Atomen und Molekülen,
  Springer Verlag, Wien, 1979.

Index

Korrekturen in Formeln

zu V. F. Müller: Quantenmechanik,
Oldenbourg Wissenschaftsverlag, München 2000

S. 3, (1.4.14): $\qquad\qquad\qquad\qquad\qquad\quad$ $\omega^2 \implies m\omega^2$

S. 25, vorletzte Textzeile: $\qquad\qquad\qquad$ $A^2 B \implies A^2, B$

S. 35, letzte Formel: $\qquad\qquad\qquad\quad$ $l_1 \implies L-1$

S. 51, (3.2.1), rechte Seite: $\qquad\quad$ ersetze im 2. Term Index $1 \implies 2$

S. 66f, (3.4.15), (3.4.17): $\qquad\qquad$ $\hbar^2 \implies \hbar$

S. 69, (3.4.26): $\qquad\qquad\qquad\qquad$ $m_0{}^2 \implies m_0$

S. 83, (5.1.23): $\qquad\qquad\qquad\qquad$ $\lambda(\phi_{n\alpha}, \phi_{n\alpha}) \implies \lambda(\phi_{n\alpha}, W\phi_{n\alpha})$

S. 92, unten: $\qquad\qquad\qquad\qquad\quad$ $= \langle \check{\mathcal{F}} | \mathcal{F}\varphi \rangle = \langle \mathcal{F}\check{\mathcal{F}} | \varphi \rangle \implies$
$\qquad\qquad\qquad\qquad\qquad\qquad\quad = \langle \check{\mathcal{F}}T | \mathcal{F}\varphi \rangle = \langle \mathcal{F}\check{\mathcal{F}}T | \varphi \rangle$

S. 95, drei mal (in Zeile 8, 17 und 19): $\varphi(\vec{k}) \implies \hat{\varphi}(\vec{k})$

S. 123, (6.7.33): $\qquad\qquad\qquad\quad$ $\lim_{k\to\infty} \implies \lim_{k\to 0}$

S. 123, Formel nach (6.7.33): $\qquad$ $\lim_{\nu\to 0} \frac{1}{\nu} \cdots \implies \lim_{\nu\to 0} \frac{1}{2\nu} \cdots$

S. 136, erste Textzeile: $\qquad\qquad$ $\exp i\tau H_0 \implies \exp -i\tau H_0$

S. 152, (7.4.1): $\qquad\qquad\qquad\quad$ $-\frac{\hbar^2}{2m_0}\Delta + v(r) \implies \{-\frac{\hbar^2}{2m_0}\Delta + v(r)\} \otimes \sigma_0$

S. 181, Ungleichung nach (9.3.28): $\|\tilde{U}(t,t_0)\| \implies \|\tilde{U}(t,t_0)\varphi\|$

S. 189, (9.4.15): $\qquad\qquad\qquad$ $\psi_{\tau-z} \implies \psi_{\tau-t}$

S. 195, Beispiele: i): $\qquad\qquad\quad$ $g(x) \implies g(y)$

S. 233, letzte Gleichung: $\qquad\quad$ $\sum_{n_l=1}^{g} \implies \sum_{n_l=0}^{g}$

S. 256, Aufg.1.3.2, a) zweimal: $\quad$ $|\psi_2(x)|^2 \leq \implies |\psi_2(x)| \leq$

S. 259, Aufg.1.6.1: $\qquad\qquad\qquad$ $(\phi_n, q^2\phi_n)^2 \implies (\phi_n, q^2\phi_n)$

S. 267, 1. Formel: $\qquad\qquad\qquad$ $\int_{-\infty}^{\infty} \implies \int_{-A}^{A}$